基于工作过程导向的项目化创新系列教材
高等职业教育机电类“十四五”规划教材

# 工程材料与热加工

GONGCHENG CAILIAO YU REJIAGONG

主　编▲王德良　邹哲维　卞　平
副主编▲桂　伟　陈淑花　石存秀
主　审▲陆全龙

華中科技大學出版社
http://press.hust.edu.cn
中国·武汉

## 内容简介

本书是根据《教育部关于加强高职高专教育人才培养工作的意见》等文件对高职高专人才培养的要求，针对从事机械类专业的工程技术应用型人才的实际要求，在总结高职高专机械类专业人才培养模式教改经验的基础上进行编写的。

本书的主要内容包括金属材料的性能、金属与合金的结构与结晶、金属的塑性变形与再结晶、铁碳合金状态图、钢的热处理、碳钢及合金钢、铸铁、非铁金属及其合金、典型零件的选材及热处理工艺的应用、铸造、锻压、焊接、材料和毛坯的选择。各项目后面均附有复习思考题。

本书可作为高职高专学校机械类专业的教材，也可作为各类成人教育和中等职业教育机械类专业的教材和相关工程技术人员的参考书。

**图书在版编目(CIP)数据**

工程材料与热加工/王德良，邹哲维，卞平　主编. —武汉：华中科技大学出版社，2013.7(2024.6 重印)
ISBN 978-7-5609-8661-6

Ⅰ.工…　Ⅱ.①王…　②邹…　③卞…　Ⅲ.①工程材料-高等职业教育-教材　②热加工-高等职业教育-教材　Ⅳ.①TB3　②TG306

中国版本图书馆 CIP 数据核字(2013)第 010387 号

**工程材料与热加工**　　王德良　邹哲维　卞　平　主编
Gongcheng Cailiao yu Rejiagong

策划编辑：张　毅
责任编辑：胡凤娇
责任校对：刘　竣
责任监印：朱　玢
出版发行：华中科技大学出版社(中国·武汉)　电话：(027)81321913
武汉市东湖新技术开发区华工科技园　邮编：430223
录　　排：武汉楚海文化传播有限公司
印　　刷：武汉邮科印务有限公司
开　　本：787mm×1092mm　1/16
印　　张：18.75
字　　数：456 千字
印　　次：2024 年 6 月第 1 版第 5 次印刷
定　　价：49.80 元

# 前 言

“工程材料与热加工”是高职高专机械类专业的一门综合性技术基础课，主要讲授的是金属材料及热处理、铸造、压力加工、焊接及表面处理等方面的内容。掌握好本课程，为学习后续相关课程和今后从事生产技术工作建立必要的基础。本书是编者在汲取高职高专探索培养技术应用型专业人才取得的成功经验、总结教学实践和教材使用现状的基础上编写而成的。

本书编写的主要特点如下。

(1)在教学内容的组织安排上，尽可能符合认知规律，重点突出，深入浅出，较合理地处理系统性与实践性、先进性与针对性之间的关系，既注重体系的完整性，又兼顾了学生的需要。

(2)以应用型能力培养为主线，全书紧紧抓住材料的化学成分、加工工艺、组织、结构、性能和应用之间的相互关系及其变化规律这个“主干”。

(3)将材料的性能、结构、凝固、变形、热处理和热加工融为一体，为加工工艺提供了理论基础。

(4)书中的名词、术语、牌号均采用最新的国家标准，使用法定计量单位。

本书由王德良(襄阳职业技术学院)、邹哲维(长江工程职业技术学院)、卞平(湖北工业职业技术学院)担任主编，桂伟(武汉商学院)、陈淑花(武汉城市职业学院)、石存秀(湖北工业职业技术学院)担任副主编。王德良编写项目1、项目2，邹哲维编写项目3～项目5，卞平编写项目6～项目8，桂伟编写项目9、项目10，陈淑花编写项目11、项目12，石存秀编写项目13。

本书由武汉工程职业技术学院陆全龙教授担任主审。

由于编写者水平有限，书中难免存在一些缺点和错误，恳请读者批评指正。

编　者

# 目录 

## 模块1 金属学及热处理

## 模块2　工程材料



## 模块3　热加工基础

# 模块1 金属学及热处理

# 项目1　金属材料的性能

金属材料应具备的性能包括力学性能和工艺性能。要正确选用金属材料，就必须充分了解金属材料的性能。力学性能是指金属材料抵抗外力作用的能力，包括强度、刚度、硬度、塑性、韧性和疲劳强度等。力学性能是设计和选材的主要依据。工艺性能是指机械零件或工具在制造过程中应具备的铸造性能、锻造性能、焊接性能、热处理性能，以及切削加工性能等。

## 任务1　金属材料的力学性能

### 一、强度

强度是指金属材料在外力作用下抵抗永久变形和断裂的能力。拉伸试验是测定强度最常用的方法。

拉伸试验中要预先把被测定的金属材料制成一定尺寸的试样(常用的截面是圆形的)，如图1-1所示。根据国家标准GB/T 228.1—2010的规定，试样分为长试样($l_0=10d_0$)和短试样($l_0=5d_0$)两种。

把标准试样装在拉伸试验机上，缓慢增加拉伸载荷，可获得试样变形直到断裂的曲线，即拉伸曲线，如图1-2所示。图1-2中，在$e$点以前，若卸去载荷，试样即可恢复原状，而$e$点的载荷是试样不产生永久变形时所能承受的最大载荷。$Op$段是直线，表示载荷与伸长量成正比关系。当载荷超过$P_e$时，试样载荷卸除后仍有极少量的永久变形被保留下来；当载荷超过$P_S$时，试样发生屈服现象，即载荷不增加，试样继续伸长。当屈服现象停止后，要继续增加载荷，试样才会继续伸长，当载荷超过拉伸曲线上的最大值$P_b$后，发生“颈缩”现象，即试样不再是均匀变形而是出现局部直径变细的现象，最后，试样在$k$点断裂。

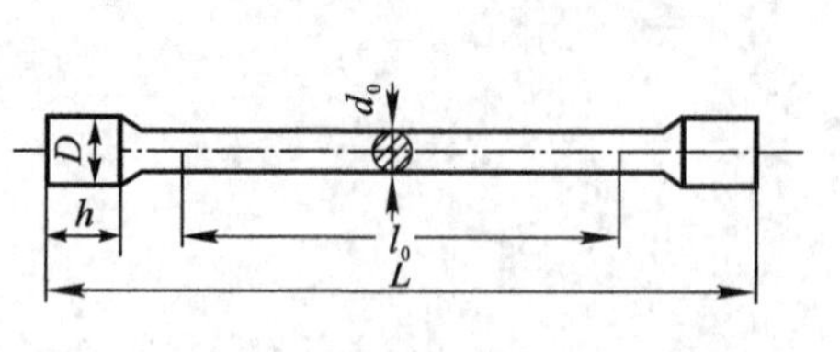

图1-1　标准拉伸试样

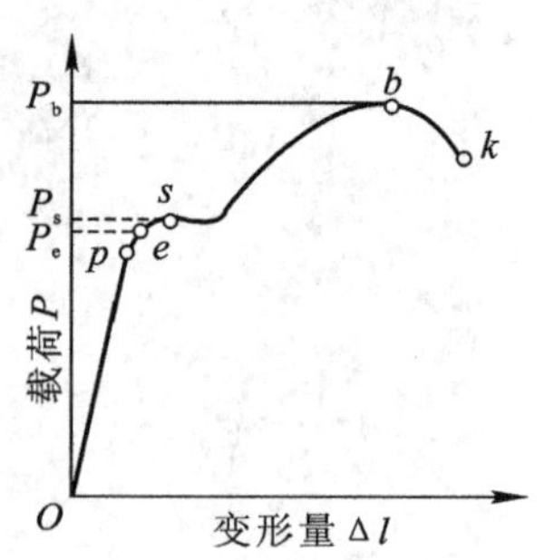

图1-2　退火低碳钢的拉伸曲线

单位面积上承受的载荷称为应力，用符号 $\sigma$ 表示，即

$$\sigma = \frac{P}{A_0} \tag{1-1}$$

式中：$P$——载荷，单位为 N；

$A_0$——试样的原始横截面面积，单位为 $mm^2$；

$\sigma$——应力，单位为 MPa。

屈服强度（即屈服点）是材料开始发生屈服现象时的应力，用符号 $\sigma_s$ 表示，工程上用来表示材料抵抗微量塑性变形的抗力。

$$\sigma_s = \frac{P_s}{A_0} \tag{1-2}$$

式中：$P_s$——试样在屈服时的载荷，单位为 N；

$A_0$——试样的原始横截面面积，单位为 $mm^2$。

屈服强度是评定材料质量的重要力学性能指标。许多机器零件在使用中是不允许发生永久变形的，例如，汽缸螺栓发生塑性变形后，就会使汽缸漏气。

抗拉强度（即强度极限）是试样被拉断前所能承受最大载荷时的应力，用符号 $\sigma_b$ 表示。

$$\sigma_b = \frac{P_b}{A_0} \tag{1-3}$$

式中：$P_b$——试样在断裂前的最大载荷，单位为 N；

$A_0$——试样的原始横截面面积，单位为 $mm^2$。

抗拉强度的物理意义是反映材料最大均匀变形时的应力。

工程上把屈服强度与抗拉强度的比值称为屈强比（$\sigma_s/\sigma_b$）。材料不同，屈强比也不同，例如，碳素结构钢的屈强比约为 0.6，普通低合金钢的屈强比为 0.65～0.75，合金结构钢的屈强比约为 0.85。屈强比越小，工程构件的可靠性就越强，一旦超载也不会马上断裂，但屈强比过小的材料的利用率太低。

刚度是材料抵抗弹性变形的能力，衡量刚度大小的指标是弹性模量，用 $E$ 来表示。弹性模量是材料在弹性变形范围内，应力与应变（即试样的相对伸长量 $\Delta l/l_0$）的比值，即

$$E = \frac{\sigma}{\varepsilon_{弹}} \tag{1-4}$$

式中：$\sigma$ ——在弹性范围内的应力，单位为 MPa；

$\varepsilon_{弹}$——在弹性范围内的应变。

由于 $\sigma = P/A_0$，可得 $\varepsilon_{弹} = \frac{P}{EA_0}$。由此可知，在相同载荷作用下，材料的弹性模量越大，材料的刚度就越大。必须指出：材料的弹性模量与材料原子间的结合力有关，常用的强化手段，如热处理、冷压力加工等不能改变其弹性模量，要提高刚度，可以增大原始横截面面积 $A_0$ 或更换弹性模量 $E$ 更高的材料。

## 二、塑性

塑性是材料在断裂前发生永久变形的能力。常用的塑性指标有伸长率和断面收缩率两

种，分别用符号 $\delta$ 和 $\psi$ 表示。

$$\delta = \frac{l_1 - l_0}{l_0} \times 100\%, \qquad \psi = \frac{A_0 - A_1}{A_0} \times 100\% \tag{1-5}$$

式中：$l_1$——试样拉断后的长度，单位为 mm；

$A_1$——试样拉断处的截面面积，单位为 $mm^2$。

伸长率表示试样拉断时的相对伸长量，断面收缩率表示试样拉断时截面的相对收缩量，两者都是无量纲数。材料的塑性越好，$\delta$ 和 $\psi$ 就越大。材料塑性指标反映了它的压力加工性能。

断面收缩率与试样长度无关，更接近于真实应变，比伸长率更能代表金属的塑性。

## 三、硬度

硬度是衡量金属材料软硬程度的一项性能指标，是指金属材料抵抗局部变形，特别是塑性变形、压痕或划痕的能力，是一个综合的物理量。通常，材料的硬度越高，耐磨性就越好，故常将硬度值作为衡量材料耐磨性的重要指标之一。

常用的硬度测试方法有布氏硬度（HBS 或 HBW）、洛氏硬度（HRA、HRB、HRC 等）和维氏硬度（HV）等。

### 1. 布氏硬度

布氏硬度的试验原理是用一定直径 $D$ 的淬火钢球或硬质合金球，以相应的试验力压入试样表面，保持规定的时间后，去除试验力，测量试样表面的压痕直径 $d$，然后，根据压痕直径 $d$ 计算其硬度值，如图 1-3 所示。布氏硬度是指球面压痕单位表面积上所承受的平均压力表示的硬度值。选择淬火钢球压头时，用符号 HBS 表示其硬度；选择硬质合金球压头时，用符号 HBW 表示其硬度。布氏硬度值可用下式进行计算，即

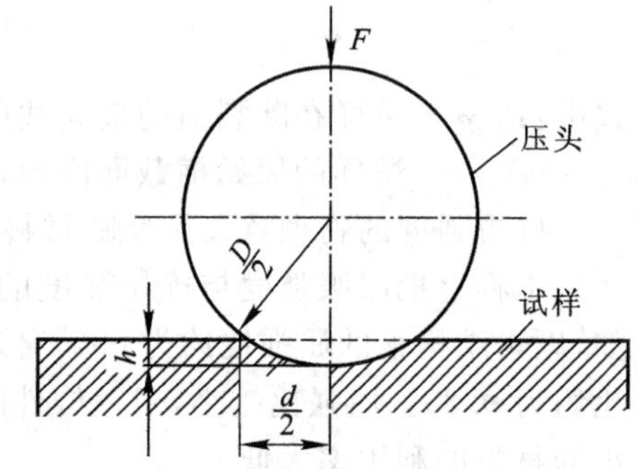

图 1-3 布氏硬度试验原理

$$\text{HBS(HBW)} = 0.102 \times \frac{2F}{\pi D(D - \sqrt{D^2 - d^2})} \tag{1-6}$$

式中：$F$——试验力，单位为 N；

$D$——压头直径，单位为 mm；

$d$——压痕直径，单位为 mm。

式中只有 $d$ 是变量，因此，试验时只要测出压痕直径，即可通过计算或查布氏硬度表得出 HBS(HBW) 值。布氏硬度计算值一般都不标出单位，只写明硬度的数值。

由于金属材料的种类不同，工件厚薄各异，在进行布氏硬度试验时，压头直径、试验力和保持时间应根据被测金属种类和厚度进行正确选择。

150 HBS 10/1 000/30 表示直径为 10 mm 的淬火钢球，在 9.807 kN 试验力作用下，保持 30 s 测得的布氏硬度值为 150 HBS；500 HBW 5/750 表示用直径为 5 mm 的硬质合金球，在

7.355 kN 试验力作用下保持 10～15 s 测得的布氏硬度值为 500 HBW，一般试验力保持时间为 10～15 s 时不标明。

布氏硬度的特点：测得的硬度值比较准确，数据重复性强，但因压头直径大，材料表面压痕大，不宜测定太小或太薄的试样及成品样。布氏硬度试验常用来测定原材料、半成品及性能不均匀的材料硬度。

**2. 洛氏硬度**

洛氏硬度试验原理是以锥角为 120°的金刚石圆锥体或直径为 1.588 mm 的淬火钢球压入试样表面，然后根据压痕来计算硬度值。洛氏硬度试验原理如图 1-4 所示。试验时，先加初试验力，然后加主试验力，压入试样表面后，去除主试验力，在保留初试验力的情况下，根据试样残余压痕深度增量来衡量试样的硬度大小。

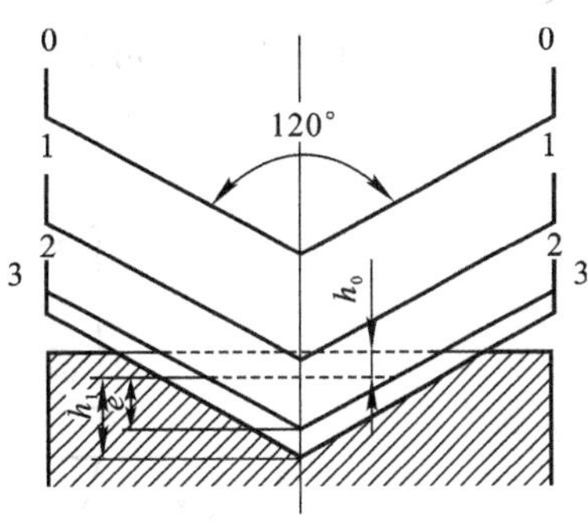


**图 1-4　洛氏硬度试验原理**

在图 1-4 中，0—0 位置为金刚石压头还没有与试样接触时的原始位置。首先加上初试验力 $F_0$，使压头压入试样中，深度为 $h_0$，处于图中 1—1 位置。其次加上主试验力 $F_1$，使压头又压入试样的深度为 $h_1$，处于图中 2—2 位置。最后去除主试验力 $F_1$，保持初试验力 $F_0$，压头因材料的弹性恢复在图中 3—3 位置。图中所示 $e$ 值称为残余压痕深度增量，对于洛氏硬度试验，$e$ 为 0.002 mm。标尺刻度满量程 $k$ 与 $e$ 值之差，称为洛氏硬度值，分为 A、B、C 三个标尺。其公式为

$$\mathrm{HR}=k-e=k-\text{压痕深度}/0.002 \tag{1-7}$$

式中：压痕深度的单位为 mm。

对于用金刚石圆锥压头进行的试验，其标尺刻度量程为 100，洛氏硬度值为$(100-e)$HR。

对于用淬火钢球压头进行的试验，其标尺刻度量程为 130，洛氏硬度值为$(130-e)$HR。

洛氏硬度的标注方法根据试验时选用的压头类型和试验力大小的不同，分别采用不同的标尺进行标注。GB/T 230—2004 规定，硬度数值写在符号的前面，HR 后面写使用的标尺，如 50HRC 表示“C”标尺测定的洛氏硬度值为 50。

洛氏硬度试验是生产中广泛应用的一种硬度试验方法。其优点包括：硬度试验压痕很小，对试样表面损伤小，常用来直接检验成品或半成品的硬度；可测量高硬度薄层和深层的材料；试验操作简便，可以直接从试验机上显示出硬度值，省去了烦琐的测量、计算和查表工作。由于压痕小，洛氏硬度值的准确性不如布氏硬度值，数据重复性差。因此，在测试洛氏硬度时，要选取不同位置的三点测出硬度值，再计算平均值作为被测材料的硬度值。

**3. 维氏硬度**

布氏硬度试验不适合测定硬度较高的材料。洛氏硬度试验虽可用来测定各种金属材料的硬度，但由于采用了不同的压头、总试验力和标尺，其硬度值之间彼此没有联系，也不能直接互相换算。为了对各种金属材料从软到硬进行连续的硬度标定，人们制定了维氏硬度试验法。

维氏硬度的试验原理如图 1-5 所示。它与布氏硬度试验原理相似。将夹角为 136°的正四棱锥体金刚石做成压头，试验时，在规定的试验力 $F$(49.03～980.7 N)作用下，压入试样表面，一定时间后去除试验力，则试样表面上会出现一个四方锥的压痕，测量压痕两对角线 $d$ 的平均长度，可计算出其硬度值。维氏硬度是用正四棱锥压痕单位表面积上承受的平均压力表示的硬度值，用符号 HV 表示，计算公式为

$$\mathrm{HV}=0.1891F/d^2 \tag{1-8}$$

式中：$F$——试验力，单位为 N；

$d$——压痕两条对角线长度的算术平均值，单位为 mm。

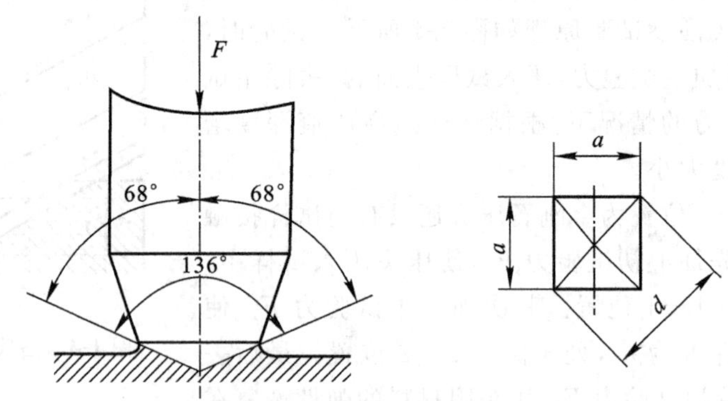


**图 1-5　维氏硬度试验原理**

试验时，用测微计测出压痕对角线的长度，算出两对角线的长度平均值后，查 GB/T 4340.1—2009 附表就可得出维氏硬度值。

维氏硬度的测量范围在 5～1 000 HV。标注方法与布氏硬度的相同。

640HV 30 表示用 294.2 N 的试验力，保持 10～15 s 测定的维氏硬度值为 640 HV；

640HV 30/20 表示用 294.2 N 的试验力，保持 20 s 测定的维氏硬度值为 640 HV。

维氏硬度实用范围广泛，从很软到很硬的材料都可以测量，尤其适用于零件表面层硬度的测量，其测量结果精确可靠。但测取维氏硬度时，需要测量对角线长度，然后计算或查表，而且进行维氏硬度的测量时，对试样表面的质量要求高，测量效率较低，因此，维氏硬度没有洛氏硬度使用方便。但维氏硬度不存在压头变形的问题，压痕轮廓清晰，采用对角线长度计量，精确可靠，硬度值误差较小。

## 四、韧性

金属抵抗冲击载荷作用而不被破坏的能力称为韧性。一般说来，在冲击载荷作用下，材料的强度提高，塑性下降，脆性增大。

目前，测量材料韧性最普遍的方法是一次摆锤冲击试验。GB /T229—2007 规定，将材料制成带缺口的标准试样，如图 1-6 所示，放在材料试验机的机座上，使一重量 $G$ 的摆锤自高度 $H$ 自由下落，冲断试样后摆锤又升至高度 $h$，如图 1-7 所示。摆锤冲断试样所失去的能量即为

冲击载荷使试样折断所做的功，称为冲击功，用 $A_k$ 表示，单位为 J。用断口处单位面积上所消耗的冲击功的大小来衡量材料的冲击韧性，即

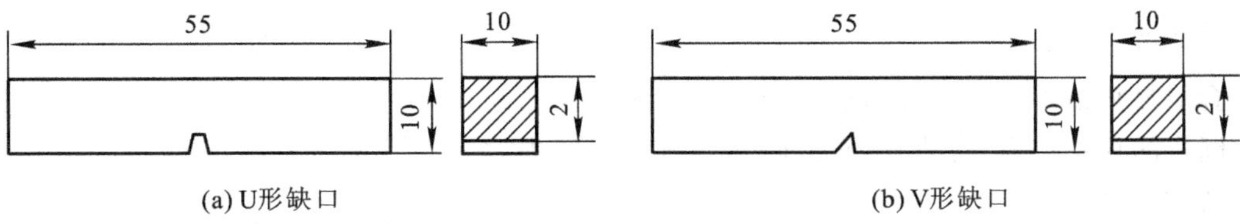


**图 1-6　冲击试样**

$$\alpha_k = \frac{A_k}{A} = \frac{G(H-h)}{A}$$

式中：$\alpha_k$——冲击韧性，单位为 J/cm²；

$A$——试样缺口处的截面面积，单位为 cm²。

冲击韧性对材料的缺陷很敏感，能较灵敏地反映金属在冶金和热处理等方面的质量问题，是鉴定材料质量和设计选材时不可缺少的性能依据之一。

冲击韧性值除与材料的性能有关外，还受试验温度、试样尺寸、缺口形状和加载速度等因素的影响。一般说来，随着试验温度的下降，材料的冲击韧性降低，当降低到某温度范围时，材料冲击韧性显著降低，呈现脆性，如图 1-8 所示，该温度范围称为脆性临界转变温度。临界转变温度越低，材料的冲击韧性就越好，普通碳钢的临界转变温度为－30～20℃。

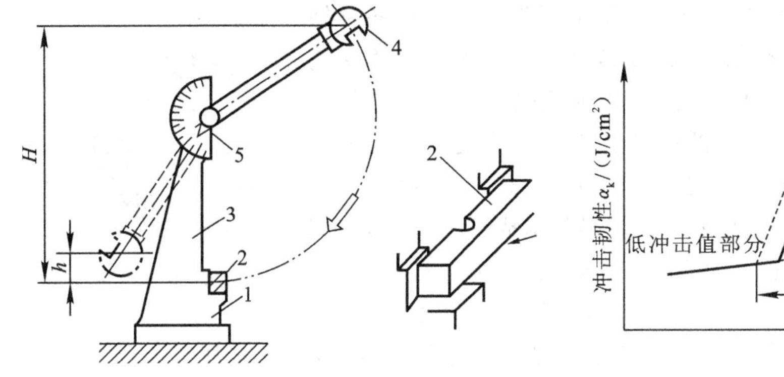


**图 1-7　夏比摆锤冲击试验机原理图**

1—砧座及支座；2—试样；3—机架；4—摆锤；5—指示装置

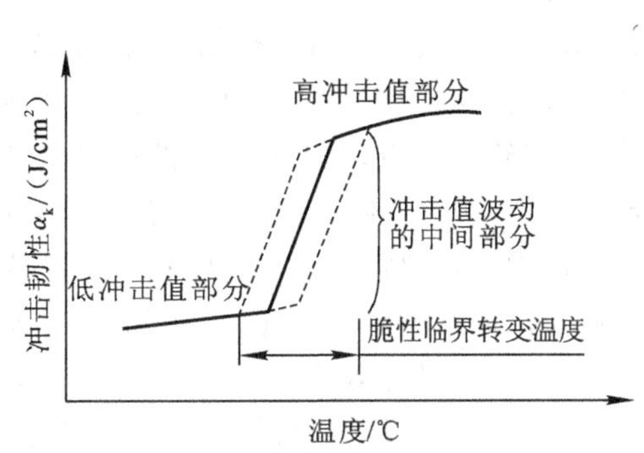


**图 1-8　温度对冲击韧性的影响(小于 20℃)**

在实际工作时，机械零件很少受一次冲击而破坏，大部分都是承受小能量的多次重复冲击载荷，根据材料的冲击韧性 $\alpha_k$ 来选材就不合适了。研究表明：在能量不太大的情况下，材料承受多次重复冲击的能力，主要取决于强度，而不是冲击韧性值。例如，高碳工具钢的 $\alpha_k$ 为 20 J/cm²，可代替高级合金钢取得更好的使用效果。

## 五、疲劳强度

### 1. 疲劳

金属材料在小于 $\sigma_b$，甚至低于 $\sigma_s$ 的交变应力作用下发生断裂的现象称为“疲劳”。疲劳破坏是机械零件失效的重要方式之一。

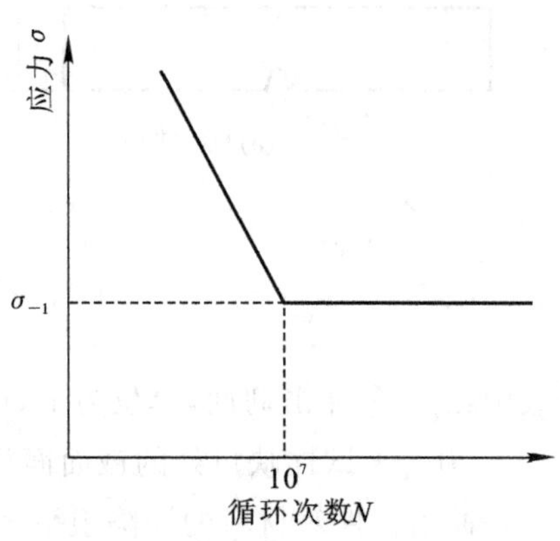

图 1-9　钢铁材料的疲劳曲线

在疲劳试验机上作出的应力 $\sigma$-循环次数 $N$（通常用对数表示）曲线称疲劳曲线，如图 1-9 所示。应力减小，试样断裂的应力循环次数就增加，当应力低于某一值时，循环次数达无限次（即出现水平线）也不会使试样断裂，此值就称为疲劳强度（疲劳极限）。当循环应力对称时，疲劳强度用符号 $\sigma_{-1}$ 表示。一般钢铁的疲劳试验达 $10^7$ 次时，大多会出现水平线。有些材料的疲劳曲线并不会出现上述的水平线，因而要对各种材料规定一个应力循环基数，超过这个基数，就被认为该材料不再发生疲劳破坏，非铁金属和某些超高强度钢的循环基数都被定位在 $10^8$ 次。

大部分机械零件的破坏都是疲劳破坏。不管是塑性材料还是脆性材料，疲劳断裂都是突然发生的，而且疲劳强度比 $\sigma_b$ 要低得多，因此有较大的危险性。

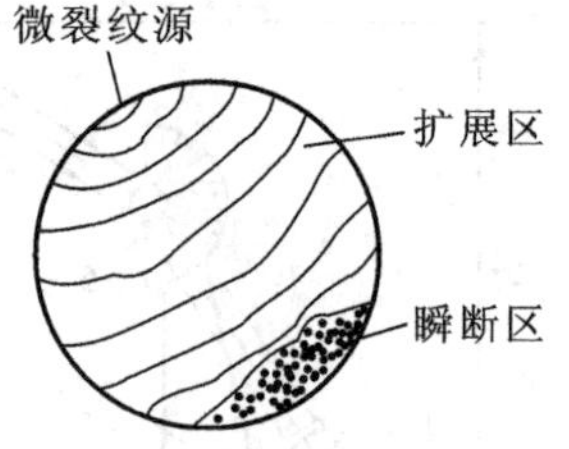

图 1-10　疲劳断口示意图

疲劳断裂首先发生在微裂纹源上。机械零件表面存在各种缺陷，如裂纹、刀痕、非金属夹杂物等，以及截面突变处的应力集中均易产生裂纹。机械零件内部的缩松、缩孔等缺陷及某些晶粒的位向关系，使裂纹源也可以在材料的内部产生。随着交变应力循环次数的增加，裂纹不断扩大，最后导致材料断裂，如图 1-10 所示。

应该指出，材料的力学性能（除硬度）都要制成标准试样，在规定的载荷作用下测得。因此，在手册中查阅材料的力学性能时，必须注意所谓的“尺寸效应”，即按统计规律，材料实际尺寸越大，材料中存在的缺陷就越多，材料的力学性能也随之下降，降低幅度最大的是疲劳强度与韧性，其次是屈服强度。

各种材料有不同的力学性能，其根本原因在于材料具有不同的内部组织。但在不同的外界条件影响下，其性能的变化是很大的，如零件的尺寸大小、加工质量、变形速度、受力状态、环境因素等外界条件会直接影响材料的力学性能，只有对内在因素和外界条件有了全面了解后，才能合理选用材料。

### 2. 疲劳强度

为了防止疲劳断裂，零件设计时不能以 $\sigma_b$、$\sigma_{0.2}$ 为依据，必须制定出相应的疲劳抗力指标，

疲劳抗力指标是由疲劳试验测得的。金属材料在循环应力作用下能经受无限次循环而不断裂的最大应力值称为金属材料的疲劳强度，即循环次数 $N$ 无穷大时所对应的最大应力值。在工程实践中，一般是求疲劳极限，即对应于指定的循环基数下的疲劳强度。对于钢铁金属，其循环基数为 $10^7$，对于非铁金属，其循环基数为 $10^8$。对称循环应力的疲劳强度用 $\sigma_{-1}$ 表示。许多试验结果表明：材料疲劳强度随着抗拉强度的提高而增加，如结构钢，当 $\sigma_b \leqslant 1\ 400$ MPa 时，其疲劳强度 $\sigma_{-1}$ 约为抗拉强度的 1/2。疲劳断裂是在循环应力作用下，经一定循环次数后发生的。在循环载荷作用下，材料承受一定的循环应力 $\sigma$ 和断裂时相应的循环次数 $N$ 之间的关系可以用曲线来描述，这种曲线称为 $\sigma$-$N$ 曲线，如图 1-11 所示。

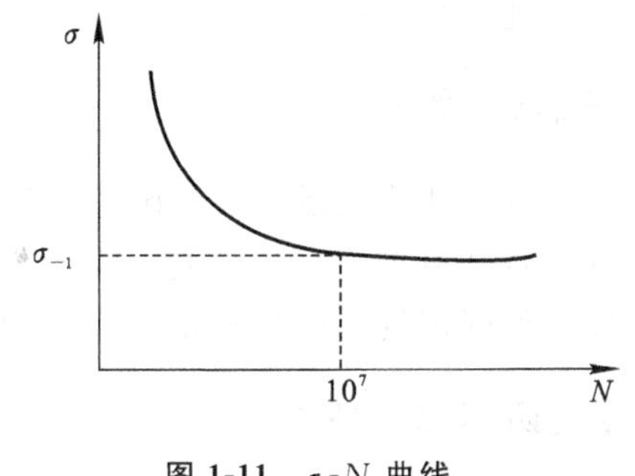


**图 1-11　$\sigma$-$N$ 曲线**

由于大部分机械零件的损坏是由疲劳造成的，所以，消除或减少疲劳失效，对提高零件的使用寿命有着重要的意义。影响疲劳强度的因素很多，除设计时在结构上注意减轻零件应力集中外，也可通过改善零件表面粗糙度来减少缺口效应，提高疲劳强度。采用表面处理，如高频淬火、表面形变强化（喷丸、滚压、内孔挤压）、化学处理（渗碳、渗氮、液体碳氮共渗）及各种表面强化工艺等都可以改变零件表层的残余应力，从而提高零件的疲劳强度。

# 任务 2　金属材料的工艺性能

工艺性能是指金属材料在制造机械零件和工具的过程中，适应各种冷、热加工的性能，也就是金属材料采用加工方法制成成品的难易程度。工艺性能包括铸造性能、锻造性能、焊接性能、热处理性能及切削加工性能等。例如，某种材料采用焊接方法容易得到合格的焊件，则说明该材料的焊接工艺性能较好。工艺性能直接影响制造零件的加工工艺质量，同时也是选择材料时必须考虑的因素之一。

## 一、铸造性能

金属在铸造成形的过程中获得外形尺寸准确、结构完整的铸件的能力称为铸造性能。铸造性能包括流动性、吸气性、收缩性和偏析性等。在金属材料中，灰铸铁和青铜的铸造性能较好。

## 二、锻造性能

金属材料利用锻压成形的难易程度称为锻造性能。锻造性能的好坏主要与金属的塑性和变形抗力有关。塑性越好，变形抗力越小，金属的锻造性能就越好。例如，黄铜和铝合金在室温状态下具有良好的锻造性能；非合金钢在加热状态下锻造性能较好；铸铜、铸铝、铸铁等几乎不可能进行锻造。

## 三、焊接性能

焊接性能是指金属材料在规定设计要求的条件下焊接成的构件，并满足预定要求的能力。焊接性能好的金属能获得没有裂缝、气孔等缺陷的焊缝，并且焊接接头也具有一定的力学性能。低碳钢具有良好的焊接性能，而高碳钢、不锈钢、铸铁的焊接性能则较差。

## 四、切削加工性能

切削加工性能是指金属在切削加工时的难易程度。切削加工性能好的金属对使用的刀具磨损量小，适用于较大的切削用量，加工表面也比较光洁。切削加工性能与金属材料的硬度、导热性、冷变形强化等因素有关。金属材料硬度在 170～260 HBS 时，最容易进行切削加工。铸铁、铜合金、铝合金及非合金钢都具有较好的切削加工性能，而高合金钢的切削加工性能则较差。

## 复习思考题 1

1. 解释下列常用的力学性能指标。

$\sigma_s$　$\sigma_{0.2}$　$\sigma_b$　$\sigma_{-1}$　$\delta$　$\psi$　$\alpha_k$　HBS　HV　HRC

2. 某钢材试样，直径为 15 mm，长度为 100 mm，当载荷达 21 400 N 时材料开始屈服，加载到 35 400 N 后载荷开始变小，拉断时载荷是 28 000 N，把拉断试样接起来，长度为 135 mm，断裂处收缩直径为 8 mm，求试样的 $\sigma_s$、$\sigma_b$、$\delta$ 及 $\psi$。

3. 图 1-12 所示为三种不同材料的拉伸曲线（试样尺寸相同）。试比较这三种材料的抗拉强度、屈服强度和塑性的大小，并指出屈服强度的确定方法。

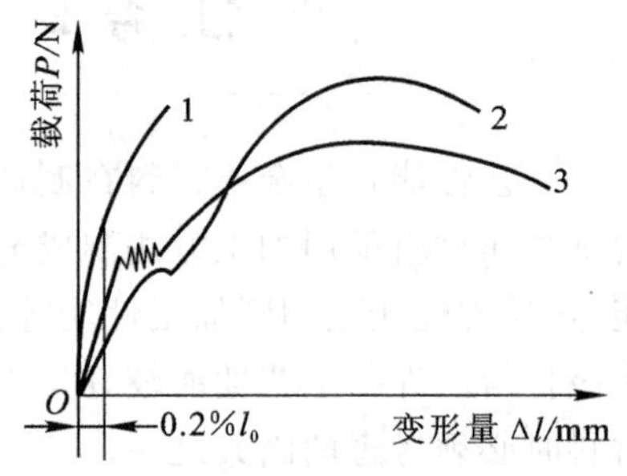

图 1-12　三种不同材料的拉伸曲线

4. 用细长镗刀在车床上进行镗孔，发现镗孔的精度达不到技术要求，其主要原因是吃刀后镗刀杆发生过量弹性变形，有人说刀杆要用高强度合金钢更换，有人主张加粗刀杆直径，哪个方法好？为什么？

5. 载重汽车弹簧由数层钢板叠置而成，材料为 65Mn 钢或 65SiMn 钢，在使用中发现以下情况。

（1）载重小于规定载重 2.5 t 时，弹簧即被压成水平状态，但卸载后仍恢复原状。

（2）载重到 2.5 t 时，弹簧的变形没超过允许范围，但使用不久，弹簧形状失去原状。试从材料性能上分析上述现象产生的原因，并提出改进措施。

6. 试选用合适的方法来测定下列材料的硬度值(用硬度符号填入下表)。

| 被测件 | 锉刀、钻头 | 材料库钢材 | 氮化、渗碳、脱碳层 |
| --- | --- | --- | --- |
| 硬度种类 | | | |
| 符号 | | | |

7. 下列硬度要求的数值或硬度值的表示方法是否正确？为什么？

(1)550～500 HBS;(2)15～10 HRC;(3)75～70 HRC;(4)35～30 HRC。

8. 有人解释说:“韧性就是抵抗冲击载荷的能力,故又称冲击韧性。”这种解释是否正确？为什么？

9. 风动凿岩机的活塞在压缩空气作用下,以1 800～2 100次/分的往复运动冲击钎杆而使钎头凿碎岩石,冲击功为50～60 N·m。凿岩机的活塞过去采用高合金钢12Cr2Ni4A钢,经热处理后表面硬度为62～58 HRC,而心部具有韧性,改进后采用高强度、低塑性的T10钢,使用寿命提高了1.6倍,试分析原因。

10. 第9题中的钎杆一般为六棱柱形,中心有圆孔,在生产中钎钢极易断裂,断口由若干弧线的光亮区和最后断裂的粗糙区所组成,试分析其断裂原因。

11. 下列说法是否准确？如不准确请予改正。

(1)机器中的零件,材料强度高的不会变形,材料强度低的一定会产生变形。

(2)材料的强度高,其塑性就低;材料的硬度高,其刚性就大。

(3)材料的弹性极限高,所产生的弹性变形量就较大。

# 项目2 金属与合金的结构与结晶

金属材料的性能取决于它们内部的结构和组织状态。通常金属材料在固态下是晶体，表现出晶体的特点。金属材料从液态到固态的凝固过程中，由于不同的条件，固态内部组织结构及其性能也有所不同。因此，研究金属与合金的晶体结构及其结晶过程，对掌握合金的成分、组织、性能之间的一般规律，对有效地使用金属材料是极其必要的。

## 任务1 金属的晶体结构

### 一、金属的特性

目前已知自然界存在的107种元素中，金属元素占80%以上。金属的优异性能和丰富储藏量使其在国民经济各领域中被广泛使用。金属具有良好的导电性、导热性，其导电性比非金属元素大$10^{20}$～$10^{25}$倍，某些金属在绝对零度会表现出“超导电性”，即电阻突然下降，数值趋于零，具有良好的反射光线能力、塑性变形能力，以及良好的工艺性能和不透明性。

金属的特性是由金属原子的内部结构及原子间的结合方式所决定的。周期表左边Ⅰ、Ⅱ、Ⅳ主族元素均在满壳层外有一个或几个价电子，由于满壳层的屏蔽作用，原子核对外层轨道上的价电子吸引力不大，很容易摆脱原子核的束缚变成自由电子。当大量金属原子聚集在一起构成金属晶体时，大部分或全部的原子都会丢失价电子转变成正离子，这些被丢失的价电子为全部原子所公有，这些公有的电子称为自由电子，它们在正离子间自由运动，形成所谓的“电子气”。金属晶体就是依靠正离子和电子气之间产生的强烈静电吸引力结合起来的，这种结合力就是金属键。

金属键中存在的大量自由电子在外加电压作用下做定向移动，表现出优良的导电性。随着温度的升高，正离子在平衡位置上的振动增强，金属中的空穴增多，原子的规整排列受到干扰，电子运动阻力增大，所以金属有正的电子温度系数。自由电子的活动性及其离子的振动使金属具有良好的导热性。金属中的自由电子能吸收并随后辐射出大部分投射到金属表面上的光能，因而金属具有不透明性，并能够反射出金属特有的光泽。金属键没有方向性，对原子无选择性，受外力发生形变后，金属中的正离子与自由电子间仍能保持以金属键的结合，表现出良好的塑性。

## 二、晶体结构的基本概念

### 1. 晶体与非晶体

固态物质按其原子(或分子)的聚集状态可分为晶体和非晶体两大类。在晶体中原子(或分子)按一定的几何规律呈周期排列的方式称为晶体结构。简单立方晶体结构示意图如图 2-1(a)所示，非晶体中原子是无规则地堆积在一起的。

在自然界中，除少数物质(如普通玻璃、沥青、石蜡等)是非晶体外，绝大多数固态无机物都是晶体。晶体有固定的熔点，且具有各向异性，一般情况下固态金属都是晶体。而固态非晶体没有固定的熔点，它随着温度的升高逐渐变软，最终成为有显著流动性的液体，液体冷却后逐渐稠化，最终变成固体。此外，因非晶体物质在各个方向上的原子聚集密度大致相同，因此表现出各向同性的性质。

晶体和非晶体在一定条件下可以互相转化。例如，玻璃经高温长时间加热能变为晶态玻璃；而通常是晶态的金属，如从液态急冷也可获得非晶态金属。

### 2. 晶格、晶胞和晶格常数

1)晶格

为描述晶体内部原子排列的规律，把原子抽象为空间几何点，并用假想空间直线把这些点连接起来构成的三维几何格架称为晶格，图 2-1(b)所示的是简单立方晶格示意图。

2)晶胞

从晶格中选取一个能够完整反映晶格特征的最小几何单元，称为晶胞，图 2-1(c)所示的是简单立方晶胞示意图。

3)晶格常数

晶胞各棱边尺寸 $a$、$b$、$c$ 称为晶格常数，以 Å(埃)为度量单位(1Å=$10^{-10}$ m)。晶胞各棱间夹角分别用 $\alpha$、$\beta$、$\gamma$ 来表示，如图 2-1(c)所示。

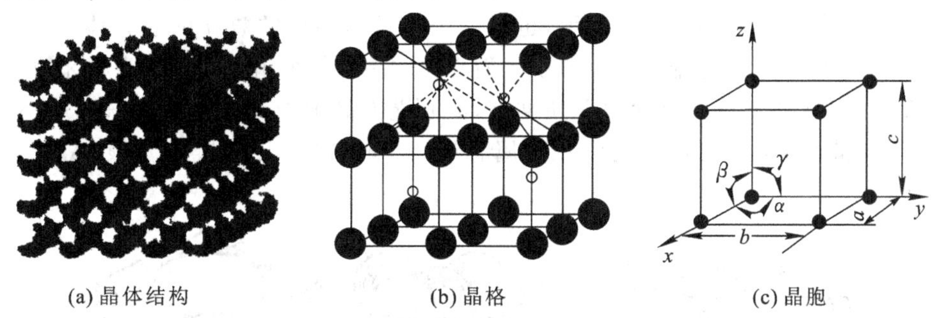

(a) 晶体结构　(b) 晶格　(c) 晶胞

图 2-1　简单立方晶体结构示意图

### 3. 原子半径

原子半径是指晶胞中原子密度最大方向上相邻原子之间距离的一半。

**4. 晶胞原子数**

晶胞原子数是指一个晶胞内所含的原子数目。

**5. 配位数和致密度**

配位数和致密度是表示晶格中原子排列紧密程度的参数。配位数是晶格中与任一原子等距离且相距最近的原子数目。晶胞中原子本身所占的体积分数称为致密度。

## 三、三种常见的晶格类型

利用X射线结构分析技术，证实了大部分金属的晶格类型分为体心立方晶格、面心立方晶格和密排六方晶格三种典型结构。

**1. 体心立方晶格**

体心立方晶格的晶胞如图2-2所示，是边长为晶格常数 $a$ 的立方体。在立方体的中心和8个顶角上各有1个原子，由于顶角上的原子为相邻的8个晶胞所共有，实际每个体心立方晶格的晶胞占有2个原子，即(1/8)×8+1=2(个)。属于体心立方晶格的常见金属有铁(α-Fe)、钨(W)、钼(Mo)、钒(V)、钛(β-Ti)等。

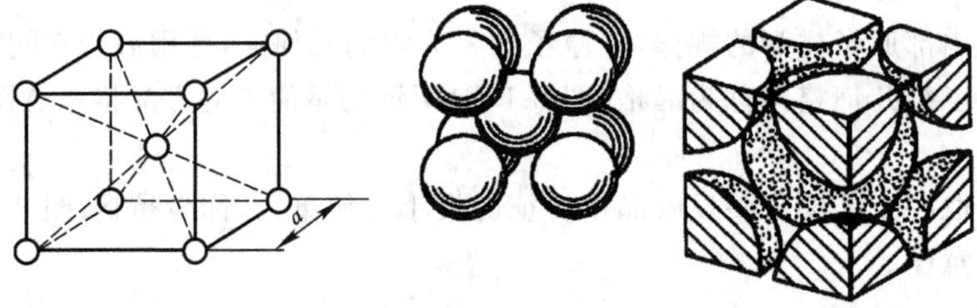


**图2-2　体心立方晶格的晶胞**

**2. 面心立方晶格**

面心立方晶格的晶胞如图2-3所示，也是一个边长为晶格常数 $a$ 的立方体。立方体的8个顶角和6个表面的中心都排有1个原子。面心立方晶胞每个角上的原子为相邻的8个晶胞所共有，每个面中心的原子为2个晶胞所共有，面心立方晶胞中的原子数为(1/8)×8+(1/2)×6=4(个)。属于面心立方晶格的常见金属有铁(γ-Fe)、铝(Al)、铜(Cu)、银(Ag)、金(Au)、铅(Pb)、镍(Ni)等。

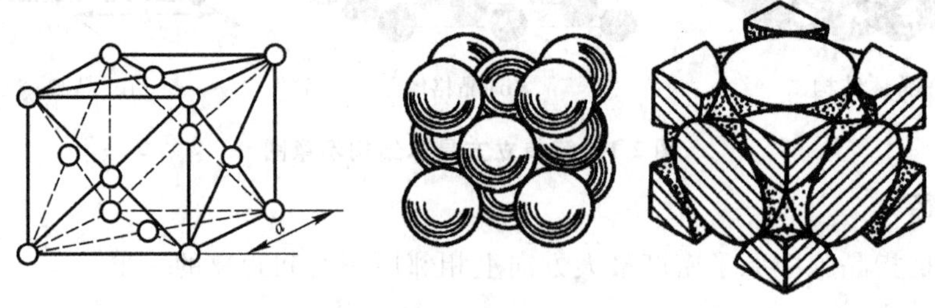


**图2-3　面心立方晶格的晶胞**

### 3. 密排六方晶格

密排六方晶格的晶胞如图 2-4 所示，是正六棱柱体。柱体高度 $c$ 和六边形边长 $a$ 为两个晶格常数，其比值约为 1.633，每个顶角上和上、下底面中心都排列着 1 个原子，在中截面上均匀分布着 3 个原子。由图 2-4 可知，密排六方晶格的晶胞每个角上的原子为相邻的 6 个晶胞所共有，上、下底面中心的原子为 2 个晶胞所共有，在晶胞内部的 3 个原子为该晶胞单独所有，因而密排六方晶格的晶胞中的原子数为 $1/6\times12+1/2\times2+3=6$(个)。属于密排六方晶格的常见金属有镁(Mg)、锌(Zn)、铍(Be)、钛(α-Ti)、镉(Cd)等。

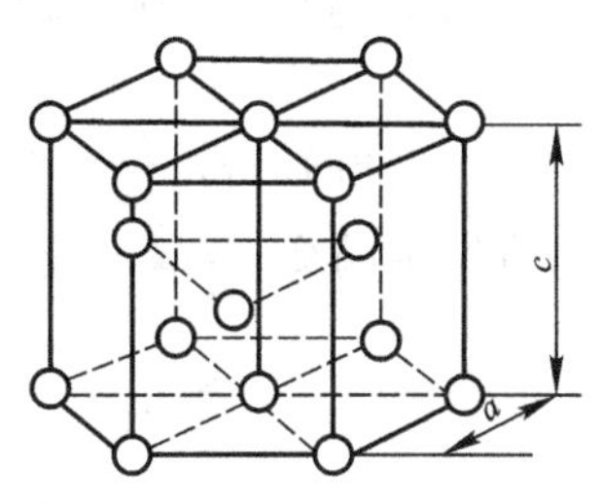

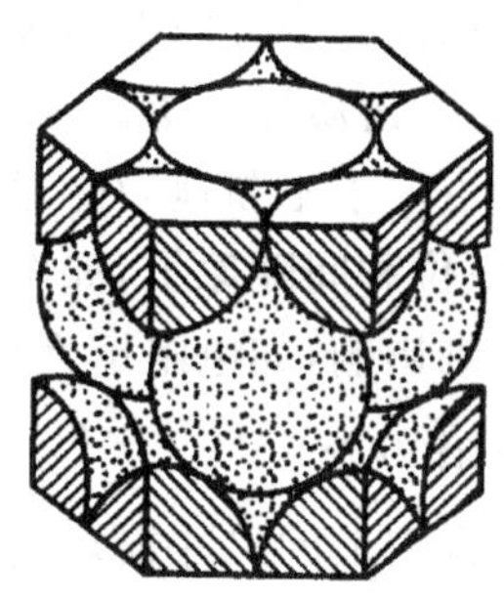

图 2-4　密排六方晶格的晶胞

各种金属的晶体结构不同，即晶格类型与晶格常数的不同，往往表现出不同的性能。一旦同种金属的晶体结构发生变化就将引起性能的变化。

## 任务 2　实际金属的晶体结构

### 一、多晶体结构

实际使用的工业金属材料是由大量外形不规则的小晶体即晶粒所组成的，称为多晶体。每个晶粒内部的晶格位向大致相同，但各个晶粒彼此间的位向不同，位向差为几分、几度到几十度。晶粒的一般尺寸为 $10^{-3}\sim10^{-2}$ cm，晶粒之间的界面称为晶界，一般在金相显微镜下才能观察到晶粒和晶界。

在实际金属材料中，大量不同位向的多晶体是呈统计规律分布的。各方向的性能大体表现出各晶粒性能的平均值，例如，α-Fe 多晶体各个方向所测得的弹性模量 $E$ 都约为 210 000 Pa，这恰好是 α-Fe 单晶体在各个方向上的平均值。多晶体在各个方向上性能相近的现象，称为多晶体的伪各向同性。

研究证明，每一个晶粒是由位向差、尺寸都很小的小晶块互相镶嵌而成的。这些小晶块称为亚晶粒或嵌镶块，尺寸比晶粒小 2～3 个数量级，常为 $10^{-6}\sim10^{-4}$ cm，亚晶粒之间的位向差为几秒至几度，亚晶粒间的边界称为亚晶界，在亚晶粒内部晶格位向是一致的。

## 二、实际金属中的晶体缺陷

前述的理想晶体，原子的排列是绝对规则的，但实际上晶体中一些区域的原子的正常排列往往遭到破坏，表现为某些原子丢失了正常的相邻关系，这称为晶体缺陷。晶体缺陷与强度、硬度和韧度等大量整体性能有密切关系，而对密度、弹性模量等影响不大。根据几何形态的差别，晶体缺陷一般分为点缺陷、线缺陷和面缺陷三类。

### 1. 点缺陷

在长、宽、高三个方向上的尺寸都很小，即相当于原子尺寸的晶格缺陷称为点缺陷，包括空位、间隙原子和溶质原子等。

晶格结点原子不断地做热振动，当其能量大于周围原子对其束缚时，就可能迁移到晶格间隙中，形成空位和间隙原子，如图 2-5 所示。点缺陷使周围晶格发生畸变，金属的物理性能、力学性能都受到影响，如电阻增大、密度减小、屈服强度增强等。

### 2. 线缺陷

在两个方向上的尺寸很短，在另一个方向上的尺寸相对很长的晶格缺陷称为线缺陷，如各种类型的位错。最常见的位错如图 2-6 所示，在这个晶体的某个原子面上多出了半排原子面，这多出的半排原子面就像刀刃一样垂直切入到完整晶体中，刃口处的原子列即为刃形位错。在刃形位错线附近区域，发生了晶格畸变，距位错线较远处，原子排列趋于正常，所以刃形位错实际上为位错线周围几个原子间距宽的长管道。

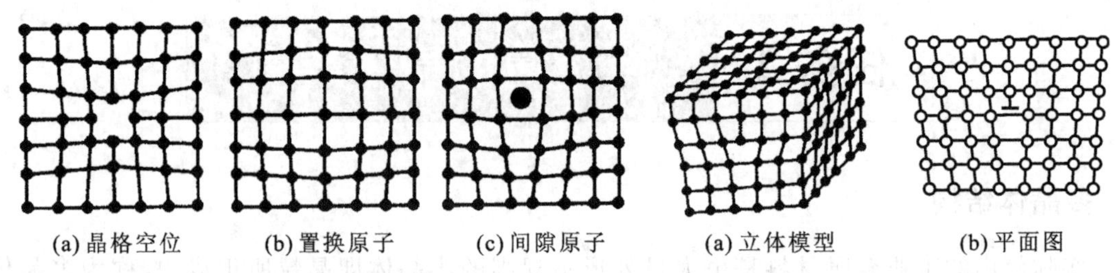

(a) 晶格空位　(b) 置换原子　(c) 间隙原子

图 2-5　常见点缺陷示意图

(a) 立体模型　(b) 平面图

图 2-6　刃形位错示意图

位错的存在和运动，对金属的塑性变形、强度和断裂起决定作用，对金属的扩散、组织转变等物理性能也有较大影响。位错密度是指单位体积中位错线的总长度或单位面积中位错线的根数。位错密度对金属强度的影响如图 2-7 所示，当金属处于退火状态（位错密度 $\rho=10^6\sim10^8\ \mathrm{cm}^{-2}$）时其强度最低，增加或减少位错都会提高金属强度，目前已制出极细的无位错的金属晶须，其强度接近理论值。目前提高金属材料强度的主要方法是增加位错，如热处理、冷压力加工等。

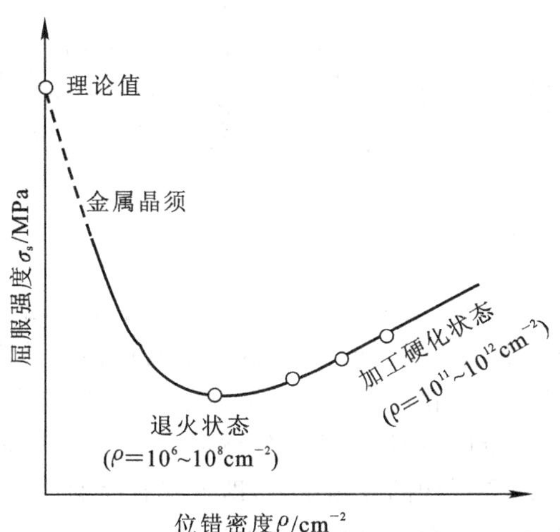


图 2-7 金属强度与位错密度的关系

### 3. 面缺陷

在两个方向上的尺寸很长，在第三个方向上的尺寸很短的晶格缺陷称为面缺陷。晶界[见图 2-8(a)]和亚晶界是金属中的主要面缺陷。晶界上原子并非完全混乱排列，而是位向不同的相邻晶粒的折中位置，通过晶界来协调，使晶格从一个晶粒的位向过渡到另一个晶粒的位向。亚晶界是位错规则排列的，例如，亚晶界可由位错垂直排列成位错墙[见图 2-8(b)]构成。

晶界和亚晶界处晶格畸变较大，位错密度较高(可达 $10^{12}$ $cm^{-2}$以上)，原子能量较高；与晶粒内相比，其熔点较低，容易腐蚀，原子扩散速度较快，强度较高，因此，晶界对金属的性能有较大的影响。

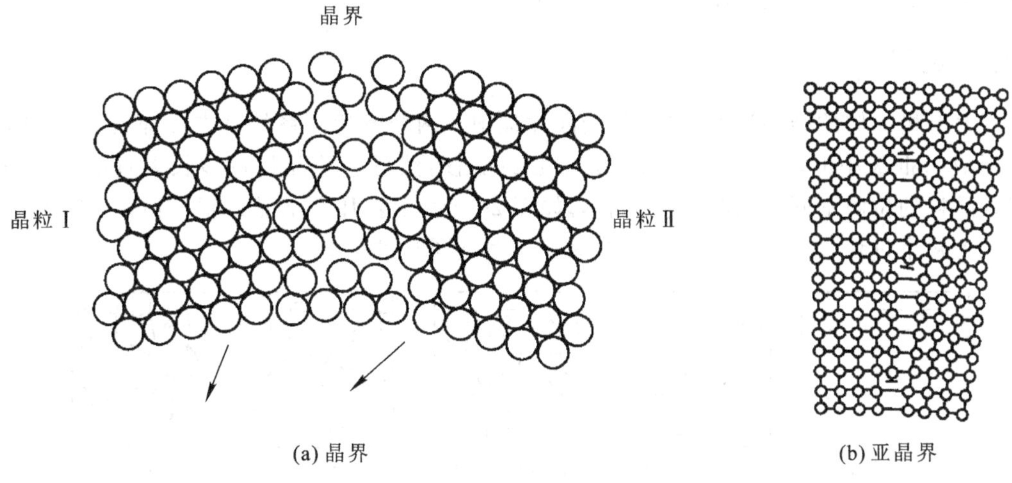


(a) 晶界　　(b) 亚晶界

图 2-8 晶界结构示意图

# 任务 3　金属的结晶

## 一、理论结晶温度与过冷度

制造机器零件的金属材料通常要经过冶炼、注锭、轧制、机加工和热处理等工艺过程。其中注锭是金属材料从液态到固态的凝固过程，因固态金属材料是晶体，故此过程称为结晶。金属材料结晶时，由于结晶条件的变化产生了不同的铸态组织，影响了铸件性能。

研究证实，液态金属接近凝固点时，并非像气体原子般杂乱无章地做无规则运动，而是在短距离范围内，原子呈近似固态结构的规则排列，即近程有序的原子团。这种原子团是不稳定的，具有瞬时存在和瞬时消失的特性。因而金属的结晶从理论上来看就是从原子的近程有序排列到远程有序排列的过程。每种金属都有一个从原子近程有序排列到远程有序排列时共存的固定温度，该温度称为理论结晶温度。也就是说，在理论结晶温度时，金属液态和固态共存。

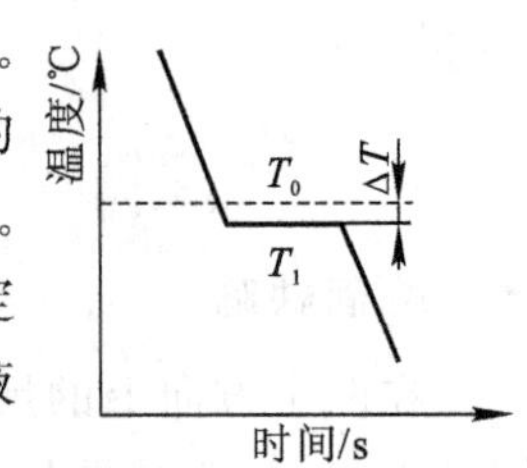


图 2-9　纯金属的冷却曲线

用热分析法绘出金属的冷却曲线可以测出它的结晶温度，如图 2-9 所示。由于液态金属向周围环境散热，温度均匀下降，当温度降到 $T_1$ 后，金属开始结晶，放出结晶潜热抵消了散热，使温度保持不变，在冷却曲线中出现水平“平台”，结晶完毕后温度继续下降。“平台”所对应的温度就是实际结晶温度，实际结晶温度与理论结晶温度 $T_0$ 的差就是过冷度。过冷度与冷却速度有关，当冷却速度极其缓慢时，过冷度就接近于零。实际金属的过冷度常在 10～30 ℃。

## 二、结晶过程

观察有机晶体的结晶过程后发现，结晶过程中有两个密切联系的基本过程，首先是在液体内部形成一批极小但能持续长大的结晶中心或晶核，然后这些晶核逐步长大直至结晶完毕。由于各晶粒的位向不同，得到的是多晶体，如图 2-10 所示。凡是结晶过程，对每个晶粒都有形核和长大两个过程，就整体金属来说，形核和长大是同时进行的。

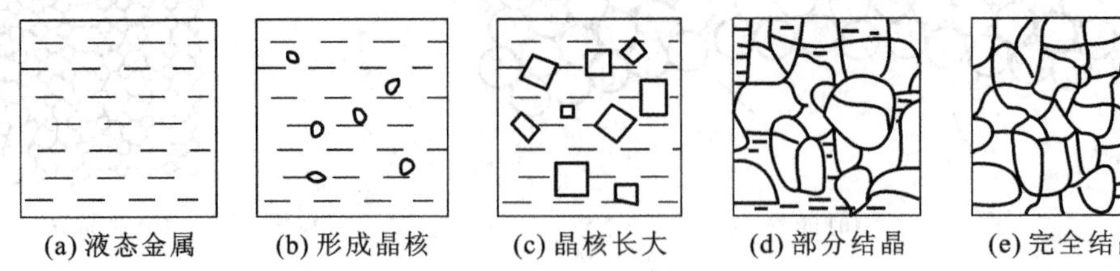

(a) 液态金属　(b) 形成晶核　(c) 晶核长大　(d) 部分结晶　(e) 完全结晶

图 2-10　结晶过程示意图

实验证明，当金属结晶时过冷度较大，特别是有杂质存在时，晶体往往以树枝状的方式长大。晶核开始长大时，其外形较规则，但继续长大时，由于晶粒的突出部分（如顶角和棱边）散热较快，缺陷较多，所以结晶后表面积最大，容易吸收到液体中的原子，像树枝一样长大，先长出被称为一次晶轴，树干继而长出枝干，称为二次晶轴，随着晶粒的长大，还可长出三次晶轴、四次晶轴等，这种晶体称为树枝状晶体，简称枝晶，如图 2-11 所示。

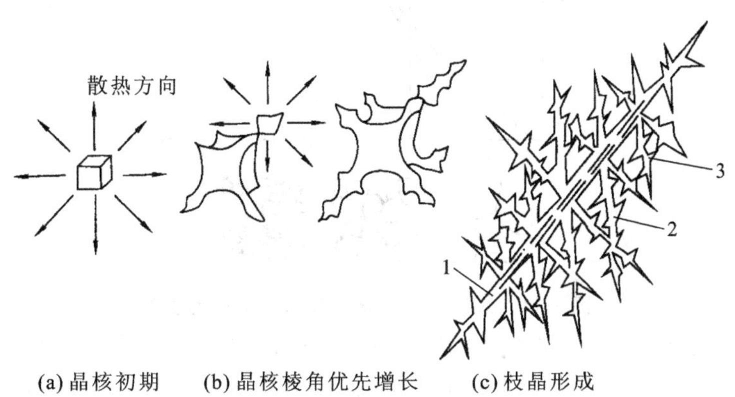


**图 2-11　枝晶长大示意图**

1—一次晶轴；2—二次晶轴；3—三次晶轴

## 三、晶粒大小

### 1. 晶粒度

晶粒的大小称为晶粒度，它用单位面积上的晶粒数目或晶粒的平均线长度（或直径）表示。工程上常把金相组织放大 100 倍后与标准晶粒度图比较来评级。标准晶粒度分为 8 级，1 级最粗，8 级最细。

金属的晶粒度与其性能有密切关系。一般情况下，晶粒越细，金属的强度和塑性、韧性就越好。

### 2. 晶粒度的控制

金属晶体的晶粒度与形核率 $N$ 及长大速度 $\nu$ 有关。凡是提高形核率或减慢长大速度都可以细化晶粒，其中影响较大的是过冷度和液体中的不溶杂质。

（1）提高过冷度。根据实验，绘制出不同过冷度对形核率和长大速度的关系曲线，如图 2-12所示。在实际工业生产中，过冷度越大，形核率和长大速度都随之提高和加快，但形核率较长大速度快，因而过冷度越大，得到的晶粒就越细。

当液态金属的冷却速度大于 $10^7$ ℃/s 时，可得到非晶态金属。非晶态金属具有一些较突出的性能，包括特别高的强度和韧性，优异的导磁性能，较高的电阻率及良好的抗腐蚀性等，具有广阔的发展前景。

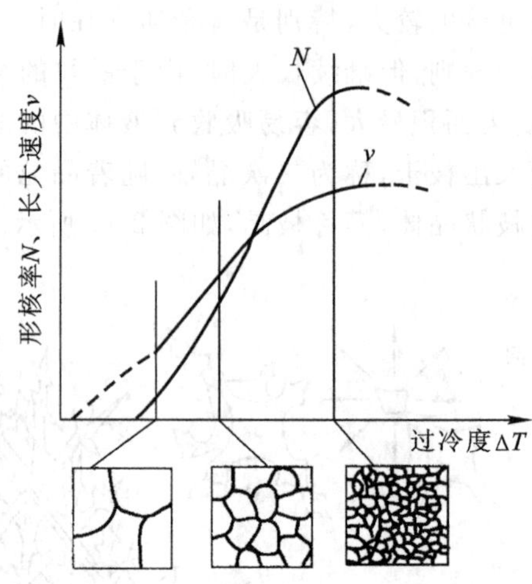


**图 2-12　过冷度对形核率和长大速度的影响**

(2)进行变质处理。在工业生产中，过大的过冷度往往不能实现，有的体积较大不易过冷，有的形状复杂，过冷度过大则会产生缺陷，因而需要采用变质处理来获得细晶粒，即在液体中加入形成结晶核心的变质剂，"人工晶核"大大提高了形核率。例如，在铝液中加入钛、钒、锆，或者在钢液中加入钛、锆、铝等脱氧剂都可以细化晶粒，在铁液中加入硅铁、硅钙合金则能使石墨变细。

(3)附加振动。在金属结晶过程中，机械、超声波、电磁搅拌等各种振动，可使在长大中的晶粒破碎，增加晶核数目，以细化晶粒。

应该指出，即使在金属结晶成固态后，还可通过压力加工和热处理等方法来进一步细化晶粒。

## 四、金属的同素异晶转变

有少数金属在结晶终了后，随温度或压力的变化，晶格类型也将发生转变。这种金属在固态范围内，由一种晶体结构转变为另一种晶格类型的现象称为同素异晶转变或同素异构转变。例如，铁、锰、钴、钛、锡等金属均有同素异晶转变的性质。

纯铁的冷却曲线如图 2-13 所示。铁在 1 538 ℃结晶成体心立方晶格的 δ-Fe，冷却到 1 394 ℃转变成面心立方晶格的 γ-Fe，冷却到 912 ℃又转变成体心立方晶格的 α-Fe。加热时则发生相反的转变过程。这些转变温度称为临界转变温度或临界点。

金属的同素异晶转变与液态结晶相似，同样遵循结晶过程的一般规律，即有形核和长大的过程(恒温完成结晶过程和释放出结晶潜热等)。为与液态结晶区别，把它称为"重结晶"或"二次结晶"。正是由于某些金属具有同素异晶转变的特性，工业上可以采用各种热处理来改变金属的组织和性能。

同素异晶转变是在固态范围内进行的，晶格转变需要较大的过冷度，因而组织较细。由于晶格转变致使密度改变，也会引起体积变化，如 γ-Fe 转变为 α-Fe，体积膨胀了 1%左右，产生

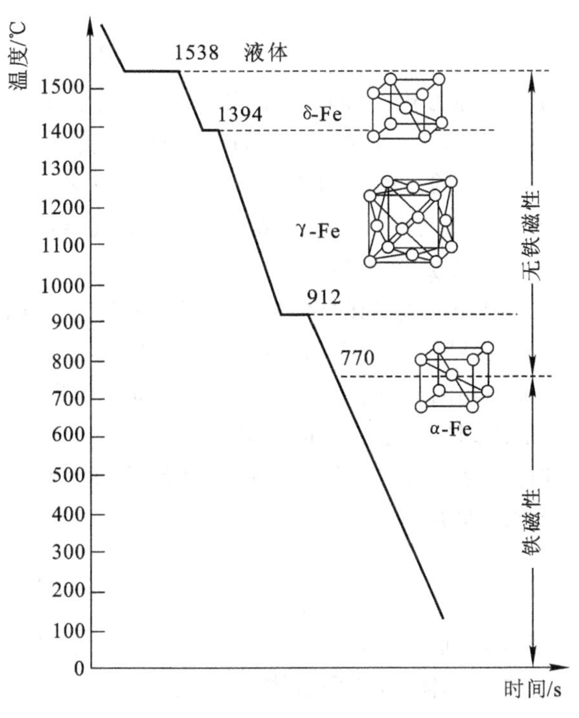


图 2-13　纯铁的冷却曲线

了较大的内应力。

770 ℃是铁的磁性转变点，磁性转变不是同素异晶转变，这种转变无结晶潜热和体积上的变化。

## 任务 4　合金中的相

一种金属元素与另一种或几种元素相结合形成具有金属等特性的物质称为合金。组成合金的、独立的、最基本的单元称为组元（简称元）。合金组元中，主体是金属元素，其他组元可以是金属、非金属或化合物。若干给定的组元可以配出一系列不同成分的合金，这一系列合金就构成了一个合金系。合金系可以是二元系、三元系或多元系。

纯金属由于制取困难，其强度、硬度等力学性能较低，使用受到了限制。而合金则可以通过调整其成分而达到要求的各种性能。例如，纯铁的硬度为 80 HBS，T8 钢的布氏硬度为 270 HBS，纯铝的强度为 50 MPa，而超硬铝合金可达 500～600 MPa。在钢中加入铬和镍可大大提高耐腐蚀性，使之变为不锈钢。

## 一、相的概念

物质系中结构均匀的部分称为相。即在一个相中，它的化学成分、结构和性能都是相同的，并且有明显的界面与其他相隔开。例如，互溶的、均匀的酒精水溶液是单相的，不溶的、明显分层的水和油的混合液是双相的。固态物质也可以是单相或多相的，如纯金属、冰、晶态石英等都是单相的。铁碳合金中，铁与碳形成化合物 $Fe_3C$，这种化合物的化学成分、晶格类型和性能都与铁不同，因而铁碳合金不是单相的。

通常用眼睛、放大镜或显微镜观察到的材料的形貌图像称为组织。组织是由各种相组成的，在合金组织中具有不同显微特征的独立部分称为组织组成物。

金属的性能与组成合金各相的成分、结构、形态、性能和分布等有关。合金组织是合金中相的综合反映，因此，合金的组织决定了材料的性能。

要研究合金的组织和性能必须首先了解合金的晶体结构，即相结构。合金中的相结构可以分成固溶体和金属化合物两大类。

## 二、固溶体

溶液是指溶质(如糖)溶于溶剂(如水)中所形成的单相液体。同理，溶质组元(如锌)溶入溶剂(如铜)的晶格中所形成的单相固体，称为固溶体，溶剂的晶格类型不变。如上述锌的晶格类型是密排六方晶格，铜的晶格是面心立方晶格，则形成的固溶体的晶格同样是面心立方晶格。

按溶质原子在溶剂中的位置，固溶体可分为置换固溶体和间隙固溶体。

### 1. 置换固溶体

溶质原子取代溶剂晶格中某些结点上的溶剂原子的固溶体称为置换固溶体。如图 2-14(a)所示，置换固溶体可以是无限固溶体，例如，铜与镍能以任何比例互溶；置换固溶体也可以是有限固溶体，例如，锌在铜中最多能溶入 39%。

溶质原子在溶剂晶格结点上是无规则分布的，这种固溶体称为无序固溶体。在特定的条件下，溶质原子可以按一定规律分布在溶剂晶格上，这种固溶体即为有序固溶体。

影响置换固溶体中溶质原子质量分数的主要因素有尺寸因素、电化学因素、合金组元的晶格类型等。尺寸因素是指原子直径的差别，实验证明，当$(D_{剂}-D_{质})/D_{剂}>15\%$时要形成置换固溶体就很困难了。电化学因素是指元素原子核外电子的行为，当两大元素在周期表中位置越靠近，那么它们的电化学性质就越相近，形成固溶体的溶解度就越大。若晶格类型相同，则可提高其溶解度。

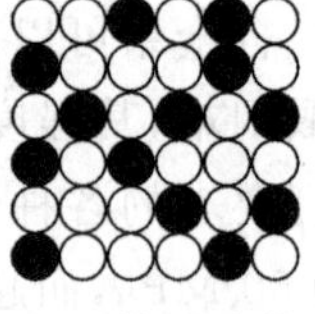

(a) 置换固溶体

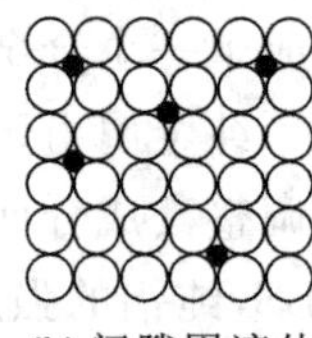

(b) 间隙固液体

图 2-14　固溶体结构示意图

○—溶剂原子；●—溶质原子

### 2. 间隙固溶体

溶质原子嵌入溶剂晶格的间隙中所形成的固溶体称为间隙固溶体，如图 2-14(b)所示。如前所述，任何晶格中都有间隙，即使是排列最紧密的面心立方晶格和密排六方晶

格，致密度也仅为74%，还是有26%的空隙可溶入溶质原子形成间隙固溶体。

形成间隙固溶体的溶剂通常为过渡族元素，溶质为原子半径不超过1Å的碳、氢、氧、氮、硼等非金属元素。要形成间隙固溶体，溶剂与溶质原子尺寸必须满足下式

$$\frac{D_{质}}{D_{剂}}<0.59$$

式中：$D_{质}$、$D_{剂}$——溶质、溶剂的原子直径。

由于溶剂晶格的空隙是有限的，所以间隙固溶体为有限固溶体。

无论哪种固溶体都会使合金晶格发生畸变(见图2-15)，这往往能提高合金的强度、硬度和电阻率。溶质原子溶入形成固溶体，使合金强度、硬度升高的现象称为固溶强化。

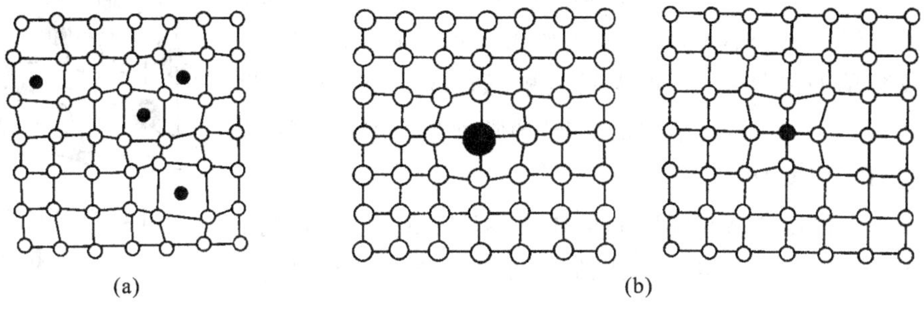


**图2-15 形成固溶体时的晶格畸变示意图**

○—溶剂原子；●—溶质原子

通常加入适量的溶质，可以提高合金的强度和硬度，而塑性、韧性仅略微降低，这样合金就有了更好的强度和韧性。因此，固溶体常作为结构材料中合金的基本相。

由于固溶体的高电阻率，因此，它常应用于电热材料，如Fe-Cr-Al电炉丝、Cr-Ni电炉丝就是固溶体。

## 三、金属化合物

组成合金的两个组元发生相互作用而形成的具有金属特性的化合物称金属化合物。金属化合物的结构与任一组元都不相同，一般有固定的化学成分，能用一分子式来表示。它是两组元反应后形成的新相，性能与组元有很大差别。金属化合物大致可分为以下三类。

### 1. 正常价化合物

正常价化合物严格遵守化合价规律，组合成分不变，可用化学式表示。它通常由强金属元素和非金属元素或类金属元素组成，如$Mg_2Si$、$Mg_2Sb$、$Mg_2Sn$等。这类化合物的特点是硬度高、脆性大。

### 2. 电子化合物

电子化合物不遵循化合价规律，而是当电子浓度达到某比值时，相应形成的具有一定晶体结构的化合物。电子浓度则是指化合物中价电子数与原子数的比值，即

$$C_{电}=\frac{价电子数}{原子数}$$

电子化合物的成分可在一定范围内波动，因为它可以溶解单组元，形成以电子化合物为基的固溶体。如在Cu-Zn合金中，β相的含Zn的质量分数为36.8%～56.5%，不符合正常价的规律，但仍可用化学分子式表示。电子化合物有明显的金属特性，高的熔点和硬度，是许多非铁金属中的强化相。

**3. 间隙相和间隙化合物**

间隙相和间隙化合物是由过渡族金属（如Fe、Cr、Mo、W、V等）和原子半径极小的非金属元素（如C、N、H、B等）形成的化合物。当非金属(X)与金属(M)的原子半径比值$r_X/r_M<0.59$时，化合物具有较简单的晶体结构，称为间隙相，如VC、VN、WC、TiC等；而当$r_X/r_M>0.59$时，其结构很复杂，通常称为间隙化合物，如$Fe_3C$、$Cr_7C_3$、$Fe_4W_2C$等。

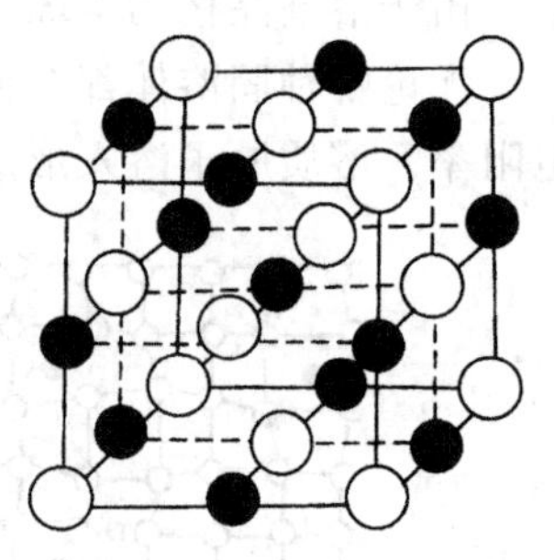

**图2-16　VC的晶格**

○—V原子；●—C原子

间隙相和间隙化合物与间隙固溶体有本质上的不同，它们的晶格不同于任一组元的晶格，而间隙固溶体的晶格为溶剂组元晶格。

间隙相具有较简单的晶体结构。例如，VC为面心立方结构，金属V原子位于面心立方结点的位置，而非金属C原子则有规律地分布于面心立方的间隙中，如图2-16所示。间隙相的分子式一般为$M_4X$、$M_2X$、$MX$、$MX_2$等。

间隙化合物具有复杂的晶格结构。例如，$Fe_3C$，$r_C/r_{Fe}=0.63>0.59$，为复杂斜方结构。这种复杂晶格间隙化合物中的Fe原子可以被其他金属原子（如Mn、Cr、W、Mo等）部分取代，形成所谓的合金渗碳体$(Fe,Mn)_3C$、$(Fe,Cr)_3C$等。

间隙相和间隙化合物都具有硬度高、熔点高的性能，特别是间隙相的硬度、熔点更高，且稳定。例如，TiC、VC、$W_2C$、NbC的熔点都在3 000 ℃以上，硬度都大于2 000 HV，因而它们是钢铁材料中重要的强化相，可以有效地提高强度、热强性、耐磨性和红硬性等。

各种金属化合物的共同特点是硬而脆，在合金中呈现细颗粒均匀分布，可以提高合金的强度和硬度，但金属化合物呈片状、网状、块状的结构形态会降低合金的强度，特别是其韧度。

在合金中，纯金属、固溶体、金属化合物是基本相，但大多数合金在组织上是由两相或多相所组成的，这种由两相或多相构成的组织称为机械混合物。在机械混合物中，组成相仍保持各自的晶体结构和性能，因此，整个组织的性能取决于构成它的各相的性能及各相的数量、形状、大小及分布状况等。

# 任务 5　二元合金状态图

## 一、状态图基本概念

纯金属的结晶是指在过冷和恒温状态下由液相向固相的转变过程，可以用冷却曲线来表示。例如，纯 Pb 和纯 Sb 的冷却曲线如图 2-17 所示，在结晶温度（Pb 为 327 ℃，Sb 为 631 ℃）以上为液相；在结晶温度以下液态全部转变为固态；在结晶温度时，液态和固态共存。

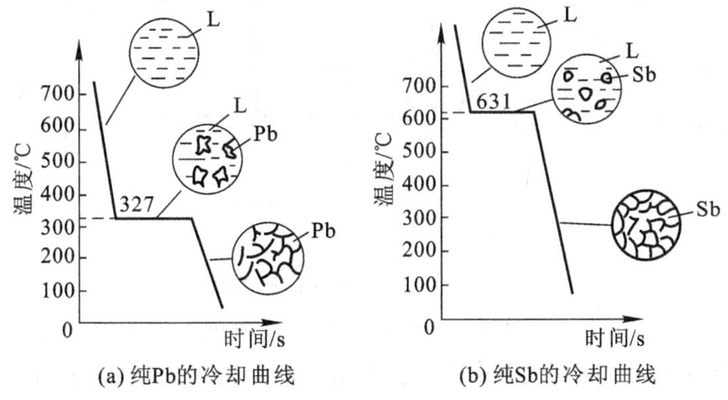


**图 2-17　纯 Pb、纯 Sb 的冷却曲线**

合金的结晶过程在本质上与纯金属的相同，也是一个形核、长大的过程。但合金由两种或两种以上的组元组成，在结晶过程中与纯金属相比，相的状态变化较复杂。合金液相可以结晶出单一固相，也可以结晶出多种相，而且有时相的成分会随温度的不同而变化；其次合金结晶既可在恒温下进行，也可在一定的温度范围内进行，图 2-18 所示的是三种不同成分的 Pb-Sb 合金冷却曲线。

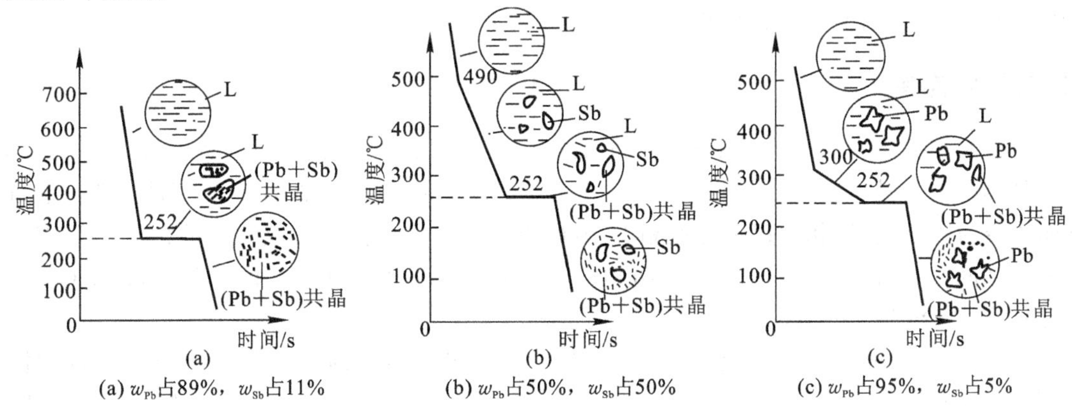


**图 2-18　三种不同成分的 Pb-Sb 合金冷却曲线**

图 2-19 所示的是根据五种 Pb-Sb 合金冷却曲线绘制 Pb-Sb 的合金状态图的过程。状态图中的横坐标表示组成元素的相对成分(质量分数)。在图 2-9 中,最左端表示纯 Pb,从左到右 Pb 的质量分数减少,Sb 的质量分数增加,最右端为纯 Sb,任何成分的 Pb-Sb 合金都在横坐标上有相应的点。在 Pb-Sb 合金的冷却曲线中,曲线上的水平线或转折点相应的温度称为临界点温度。把纯 Pb、纯 Sb 和其他三种成分的临界点温度标在其成分线上,然后把开始凝固点($A$、$C$、$B$)和凝固终结点($D$、$C$、$E$)用光滑曲线连接起来,就可以得到 Pb-Sb 合金状态图。

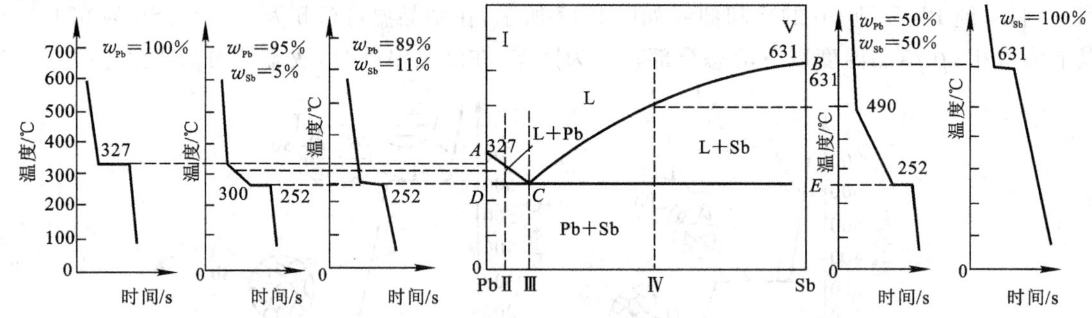


**图 2-19　Pb-Sb 合金状态图的建立**

状态图中的每个点、每条线、每个区域都有明确的物理意义。$A$、$B$ 点分别为纯 Pb 和纯 Sb 的熔点,因合金冷却到 $ACB$ 线开始结晶,即在 $ACB$ 线以上均为液相,故称 $ACB$ 线为液相线,$DCE$ 线是合金结晶终结线,即在 $DCE$ 线以下均为固相,故称 $DCE$ 线为同相线。由于 Pb 和 Sb 在固态下互不相溶,因而该固相是 Pb 和 Sb 的混合物,是双相组织。在 $ACB$ 线和 $DCE$ 线之间是液相和固相共存区。在 $ACD$ 区是液相 L 和固相 Pb,在 $BCE$ 区是液相 L 和固相 Sb。

以上说明,合金状态图用图解的方法表示合金系中合金状态、温度和成分之间的关系。由于合金状态图是在极其缓慢的冷却过程中测绘的,只能表示在平衡状态或接近平衡状态下相与相之间的关系,因而也称为平衡图或相图。

## 二、匀晶状态图

两组元在液态和固态均无限互溶时形成的是匀晶状态图。如图 2-20 所示,Cu-Ni 合金状态图是典型的匀晶状态图,图中 $A$ 点和 $B$ 点分别是纯 Cu 和纯 Ni 的熔点,上面曲线为液相线,下面曲线为固相线,液相线以上是液相 L,固相线以下是 Cu 与 Ni 形成的 α 固溶体。液相线与固相线之间是液相 L 和固溶体 α 的两相区,这是一种最简单的二元状态图。如 Fe-Cr、Ag-Au、Au-Pt 和 Si-Be 等的状态图均为匀晶状态图。

在匀晶状态图中,无论哪种成分最终都是 α 固溶体构成的单相匀晶组织,其结晶过程如图 2-20 所示。液相 L 降至 $T_1$ 温度时,开始析出 α 固溶体,这是一个形核、长大的结晶过程,α 固溶体的成分为 $Y_1$。当温度降至 $T_2$ 温度时,结晶成树枝状晶体 α 固溶体的成分

为 $Y_2$，剩余液体的成分为 $X_2$。随着温度继续下降，结晶出的 α 固溶体不断增加，液相不断减少，当降到 $T_4$ 温度时，液相全部结晶为成分是 $X_4$ 的 α 固溶体，继续冷至室温成分不再发生变化。

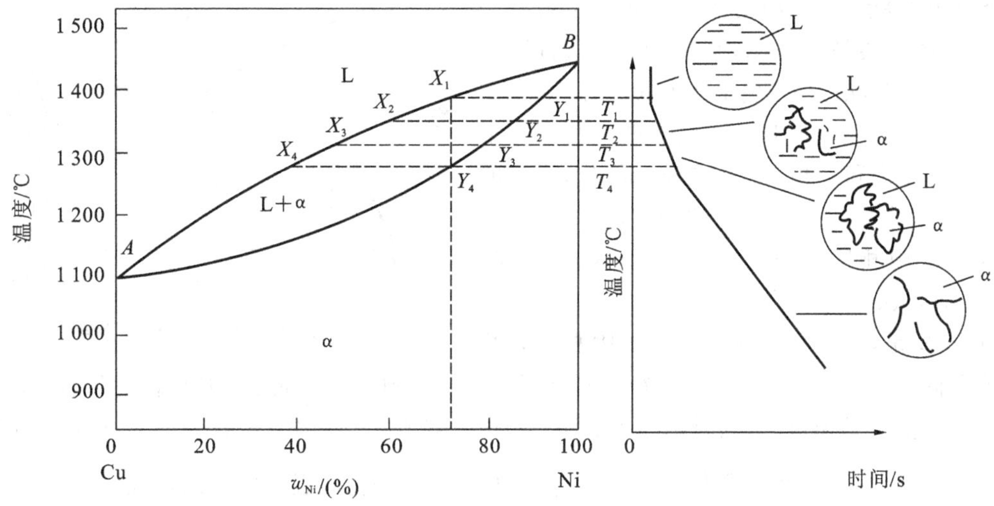


图 2-20　Cu-Ni 合金状态图及合金的结晶过程

实际上这类合金的组织往往具有明显的树枝结晶形态，如图 2-21 所示，这种在晶粒内化学成分不均匀的现象称为枝晶偏析。这是因为当液相合金降至液相线时就开始析出成分为 $Y_1$ 的 α 固溶体，当温度下降时，继续结晶出的 α 固溶体的成分分别为 $Y_2$、$Y_3$，最终变为 $Y_4$，因为冷却速度较快，原子在固相中扩散速度较慢，扩散速度远跟不上结晶过程，因而在先结晶的主干中含高熔点组元 Ni 较多，后结晶的枝干部分含低熔点的组元 Cu 较多。固溶体中结晶温度变化范围，即液相线与固相线间距离越大，不均匀性越明显，枝晶偏析越严重。常用扩散退火的方法改善枝晶偏析造成的力学性能和耐蚀性的下降。扩散退火后的显微组织如图 2-22 所示。

图 2-21　Cu-Ni 合金的树枝状组织(铸态组织)

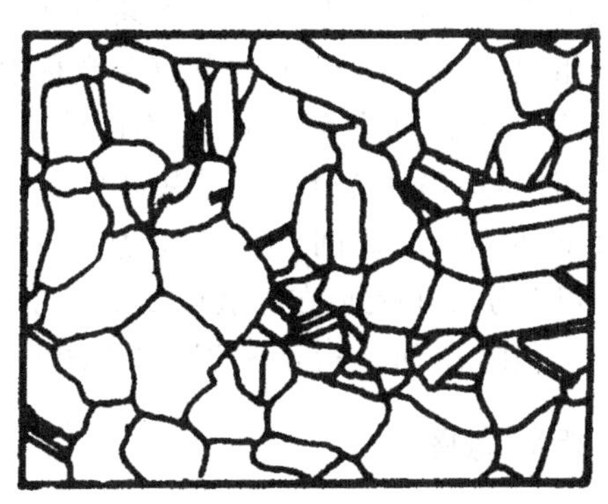

图 2-22　Cu-Ni 合金扩散退火后的显微组织

## 三、共晶状态图

两组元在液态和固态部分互溶，并有共晶反应时会形成共晶状态图。如图 2-23 所示，Pb-Sn 合金状态图就属于共晶状态图，其他如 Ag-Cu、Pb-Si、Al-Si等合金系的状态图也属于此类状态图。

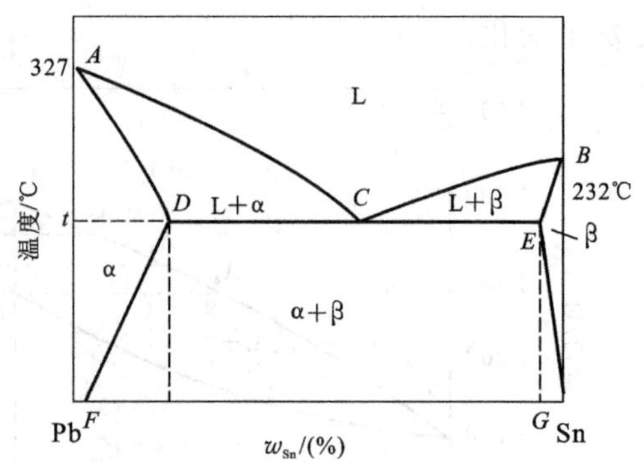

**图 2-23　Pb-Sn 合金状态图**

从图 2-23 中得知，Pb-Sn 状态图中共有三个相，液相 L、α 相和 β 相。α 相是 Sn 溶于 Pb 中的固溶体，β 相是 Pb 溶于 Sn 中的固溶体。

合金系中相区有：L 区、(L＋α) 区、(L＋β) 区、(α＋β)区、α 区、β 区等。

*ACB* 线是液相线，*ADCEB* 线是固相线，*DF* 线是有限固溶体 α 的溶解度曲线，*EG* 线是有限固溶体 β 的溶解度曲线，*DCE* 线是共晶线。成分为 *C* 点的合金在该温度下，同时结晶出 α 和 β 两种固溶体混合物的反应称为共晶反应，该组织称为共晶组织或共晶体，反应式为：$L_C \xrightarrow{183℃} \alpha_D + \beta_E$。共晶反应是在恒温下完成的，共晶组织中的 α 相为 *D* 点的成分，β 相为 *E* 点的成分。

在共晶状态图中，室温下的各种不同成分合金的组织如图 2-24(a)所示。

成分 *F* 点以左的合金，由液相析出 α 相，随后为单相 α 匀晶组织。成分在 *FD* 线范围内时，合金在形成单相 α 匀晶组织后，继续冷却到 *DF* 线时，α 相中 Pb 的质量分数达到饱和，低于 *DF* 线时就要析出含 Sn 较高的 β 固溶体，它以细质分布在 α 固溶体内。这种在固相中析出第二相的现象称为二次结晶，用 $\beta_{Ⅱ}$ 表示。最终组织为($\alpha+\beta_{Ⅱ}$)。

合金成分为 *C* 点时，液态合金冷却到 *DCE* 线时发生共晶反应，最终形成(α＋β)细密混合的共晶体组织，这种成分的合金称为共晶合金。

在 *DC* 线之间，液相 L 首先析出 α 相，剩余液相 L 的成分沿 *AC* 线变化，冷却至 *DCE* 线时液相成分恰好为 *C* 点成分，便发生共晶反应，因而最终组织为先析出的 α 相与共晶组织(α＋β)的混合组织，即 α＋(α＋β)，这部分合金称为亚共晶合金。在 *C* 点和 *E* 点之间，合金成分与前述 *D* 点和 *C* 点之间合金相类似，不同的是先析出的是 β 相，最终形成 β 相与共晶组织(α＋β)的混合组织，这部分合金称为过共晶合金。

在 *E* 点和 *G* 点之间最终组织为($\beta+\alpha_{Ⅰ}$)，在 *G* 点右边，最终组织为单相 β 匀晶组织。

从以上分析可看到，在室温时，*F* 点以左、*G* 点以右分别为单相 α、β。在 *F* 点和 *G* 点之间均是双相(α＋β)，但随着 Sn 质量分数的增加，两相中 α 相逐渐减少，而 β 相相对增加，如图 2-24(b)所示。

## 四、共析状态图

具有共析反应的状态图如图 2-25 所示。共析反应与共晶反应极为相似，不同的是在平衡温度下从一个固相中析出另外两个固相的混合物。共析反应为

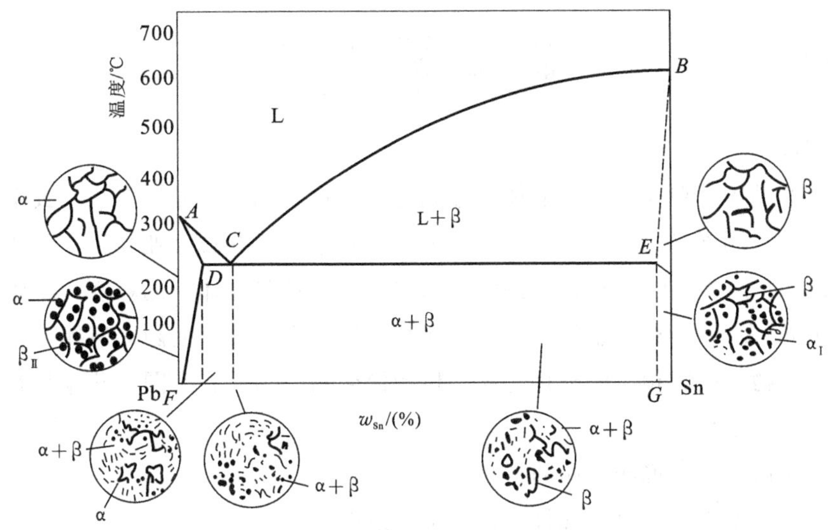


(a) 共晶状态图合金的室温组织示意图

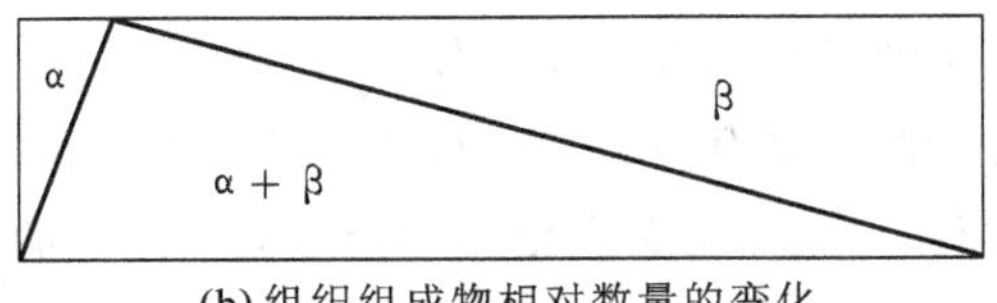


(b) 组织组成物相对数量的变化

**图 2-24　各种不同成分合金组织及其相对数量变化**

$$\gamma_C \xrightarrow{\text{恒温}} \alpha_D + \beta_E$$

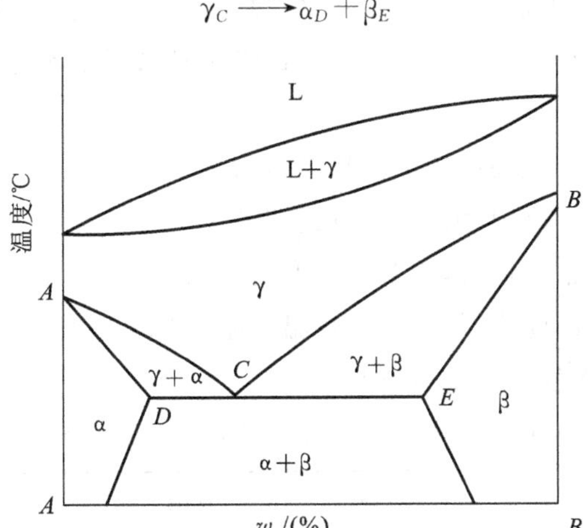


**图 2-25　具有共析转变的二元合金状态图**

分析这类状态图时，可把上半部分看做是匀晶状态图，下半部分看做是共晶状态图。

由于原子在固态时扩散困难，共析反应时易过冷，因而得到的共析组织比其共晶组织细密得多。

## 复习思考题 2

1. 名词解释。

晶体　非晶体　单晶体　多晶体　金属键　晶格　晶胞　晶格常数　致密度　晶体的各向异性　同素异晶(构)转变　点缺陷　线缺陷　亚晶粒　亚晶界　位错　结晶　一次结晶　二次结晶　理论结晶温度(熔点)　树枝状晶体　晶粒度　变质剂　变质处理　组元(元)系　相　组织　组织组成物　置换固溶体　间隙固溶体　正常价化合物　电子化合物　间隙相　间隙化合物　机械混合物　匀晶状态图　共晶状态图　共析状态图　枝晶偏析

2. 试用金属键的特点说明金属的特点。

3. 金属晶格类型常见的有哪几种？试画出示意图。

4. 为何单晶体具有各向异性，而多晶体在一般情况下不显示出各向异性？

5. 何谓位错？位错对金属材料的力学性能有什么影响？

6. 何谓过冷度？它与冷却速度有何关系？对铸件晶粒大小有何影响？

7. 简述金属的结晶过程，分析一般金属结晶后会形成多晶体的原因。

8. 获得细晶粒的途径主要有哪些？细晶粒对力学性能有何影响？

9. 如果其他条件相同，试比较下列铸造条件下铸件晶粒的大小。

(1)金属模铸造与低温浇注。　(2)高温浇注与低温浇注。

(3)铸成薄件与铸成厚件。　(4)浇注时采用振动与不采用振动。

10. 判断是非题。

(1)凡是由液体凝固成固体的过程都是结晶。

(2)金属结晶时，过冷度越大，则晶粒越细。

(3)当冷却速度非常缓慢时，不要过冷度也可以结晶。

11. 把铁加热，铁会逐渐膨胀，但发现加热温度超过 912 ℃时，铁反而收缩，试解释其原因。

12. 工业上为什么大多使用合金材料？

13. 试比较固溶体、金属化合物和机械混合物的特点，填入下表。

| 名称 | 种类 | 举例 | 晶格特点 | 相数 | 性能特点 |
|---|---|---|---|---|---|
| 固溶体 | | | | | |
| 金属化合物 | | | | | |
| 机械化合物 | | | | | |

14. 已知 $A$(熔点为 600 ℃)与 $B$(熔点为 500 ℃)在液态下无限互溶；在固态 300 ℃时，$A$ 在 $B$ 中有最大的溶解度，$w_A$ 为 30%；在室温时 $w_A$ 为 10%。但 $B$ 不溶于 $A$，在 300 ℃时 $B$ 的质量分数为 40%的液态合金发生共晶反应。(1)试分析 $A$-$B$ 合金状态图。(2)试分析 $w_B$ 为 20%时合金的结晶过程。

15. 什么是共晶转变？什么是共析转变？它们有何异同处？

16. 铸造为什么常用接近共晶成分的合金？压力加工为什么选用单相固溶体合金？

# 项目3 金属的塑性变形与再结晶

塑性变形是金属材料的重要特性之一，了解塑性变形的形式及其组织结构和性能的变化，以及温度对变形后金属材料的影响，对于掌握金属材料的压力加工工艺、合理使用金属材料和有效地提高金属材料的性能等都具有指导意义。

## 任务1 金属的塑性变形

### 一、金属塑性变形的基本形式

金属晶体的塑性变形是其各个晶粒变形的综合反应。要研究金属材料塑性变形的基本过程，首先要了解晶体的塑性变形，即常温下晶体塑性变形的最基本方式——滑移等。

#### 1. 晶体的滑移变形

1）切应力才能发生塑性变形

图 3-1(a)所示的是晶体未受外力的作用，原子处于平衡位置的示意图。图 3-1(b)所示为在正应力的作用下，晶体发生弹性伸长的示意图，若此时卸除外力原子恢复到平衡位置，如正应力超过原子间结合力，晶体会被拉断，如图 3-1(c)所示。因此，在正应力作用下，晶体只能发生弹性变形或脆性断裂，而不能产生塑性变形。

图 3-2 所示为晶体在切应力作用下的变形。当切应力较小时，晶体产生剪切弹性变形，当切应力增大到某一临界值(这个力称为临界切应力)时，晶面两侧的两部分晶体产生相对滑动，则滑动的距离必定是原子间距的整倍数。在外力卸除后，晶体恢复到新的平衡位置，即发生了塑性变形。由此可见，只有切应力才能使晶体产生塑性变形。

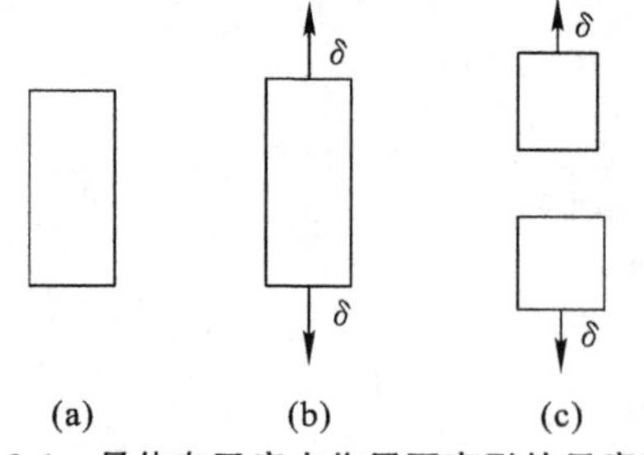


图 3-1 晶体在正应力作用下变形的示意图

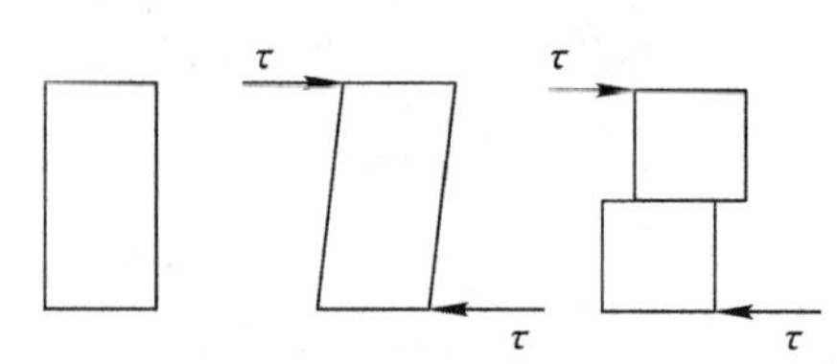


图 3-2 晶体在切应力作用下变形的示意图

2)滑移系

如上所述，在切应力作用下，晶体的一部分沿着一定晶体面(滑移面)的一定方向(滑移方向)相对于晶体的另一部分发生滑动，称为滑移。

通常，滑移总是沿着晶体中原子排列密度最大的晶面和晶向进行的，因为是密排晶面、晶向间的距离最大，如图 3-3 所示，原子间的结合力最弱，滑移阻力最小。发生滑移的晶面和晶向分别称为滑移面和滑移方向。1 个滑移面和在这个面上的 1 个滑移方向组成了 1 个滑移系统，称为滑移系。不同晶格类型的滑移面和滑移方向不一样(见表 3-1)，可见滑移系越多，金属材料的塑性就越好。由于滑移方向比滑移面的相对滑移更为重要，且面心立方晶格滑移面间距离较体心立方滑移面间距离为大，因此，面心立方晶格金属材料的塑性较体心立方晶格金属材料的塑性要好些。密排六方晶格金属材料仅有 3 个滑移系，所以塑性较差。

**表 3-1　三种常见晶格金属的滑移系**

| 晶格 | 体心立方 | 面心立方 | 密排六方 |
|---|---|---|---|
| 滑移面 | 6 | 4 | 1 |
| 滑移方向 | 2 | 3 | 3 |
| 滑移系 | 12 | 12 | 3 |

3)滑移时滑移面的转动

金属晶体在滑移变形时还会有转动，图 3-4 所示的是受拉伸时两端的拉力不处于同一直线上，于是产生一力偶迫使滑移面转动的情况。转动结果使滑移面趋向于拉伸轴平行，如图 3-5所示。

除滑移的转动外，晶体还会以滑移面的法线为轴发生转动。这种转动的结果使滑移方向与最大切应力方向一致，如图 3-6 所示。

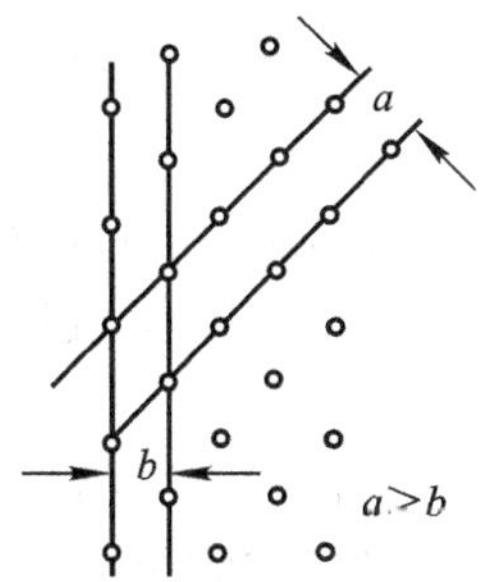


**图 3-3　密排晶面或晶向的原子间距大的示意图**

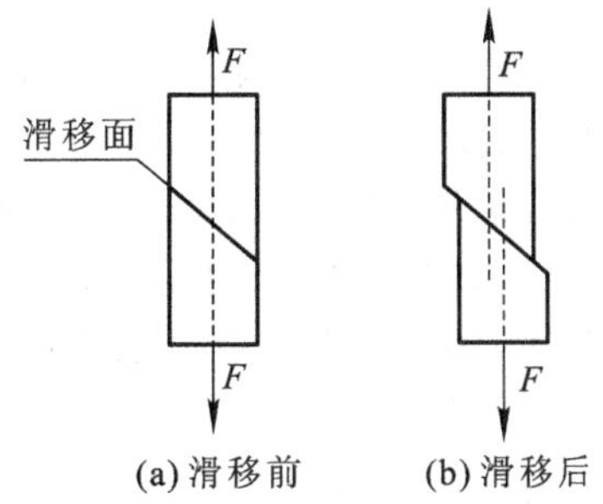


**图3-4　晶体只发生滑移的示意图**

图 3-5 晶体在拉力作用下的变形

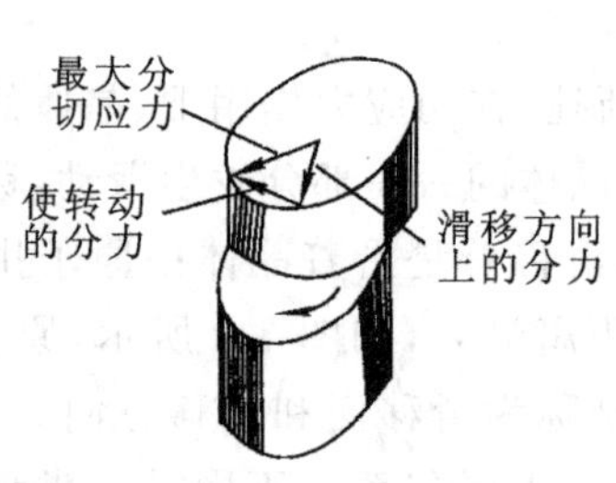


图 3-6 晶体试样滑移方向的转动

**2. 滑动机理**

如上所述，滑移是晶体中两部分的相对整体滑动，滑动面上的每个原子都同时做位移，称为刚性滑移。按理论计算所得到的晶体开始滑移的临界切应力比实际滑移所需的切应力大三到四个数量级。例如，纯铜按整体滑移的理论计算值切应力为 6 272 MPa，而实际测得滑移所需的切应力仅为 0.98 MPa。

目前，已经证实滑移是通过晶体中位错沿滑移面的运动来实现的。如图 3-7(a)所示，晶体中有刃形位错，在切应力作用下较易移动。位错每移动一个原子间距，只需位错中心少数原子做微量的位移，如图 3-7(b)、(c)所示。事实上，位移从滑移面的一侧运动到另一侧时，晶体便完成了一个原子间距的滑动，如图 3-7(d)所示。由此可见，由于位错的易动性，使金属的强度大大降低。

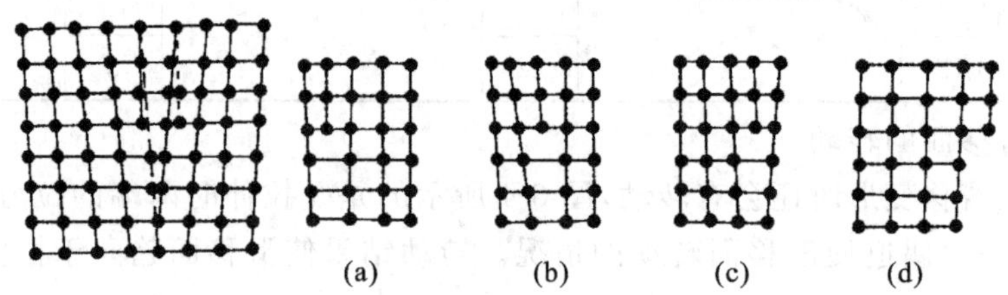


图 3-7 晶体通过位错运动造成滑移的示意图

## 二、实际金属的塑性变形

工程上使用的金属大多是多晶体，由于晶界和晶粒位向的不同，实际金属的变形要复杂得多，但就每个晶粒的变形来说仍与单晶体相同。

研究表明，在常温下晶界阻碍塑性变形。因为晶界是相邻晶粒的过度排列形成的，比较紊乱，且杂质、缺陷比较集中，因而它会使位错运动阻力增大。金属晶体中晶粒越细小，晶界的总面积越大，塑性变形的阻力也就越大。

金属塑性变形时，各晶粒的位向不同，虽然外力相同，但作用在各晶粒滑移面上的切应力却不一样。那些受最大或接近最大分切应力的位向的晶粒处于“软位向”状态，受最小或接近最小分切应力处于“硬位向”状态。那些处于“软位向”的晶粒首先开始滑移，但受到处于“硬位向”的晶粒的阻碍，处于“硬位向”的晶粒会发生弹性变形，这样，也使处于“软位向”的晶粒进一步塑性变形难以产生。继续增加外力，处于“硬位向”的晶粒也将产生滑移，各相邻晶粒也相继发生滑移，会使多晶体金属中的晶粒分批地、逐步地发生滑移变形。在变形过程中，由于各晶粒变形的不均匀，晶粒之间会产生相互作用的内应力。

由上述可知，金属晶粒越细小，晶界和晶粒位向对滑移变形的影响便越大，从而使金属的强度、硬度提高。另外，晶粒越细小，则单位体积中晶粒数量越多，处于“软位向”的晶粒数量就越多，金属总的变形量可分布在更多的晶粒中，晶粒的变化比较均匀，减少了应力集中的倾向，推迟了裂纹的形成和发展，能产生较大的塑性变形，故塑性较好。细晶粒金属强度高、塑性好、韧度也较高，所以，细化晶粒是金属的一种非常重要的强韧化手段，是提高工件力学性能的主要方法之一。

# 任务 2 塑性变形对金属组织和性能的影响

## 一、塑性变形对金属组织结构的影响

### 1. 晶粒变形及纤维组织的形成

金属发生塑性变形时，晶粒沿变形方向被压扁、拉长。当变形量很大时，晶粒会变成细条状，晶界变得模糊不清，金属中的夹杂物也沿着变形方向被拉长，这时就形成了纤维组织，如图 3-8 所示。纤维组织表现出各向异性的特征。如金属沿纤维方向的强度和塑性远大于沿垂直纤维方向的强度和塑性等。

### 2. 亚结构的形成

金属发生大量塑性变形后，晶体碎化成许多位向略有差异的亚晶粒，位错密度显著增加，位错的分布也会变得不均匀，大量位错都聚集在亚晶粒边界上，致使亚晶粒内部位错密度很低。亚晶界越多，位错密度越大，位错运动受到阻碍，滑移就变得困难，这增加了金属塑性变形抗力。

### 3. 形变织构的产生

金属受到大量的一定方向的变形后，致使各晶粒转动，位向趋近于一致，这种有序化结构被称为形变织构，它具有各向异性的特征。形变织构分为两种：一种是丝织构，各晶粒晶向趋于一致，一般发生于高度冷轧之前；另一种是板织构，各晶粒的某一晶面趋于平行，且此晶面上某一晶面趋于一致，它多发生于高度冷轧之后。

织构对金属的工艺性能和使用性能都有影响，一般为不利影响。例如，有织构的铜板冲制筒形零件时，由于各方向的塑性差别较大，会出现边缘不整齐，即制耳现象，如图 3-9 所示。但织构有时也有好处，如硅钢片中的织构可大大提高其磁性。

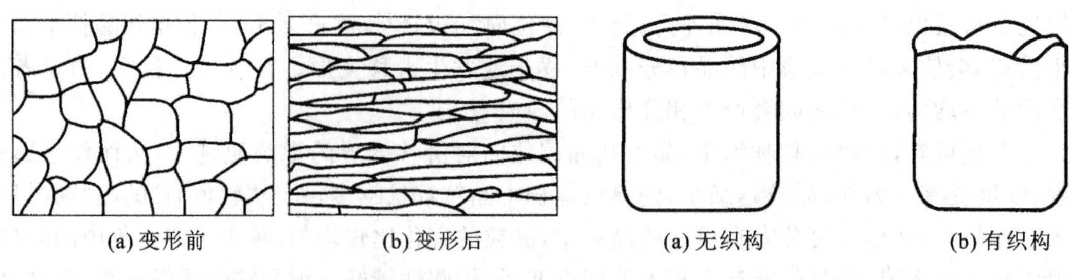


图 3-8　晶粒塑性变形示意图　　图 3-9　制耳示意图

## 二、加工硬化

塑性变形对金属性能的主要影响是能产生加工硬化（或称为变形强化或冷作硬化），即金属在塑性变形后，强度、硬度显著提高，而塑性、韧度明显下降的现象。变形程度越大，强化效果越显著，图 3-10 所示的为纯铜冷轧加工的性能变化情况。

塑性变形对金属的某些物理、化学性能也有一定影响。例如，金属电阻的增加，以及金属导磁性和耐蚀性降低等。

综上所述，塑性变形是通过位错的运动来实现的。位错与位错之间要发生相互作用，如产生缠结、发生堆积等，这会使位错运动的发生变得困难。认识塑性变形的发展规律，在实际生产中具有重要意义。

## 三、回复与再结晶

### 1. 回复

加热温度不高时，由于原子扩散能力不足，变形金属仅能发生回复过程。此时，金属显微组织无显著变化，加工硬化后的强度与硬度基本不变，塑性略微回升，而内应力则明显下降，如图 3-1l 所示。其原因是变形金属中原子活动能力较室温时的增强，能做短距离扩散，空位较少，位错密度有所降低，晶格略变及位错间作用力减小，晶体过渡为较稳定状态。

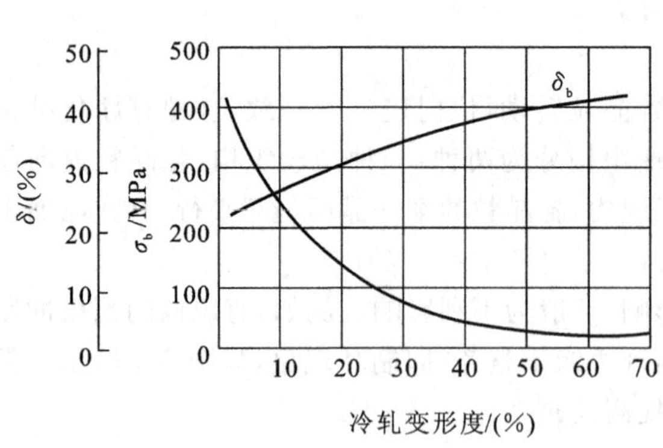


图 3-10　纯铜加工的性能变化示意图

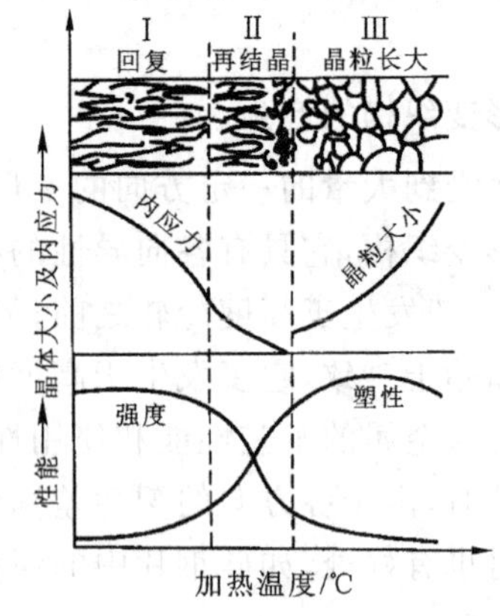


图 3-11　变形金属加热时组织和性能的变化

工业上利用回复过程的处理方式称为去应力退火，其作用是使冷加工金属基本上保持其强度与硬度，而内应力又有所降低。

**2. 再结晶**

提高加热温度时，原子活动能量显著提高，变形金属的显微组织会发生显著变化，破碎的、压扁的、拉长的晶粒全部转化为均匀而细小的等轴晶粒，这是一个形核长大的结晶过程，但结晶前后晶格类型没有变化，所以称为“再结晶”过程。再结晶过程不是相变过程，故无结晶潜热，不需要在恒温下进行。

再结晶后，变形金属的晶格畸变和位错密度会恢复到加工前的状态，内应力则完全消除，因此其强度、硬度明显下降，塑性、韧度极大提高。随着加工硬化的消失，变形金属的组织和性能全面恢复，如图 3-11 所示。

**3. 晶粒长大**

变形金属刚完成再结晶时，晶粒是细小的，但如果较多地提高加热温度或保温时间过长，晶粒就会显著长大。这是一种自发过程，是通过晶界的迁移来实现的。晶粒的异常粗大，往往会使力学性能明显下降，如图 3-11 所示。

## 四、再结晶温度与晶粒度

要获得性能良好的产品，必须准确确定再结晶温度和控制再结晶后的晶粒大小。

**1. 再结晶温度**

再结晶与相变不同，它不是在恒温下发生的，是在一个较宽的温度范围内进行的。刚开始进行再结晶的温度称为最低再结晶温度。

研究证明，影响再结晶开始温度的因素包括变形度、化学成分(杂质和合金元素)、加热速度、加热时间及金属变形前的原始晶粒度等。但主要取决于变形度，预先变形度越大，晶体的缺陷就越多，组织则越不稳定，开始再结晶温度就越低，如图 3-12 所示。当变形度达到一定值(70%～80%)时，金属的再结晶温度就趋向于一定的温度，这一温度就是最低再结晶温度。大量实验结果证明，纯金属的最低再结晶温度与其熔点之间有如下的近似关系，即

$$T_{再}=0.4T_{熔}$$

式中：$T_{再}$、$T_{熔}$均用绝对温度表示。

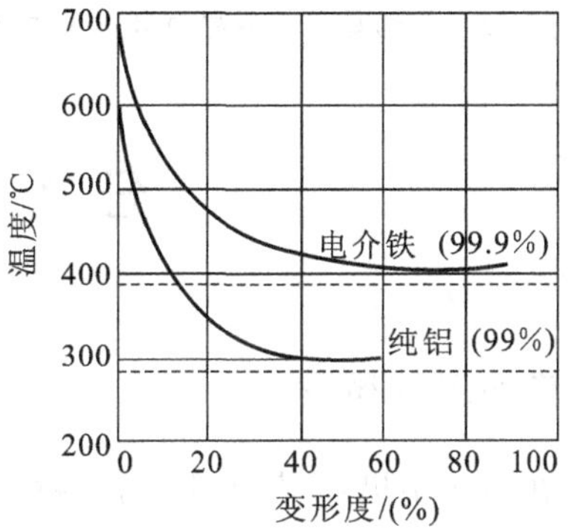

**图 3-12　金属的再结晶温度与变形度的关系**

由于再结晶温度受到许多因素的影响，为减少退火时间，提高生产率，再结晶退火温度一般要高于最低再结晶温度 100～200℃。

**2. 再结晶退火后的晶粒度**

金属晶粒大小对力学性能影响很大，要控制再结晶后的晶粒大小，主要是掌握好预先变形度和加热温度。

1)预先变形度

变形度的影响主要反映在变形的均匀性上，变形度越大，变形就越均匀，再结晶退火后的晶粒也就越细小。当变形度在 2～105 时，金属晶粒急速长大，如图 3-13 所示，使金属晶粒度异常长大的变形度称为临界变形度。因为在这样的变形度下，只有部分晶粒变形，变形很不均匀。再结晶时由于生核率低，晶粒大小极不均匀，很容易产生晶粒吞并，从而形成粗大的晶粒，生产上应避免这一范围的变形度。当变形量太大(约 90%)时，形变结构有可能使晶粒急速长大。

2)加热温度及保温时间

再结晶退火温度越高，原子活动能力越强，也就越有利于晶界的迁移，从而促进晶粒的长大。图 3-14 所示为再结晶退火温度与退火后晶粒度的关系曲线。

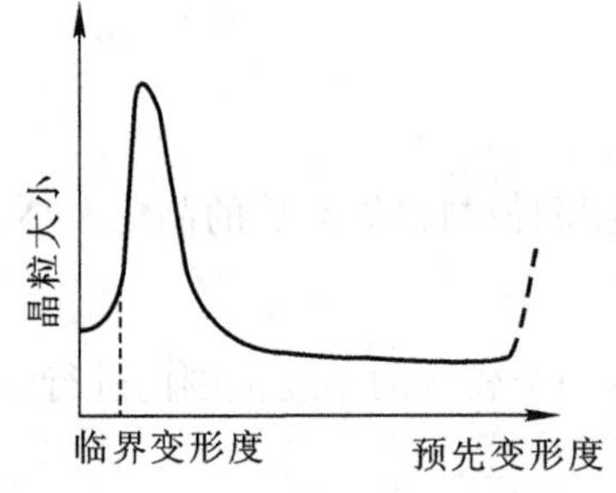

图 3-13　再结晶退火后晶粒度与预先变形度的关系

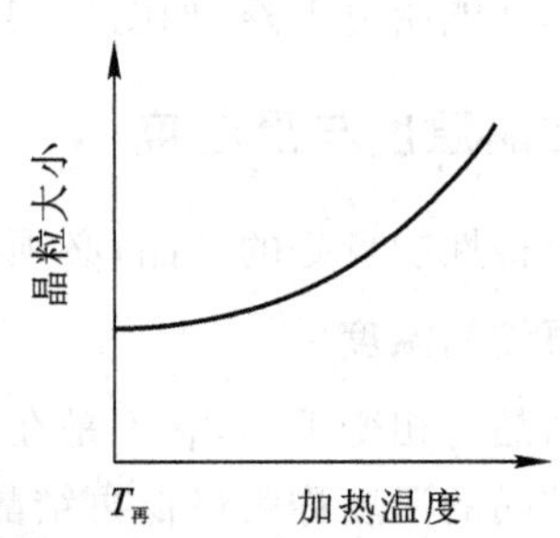

图 3-14　再结晶退火温度对晶粒的影响

## 任务 3　金属的热加工

### 一、热加工的概念

在金属学里，冷热加工是依再结晶温度来划分的，在再结晶温度以上的塑性变形加工称为热加工，在再结晶温度以下的塑性变形加工称为冷加工。再结晶温度以上发生塑性变形时，一方面产生加工硬化现象，另一方面再结晶又使之软化，两个矛盾的过程同时发生。在实际热加工过程中，为使再结晶充分进行，金属实际的热加工温度要明显高于再结晶温度。

在热加工过程中，有时不能通过再结晶完全消除加工硬化现象，加工后仍存在部分加工硬化的现象称为不完全的热加工。

## 二、热加工时组织和性能的变化

热加工是金属成形的重要工艺，它不仅不会造成加工硬化，而且能消除铸造组织中的某些缺陷。例如，缩松、缩孔、疏松焊等；部分消除某些偏析；将粗壮的柱状晶和树枝晶变成细小、均匀的等轴晶，使金属的致密性和力学性能有所提高。

热加工时金属中夹杂物、枝晶偏析与脆性相的形态和大小将沿金属的流动方向呈线性分布，在侵蚀的宏观磨面上会出现流线或热加工纤维组织。尽管发生回复与再结晶过程，但并不能改变杂质和偏析的纤维状分布。这种纤维组织使力学性能表现出各向异性，顺纤维的方向与垂直于纤维的方向相比具有较高的力学性能，特别是塑性和韧性较好。由图 3-15 所示的曲轴中流线的分布，可以看出热加工提高了金属的力学性能。

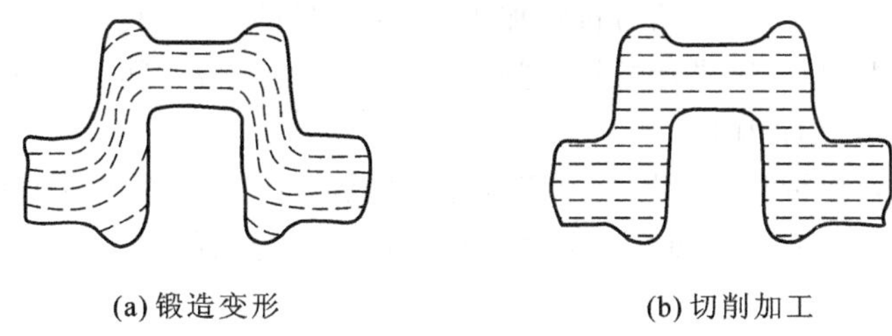

(a) 锻造变形　　(b) 切削加工

**图 3-15　曲轴中的流线**

热加工时金属的塑性好，并可以改善金属的组织和性能，所以受力复杂、载荷较大的重要工件一般都必须经过热加工。但热加工表面会发生氧化，因此，不能保证尺寸精度和较低的粗糙度，并且在加工过程中会有大量的烧损。

## 复习思考题 3

1. 名词解释。

| 滑移 | 孪生 | 软位向 | 加工硬化 | 回复 |
|---|---|---|---|---|
| 再结晶 | 再结晶温度 | 纤维组织 | 织构 | 热加工 |

2. 金属塑性变形时，理论计算值比实际测得值要大 2～3 个数量级，这是什么原因？
3. 多晶体塑性变形的特点是什么？为什么？
4. 为什么细晶粒不但强度高而且塑性、韧性好？
5. 举例说明加工硬化的利弊。
6. 简述金属冷塑性变形后组织和性能的变化。
7. 试述固溶强化、细晶强化和加工硬化原理，并说明它们的区别。
8. 金属塑性变形后产生哪几类内应力？试分析其利弊。
9. 说明回复、再结晶在工业上的应用。
10. 填写下表对比塑性变形金属在回复、再结晶、晶粒长大三阶段时，应力、组织和性能的变化。

| 加热三阶段 | 回　复 | 再结晶 | 晶粒长大 |
|---|---|---|---|
| 应　力 | | | |
| 组　织 | | | |
| 性　能 | | | |

11. 钨、铜的熔点分别是 3 410℃、1 084.5℃，试估算最低再结晶温度，并选择再结晶退火温度。

12. 用冷拔紫铜管通过冷弯的方法，制造机器上的输油管，为避免开裂，冷弯前应进行什么热处理？

13. 在加工长的精密丝杆(或轴)时，常在精车后，将丝杆(或轴)吊挂起来，并用大锤沿长轴方向轻击几遍，再吊挂 7～15 天，然后再精加工，说明其目的和作用。

14. 一钳工对铅板和 08 钢进行弯折，越弯越硬，但稍过一段时间后发现，铅板又变软了，而 08 钢却仍很硬，这是什么原因？

15. 沙发上的螺旋弹簧常用冷拔钢丝绕制，经过低温退火后，其弹力比退火前好，为什么？

16. 什么是热加工？试述热加工对金属材料组织和性能的影响。

17. 判断是非题。

(1)冷热加工的差别是产不产生加工硬化。

(2)金属铸件可通过再结晶退火来细化晶粒。

(3)细晶强化提高了金属的强度，而降低其韧性。

(4)热加工后的显微组织是纤维组织。

# 项目 4 铁碳合金状态图

碳钢和铸铁是现代化工农业生产中使用最广泛的金属材料，其组成元素都是铁和碳，故可称为铁碳合金。铁碳合金状态图是研究碳钢和铸铁组织和性能的基础。

铁和碳可以形成 $Fe_3C$、$Fe_2C$、FeC 等一系列化合物，如图 4-1 所示。由于碳的质量分数超过 6.69%的铁碳合金性能太脆，已无实用价值，因此，主要研究 Fe-$Fe_3C$ 状态图，如图 4-2 所示。实际上多数钢的性能与 Fe-$Fe_3C$ 状态图有关。

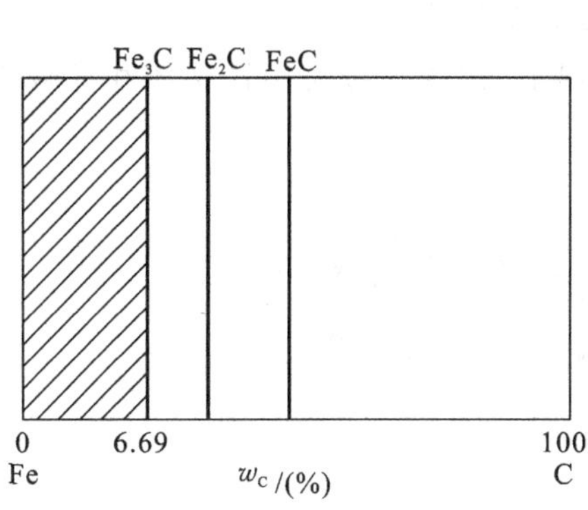


图 4-1 Fe-C 合金的各种化合物

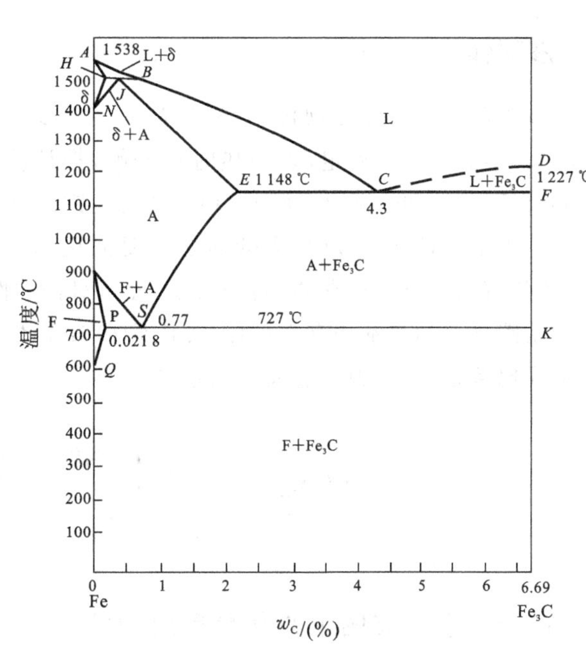


图 4-2 Fe-$Fe_3C$ 状态图

## 任务 1 铁碳合金的基本相

### 一、铁素体

碳在 α-Fe 中的间隙固溶体称为铁素体，也称为 α 相，用符号 F 或 α 表示，呈体心立方晶格。铁素体中碳的固溶度极低，在727℃时碳的质量分数最大，为0.021 8%，600℃时为0.005 7%，室温下仅为0.000 8%，可见随着温度的下降，碳的质量分数也随之降低。铁素体的强度低、硬化低而塑性好，与工业纯铁的力学性能大体相同($\sigma_b \approx 250 \sim 280$ MPa，$\delta = 30\% \sim 50\%$，$\psi = 70\% \sim 80\%$)。另外，铁素体在768℃以下具有铁磁性。

## 二、奥氏体

碳在γ-Fe中形成的间隙固溶体称为奥氏体，也称为γ相，用符号A或γ表示，呈面心立方晶格。虽然γ-Fe的排列密度(0.74)较α-Fe(0.68)高，但它的最大空隙直径(0.82)大于α-Fe的最大空隙直径(0.30)，碳在γ-Fe中的溶解度要高些，在1 148℃奥氏体中碳的质量分数最大，达2.11%。

奥氏体的强度、硬度不高，但塑性好，因而适宜于锻造，奥氏体与γ-Fe一样为非磁性相。

## 三、渗碳体

碳和铁形成的化合物称为渗碳体，用化学式$Fe_3C$或用符号$C_m$表示，碳的质量分数为6.69%，熔点未确切测定，因加热时易分解，据计算约为1 227℃。它是复杂的斜方结构。在230℃以下具有弱铁磁性，超过230℃则失去铁磁性。其性能是硬(800HBW)而脆，塑性、韧度几乎等于零。铁碳合金中，渗碳体是主要强化相，根据形成条件的不同，渗碳体可有条状、网状、片状、粒状等形态，它的形状、大小、分布对钢的性能起重要作用。

铁碳合金的基本相有铁素体、奥氏体和渗碳体，在室温下，铁碳合金是由铁素体和渗碳体按不同比例组成的，因而能表现出不同性能。

# 任务2 铁碳合金状态图的分析

## 一、铁碳合金状态图中的共晶反应和共析反应

铁碳合金状态图是一个较复杂的状态图，目前只讨论简化后的铁碳合金状态图，如图4-3所示。

在$Fe\text{-}Fe_3C$状态图中，*ACD*线是液相线，此线以上合金处于液相，用符号L表示。*AECF*线为固相线，此线以下合金处于固相。液相线和固相线之间各区分别是液相与奥氏体(L+A)和液相与渗碳体(L+$Fe_3C$)。*GS*线是奥氏体开始析出铁素体的温度线(冷却时)，或者铁素体全部转变为奥氏体的温度线(加热时)，常称为$A_3$线。*ES*线是从奥氏体中开始析出渗碳体的温度线(冷却时)，或者奥氏体中渗碳体(或碳)的溶解度线，超过奥氏体溶解能力析出的渗碳体称为二次渗碳体，用$Fe_3C_{Ⅱ}$或$C_{mⅡ}$表示，*ES*线常称为$A_{cm}$线。*PQ*线是铁素体中渗碳体(或碳)

的溶解度线。从铁素体中析出的渗碳体称为三次渗碳体，用 $Fe_3C_{Ⅲ}$ 或 $C_{mⅢ}$ 表示。*ECF* 线是共晶反应线，*PSK* 线是共析反应线，常称为 $A_1$ 线。

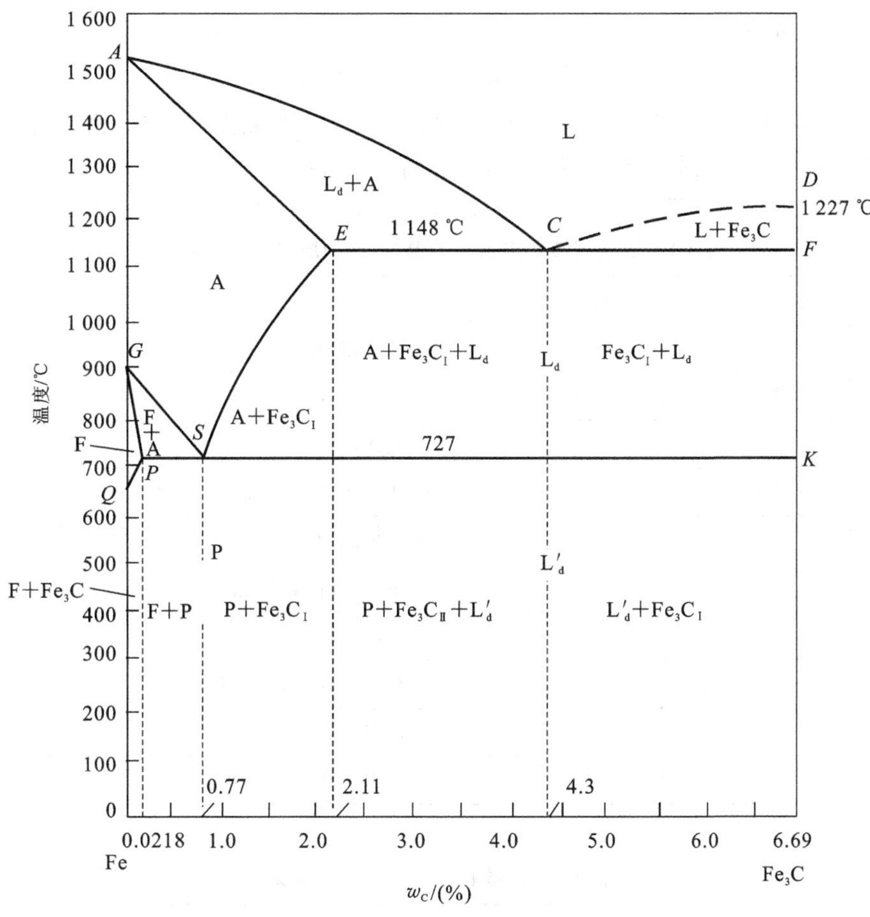


**图 4-3　简化后的 Fe-Fe₃C 状态图**

## 1. 共析反应

铁碳合金中碳的质量分数为 0.77% 的奥氏体，在缓慢冷却至 *PSK* 线（727℃）时，在恒温下将同时析出铁素体和渗碳体的共析混合物，即

$$A_{w_C=0.77\%} \xrightleftharpoons{727℃} F_{w_C=0.02\%} + Fe_3C_{w_C=6.69\%}$$

这种反应称为共析反应，*PSK* 线称为共析反应线，*S* 点称为共析点，反应产物称为共析体。铁元素与渗碳体组成的共析体称为珠光体，一般用 P 表示。

珠光体是由强度低、塑性好的铁素体和硬度高、脆性大的渗碳体混合而成的，其性能介于铁素体与渗碳体之间，即强度较高，又有相当好的塑性、韧度和硬度，因此，其具有较好的综合力学性能。

**2. 共晶反应**

碳的质量分数为4.3%的液态铁碳合金(状态图中$C$点),冷却时会同时结晶出奥氏体和渗碳体两相混合物,即

$$L_{w_C=4.3\%} \xrightarrow{1\,148℃} A_{w_C=2.11\%} + Fe_3C_{w_C=6.69\%}$$

这种反应称为共晶反应,$ECF$线称为共晶反应线,$C$点称为共晶点,反应产物称为共晶体。由奥氏体与渗碳体组成的共晶体称为莱氏体,一般用$L_d$表示。

铁碳合金状态图中主要点、线含义归纳在表4-1和表4-2中。

**表4-1 铁碳状态图中各点的温度、碳的质量分数及含义**

| 符号 | 温度/℃ | $w_C$/(%) | 含　　义 |
|---|---|---|---|
| $A$ | 1 538 | 0 | 纯铁的熔点 |
| $C$ | 1 148 | 4.3 | 共晶点 |
| $D$ | 1 227 | 6.69 | 渗碳体的熔点 |
| $E$ | 1 148 | 2.11 | 碳在奥氏体中的最大溶解度 |
| $F$ | 1 148 | 6.69 | 渗碳体的成分 |
| $G$ | 912 | 0 | α-Fe、γ-Fe同素异晶转变点 |
| $K$ | 727 | 6.69 | 渗碳体的成分 |
| $P$ | 727 | 0.021 8 | 碳在铁素体中最大溶解度 |
| $S$ | 727 | 0.77 | 共析点 |
| $Q$ | 600 | 0.005 7 | 碳在铁素体中的溶解度 |

**表4-2 铁碳状态图中各线的含义**

| 符　　号 | 含　　义 |
|---|---|
| $AC$ | 液相线,液态合金开始结晶出奥氏体 |
| $CD$ | 液相线,液态合金开始结晶出渗碳体 |
| $AE$ | 固相线,奥氏体结晶终结线 |
| $ECF$ | 共晶线,即$L_C$、$A_E+Fe_3C$共晶转变线 |
| $GS$ | 奥氏体转变为铁素体的开始线,也称为$A_3$线 |
| $GP$ | 奥氏体转变为铁素体的终结线 |
| $ES$ | 碳在奥氏体中的溶解度曲线,也称为$A_{cm}$线 |
| $PQ$ | 碳在铁素体中溶解度线 |
| $PSK$ | 共析线,$A_S$、$F+Fe_3C$共析转变线,也称为$A_1$线 |

## 二、钢中典型铁碳合金的平衡结晶过程

根据铁碳合金状态图，按其碳的质量分数和组织的不同，可将铁碳合金分为三类。

(1)工业纯铁($w_C \leqslant 0.0218\%$)。含有 $C_{m\text{II}}$ 甚少，可忽略不计，性能与纯铁相似。

(2)钢($0.0218\% < w_C < 2.11\%$)。

钢又可以根据室温组织的特点，以 S 点为界分为三类：①亚共析钢($0.0218\% < w_C < 0.77\%$)；②共析钢($w_C = 0.77\%$)；③过共析钢($0.77\% < w_C < 2.11\%$)。

(3)白口铸铁($2.11\% < w_C \leqslant 6.69\%$)。

根据白口铸铁的特点，也可以 C 点为界分为三类：①亚共晶白口铸铁($2.11\% < w_C < 4.3\%$)；②共晶白口铸铁($w_C = 4.3\%$)；③过晶白口铸铁($4.3\% < w_C \leqslant 6.69\%$)。

下面分析钢中几种典型铁碳合金的结晶过程和室温组织，典型合金的成分如图 4-4 所示。

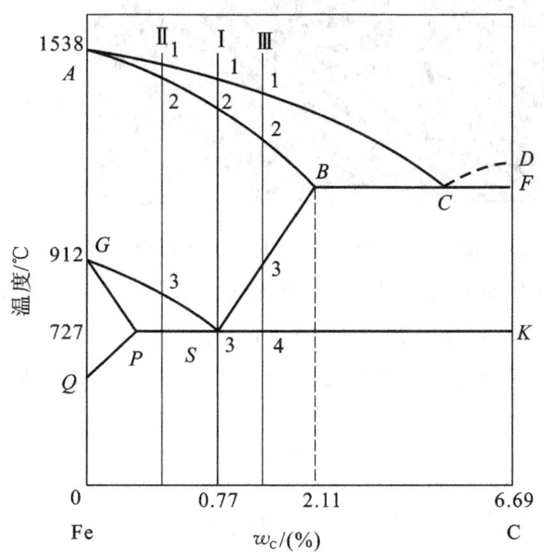


图 4-4 铁碳合金状态图钢中的典型合金

**1. 共析钢($w_C = 0.77\%$)**

共析钢结晶过程如图 4-5 所示。图 4-4 所示合金 Ⅰ 为共析钢，在 1 点温度以上为液相，温度低于 1 点开始析出奥氏体 A，1～2 点温度之间为液相 L 与奥氏体 A 共存，到 2 点温度全部转变为 $A_{w_C} = 0.77\%$。2～3 点温度间组织成分不变，冷却到 3 点温度后奥氏体 A 发生共析转变，在奥氏体 A 全部转变为珠光体 P 后，温度才会继续下降，之后如不考虑铁素体 F 析出的二次渗碳体，可认为组织不再发生变化。共析钢的平衡组织为珠光体 P，珠光体呈片状，如图 4-5 所示。共析钢室温时平衡状态显微组织如图 4-6 所示。

珠光体 P 由铁素体 F 和渗碳体 $Fe_3C$ 两相组成，根据计算铁素体约占 88%，渗碳体约占 12%。

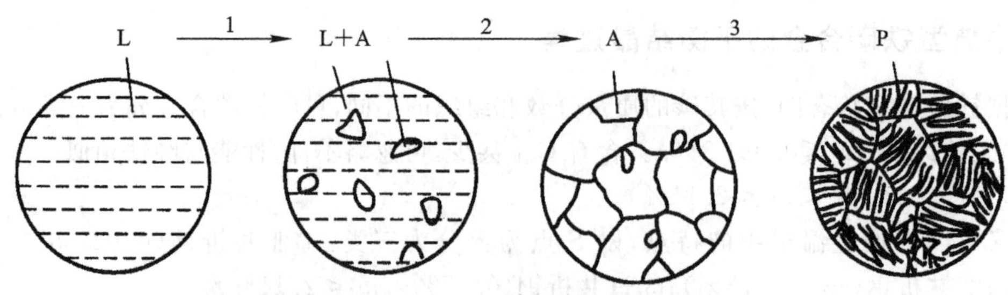


图 4-5 共析钢的结晶过程组织转变示意图

图 4-6 共析钢室温时平衡状态显微组织

由此可知，珠光体中大部分是铁素体 F，渗碳体 $Fe_3C$ 呈白亮色薄片状，如图 4-6 所示，当放大倍数较低时，渗碳体 $Fe_3C$ 薄片层难以辨认，只能看到在灰白色的铁素体 F 基体上，分布着黑色线条的渗碳体(黑色线条实质上是 F 和 $Fe_3C$ 的相界)，当放大倍数足够大时，就能观察到白亮色的渗碳体 $Fe_3C$。

**2. 亚共析钢**($0.021\,8\% < w_C < 0.77\%$)

图 4-7 所示为亚共析钢的结晶过程组织转变示意图。图 4-4 中所示Ⅱ为亚共析钢。在与 $GS$ 线相交的 3 点温度以前，结晶过程与共析钢的结晶过程相似，转变为单相奥氏体 A，到 3 点温度后奥氏体 A 开始析出铁素体 F，该铁素体 F 称为先共析铁素体。奥氏体 A 和铁素体 F 的成分分别沿 $GS$ 线和 $GP$ 线变化。冷却到与 $PSK$ 相交的 4 点温度时，铁素体 F 和奥氏体 A 中碳的质量分数分别为 0.021 8%和 0.77%。此时，奥氏体 A 发生共析反应生成珠光体 P，铁素

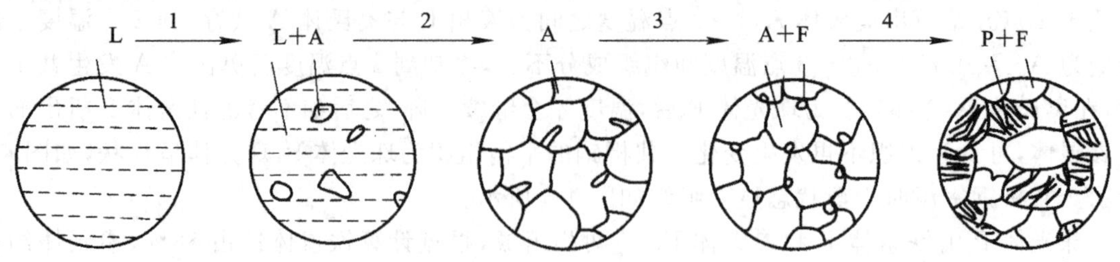


图 4-7 亚共析钢的结晶过程组织转变示意图

体 F 不变。降至室温时的组织为白色块状铁素体 F 与黑色块状的珠光体 P，如图 4-8 所示。在亚共析钢中，随着碳的质量分数的增加而珠光体 P 的数量也增加，当 $w_C>0.6\%$时，白色块状铁素体 F 呈白色网状，把黑色珠光体包围在其中。

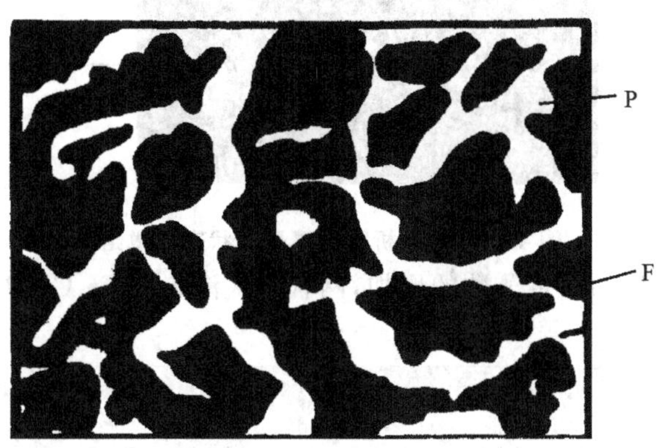


图 4-8　亚共析钢的结晶过程组织转变示意图

如图 4-8 所示，根据亚共析钢的显微组织，可以近似估算出碳的质量分数，铁素体 F 中碳的质量分数极低，可忽略不计，设珠光体 P 在视场中所占面积百分比为 P%，则亚共析钢中碳的质量分数可计算如下：

$$w_C=P\%\times0.77\%$$

**3. 过共析钢**($0.77\%<w_C\leqslant2.11\%$)

过共析钢结晶过程如图 4-9 所示。图 4-4 所示Ⅲ为过共析钢。在与 *ES* 线相交的 3 点温度前，结晶过程也与共析钢的结晶过程相似，转变为单相奥氏体 A，到 3 点温度后奥氏体 A 开始析出二次渗碳体 $Fe_3C_{II}$；在 3～4 点间的组织是由奥氏体 A 与二次渗碳体 $Fe_3C_{II}$ 两相组成的，奥氏体 A 的成分随 *ES* 线变化，当冷却到 4 点温度时，奥氏体 A 中碳的质量分数为 0.77%，发生共析转变生成珠光体 P，其组织为白色网状二次渗碳体 $Fe_3C_{II}$ 分布在珠光体 P 周围形成，继续冷却时组织不再变化，如图 4-10 所示。

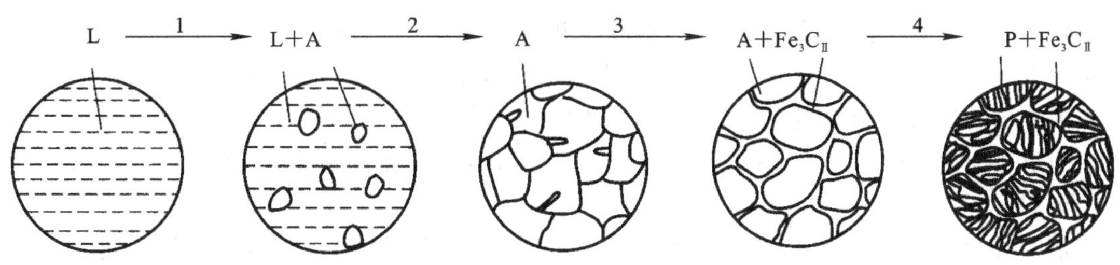


图 4-9　过共析钢的结晶过程组织转变示意图

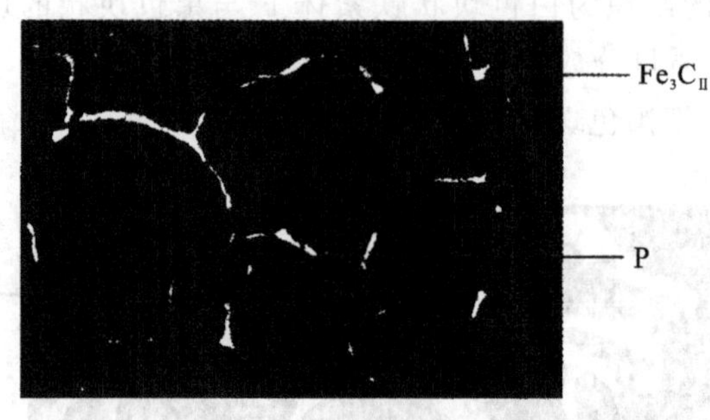


图 4-10 过共析钢室温平衡状态显微组织

在共析钢中，随着碳的质量分数的增加，网状二次渗碳体 $Fe_3C_{II}$ 也增加，并逐步粗化。

# 任务 3 铁碳合金的性能与组织、成分间的关系及其状态图的应用

## 一、碳对平衡组织的影响

根据铁碳合金状态图，随着碳的质量分数增加，其组织的变化过程是 $F \rightarrow F+P \rightarrow P \rightarrow P+Fe_3C_{II} \rightarrow P+Fe_3C_{II}+L'_d \rightarrow L'_d+P+Fe_3C_I \rightarrow Fe_3C_I$，如图 4-11(a)所示。$w_C=0.021\ 8\%$时，组织全部为铁素体 F；$w_C=0.77\%$时，全部为珠光体 P；$w_C=4.3\%$时，全部为低温莱氏体 $L'_d$；$w_C=6.69\%$时，全部为渗碳体 $Fe_3C$，在这些碳的质量分数间的组织如图 4-11(b)所示。

铁碳合金在室温下的组织由铁素体 F 和渗碳体 $Fe_3C$ 两相组成，随着碳的质量分数的增加铁素体 F 逐渐减少，由($w_C=0.021\ 8\%$)从 100%按直线减少至 0%($w_C=6.69\%$)；渗碳体 $Fe_3C$ 不断增加，相应地由 0%按直线增至 100%，如图 4-11(c)所示。

## 二、碳对力学性能的影响

碳的质量分数不同的铁碳合金，其组成相和组织也不同，而其力学性能是由铁碳合金的组成相和组织决定的。碳的质量分数对铁碳合金力学性能的影响如图 4-11(d)所示。

硬度随着铁碳合金中碳的质量分数的增加即渗碳体 $Fe_3C$ 的增加呈直线增加，而受到组成相的形态影响较小，由全部铁素体 *F* 的硬度 80 HBS 增大到全部渗碳体 $Fe_3C$ 的硬度 800 HBW。

强度对组织形态很敏感，随着碳的质量分数的增加，铁素体 F 减少，珠光体 P 增加，直至全部呈珠光体 P，此时强度不断增加，过共析钢中由于强度低的渗碳体 $Fe_3C$ 的出现，铁碳合金强度增长变慢。当碳的质量分数超过 1.0%时，会出现硬、脆的网状二次渗碳体 $Fe_3C_{II}$，因此，强度急剧下降。到 $w_C$ 为 2.11%时出现 $L'_d$，强度已降低很多。

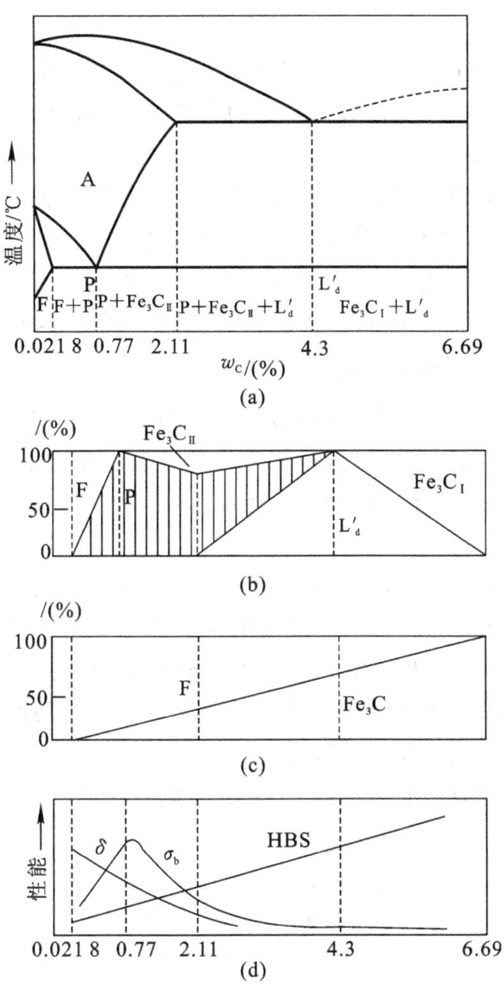


**图 4-11 铁碳合金的成分、组织、性能的对应关系**

塑性全部依靠铁素体 F。由于渗碳体 $Fe_3C$ 极脆，没有塑性，随着碳的质量分数的增加，铁素体 F 逐渐减少，渗碳体 $Fe_3C$ 逐渐增加，铁碳合金的塑性持续下降。

为了确保钢具有足够的强度和一定的塑性和韧性，工业上应用的碳钢，其碳的质量分数一般不超过 1.3%～1.4%。

碳的质量分数大于 2.11%的白口铸铁，由于组织中存在大量的渗碳体 $Fe_3C$，其性能表现为硬而脆，无法进行压力加工，也很难进行切削加工，因而在工业上很少使用。

## 三、铁碳合金状态图的应用

铁碳合金状态图综合归纳了组织成分随温度变化而变化的规律，对指导生产实践有重要意义，为工程上钢铁的选材和各种热加工工艺提供了理论依据。

**1. 合理选材的依据**

图 4-11 所示的是随着碳的质量分数的变化，铁碳合金力学性能变化的情况。碳的质量分数低时，其塑性和韧性好，适用于生产成型性好的各种型材、板材、管材、带材等；而碳的质量分数低的工业纯铁，因强度和韧性过低，不适宜制作受力构件，但它是一种较好的软磁材料；碳的质量分数中等时，其强度、硬度较高，塑性、韧性较好，性能较全面，可制作各种性能要求较高的、能承受冲击的机器零件。共析成分左右的钢，其强度、弹性极限最高，可制作韧性较好的加工工具和弹簧。过共析钢的强度较高，可制作具有高强度、高硬度、耐磨的各种工具。白口铸铁硬度高、脆性大，可制作不受冲击且耐磨的铸件，如冷轧棍、拔丝模、犁铧等。

**2. 制定铸、锻、热处理工艺的重要依据**

(1)在铸造工艺方面的应用。根据铁碳合金状态图可以确定合适的浇注温度，浇注温度一般在液相线以上。铸铁由于具有共晶反应，铸造性能比凝固温度范围大的铸钢好，其中，以共晶成分的合金铸造性能最好，由于其凝固温度范围为零，所以它流动性好，分散缩孔少，且共晶成分合金的熔点最低。

(2)在锻造工艺方面的应用。碳钢进行锻轧时，要求加热到高温呈单相的奥氏体状态。一般始锻温度应在固相线以下 100～200℃，过高的加热温度会导致碳钢严重氧化，甚至引起过烧(或称为烧毁，即晶界熔化)。变形工件的组织由终锻温度决定，一般亚共析钢的终锻温度控制在 *GS* 线以上，过共析钢的终锻温度应控制在 *PSK* 线以上。终锻温度过低，钢材塑性较差，内应力增加，韧性下降，甚至会产生锻造裂缝。

(3)在热处理工艺方面的应用。热处理工艺与铁碳合金状态图的关系就更加密切了，这将在项目 5 详细论述。

## 复习思考题 4

1. 名词解释。

α 相　γ 相　渗碳体　工业纯铁　共析钢　亚共析钢
过共析钢　共晶白口铸铁　亚共晶白口铸铁　过共晶白口铸铁

2. 试绘出简化后铁碳合金状态图，并说明各主要点、线的意义。

3. 试从成分、晶格类型及组织形态等来比较一次、二次渗碳体和共晶渗碳体的异同。

4. 根据铁碳合金状态图找出碳的质量分数为 0.4%和 1.2%碳钢的 $A_3$ 或 $A_{cm}$ 和 $A_1$ 点，并分析从 1 000℃高温缓慢冷却至室温的组织变化过程，画出室温时的组织示意图。

5. 观察一碳钢显微组织，其珠光体占 40%，铁素体占 60%，问该碳钢中碳的质量分数是多少?

6. 已知铁素体的硬度为 80 HBS，渗碳体的硬度 800 HBW，试计算珠光体的硬度，并分析为什么计算值比实际硬度低?

7. 计算碳的质量分数为 0.3%的碳钢，在平衡状态下铁素体和珠光体的相对量。若平衡状态下珠光体的硬度是 180 HBS，试估算该钢的 HBS。

8. 根据铁碳合金状态图填写下表。

| 钢牌号 | 温度/℃ | 显微组织名称 |
|---|---|---|
| 20 | 770 | |
| | 900 | |
| T8 | 680 | |
| | 770 | |
| T10A | 700 | |
| | 770 | |

9. 填写下表，归纳铁素体、奥氏体、渗碳体、珠光体和低温莱氏体的特点。

| 名称 | 晶体结构特征 | 采用牌号 | 碳的质量分数 | 显微组织特征 | 力学性能 |
|---|---|---|---|---|---|
| 铁素体 | | | | | |
| 奥氏体 | | | | | |
| 渗碳体 | | | | | |
| 珠光体 | | | | | |
| 低温莱氏体 | | | | | |

10. 试分析在平衡状态下的工业纯铁到碳的质量分数为 1.35% 的碳素钢，随碳的质量分数的增加其组织和性能变化的规律。

11. 试从 20、45、T8 三种钢的显微组织来说明它们力学性能的不同。

12. 根据铁碳合金状态图说明产生下列现象的原因。

(1) $w_C$ = 1.0% 的钢比 $w_C$ = 0.5% 的钢硬度高。

(2) 在室温下，$w_C$ = 0.8% 的钢其强度比 $w_C$ = 1.2% 的钢高。

(3) 在 1 100℃ 时，$w_C$ = 0.4% 的钢能进行锻造，$w_C$ = 4.0% 的生铁不能锻造。

(4) 钢材一般在 1 000～1 250℃ 高温下进行热轧或锻造。

(5) 铆钉一般用低碳钢制造，而切削刀具要用高碳钢制造。

(6) 绑扎物件一般用铁丝（镀锌低碳钢丝），而起重机吊重物却用钢丝绳（60、65、70、75 等钢制成）。

(7) 钳工锯 T8、T10、T12 等钢材时比锯 10、20 钢费力，锯条容易磨钝。

(8) 钢适宜于压力加工成形，而铸铁适宜于铸造成形。

13. 铁碳合金状态图在生产实践中有何指导意义？有何局限性？

# 项目 5　钢的热处理

钢的热处理是指将钢在固态下进行加热、保温和冷却，以改变其内部组织，从而获得所需性能的一种工艺方法。热处理不仅可改进钢的加工工艺性能，更重要的是能充分发挥钢材的潜力，提高其使用性能，从而节约成本，延长工件的使用寿命。

根据加热和冷却的方法不同，将钢的常用热处理方法分类如下。

(1)整体热处理：退火、正火、淬火、回火等。

(2)表面热处理：表面淬火等。

(3)化学热处理：渗碳、液体碳氮共渗、渗氮等。

尽管钢的热处理方法很多，但最基本的工艺曲线如图 5-1 所示。要了解各种热处理方法对钢的组织和性能的影响，必须研究钢在加热(含保温)、冷却过程中组织转变的规律。

研究钢在加热和冷却时的相变规律是以 $Fe\text{-}Fe_3C$ 相图为基础的。$Fe\text{-}Fe_3C$ 相图临界点 $A_1$、$A_3$、$A_{cm}$是碳钢在极缓慢地加热或冷却情况下测定的。但在实际生产中，加热和冷却并非如此，所以，钢的相变过程不可能在平衡临界点进行，即有过冷现象。升高和降低的幅度，随加热和冷却速度的增加而增大。

通常，实际加热时各相变点用 $A_{c1}$、$A_{c3}$、$A_{ccm}$ 表示，实际冷却时各相变点用 $A_{r1}$、$A_{r3}$、$A_{rcm}$ 表示，如图 5-2 所示。

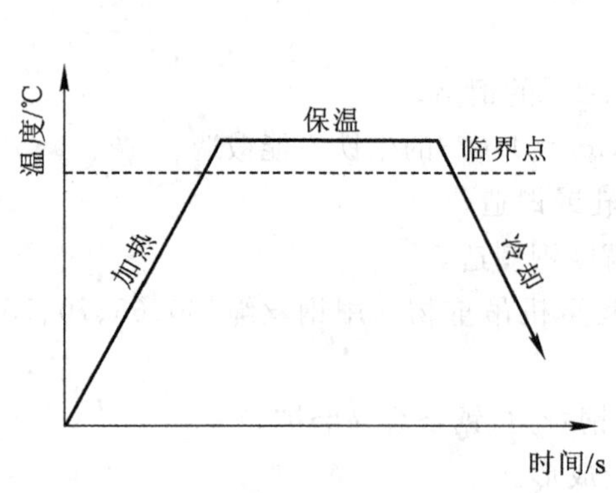


图 5-1　钢的最基本的热处处工艺曲线

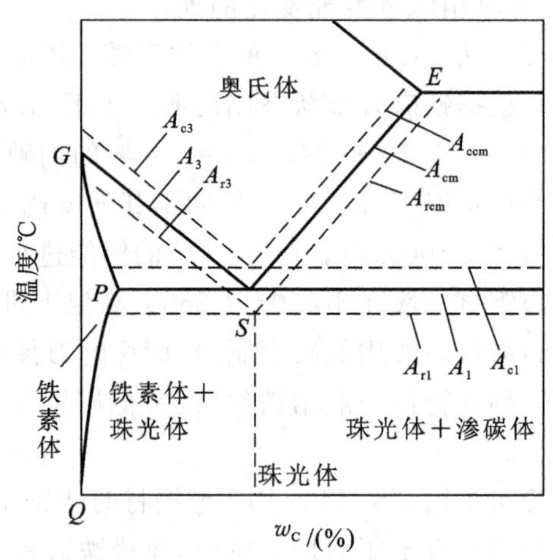


图 5-2　钢加热和冷却时各相变点的实际位置

# 任务1 钢在加热时的转变

钢加热到 $A_{c1}$ 以上时会发生珠光体向奥氏体的转变，加热到 $A_{c3}$ 和 $A_{ccm}$ 以上时，便会全部转变为奥氏体。热处理加热最主要的目的就是为了得到奥氏体，因此，这种加热转变的过程称为钢的奥氏体化。

## 一、奥氏体的形成过程

钢加热时奥氏体的形成遵循结晶过程的普遍规律，即通过奥氏体的形核和长大两个基本过程。以共析钢为例，奥氏体的形成过程如图 5-3 所示。

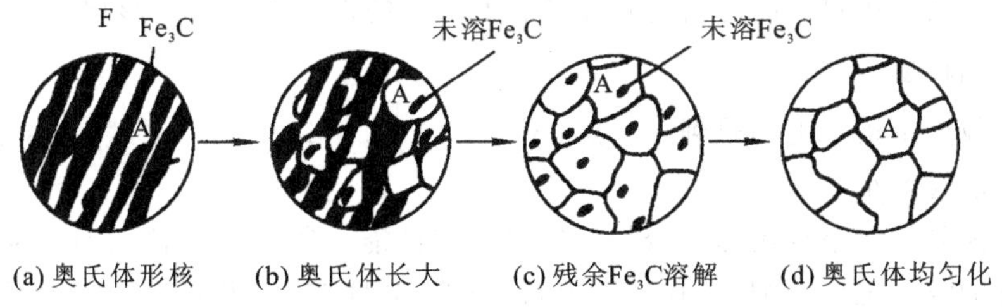


(a) 奥氏体形核　(b) 奥氏体长大　(c) 残余$Fe_3C$溶解　(d) 奥氏体均匀化

图 5-3 奥氏体的形成过程

### 1. 奥氏体晶核的形成

钢加热到 $A_{c1}$ 以上时，珠光体会变得不稳定，经过一段孕育期，首先在铁素体与渗碳体的界面上形成奥氏体晶核。因为该界面原子排列混乱，处于不稳定状态，在结构和成分上为奥氏体形核提供了有利的条件。

### 2. 奥氏体的长大

奥氏体形成以后，它一侧与渗碳体相接，另一侧与铁素体相接。与渗碳体相接处碳的质量分数较高，而与铁素体相接处碳的质量分数则较低。在奥氏体中，发生碳原子不断地由渗碳体边界向铁素体边界的扩散，碳原子的扩散破坏了奥氏体形成时碳的质量分数的界面平衡，造成奥氏体与铁素体相接处碳的质量分数的增高，以及奥氏体与渗碳体相接处碳的质量分数的降低。为了恢复界面上碳的质量分数的平衡，势必促使铁素体向奥氏体转变及渗碳体的不断溶解。这样，经过碳的质量分数的破坏平衡和恢复平衡的反复循环，从而使得奥氏体逐渐向渗碳体和铁素体两个方向长大。

### 3. 残余渗碳体的溶解

在奥氏体晶粒长大过程中，由于渗碳体的晶体结构和碳的质量分数与奥氏体之差远大于同体积的铁素体，所以铁素体向奥氏体的转变必然先于渗碳体。

当铁素体全部消失后，仍残存有一定量的渗碳体，它们只能在随后的保温过程中逐渐溶入奥氏体中，直至完全消失为止。

**4. 奥氏体成分的均匀化**

当残余渗碳体全部溶解后，奥氏体的碳浓度仍然是不均匀的。在原来渗碳体处碳的质量分数较高，而在原来铁素体处碳的质量分数则较低。需继续延长保温时间并通过碳原子的扩散，使奥氏体中的碳的质量分数逐渐趋于均匀。

亚共析钢和过共析钢的奥氏体的形成过程与共析钢基本相同，但其完全奥氏体化的过程则有所不同。亚共析钢加热到 $A_{c1}$ 以上时，还存在自由铁素体，这部分铁素体只有继续加热到 $A_{c3}$ 以上时，才能全部转变为奥氏体；过共析钢则只有加热到 $A_{ccm}$ 以上时，才能获得单一的奥氏体组织。

## 二、奥氏体晶粒的长大及其控制

奥氏体晶粒的大小对于冷却后的转变及转变产物的性能有重要的影响。

**1. 奥氏体晶粒度**

奥氏体晶粒度是指将钢加热到相变点（$A_{c3}$、$A_{c1}$ 或 $A_{ccm}$）以上某一温度，并保温规定时间所得到的奥氏体晶粒大小。

钢的奥氏体晶粒大小直接影响冷却后的组织和性能。奥氏体晶粒均匀而细小，冷却后奥氏体转变产物的组织也均匀细小，其强度较高，塑性、韧性较好，尤其对钢淬火、回火的韧性具有很大影响，因此，加热时总是力求获得均匀细小的奥氏体晶粒。

生产上一般采用与标准晶粒度等级比较法来测定奥氏体晶粒度的大小，如图 5-4 所示。晶粒度通常分为 8 级，1～4 级为粗晶粒度；5～8 级为细晶粒度；超过 8 级为超细晶粒度。

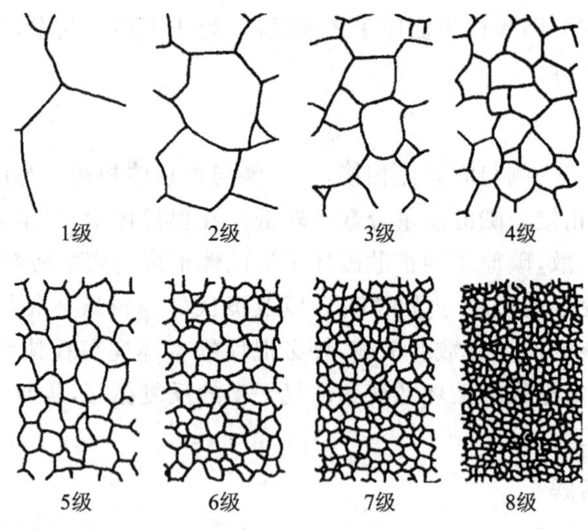


**图 5-4　标准晶粒度等级**

原冶金部标准(YB/T6394—2002)中规定:钢在规定加热条件[加热温度为(930+10)℃、保温 3~8 h]下,冷却后,测得的晶粒度为本质晶粒度。它表示钢在上述规定加热条件下奥氏体晶粒长大的倾向,但不表示晶粒的大小。生产中发现,不同牌号的钢,其奥氏体晶粒的长大倾向是不同的,如图 5-5 所示。奥氏体晶粒随加热温度升高会迅速长大的钢称为本质粗晶粒钢;而奥氏体晶粒需要加热到更高温度时才开始迅速长大的钢称为本质细晶粒钢。

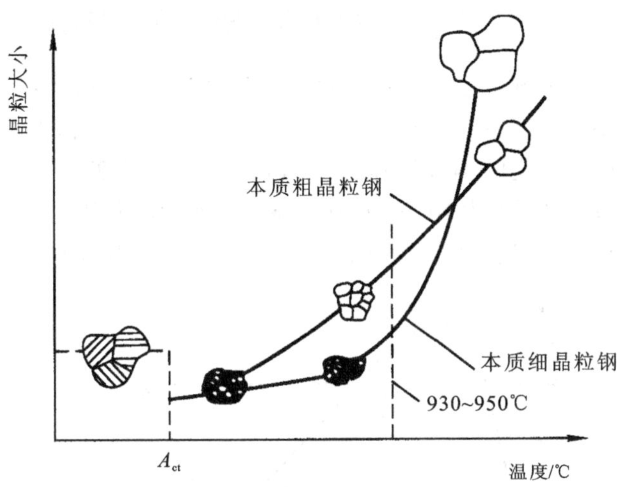


图 5-5 钢的奥氏体晶粒长大倾向示意图

钢的本质晶粒度在热处理生产中具有重要意义。在设计时,凡需经热处理或经焊接的零件一般尽量选用本质细晶粒钢,以减小过热倾向。

**2. 影响奥氏体晶粒度的因素**

1)加热温度和保温时间

奥氏体刚形成时晶粒很细小,随着加热温度升高晶粒将逐渐长大。奥氏体晶粒长大伴随着晶界面积的减少,导致其能量降低。所以,在高温下,奥氏体晶粒长大是一个自发过程,温度越高,晶粒长大越明显。在一定温度下保温时间越长,奥氏体晶粒也越粗大。

2)加热速度

当加热温度确定后,加热速度越快,奥氏体晶粒越细小。因此,快速高温加热和短时间保温,是生产中常用的一种细化晶粒的方法。

3)钢中的成分

奥氏体中碳的质量分数增高时,晶粒长大的倾向增大。碳以未溶碳化物的形式存在,起了阻碍晶粒长大的作用。钢中的大多数合金元素(除 Mn 以外)都有阻碍奥氏体晶粒长大的作用。其中能形成稳定的碳化物(如 Cr、W、Mo、Ti、Nb 等)和能生成氧化物、氮化物、有阻碍晶粒大小作用的元素(如适量的 Al),其碳化物、氧化物、氮化物在晶界上的弥散分布,强烈阻碍了奥氏体晶粒长大，使晶粒保持细小。

因此，为了控制奥氏体的晶粒度，一般都会合理选择加热温度和保温时间，以及加入一定的合金元素等措施。

## 任务2 钢在冷却时的转变

冷却过程是热处理的关键工序，其冷却转变温度决定了冷却后的组织和性能。实际生产中采用的冷却方式主要有连续冷却（如炉冷、空冷、水冷等）和等温冷却（如等温淬火）。

等温冷却是指将奥氏体化的钢件迅速冷至 $A_{r1}$ 以下某一温度并保温，使其在该温度下发生组织转变，然后再冷却到室温，如图5-6中所示的1。连续冷却则是指将奥氏体化的钢件连续冷却至室温，并在连续降温过程中发生组织转变，如图5-6中所示的2。

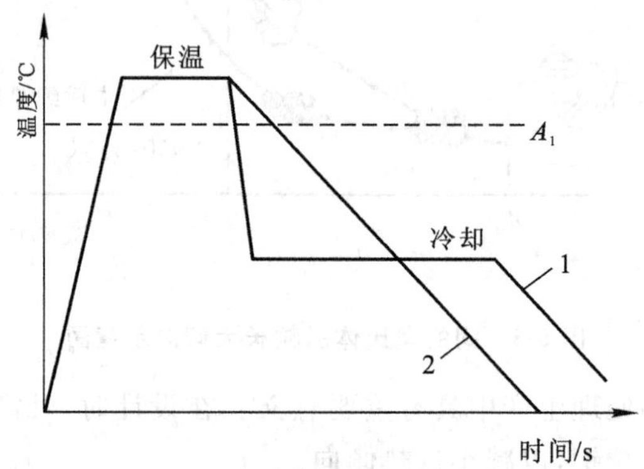


**图5-6　两种冷却方式示意图**

1—等温冷却；2—连续冷却

研究奥氏体的冷却转变规律通常采用两种方法：一种是在不同的过冷度下进行等温冷却来测定奥氏体转变过程，绘出奥氏体等温的转变曲线；另一种是在不同的冷却速度下进行连续冷却来测定奥氏体的转变过程，绘出奥氏体连续冷却的转变曲线。奥氏体在相变点（$A_{r1}$）以上为稳定相，能够长期存在而不发生转变，但过冷到 $A_{r1}$ 线以下的奥氏体并不会立即转变，要经过一段孕育期后才开始转变，这种在孕育期暂时存在的奥氏体称为过冷奥氏体。钢在冷却时的组织转变实质上是过冷奥氏体的组织转变。

### 一、过冷奥氏体的等温冷却转变

在不同的过冷度下，反映过冷奥氏体转变产物与时间的关系曲线，称为过冷奥氏体等温转变的动力学曲线。由于曲线的形状像字母C，故又称为C曲线，图5-7所示为共析碳钢过冷奥氏体等温转变的动力学曲线。

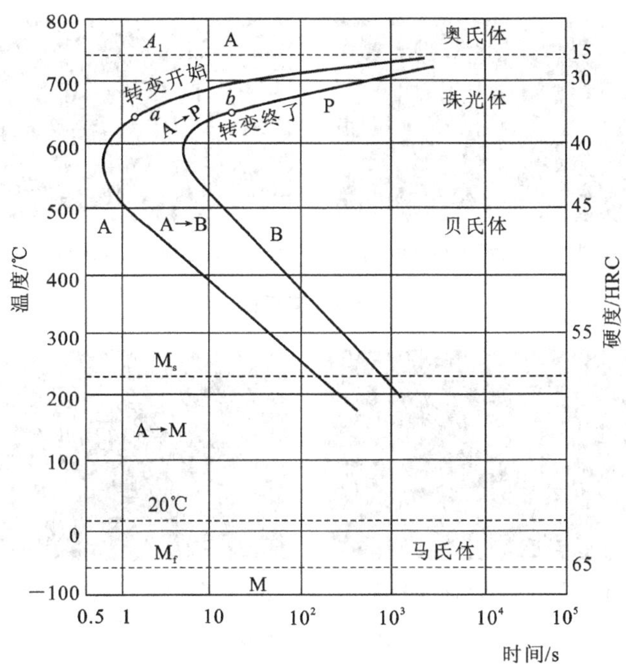


图 5-7 共析碳钢过冷奥氏体等温转变曲线

**1. 过冷奥氏体等温转变产物的组织和性能**

根据过冷奥氏体不同温度($A_{r1}$线以下)下转变产物的不同，奥氏体的变化可分为以下三种不同类型的转变，即珠光体转变、贝氏体转变和马氏体转变。

1)珠光体转变——高温转变($A_{r1}$～550℃)

共析成分的奥氏体过冷到 $A_{r1}$～550℃等温停留时，将发生共析转变，转变产物为珠光体，它是由铁素体和渗碳体的层片组成的机械混合物。由于过冷奥氏体向珠光体转变的温度不同，因此，珠光体中铁素体F和渗碳体 $Fe_3C$ 片的厚度也不同。在过冷度较小($A_{r1}$～650℃)时，片间距较大称为珠光体P，如图5-8所示；在600～650℃范围内，片间距较小，称为索氏体S，如图5-9所示；在550～600℃范围内，由于过冷度较大，片间距很小，这种组织称为屈氏体T，如图5-10所示。

(a) 光学显微组织 (500倍)

(b) 电子显微组织 (8 000倍)

图 5-8 珠光体

(a) 光学显微组织(1 000倍)

(b) 电子显微组织(19 000倍)

图 5-9 索氏体

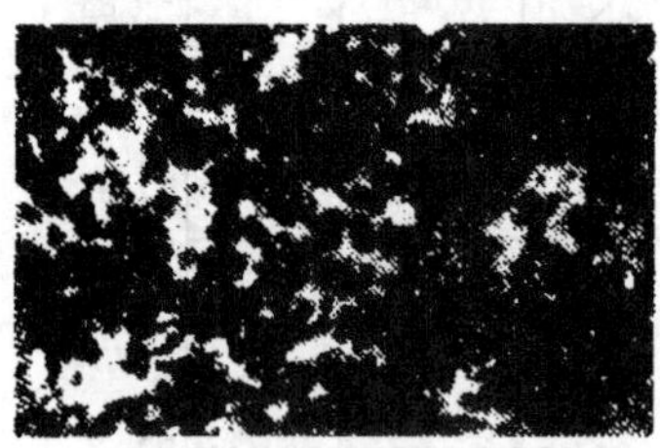

(a) 光学显微组织(1 000倍)

(b) 电子显微组织(19 000倍)

图 5-10 屈氏体

珠光体组织中的片间距越小，相界面越多，塑性变形抗力越大，强度和硬度也越高；同时，渗碳体变薄，使得塑性和韧性也有所改善。

2)贝氏体转变——中温转变(550℃～$M_s$)

共析成分的奥氏体过冷到 240～550℃的中温区内停留，便会发生过冷奥氏体向贝氏体的转变，形成贝氏体 B。由于过冷度较大，转变温度较低，贝氏体转变时只发生碳原子的扩散而不会发生铁原子的扩散。因此，贝氏体是由含过饱和碳的铁素体和碳化物组成的两相混合物。按组织形态和转变温度将贝氏体组织分为上贝氏体 $B_{上}$ 和下贝氏体 $B_{下}$ 两种。

上贝氏体形成温度范围为 350～550℃。它是由大致平行、碳轻微过饱和的铁素体板条为主体、铁素体板条间分布的短棒状或短片状碳化物组成的，如图 5-11 所示。在光学显微镜下，典型的上贝氏体呈羽毛状形态，组织中碳化物不易辨认，如图 5-12 所示。

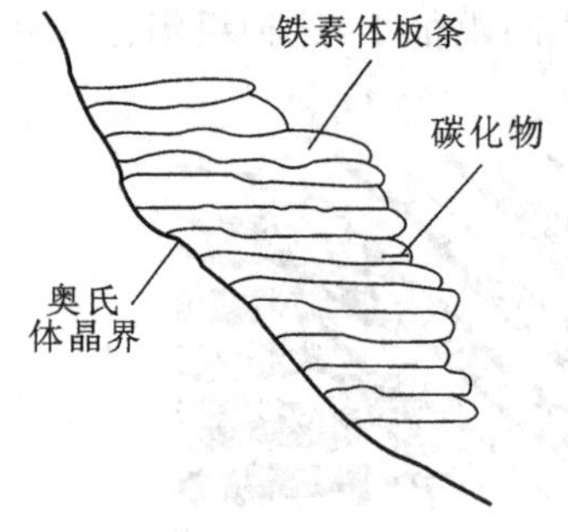


图 5-11 上贝氏体组织示意图

图 5-12 上贝氏体光学显微组织(600 倍)

下贝氏体形成温度范围为350℃～$M_s$。它由含过饱和的细小针片状铁素体，以及在铁素体片内弥散分布且与铁素体片的纵向轴呈55～65℃平行排列的碳化物组成，如图5-13所示。在光学显微镜下，典型的下贝氏体呈黑色针片状，如图5-14所示。

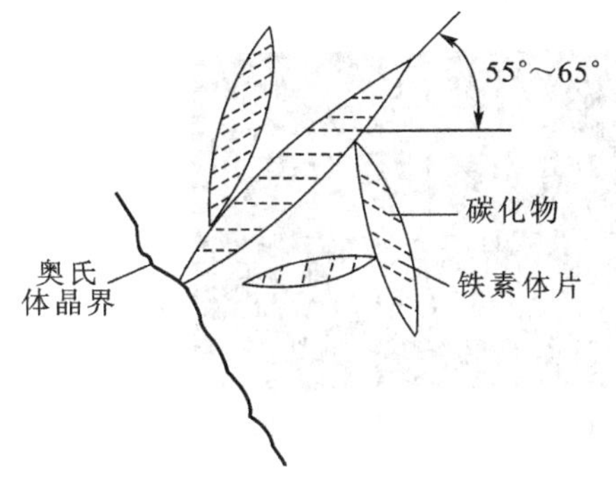


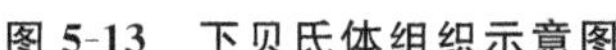
图5-13 下贝氏体组织示意图

图5-14 下贝氏体光学显微组织(500倍)

贝氏体的性能与其形态有关。由于上贝氏体中碳化物分布在铁素体片层间，脆性大，易引起脆断，因此，基本上无实用价值。下贝氏体中，铁素体片细小且无方向性，碳的过饱和度大，碳化物分布均匀，弥散度大，因而，它具有较高的强度和硬度，以及较好的塑性和韧性。在实际生产中，常采用等温淬火来获得下贝氏体，以提高材料的韧性。

3)马氏体转变——低温转变($M_s$以下)

当过冷奥氏体被快速冷却到$M_s$点以下时便会发生马氏体转变，它是奥氏体冷却转变后最重要的产物。奥氏体为面心立方晶体结构，当过冷至$M_s$以下时，其晶体结构将转变为体心立方晶体结构。由于转变温度较低，原奥氏体中溶解的过多碳原子没有能力进行扩散，致使所有溶解在原奥氏体中的碳原子难以析出，使晶格发生畸变。碳的质量分数越高，畸变越大，内应力也越大。马氏体实质上就是碳溶入α-Fe中的过饱和间隙固溶体(α固溶体)。

马氏体的强度和硬度主要取决于马氏体的碳的质量分数，如图5-15所示。当$w_C<0.2\%$时，可获得尺寸大体相同的呈一束束平行条状马氏体，称为板条状马氏体，如图5-16(a)所示。组织为板条状马氏体钢的，具有较高的硬度和强度，较好的塑性和韧性。当马氏体中$w_C>$

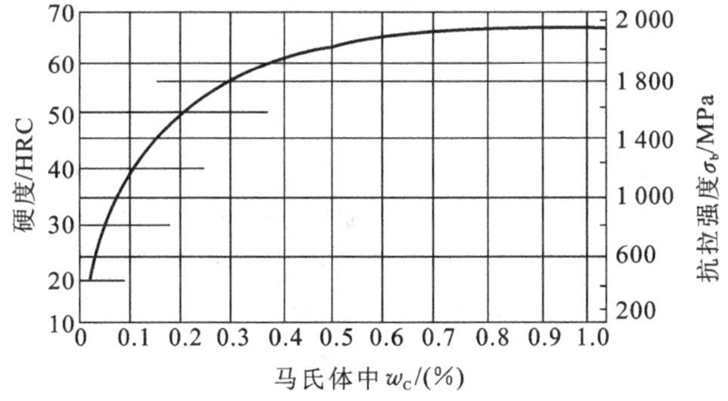

图5-15 $w_C$对马氏体强度与硬度的影响

0.6%时，会得到针片状马氏体，如图 5-16(b)所示。针片状马氏体具有很高的硬度，但塑性和韧性很差，脆性大。当 $w_C$ 在 0.2%～0.6%时，低温转变得到板条状马氏体与针片状马氏体混合组织。随着碳的质量分数的增加，板条状马氏体数量减少而针片状马氏体数量增加。

(a) 板条状马氏体（600倍）

(b) 针片状马氏体（400倍）

图 5-16　马氏体的光学显微组织

马氏体相变是在 $M_s$～$M_f$(共析钢为－50～240℃)之间进行的。实际进行马氏体转变的淬火处理时，冷却后马氏体转变只进行到室温，这时，奥氏体不能全部转变为马氏体，还有少量的过冷奥氏体未发生马氏体转变而残留下来，称为残余奥氏体。过多的残余奥氏体会降低钢的强度、硬度和耐磨性，而且残余奥氏体为不稳定组织，在钢件使用过程中易发生转变而导致工件产生内应力，引起变形、尺寸变化，从而降低工件精度。因此，生产中对硬度要求高或精度要求高的工件，淬火后要迅速置于接近 $M_f$ 的温度下，促使残余奥氏体进一步转变成马氏体，这一工艺过程称为冷处理。

亚共析钢和过共析钢过冷奥氏体的等温转变曲线与共析钢的过冷奥氏体等温转变曲线相比，亚共析钢的 C 曲线上多出一条先共析铁素体的析出线，如图 5-17(a)所示。而过共析钢的 C 曲线上多出一条先共析二次渗碳体的析出线，如图 5-17(b)所示。

**2. 影响 C 曲线的因素**

C 曲线揭示了过冷奥氏体在等温冷却时组织转变的规律。各种因素对奥氏体等温转变的影响均反映在 C 曲线上。C 曲线越向右移，表明过冷奥氏体越稳定，过冷奥氏体的转变速度越慢。由于多数钢的 $M_f$ 在室温以下，随 $M_s$ 和 $M_f$ 的降低，钢淬火冷到室温时残余奥氏体会增加。影响 C 曲线的因素很多，主要有如下几个。

1)碳的质量分数

随着奥氏体中碳的质量分数的增加，奥氏体的稳定性增大，C 曲线的位置右移，这是一般规律。在正常加热条件下，亚共析钢的 C 曲线随碳的质量分数的增加而右移，过共析钢的 C 曲线则随碳的质量分数的增加而左移。因为过共析钢碳的质量分数的增加，未溶解的渗碳体增多，它们能作为结晶核心促使奥氏体分解，故在钢中，共析钢的过冷奥氏体最稳定。

此外，奥氏体中碳的质量分数越高，$M_s$ 点就越低。例如，亚共析钢的 $M_s$ 点的温度一般在 300℃以上，而共析钢的 $M_s$ 点已降低到 200℃以下。

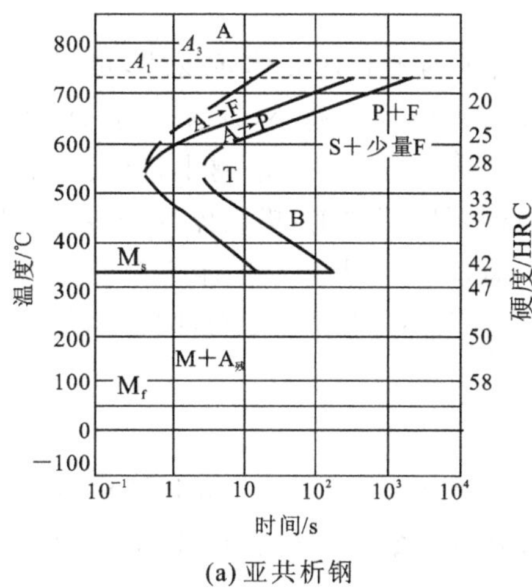

(a) 亚共析钢

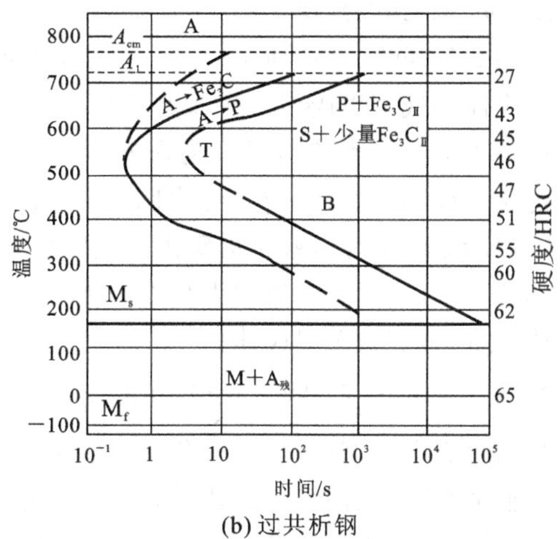

(b) 过共析钢

**图 5-17 亚共析钢和过共析钢的等温转变曲线**

2)合金元素

除 Co 以外的几乎所有合金元素溶入奥氏体后,都会增加奥氏体的稳定,使 C 曲线不同程度右移。当某些合金元素达到一定含量时,还会改变 C 曲线的形状。绝大多数合金元素均会使 $M_s$ 温度降低。

3)加热温度和保温时间

随着加热温度的升高和保温时间的延长,奥氏体晶粒长大,晶界面积减少,从而使奥氏体成分更加均匀,从而提高了奥氏体的稳定性,使 C 曲线右移。

对于过共析钢与合金钢,影响其 C 曲线的主要因素是奥氏体的成分。

## 二、过冷奥氏体连续冷却转变

### 1. 过冷奥氏体的连续冷却转变曲线(CCT 曲线)

大多数热处理工艺都是在连续冷却过程中完成的,所以,钢的连续冷却转变曲线更具有实际意义。连续冷却转变曲线是用实验方法来测定的。将一组试样加热到奥氏体化后,以不同冷却速度连续冷却,测出其奥氏体转变开始点和终止点的温度和时间,并在温度-时间(对数)坐标系中,分别连接不同冷却速度的开始点和终止点,即可得到连续冷却转变曲线,也称为 CCT 曲线。图 5-18 所示为共析钢 CCT 曲线,图中 $P_s$ 和 $P_f$ 分别为过冷奥氏体转变为珠光体的开始线和终止线,两线只是转变的过渡区,$KK'$线为转变的终止线,当冷却到达此线时,过冷奥氏体便终止向珠光体转变,一直冷却到 $M_s$ 点又开始发生马氏体转变,所以,共析钢在连续冷却的过程中,不发生贝氏体转变,因而

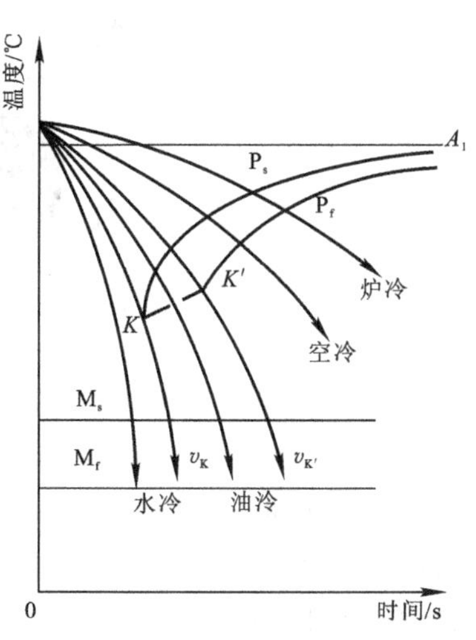

**图 5-18 共析钢 CCT 曲线**

也就没有贝氏体组织出现。

由图 5-18 可知，共析钢以大于 $v_k$ 的速度冷却时，由于遇不到珠光体转变线，可得到的组织为马氏体和残余奥氏体。冷却速度 $v_k$ 称为上临界冷却速度。$v_k$ 越小，越易得到马氏体。冷却速度小于 $v'_k$ 时，将全部转变为珠光体，$v'_k$ 称为下临界冷却速度。$v'_k$ 越小，退火所需的时间就越长。冷却速度在 $v_k \sim v'_k$ 之间（如油冷）时，在到达 $KK'$ 线之前，奥氏体部分转变为珠光体，从 $KK'$ 线到 $M_s$ 点，残余奥氏体停止转变，直到 $M_s$ 点以下，才开始马氏体转变。到 $M_f$ 点，马氏体转变完成，得到的组织为马氏体和屈氏体。若冷却到 $M_s$ 和 $M_f$ 之间，则得到的组织为马氏体、屈氏体和残余奥氏体。

**2. CCT 曲线与 C 曲线的比较和应用**

将相同条件下奥氏体冷却测得的共析钢 CCT 曲线和 C 曲线叠加在一起，如图 5-19 所示，其中，虚线为连续冷却转变曲线。由图 5-19 可以看出，连续冷却时，过冷奥氏体的稳定性增加，奥氏体完成珠光体转变的温度更低，时间更长。根据实验，等温转变速度大约是连续冷却的 1.5 倍。

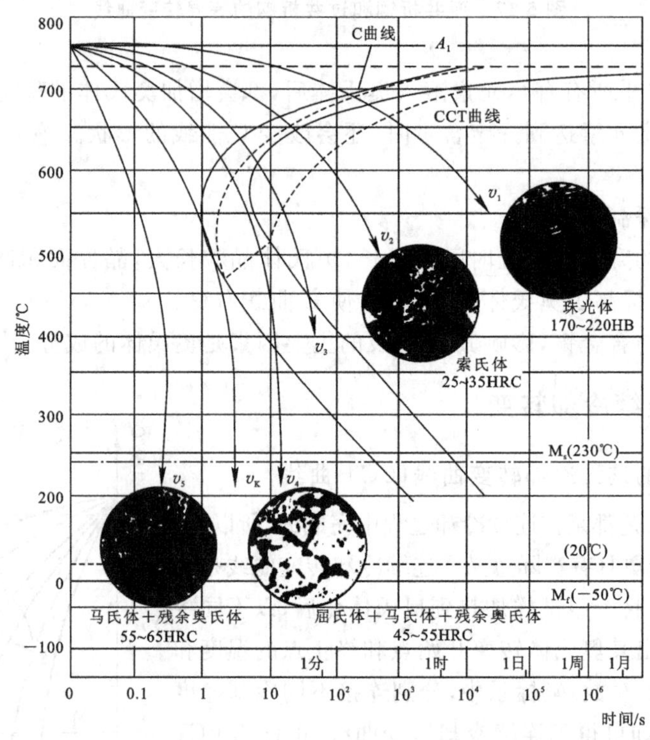


**图 5-19　共析钢 CCT 曲线和 C 曲线比较**

连续冷却转变曲线能准确反映在不同冷却速度下，转变温度、时间及转变产物之间的关系，可直接用于制定热处理工艺规范。一般手册中给的 CCT 曲线中除有曲线的形状和位置外，还给出某种钢的几种不同冷却速度，所经历的各种转变及得到的组织和性能（硬度），还可以清楚知道钢的临界冷却速度等。这是制定淬火方法和选择淬火介质的重要依据。与 CCT 曲线相比，C 曲线更容易测定，并可以用其制定等温退火、等温淬火等热处理工艺规范。目前，C曲线的资料比较充分，而有关CCT曲线的资料则仍然缺乏，因此，利用C曲线估算连续冷却转变产物的组织和性能，仍具有重要的现实意义。如图5-19所示，$v_1$ 相当于炉冷（退火），转变产物为珠光体；$v_2$ 和 $v_3$ 相当于不同速度的空冷（正火），转变产物为索氏体和屈氏体；$v_4$ 相当于油冷，转变产物为屈氏体、马氏体和残余奥氏体；$v_5$ 相当于水冷，转变产物为马氏体和残余奥氏体。

# 任务3　钢的退火与正火

为了改善钢的力学性能，机械零件在加工过程中往往要安排不同目的的各种热处理，一般机械零件的工艺过程：毛坯（铸造、锻造）→预备热处理→切削加工→最终热处理。最终热处理的目的是使零件达到所要求的力学性能，如强度、硬度、耐磨性、韧性等。预备热处理的目的是消除毛坯在铸造或锻造过程中所造成的某些缺陷（如晶粒粗大、枝晶偏析、硬度过高或不均匀等），同时为下道工序即切削加工或冷压力加工及最终热处理做好组织准备。退火和正火就是钢材经常采用的预备热处理。如果零件的力学性能要求不高，退火和正火已能满足零件的性能要求，则退火、正火就是最终的热处理。

## 一、钢的退火

退火是把钢加热到高于或低于临界点（$A_{c3}$ 或 $A_{c1}$）某一温度并保温一定时间，然后缓慢冷却，使钢获得接近平衡组织的热处理方法。

钢常用的退火方法有完全退火、等温退火、球化退火、扩散退火、去应力退火及再结晶退火等，其工艺过程和加热温度如图5-20所示。

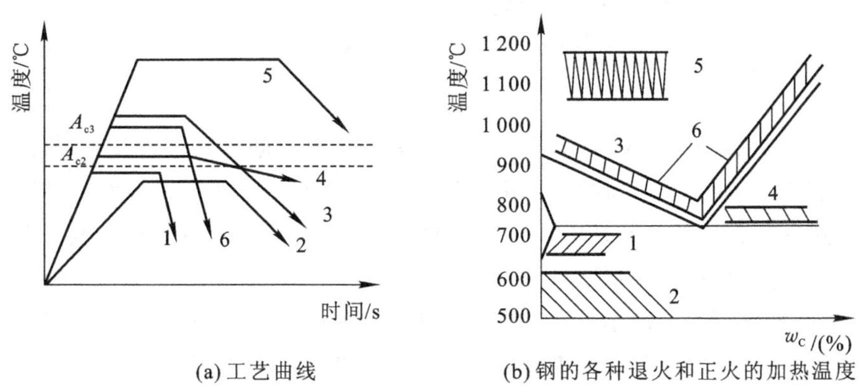


图5-20　钢退火工艺过程和加热温度

1—再结晶退火；2—去应力退火；3—完全退火；4—球化退火；5—扩散退火；6—正火

**1. 完全退火**

完全退火又称重结晶退火，主要用于亚共析钢，是将钢加热到 $A_{c3}$ 以上 30～50℃，保温后缓冷或冷至 600℃左右出炉空冷，工艺过程如图 5-20 所示的工艺曲线 3。在完全退火中，钢的组织全部奥氏体化，在随后的冷却中转变为接近平衡的组织，这样，可以消除前面热加工造成的内应力。通过重结晶可细化、均匀组织，使中碳钢以上的钢软化，以便于后续加工。完全退火广泛用于锻件、铸钢件，有时也用于焊接件。

**2. 等温退火**

退火是一种很费时的工艺，特别是对于某些合金钢，为了缩短时间，通常采用等温退火工艺。

等温退火是将亚共析钢加热到 $A_{c3}$ 以上，过共析钢加热到 $A_{c1}$ 以上，保温一定时间，再快速冷却至稍低于 $A_{r1}$ 的某一温度等温停留，使过冷奥氏体完成向珠光体的转变，随后出炉或冷却至 600℃左右时出炉，等温退火与普通退火相比可大大缩短时间，如图 5-21 所示。

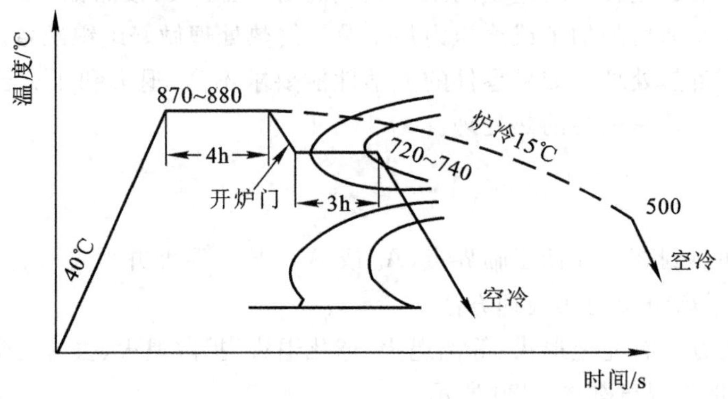


**图 5-21　高速钢的等温退火与普通退火的比较**

---普通退火；——等温退火

**3. 球化退火**

球化退火是把钢加热到 $A_{c1}$ 以上 10～30℃，保温足够时间后随炉冷却或采用等温退火的冷却方式，如图 5-20 所示工艺曲线 4。其目的是使钢中渗碳体球化，这种组织称为球状珠光体。共析钢、过共析钢中的片状珠光体组织，硬度较高，对刀具的磨损较大，易发生变形、开裂的现象。而球状珠光体由于降低了硬度(见表 5-1)，能改善切削性能，且淬火加热温度范围宽，不易导致过热。淬火后获得的细针状马氏体和粒状渗碳体组织力学性能好，使用寿命长。

**表 5-1　T8 钢普通退火与球化退火后性能的对比**

| 组织 | $\sigma_b$/MPa | $\delta$/(%) | $\psi$/(%) | HBS |
|---|---|---|---|---|
| 片状珠光体 | 810 | 15 | 30 | 228 |
| 球化组织 | 620 | 20 | 40 | 163 |

对于有网状二次渗碳体存在的过共析钢，在球化退火之前应先进行正火来打碎渗碳体网状化组织，如图5-22所示。

**4. 扩散退火**

扩散退火是把钢加热到略低于固相线的温度，长时间保温，然后缓冷至室温，其工艺过程如图5-20所示工艺曲线5。加热到如此高温后，铁、碳原子充分扩散，可使铁内存在的化学成分偏析消除，但奥氏体晶粒也长得很大，因而必须再进行一次完全退火或正火使其组织细化。

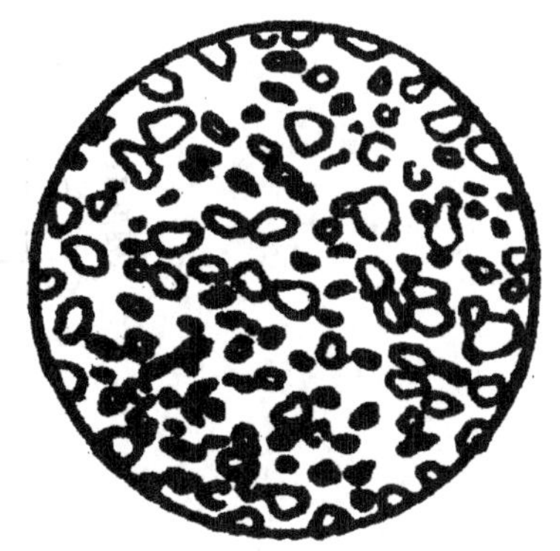

图5-22 球化退火后的组织

**5. 去应力退火**

去应力退火又称为低温退火，是把钢加热到低于 $A_{c1}$ 的某一温度，通常为500～600℃，保温后缓冷至室温，其工艺过程如图5-20所示工艺曲线2。去应力退火目的是消除铸件、焊件及切削加工件存在的内应力，起到稳定工件尺寸的作用，避免工件在加工和使用过程中发生变形。

## 二、钢的正火

正火是把钢加热到 $A_{c3}$ 或 $A_{ccm}$ 以上30～50℃，使钢转变为奥氏体，保温后在空气中冷却，如图5-20所示工艺曲线6，从而得到珠光体类组织的热处理工艺。正火与退火的差别是冷却速度的不同，正火的冷却速度较大，获得的珠光体类组织较细，因而强度与硬度也较高。

对于某些含有大量合金元素的高合金钢，在空冷时，由于C曲线位置发生了显著右移，过冷奥氏体转变为贝氏体或马氏体，此时得到的组织和性能与正火完全不同。

正火后的力学性能和生产效率都较高，成本也低，因而一般情况下尽可能地用它来代替退火，正火主要应用于下列方面。

(1)对于由中、低碳钢和低碳合金钢制成的一般零件，一般用正火作为预备热处理，用以消除锻造、铸造和焊接中形成的缺陷以改善切削加工性。

(2)对于由中、低碳钢所制造的非重要零件，正火也可作为最终热处理，用以改善和提高其力学性能。

(3)对于碳的质量分数较高的过共析钢，通过正火可以破碎网状二次渗碳体，减少渗碳体，为球化退火做好组织准备。

综上所述，为改善切削加工性能，低、中碳钢宜用正火，高碳钢则宜用退火，过共析钢用正火消除网状渗碳体后，因硬度偏高，还需球化退火，图5-23所示为退火、正火两种热处理工艺与适宜加工硬度范围的关系。应该指出的是，当中、低碳钢进行冷挤、冷镦、冷铆以前，为获得良好的塑性，也要采用退火。

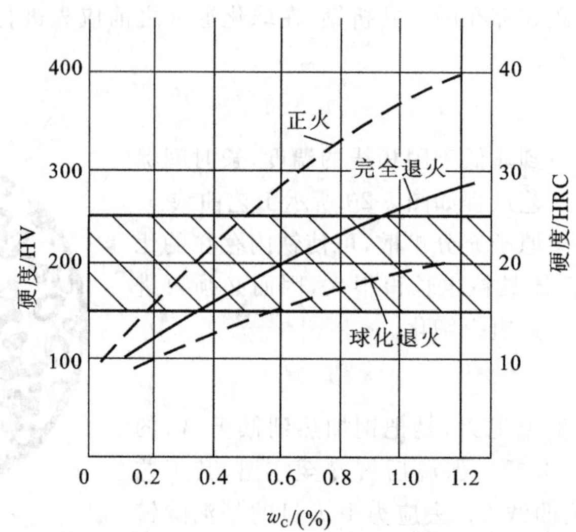


图 5-23 退火、正火后的硬度值(阴影部分为合适的切削加工硬度范围)

# 任务 4 钢的淬火

淬火是将钢奥氏体化(见图 5-24$A_3$ 线以上)后快速冷却得到马氏体组织的热处理工艺,淬火及随后的回火一般是最终热处理,它可以显著地改善和提高力学性能,因而马氏体强化是钢的最主要的强化手段,淬火是钢最重要的热处理工艺。

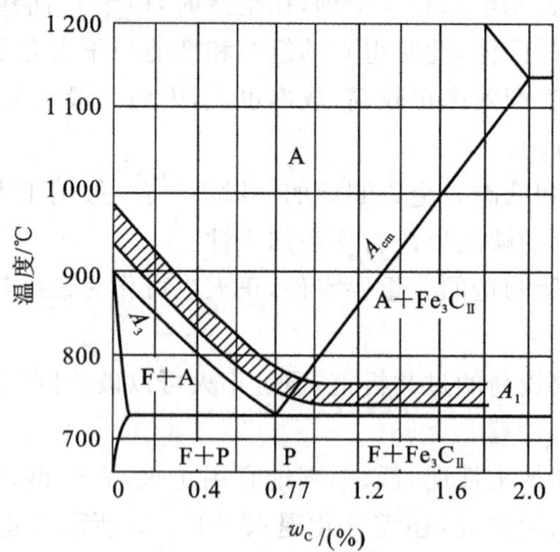


图 5-24 钢淬火加热温度范围

## 一、淬火工艺

### 1. 淬火温度

为获得细小而均匀的奥氏体晶粒，钢的淬火温度应选择在临界温度线以上30～50℃，加热温度过高得到的是粗大针状马氏体，脆性大，而且其氧化脱碳的情况十分严重，工件变形倾向大，甚至会导致开裂。

通常，亚共析钢的淬火温度应在$A_{c3}$以上30～50℃，如图5-24所示，淬火后可得到细小均匀的马氏体组织，碳的质量分数超过0.5%时，还伴有少量残余奥氏体出现。如在$A_{c3}$以下淬火，在淬火组织中将出现铁素体，造成硬度与强度不足。

共析钢和过共析钢的淬火温度为$A_{c1}$以上30～50℃，如图5-24所示，淬火后得到的是细小均匀的马氏体、粒状二次渗碳体和少量残余奥氏体的混合组织，粒状渗碳体可以提高淬火马氏体的硬度和耐磨性，如果加热温度超过$A_{ccm}$线，则淬火后会获得粗大针状马氏体和较多的残余奥氏体，这不仅会降低钢的硬度、耐磨性和韧性，而且还增大淬火变形、开裂的倾向。

除了锰以外的大多数合金元素都会阻碍奥氏体晶粒长大，为了使合金元素充分溶入奥氏体中，合金钢加热温度通常在临界温度以上50～80℃。具体各种钢的加热温度可查看有关热处理手册。

### 2. 淬火内应力与冷却介质

冷却是淬火工艺最重要的步骤，为得到马氏体组织，淬火冷却速度必须大于临界冷却速度$v_k$，但过高的冷却速度会造成较大的淬火内应力，从而引起工件的变形与开裂。

1)淬火内应力

工件在淬火冷却过程中必然会发生收缩，工件表面与心部、薄件与厚件冷速不同，其收缩快慢就不一致，这会导致互相作用的内应力的产生。这种由于热胀冷缩不一致而形成的内应力称为热应力。

工件在冷却过程中要发生马氏体转变，而马氏体的比热容较奥氏体大，必然会产生体积膨胀。在工件表面或薄截面处冷却较快因而会先发生奥氏体向马氏体的转变，随之体积膨胀，导致体积膨胀先后不一致，这种由于工件各部位组织转变先后不一致而产生的内应力，称为组织应力。

钢淬火中的内应力是热应力和组织应力综合作用的结果。

2)冷却介质

淬火时要获得马氏体，冷却速度必须大于临界冷速$v_k$，但是快速冷却会引起过大的内应力。经研究发现，要获得马氏体并非在整个冷却过程都要快速冷却，理想的淬火冷却曲线如图5-25所示。由该曲线可知，在曲线“鼻尖”附近(400～650℃)的过冷奥氏体最不稳定区域要快速冷却，而在$M_s$附

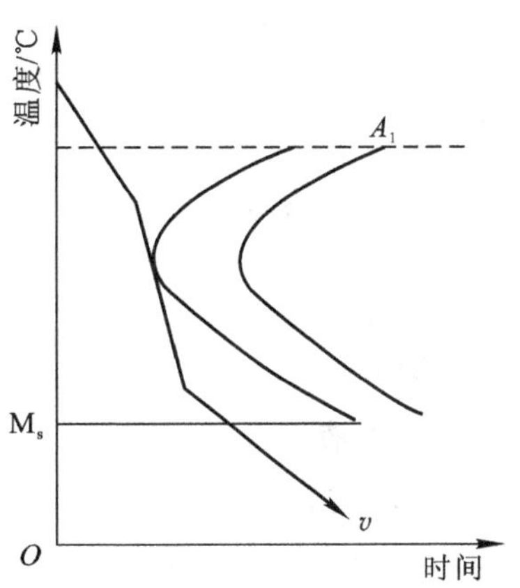

图5-25　理想淬火冷却速度曲线

近则需要缓慢冷却，以减小马氏体转变时产生的组织应力。当然要找到这样的理想冷却介质是很困难的，通常广泛使用的冷却介质是水和油。

水是一种既经济而冷却能力又较强的冷却介质，不足之处是冷却能力在550～650℃范围内不够强，在200～300℃范围内又偏强，因而一般用于形状简单、截面尺寸较大的碳钢工件。水温过高冷却能力会显著下降，水温一般不能超过40℃。在水中加入适量的NaCl、NaOH或$Na_2CO_3$等物质，可明显提高在500～650℃范围内的冷却能力，如表5-2所示。

**表5-2　常用淬火冷却介质的冷却能力**

| 淬火冷却介质 | 冷却能力/(℃/s) | |
|---|---|---|
| | 550～650 | 200～300 |
| 水(18℃) | 600 | 270 |
| 水(50℃) | 100 | 270 |
| 10%NaCl水溶液(18℃) | 1 100 | 300 |
| 10%NaOH水溶液(18℃) | 1 200 | 300 |
| 10%$Na_2CO_3$水溶液(18℃) | 800 | 270 |
| 矿物油 | 150 | 30 |
| 菜籽油 | 200 | 35 |

淬火油通常是机油、菜籽油、变压器油等各种矿物油，油的冷却能力较水差得多，因而弹簧钢往往很难淬透，但在$M_s$附近冷却缓慢，有利于临界冷却速度$v_k$较小的合金钢，形成复杂的中、小合金钢工件在油中淬火可大大减小淬火内应力，使变形、开裂倾向减少，油温宜控制在100℃以下，过高易着火。

碱浴和硝盐浴也是常用的冷却介质，在550～650℃范围内碱浴的冷却能力比油大，在200～300℃范围内碱浴与硝盐浴的冷却能力均比油小，常用于分级或等温淬火，它有利于减小淬火工件的变形，但只能用于形状复杂和变形要求严格的小件。

## 二、淬火的方法

常用的淬火方法有单液、双液、分级、等温淬火等，如图5-26所示。

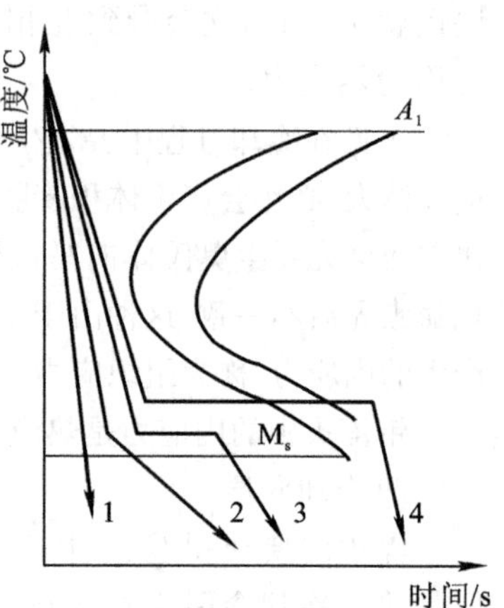


**图5-26　常用淬火方法示意图**

1—单液淬火；2—双液淬火；3—分级淬火；4—等温淬火

### 1. 单液淬火

将奥氏体化后的工件在一种冷却介质中连续冷却获得的马氏体组织的淬火方法称单液淬火。这种方法操作简单，易于机械化，形状简单的碳钢可水淬，合金钢及小尺寸碳钢可油淬。

**2. 双液淬火**

将奥氏体化的工件先在冷却能力较强的介质中冷却，跳过 C 曲线“鼻尖”部分，然后再淬入冷却能力较弱的介质中，发生马氏体转变，以减小淬火内应力，这种方法称为双液淬火。一般分别用水和油作为较强和较弱的冷却介质，这时可称为水淬油冷。这种操作的技术要求较高，掌握不好就会出现淬不硬和淬裂等现象。

**3. 分级淬火**

将奥氏体化后的工件淬入稍高于 $M_s$ 温度的硝盐浴中，待其表里温度一致后取出，缓慢冷却时会发生马氏体转变，这种淬火方法称为分级淬火。由于整个工件几乎是同时发生转变，不仅减小了工件内外温差造成的热应力，也降低了马氏体相变不均匀所造成的组织应力，可显著减小变形、开裂倾向，操作也容易掌握。但盐浴冷却能力有限，只能处理小件。

**4. 等温淬火**

将奥氏体化后的工件淬入高于 $M_s$ 温度的硝盐浴中，等温冷却以获得下贝氏体组织的淬火方法称为等温淬火。这种淬火方法能显著降低内应力，淬火变形小，同时得到的下贝氏体组织具有较高的韧性。例如，T7A 钢制成的起子，原先淬火后低温回火，硬度为 55～58 HRC，扭转 10°就断裂，加热到 800～820℃，240℃等温淬火，硬度为 55 HRC，扭转 90°不断。但等温淬火生产周期长，效率较低，一般只能用于形状复杂要求较高的小件。

## 三、淬火的缺陷及防止方法

生产中，工件在热处理时会出现一些缺陷，如过热、过烧；淬不硬、软化；氧化、脱碳；变形、开裂等，其中淬火变形与开裂是较严重的缺陷。

当淬火内应力大于钢材的屈服强度时，工件就会发生变形；当淬火内应力大于钢材的抗拉强度时，工件就会开裂。热应力作用的结果往往是使工件沿最大尺寸方向缩小，沿最小尺寸方向伸长，最终整个工件呈球形与鼓形，如图 5-27(a)所示。组织应力引起的变形可使工件沿最大尺寸方向伸长，沿最小尺寸方向缩短，尖角突出平面凹入，如图 5-27(b)所示。在二者综合作用下工件变形如图 5-27(c)所示。

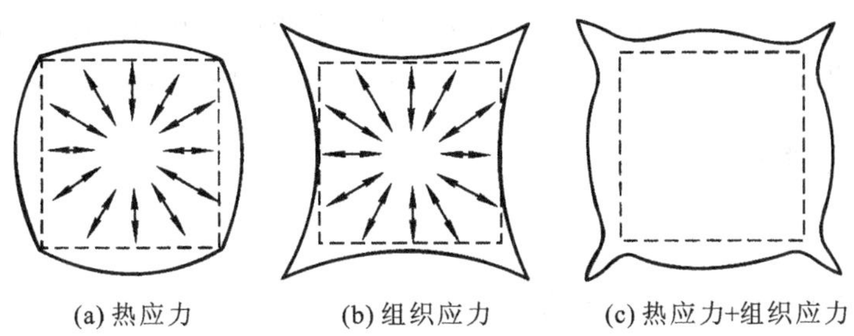


**图 5-27　热应力与组织应力使工件变形趋势**

淬火内应力是淬火钢变形、开裂的根本原因，要减小工件的变形和防止工件的开裂，必须尽量减小淬火内应力，为此在工艺上应采取下列必要措施。

**1. 充分地锻造和必要的预备热处理**

钢的原始组织缺陷如碳化物分布不均匀、组织不均匀、晶粒粗大等促使了淬火的变形与开裂，这可以通过锻造及正火或退火来均匀组织、细化晶粒，这对减小变形及防止开裂是有效的。

**2. 合理的热处理工艺**

预热、安放平稳以减小加热时的变形；选择正确的加热温度与保温时间，一般加热温度不宜过高、保温时间不宜过长、加热速度不宜过快，尽量保持工件各部分温度均匀一致。

**3. 选择正确的冷却方式**

冷却是减小变形、防止开裂的关键。在保证达到淬火要求的前提下，应尽可能采用缓慢的冷却方式，例如，预冷和在热介质（即热油、碱浴、硝盐浴等）中分级或等温淬火等。

控制热处理变形及防止开裂的措施还有很多，如掌握好淬火工件浸入淬火剂中的方式，用堵扎和绑扎的方式使各部分冷却速度尽量均匀，选择压床淬火及合宜的淬火夹具等。

# 任务 5　钢的回火

将淬火钢加热到 $A_1$ 以下的某个温度，保温后冷却至室温的热处理工艺称为回火。其目的如下。

(1)改善淬火钢的性能，达到要求的力学性能。如工具要求有高硬度和耐磨性；轴类零件要求有良好的韧性；弹簧要求有较高的弹性极限和屈服强度，以及一定的塑性、韧性。

(2)将不稳定的马氏体和残余奥氏体转变为稳定的组织，以防止在使用过程中，组织转变导致丧失精度。

(3)减小或消除淬火内应力，降低马氏体的脆性，防止工件的变形和开裂。

钢淬火后必须立即回火，以防止工件在放置过程中变形与开裂。淬火钢不经回火一般是不能使用的，所以淬火-回火处理是钢热处理工艺中最重要的复合热处理方法。

## 一、钢在回火时的组织转变

**1. 转变过程**

淬火钢中的马氏体和残余奥氏体是非平衡组织，有向平衡组织即铁素体与渗碳体两相组织转变的倾向，但在室温时这种自发转变十分缓慢，给予一定的温度即所谓的回火处理，可使钢的淬火组织发生大致四个阶段的变化，如图 5-28 所示。

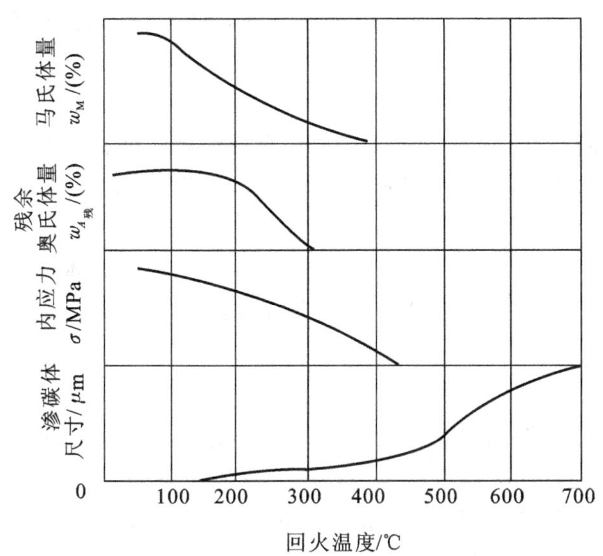

图 5-28 淬火钢回火时的转变

1)马氏体分解(100～200℃)

随着温度的升高,马氏体中过饱和的碳以 ε 碳化物($Fe_{2.4}C$)的形式析出,显微组织是碳的质量分数较低的马氏体与极细 ε 碳化物的混合组织。马氏体转变要延续到 350℃左右,此时 α 相中碳的质量分数接近平衡值。

2)残余奥氏体的转变(200～300℃)

马氏体的分解会使残余奥氏体的压力减小,残余奥氏体会转变为 ε 碳化物和过饱和 α 固溶体,即转变为下贝氏体,到 300℃时基本完成转变。

3)渗碳体的形成(250～400℃)

ε 碳化物转变为渗碳体是通过稳定的 ε 碳化物溶入 α 相中,同时从 α 相中析出渗碳体来实现的。在 350℃左右时转变进行较快,此时 α 相仍保持针状,渗碳体呈细薄的短片状,这样,马氏体就分解成铁素体(饱和状态)和渗碳体的机械混合物了。

4)渗碳体聚集长大和 α 相再结晶(大于 400℃)

随着温度升高,渗碳体首先转变为细小的粒状并逐渐聚集长大,600℃以上急剧粗化。同时,在 450℃以上 α 相开始再结晶,此时失去针状形态,而成为多边形铁素体。

**2. 回火后组织**

由上述可知,回火是四种转变阶段交叉进行的过程,同一回火温度可能有几种不同的转变,不同温度的回火组织是这些转变的综合结果,因而组织往往较复杂。根据回火温度范围和显微组织形态的基本特征,大致可将回火组织分为三类。

1)回火马氏体

在 150～250℃时回火得到回火马氏体(M′),它是由过饱和较低的 α 固溶体与和它共格的

ε碳化物所组成的两相混合物，回火马氏体仍保持原淬火马氏体组织形态，只是易腐蚀，颜色较暗。

2）回火屈氏体

在350～500℃时回火得到回火屈氏体（T′），它是在针状或板条状铁素体基体上大量弥散分布着细粒状渗碳体的两相混合物，在光学显微镜下不能分辨出渗碳体颗粒。

3）回火索氏体

在500～650℃时回火得到回火索氏体（S′），它是由粒状渗碳体和再结晶多边形铁素体所组成的两相混合物，在光学显微镜下能清晰分辨出渗碳体颗粒。

## 二、回火钢的性能

随着回火温度的变化，钢的组织会发生一系列的变化，其性能也将发生变化。淬火钢的力学性能总的变化趋势：随着回火温度的升高，硬度、强度下降，塑性、韧性升高。

随着回火温度的升高，淬火钢硬度会下降的变化规律如图5-29所示。在200℃以下，有大量弥散析出ε碳化物，造成了弥散强化，硬度下降缓慢，基本保持了淬火钢的高硬度。而高碳钢在100℃左右时回火硬度会略有回升。在200～250℃时，残余奥氏体分解为回火马氏体，使高碳钢的硬度基本保持不变（而中、低碳钢在200℃以后硬度开始显著下降）。在250℃以上时，α固溶体中的碳进一步析出，ε碳化物向渗碳体转变并聚集增大，此时钢的硬度呈直线下降。

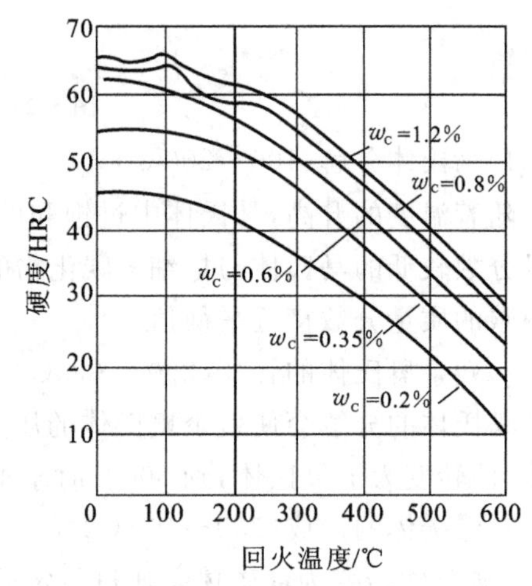

图5-29　淬火钢回火时硬度与回火温度的关系

淬火钢的塑性、韧性较差，由于存在着较大的内应力，强度一般也不高，在较低温度200～300℃回火时，因内应力较小，脆性降低，钢的$\sigma_b$、$\sigma_s$均会有所提高，在300～400℃之间回火时，钢的弹性极限达到最高值，但随着回火温度的继续提高，钢的强度会继续下降，而钢的塑性、韧性则达到最大值，且仍具有较高的强度，淬火钢力学性能随回火温度变化而变化，其规律如图5-30所示。

## 三、回火的种类和应用

淬火钢回火后的组织与性能由回火温度决定，根据回火温度的不同，大致可分为三类。

### 1. 低温回火

150～250℃回火，获得回火马氏体，主要目的是减小淬火内应力和降低脆性，且基本保持了淬火后的高硬度（58～64HRC）和耐磨性。低温回火多用于各种工模具、渗碳或表面淬火件。

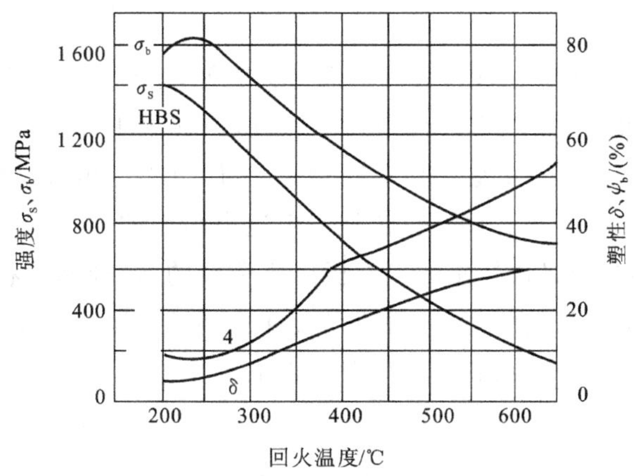

图 5-30　淬火钢(40 钢)回火时力学性能的变化

**2. 中温回火**

350～500℃回火，获得回火屈氏体，硬度为35～45HRC，目的是使钢件具有较高的强度、弹性极限和一定的塑性、韧性。中温回火多用于弹性零件。

**3. 高温回火**

500～650℃回火，淬火加高温回火调质得到回火索氏体，硬度为25～35HRC，目的是获得良好的综合力学性能，既有较高的强度、硬度，又有良好的塑性、韧性。高温回火主要应用于轴、齿轮等重要零件，也可以作为精密器件、量具等的预备热处理。

## 四、回火脆性

随着回火温度的升高，淬火钢的韧性并非连续不断地提高，而是在250～400℃和450～650℃两个温度区间内出现明显下降，如图5-31所示，这种随回火温度的升高而冲击韧性下降的现象称为回火脆性。

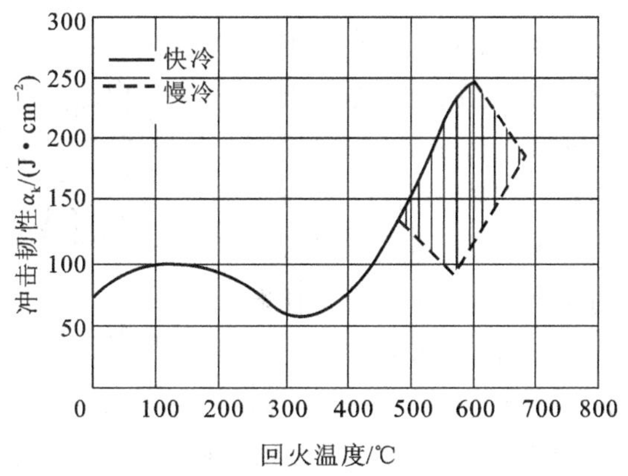

图 5-31　钢的冲击韧性随回火温度的变化

**1. 低温回火脆性**

在250～400℃范围内发生的脆性称为低温回火脆性，也称为第一类回火脆性。几乎所有的钢在300℃左右回火时，都将或多或少地发生脆性，但如果工件在更高的温度下回火，这种脆性就不会发生，然后再在300℃左右时重新回火，工件也不会出现这种脆性，这称为不可逆回火脆性。经研究证实，250℃以上的回火，是产生这类脆性的原因，一般认为，这是碳化物以断续的薄片状沿马氏体片或马氏体条的界面析出所造成的，这种薄片状碳化物与马氏体的结合较弱，降低了马氏体晶界处的强度，因而使得其冲击韧性下降。为了防止低温回火脆性，一般应避开在该温度范围内回火，或者采用等温淬火工艺。

**2. 高温回火脆性**

在500～600℃回火后缓慢冷却发生的脆性称为高温回火脆性，也称为第二类回火脆性。这类回火脆性常发生在含Cr、Ni、Si、Mn等合金元素的合金钢中。将已产生这类脆性的钢，重新加热到600～650℃以上，然后快速冷却，就可以消除这类脆性。相反，将已经消除了此类脆性的工件，重新加热到此温度并停留，脆性又会重新出现。因此，这类脆性又称可逆回火脆性。至于产生原因，目前比较一致的看法是，Pb、Sn、P等杂质元素会在回火过程中向原奥氏体晶界偏聚，而Ni、Cr、Mn等合金元素促进了这些杂质元素的偏聚，其自身也易在晶界富集，从而增加了脆性倾向。

防止高温脆性的途径有以下三种：

(1)高温回火后快速冷却；

(2)加0.5%Mo或1%W基本可消除此类回火脆性；

(3)提高钢的纯度，减少杂质。

## 五、淬火-回火得到的组织与过冷奥氏体直接得到组织的比较

以中碳钢淬火后高温回火为例进行比较，中碳钢调质后得到回火索氏体，过冷奥氏体直接分解也能获得珠光体，这两类珠光体在硬度、抗拉强度上相差不大，但回火组织的$\delta_5$、$\psi$、$\alpha_k$等要大得多，其主要原因是回火索氏体中的渗碳体呈粒状且在整个截面分布均匀，而珠光体中的渗碳体呈片状，分布也不均匀，如图5-32所示，这会产生很大的应力集中，易使渗碳体断裂或形成微裂纹。而粒状渗碳体在铁素体基体上的分散度较大，产生应力集中的倾向小些，因此，其塑性、韧性要高些。热处理从本质上来说，就是要把不均匀分布的碳化物转变成细小粒状碳化物并均匀地分布在其基体上。

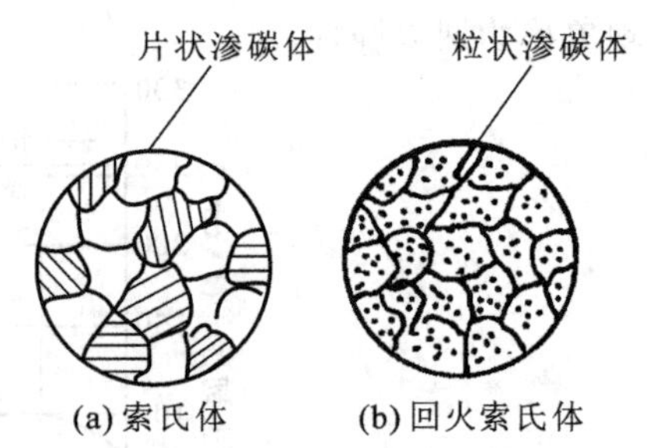

图5-32　索氏体与回火索氏体组织的比较

# 任务6 钢的淬透性

淬透性是钢的主要热处理工艺性能，是合理选材和正确制定热处理工艺的重要依据之一。

## 一、淬透性的概念

钢在一定的冷却条件下淬火时获得马氏体组织的能力称为钢的淬透性。淬透性的大小反映了钢在接受淬火后转为马氏体的能力，通常用规定条件下得到淬透层的深度来表示。

淬火钢的冷却速度大于临界冷却速度 $v_k$ 时，就能获得马氏体组织，在同一工件中，其表面较心部冷却速度要大，当表面冷却速度大于临界冷却速度 $v_k$ 时，就可以获得马氏体组织，而心部冷却速度如小于临界冷却速度 $v_k$ 时，就只能得到硬度较低的非马氏体组织，也就是说，心部没有淬透。大截面工件就可能在表面得到一定淬透层深度，小截面工件就可能获得表里均淬透的马氏体组织，如图 5-33 所示，钢淬透的深度除了与工件截面尺寸有关外，还与冷却介质有关，介质冷却能力越强，淬透层就越深，通常，同一钢件水淬就比油淬的淬透层深。

显然，不同种类钢的淬透性是不一样的，在相同的条件下，得到的淬透层越深，其淬透性就越好。

由于在马氏体中含有少量屈氏体，显微组织和硬度都不易察觉，因而实际上并不是用 100%马氏体(可能有少量残余奥氏体)来作为淬透层深度。一般规定 90%或 50%马氏体的组织作为淬透标准。我国采用的标准为 50%，这时的硬度值将发生显著变化，一旦碳的质量分数确定后，半马氏体组织会具有一定的硬度值，图 5-34 所示为不同碳的质量分数的半马氏体硬度。半马氏体区的金相组织很容易鉴定，它会在酸蚀断面上呈现出明显的阴暗分界面。这样，只要确定了半马氏体区，那么，从其表面到该区就是淬透层深度，如果心部是半马氏体，则工件已被淬透。

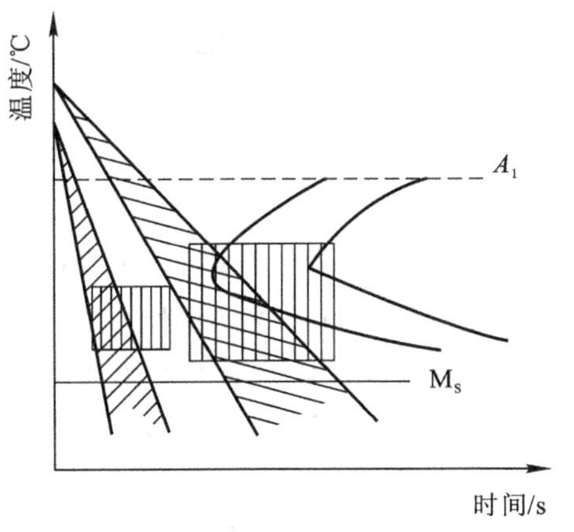


图 5-33 截面尺寸对淬透层深度的影响

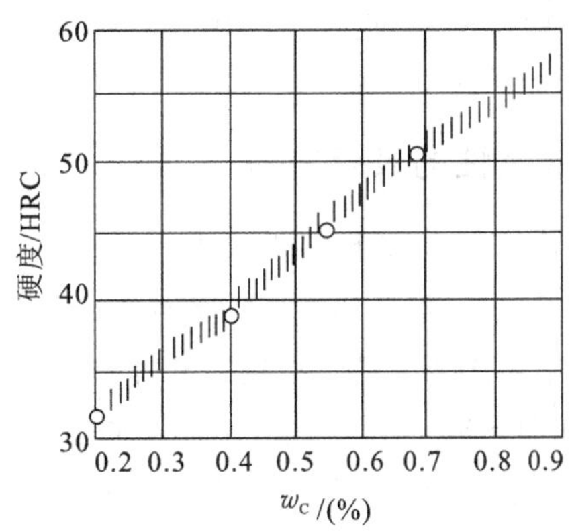


图 5-34 半马氏体硬度与碳的质量分数的关系图

## 二、影响淬透性的因素

淬透性与实际工件的淬透层深度是完全不相同的，淬透性是钢的一种工艺性能，它是在规定条件下得到的淬透层深度，对于一种钢来说它是确定的。而实际淬透层深度是在某种具体条件下淬火得到的半马氏体厚度，它是可变的，与淬透性及许多外界因素有关。淬透性与淬硬性也是不同的概念，淬硬性是指钢淬火时能够达到的最高硬度，主要取决于马氏体中的碳的质量分数。

钢的淬透性实质上取决于过冷奥氏体的稳定性，也就是临界冷却速度 $v_k$。$v_k$ 越小，过冷奥氏体越稳定，则钢的淬透性就越好，因此，凡影响奥氏体稳定性的因素，都会影响钢的淬透性。其影响包括以下几点。

**1. 合金元素的影响**

除 Co 以外，大多数合金元素溶入奥氏体后，会使 C 曲线右移，$v_k$ 减小，从而提高了钢的淬透性。

**2. 碳的质量分数的影响**

亚共析钢随碳的质量分数的增加，$v_k$ 降低，淬透性上升；过共析钢随碳的质量分数的增加，$v_k$ 升高，淬透性下降。碳的质量分数超过 1.2%～1.3%时淬透性明显降低。

**3. 奥氏体化温度的影响**

奥氏体化温度升高，奥氏体晶粒将长大，成分均匀化，使珠光体形核受抑制，因而 $v_k$ 减小，钢的淬透性增大。

**4. 钢中未溶第二相**

未溶入奥氏体中的碳化物、氮化物及其他非金属夹杂物，可以成为奥氏体转变产物的非自发核心，使 $v_k$ 增大，淬透性降低。

## 三、淬透性的表示方法

目前，普遍采用末端淬火法来测定钢的淬透性曲线，通过钢的淬透性曲线可以确定钢的临界淬透直径，然后用临界淬透直径来表示钢淬透性的大小，并以此来比较不同钢种的淬透性。

临界淬透直径是指钢在某种介质中淬火时，心部能得到的半马氏体的最大直径，用 $D_0$ 表示，如图 5-35 所示。同种钢用不同的淬火介质，临界淬透直径会不相同，如 $D_{0水}$ 和 $D_{0油}$ 分别表示在水中和油中冷却时的临界淬透直径，则 $D_{0水}$ 一定大于 $D_{0油}$。

当然，临界淬透直径越大，说明该钢的淬透性越好。通常用临界淬透直径来评定钢的淬透性，几种常用钢的临界淬透直径及心部组织如表 5-3 所示。

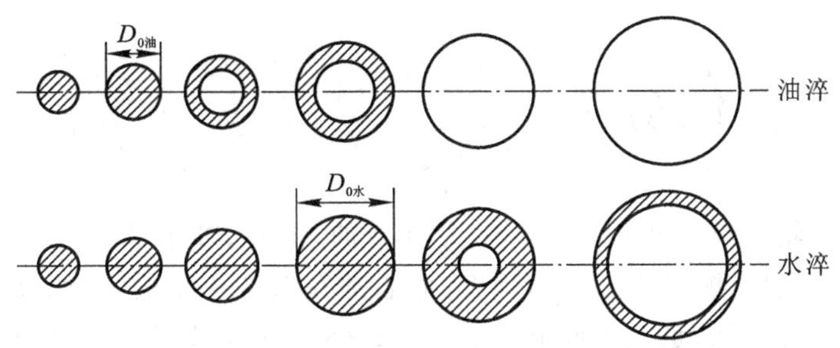


图 5-35　不同截面尺寸的钢件在油和水中淬火时淬透层深度变化示意图

表 5-3　几种常见钢的临界淬透直径及心部组织

| 钢号 | 45 | 60 | 40Mn | 40Cr | 20CrMnTi | T8－T12 | GCr15 | 9SiCr | CrWMn | Cr12 |
|---|---|---|---|---|---|---|---|---|---|---|
| $D_{0水}$/mm | 10～18 | 20～25 | 18～38 | 20～36 | 32～50 | 15～18 | — | — | — | — |
| $D_{0油}$/mm | 6～8 | 9～15 | 10～18 | 12～24 | 12～20 | 5～7 | 30～35 | 40～50 | 40～50 | 200 |
| 心部组织 | 50%M | 50%M | 50%M | 50%M | 50%M | 95%M | 95%M | 95%M | 95%M | 90%M |

## 四、钢的淬透性在零件选材与设计中的应用

钢是否淬透对钢的力学性能有重大影响，图 5-36 所示淬透性对调质后钢的力学性能的影响，因此在选材时必须充分考虑钢的淬透性。例如，承受拉、压、疲劳载荷的重要零件，以及弹簧件、刃具、模具等都要求淬透。但不是所有的工件都要求有高淬透性，例如，焊接某些齿轮还需要选择低淬透性钢，承受弯曲、扭转的零件，表面受力大，只需要淬透 1/3～1/2 就可以了。

由于淬透层深度与工件截面尺寸有关，在查阅手册、资料时必须考虑钢的尺寸效应，即尺寸越大，热处理效果越差。

由于碳钢的淬透性较差，当尺寸较大时调质的效果与正火相差不大，故可采取正火的方法。

另外，在安排工艺时也要充分考虑淬透性，通常，粗加工后再调质就与其淬透性有关。

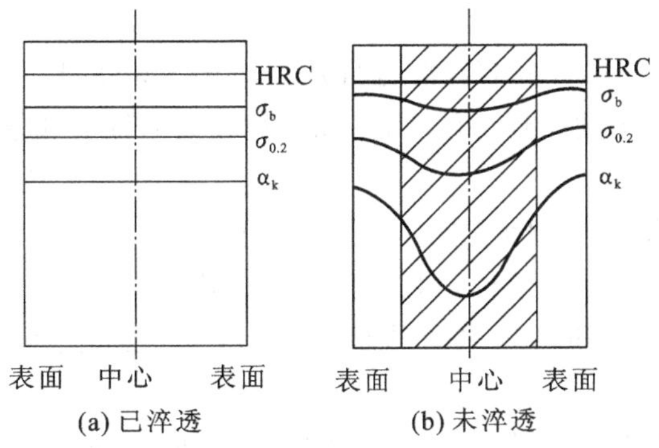


图 5-36　淬透性对调质后钢的力学性能的影响

# 任务 7 钢的表面淬火

许多零件(如齿轮、凸轮、曲轴、活塞等)是在弯曲、扭转、冲击载荷及摩擦条件下工作的。表面要求高的强度、硬度、耐磨性及疲劳强度,而心部在保持一定的强度、硬度条件下,应具有足够好的塑性和韧性。要满足上述性能要求,从选材和普通热处理上已无法解决,而表面淬火则是强化钢表面的一种有效方法。

钢的表面淬火是通过快速加热使表面奥氏体化,然后淬火至马氏体组织,而心部组织无变化,仍保持原来的塑性与韧性的热处理工艺。表面淬火方法较多,根据加热方式的不同,可分为感应加热表面淬火、火焰加热表面淬火、电接触加热表面淬火、电解加热表面淬火等。

## 一、感应加热表面淬火

感应加热表面淬火原理如图 5-37 所示。工件在交变磁场中,会产生频率相同、方向相反的感应电流即涡流,由于集肤效应,涡流集中在表面,从而能使工件表面加热至淬火温度。

工件感应加热的深度 $\delta$ 与电流频率 $f$ 之间的关系如下

$$\delta=\frac{500}{\sqrt{f}} \quad (800℃时)$$

式中:频率 $f$ 的单位是 Hz,深度 $\delta$ 的单位是 mm。

可以看出,电流频率越高,工件感应加热深度 $\delta$ 就越薄。根据电流频率的不同,感应加热可分为三种。

1)高频感应加热

电流频率范围为 100～500 kHz,常用的为 250～300 kHz。淬硬层深度为 0.5～2 mm。高频感应加热适用于要求淬硬层较薄的中、小型零件,如小模数齿轮、小型轴等。

2)中频感应加热

电流频率范围为 500～10 000 Hz,常用的为 2 500～8 000 Hz。淬硬层深度为 3～5 mm。中频感应加热适用于要求淬硬层较深的零件,如直径较大的轴类和模数较大的齿轮类等。

3)工频感应加热

电流频率为 50 Hz,即工业频率,淬硬层深度可达 10～15 mm。工频感应加热适用于穿透加热和要求淬硬层较深的大直径零件,如轧棍、火车车轮等。

目前使用的还有在中频和高频之间的超音频,频率一般为 20～70 kHz,淬硬层深度为 0.05～0.5 mm。

感应加热依靠工件内部的感应电流直接加热,热效应很高,且工件表面电流强度也非常大,故加热速度极快,可在几秒或几十秒内将工件表层加热到淬火温度。其与普通淬火相比具有以下特点。

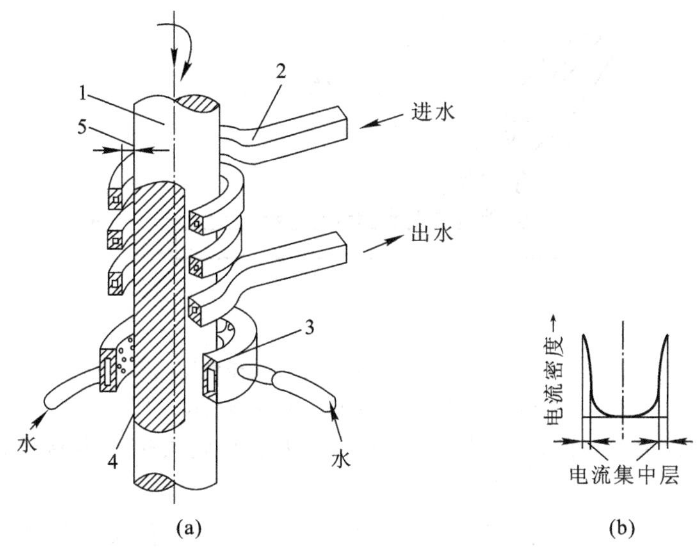


**图 5-37 感应加热表面淬火原理示意图**

1—工件；2—加热感应圈；3—淬火喷水套；4—加热淬硬层；5—间隙

(1)因加热速度极快，奥氏体转变要在更高的温度进行。一般淬火温度在 $A_{c3}$ 以上 80～150℃，并得到细化的马氏体组织，硬度比一般淬火高 2～3 HRC，且脆性较低。

(2)表面淬火形成马氏体后体积膨胀，会造成残余压应力，可显著提高疲劳强度。

(3)加热速度快，心部未被加热，故氧化脱碳少，淬火变形小。

(4)加热温度及淬硬层厚度易控制，容易实现机械化和自动化。

由于感应加热生产效率高，产品质量好，在热处理中得到了广泛应用。但设备较贵，维修技术要求较高，零件形状复杂时，处理起来较困难。

工件淬火后，一般在 180～200℃进行回火，目的是降低淬火内应力，减小脆性，保留其高硬度和耐磨性。感应加热淬火的一般工艺路线：锻造→退火或正火→粗加工→正火或调质→精加工→感应加热表面淬火→低温回火→磨削加工。

感应加热淬火前的正火或调质是为了有利于奥氏体的均匀化和合金化，以获得均匀一致的硬度，可以改善心部的强度和韧性，以及切削加工性和粗糙度，并减少加热淬火时的变形。

为了使工件表面获得较高的硬度，心部获得良好的韧性，表面淬火最适宜的钢种是中碳钢或中碳合金钢，如 40 钢、45 钢、40Cr 钢及 40MnB 钢等。为了提高工件表面硬度和耐磨性，高碳工具钢、低合金工具钢及铸铁等也可采用表面淬火。

## 二、火焰加热表面淬火

用乙炔、氧或煤气、氧混合气体燃烧的火焰，其温度可达到 3 100℃，在这种情况下，可将工件表面迅速加热至淬火温度，然后通过喷水或使用乳液冷却就可进行表面淬火，如图 5-38 所示。

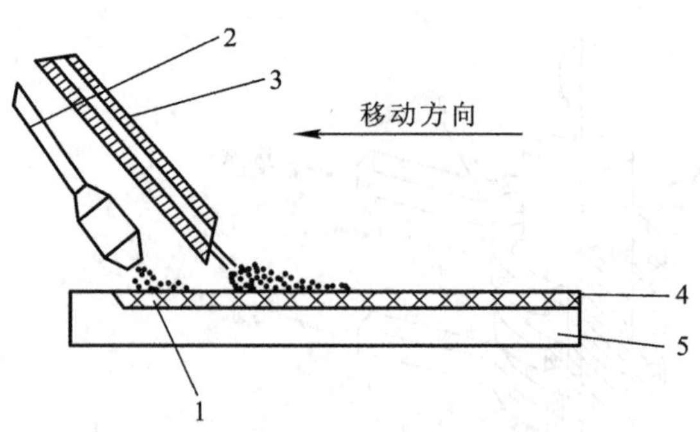


**图 5-38　火焰加热表面淬火示意图**

1—加热层；2—烧嘴；3—喷水管；4—淬硬层；5—工件

火焰加热表面淬火一般的淬硬层为 2～6 mm，表面淬硬层过深容易导致过热，容易产生淬火裂纹。

火焰加热表面淬火的方法比较简单，无须特殊设备，不受工件大小限制，可灵活移动，淬火后无氧化脱碳，表面清洁，但加热温度不易控制。其缺点是容易过热，效果不稳定，主要用于大型零件（如大齿轮、轴、轧棍等）或单件小批量生产零件。

# 任务 8　钢的化学热处理

化学热处理是把钢件放入具有一定温度的化学活性介质中保温，使一种或数种元素的原子渗入到钢件表面改变表层的化学成分，以获得所需要的组织和性能的热处理工艺。化学热处理能使表面获得用表面淬火很难实现的性能，即提高了表面的硬度、耐磨性、疲劳强度、耐蚀性、抗氧化性等。常用的化学热处理有渗碳、渗氮、渗硼、液体碳氮共渗、渗硫、渗铬等。

化学热处理不但可改变钢的组织，而且还可改变它的成分，因而钢表面能获得特殊的力学、物理、化学性能，这对提高产品质量，满足特殊要求，发挥材料潜力，节约贵金属具有重要意义。由于化学热处理不受工件形状的限制，所以，化学热处理的应用也越来越广泛，各种新工艺、新技术也相继涌现。

## 一、化学热处理的三个基本过程

任何化学热处理都是元素的原子向工件内部扩散的过程，一般分为分解、吸收和扩散等三个基本过程。

（1）分解。加热使介质分解出渗入元素的活性原子（或离子）。

（2）吸收。分解出的活性原子（或离子）被工件表面吸收。所谓吸收是指活性原子溶入钢的固溶体中或与钢中某元素形成化合物。

(3)扩散。吸收的活性原子在工件表面形成浓度梯度,因而必将由表及里向内部扩散,形成一定深度的渗透层。

目前,生产上最常用的化学热处理是渗碳、渗氮及碳氮共渗。

## 二、钢的渗碳

渗碳是将低碳工件放入增碳活性介质中加热、保温,使碳原子渗入工件表面的热处理工艺。低碳钢在表面渗碳、淬火、低温回火后,表面具有较高的硬度、耐磨性和较高的疲劳强度,而心部能在保持一定的强度下表现出良好的韧性。渗碳与表面淬火相比,渗碳件整体能承受较大的冲击载荷作用,表面具有较高的耐磨性。

### 1. 渗碳方法

渗碳方法有固体渗碳、气体渗碳和液体渗碳等三种,现介绍常用的固体渗碳和气体渗碳。

1)固体渗碳

固体渗碳是将工件置于装满固体渗碳剂的渗碳箱中,如图5-39所示。密封后加热到900～950℃,一般每保温1 h渗碳层深度增加0.1～0.15 mm。渗碳层深0.5～2 mm需5～15 h,渗碳剂为粒状木炭与15%～20%的碳酸盐(如$Na_2CO_3$或$BaCO_3$)的混合物。在这一过程中,木炭提供活性炭原子,碳酸盐起催渗作用。

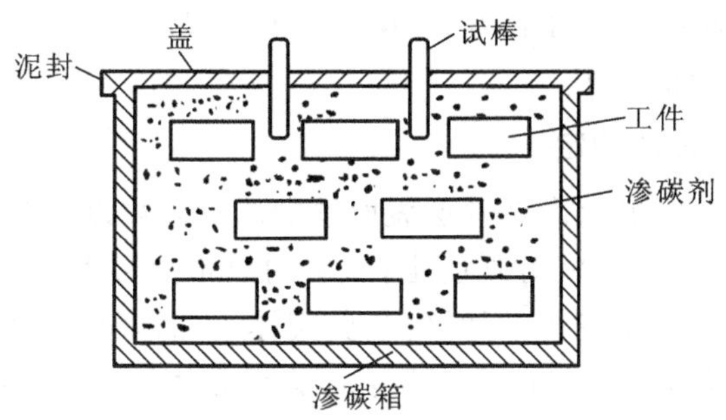


图5-39 固体渗碳装箱示意图

固体渗碳法生产率低,劳动强度大,质量不易控制,难以实现机械化。但因其对设备要求不高,容易投产,所以仍有工厂在使用。

2)气体渗碳

气体渗碳是目前广泛使用的渗碳方法,它是把工件置于专门的气体渗碳炉中加热,如图5-40所示。一般每保温1 h,渗碳层深度增加0.2～0.3 mm,但渗碳层的增加速度会越来越慢。把煤油、苯、甲醇等有机物滴入渗碳炉中,或者直接通入煤气或石油液化气等气体中,这些有机物在高温下会分解出活性原子,即

$$2CO \rightleftharpoons CO_2 + [C]$$

$$CO_2 + H_2 \rightleftharpoons 2H_2O + [C]$$

$$C_nH_{2n} \rightleftharpoons nH_2 + n[C]$$

$$C_nH_{2n+2} \rightleftharpoons (n+1)H_2 + n[C]$$

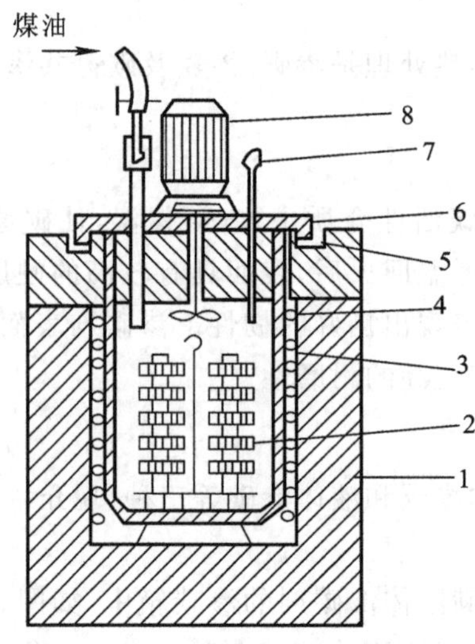


**图 5-40　气体渗碳法示意图**

1—炉体；2—工件；3—耐热罐；4—电阻丝；5—砂封；
6—炉盖；7—废气水焰；8—风扇电动机

气体渗碳具有生产率高、劳动条件好、渗碳过程易控制、渗碳质量好、易实现机械化与自动化等优点，所以得到了广泛的应用。

**2. 渗碳层碳浓度及深度的确定**

对重复交变载荷下工作的零件，渗碳层表面碳的质量分数以 0.8%～1.05%为最佳；碳的质量分数过低时，耐磨性就不足，疲劳强度也低；碳的质量分数大于 1.1%时碳化物易呈块状或网状，使硬化层脆性增大且易剥落，同时残余奥氏体增加，降低了耐磨性和疲劳强度。缓慢冷却后渗碳层的显微组织如图 5-41 所示。其表面为珠光体加少量二次渗碳体的过共析层，接着是珠光体的共析层，再往内到原始的低碳钢组织之间，是碳的质量分数逐渐降低的珠光体和铁素体的过渡层，一般规定，渗碳层的深度为表面过渡层的一半。渗碳层的组织中最好固溶体不要过高，碳化物呈细小粒状的均匀分布。

**图 5-41　低碳钢渗碳缓慢冷却后的光学显微组织(150 倍)**

渗碳层深度主要取决于工作条件、工件尺寸及材料的心部强度。渗碳层太薄易产生表面疲劳剥落，太厚则承受冲击载荷的能力降低。通常，对于机器零件，渗碳层深度 $\delta=0.5\sim2$ mm。对于轴类件，渗硫层厚度 $\delta=(0.1\sim0.2)R$（半径）；对于齿轮体，渗硫层厚度 $\delta=(0.15\sim0.25)m$（模数）；对于薄片件，渗硫层厚度 $\delta=(0.20\sim0.30)t$（厚度）。当工作中磨损较轻、接触应力较小时，渗碳层可以薄些。应当注意的是，在确定渗碳深度时，也应考虑渗碳后的加工余量。

**3. 渗碳后的热处理**

为了使渗碳层和心部获得良好的性能，工件在渗碳后还必须进行适当的淬火和回火，渗碳后的淬火方法有三种，如图 5-42 所示。

1）直接淬火

如图 5-42(a)所示，即对渗碳后的预冷工件直接淬火。由于渗碳温度高，保温时间长，奥氏体晶粒可能较粗大，淬火后得到粗针状马氏体，残余奥氏体也较多，会降低耐磨性，且淬火变形也大。用本质结晶钢及预冷可以减少淬火变形和残余奥氏体，但预冷温度应略高于 $A_{r3}$，以免心部析出铁素体。这种方法工艺简单、成本低、生产率高，适用于只要求硬度较高的非重要零件。

2）一次淬火

如图 5-42(b)所示，也称为重新加热淬火，由于重新加热，可细化奥氏体晶粒。淬火温度应兼顾表层和心部的要求，一般在 $A_{c1}\sim A_{c3}$ 之间选择。如对心部韧性、强度要求较高的零件，淬火温度应略高于 $A_{c3}$。当表面要求硬度高、耐磨而载荷不大时，淬火温度可选择略高于$A_{c1}$。

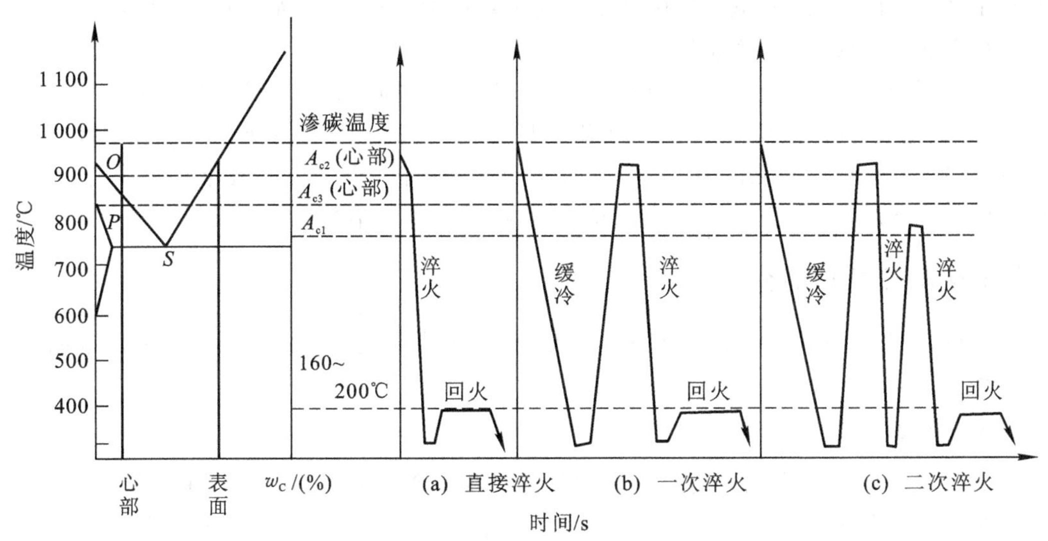


**图 5-42　渗碳件渗碳后的三种热处理方法**

3）二次淬火

如图 5-42(c)所示，即渗碳缓冷后进行两次淬火，可以同时保证表面和心部的性能。第一

次加热温度在 $A_{c3}$ 以上 30～50℃时进行淬火或正火，是为了细化心部组织和消除表层网状渗碳体。第二次淬火加热温度是 $A_{c1}$ 以上 30～50℃，是为了使表层获得细针马氏体和均匀分布的粒状渗碳体。二次淬火虽然能使表面具有较高的硬度、耐磨性和疲劳强度，心部具有良好的韧性和塑性，但工艺复杂，易氧化、脱碳，变形大，生产率低，成本高，能耗大，故只适用于使用性能要求很高的粗晶粒钢。

渗碳淬火后，都要在 150～200℃时低温回火，减小淬火内应力和提高韧性。渗碳淬火后一般表层组织为回火马氏体、碳化物及少量残余奥氏体。硬度为 58～64 HRC。心部组织未淬透时为珠光体加铁素体，硬度为 10～15 HRC，淬透时为低碳马氏体或低碳马氏体加上屈氏体，硬度为 35～45 HRC。渗碳件的一般工艺路线如下。

锻造→正火→机加工→渗碳→淬火、低温回火→精加工(磨削等)

局部镀铜 去碳机加工

渗碳钢的碳的质量分数通常为 0.15%～0.25%，常用的牌号有 20、20Cr、20CrMnTi、12CrNi4 等。

## 三、钢的渗氮

渗氮是将氮原子渗入钢的表层的一种化学热处理。渗氮使钢件表面获得较渗碳更高的硬度、耐磨性和疲劳强度，硬度高达 950～1 200 HV(相当于 65～72 HRC)，且加热到 550～600℃时，硬度基本上不会下降，即其具有较高的红硬性。此外，渗氮后还会形成一层致密的、化学稳定性较高的 ε 相层($Fe_2N$)，在过热蒸气及碱性溶液中有较高的耐腐蚀性，渗氮后不经淬火就可以获得高硬度，故渗氮件变形很小。

离子渗氮与气体渗氮相比较，可缩短 1/2～3/4 的时间，如 38CrMoAlA 钢获得 0.53～0.7 mm的氮化层，气体渗氮要 70 h，离子渗氮只需 15～20 h。离子渗氮后的氮化层硬度高，脆性小，耗氨量和耗电能少，无污染，变形小，且不受钢种限制。因而在近几十年来得到了广泛的发展。但其设备昂贵，技术要求高，质量也不稳定，因此其使用受到一定限制。

## 四、其他化学热处理简介

化学热处理除渗碳和渗氮外，还有许多方法，有些化学热处理不但能提高钢的表面强度，还能提高其表面抗氧化的能力和耐热性等。

### 1. 碳氮共渗

碳氮共渗是向钢的表层同时渗入碳和氮的过程。碳氮共渗有液体碳氮共渗和气体碳氮共渗两种。按碳氮共渗温度可分为高温、中温、低温三种，高、中温以渗碳为主，低温以渗氮为主。

碳氮共渗淬火后形成的碳氮马氏体具有较高的硬度，耐磨性比渗碳更好。碳氮共渗层具有比渗碳层更高的压应力，故其耐疲劳性和耐腐蚀性更高。碳氮共渗层深度又比单独氮化的更深，故其表面韧性和抗压强度也比氮化的高。

碳氮共渗与渗碳相比，具有处理温度低、速度快、变形小、淬透性好（氮原子溶入奥氏体中提高了淬透性）等优点。此外，碳氮共渗对各种钢的适应能力也较好，但由于渗层较薄，大多在0.7 mm以下，目前，主要用于形状较复杂，要求变形小的小型耐磨件，如汽车和机车床上的各种齿轮、蜗轮、蜗杆和轴类零件等。

**2. 渗硼**

渗硼是向钢的表面渗入硼原子的过程。钢的渗硼根据介质不同，可分为固体、液体、气体和膏糊等四种。国内常用液体盐浴渗硼。

电工用纯铁、低碳钢和中碳钢的渗硼层由FeB和$Fe_2B$两相组成，具有1 400～1 500 HV的极高硬度，高的耐磨性和热硬性（800℃以下），并具有耐酸（盐酸、硝酸）和耐碱的能力。

渗层一般为50～250μm，主要应用于强化机器零件、工具和模具等方面。

## 复习思考题5

1. 名词解释。

钢的奥氏体化　起始晶粒度　实际晶粒度　本质晶粒度　过冷奥氏体
残余奥氏体　等温冷却　连续冷却　过冷奥氏体等温转变曲线
过冷奥氏体的连续冷却转变曲线　索氏体　屈氏体　贝氏体　马氏体　单液淬火
双液淬火　分级淬火　等温淬火　回火马氏体　回火屈氏体　回火索氏体温
回火脆性　完全退火　等温退火　球化退火　去应力退火　再结晶退火
正火　表面淬火　渗碳　渗氮　液体碳氮共渗

2. 何谓热处理？钢的热处理有哪些基本类型？试说明热处理在机械制造中的作用。

3. 说明$A_1$、$A_3$、$A_{cm}$、$A_{c1}$、$A_{c3}$、$A_{ccm}$、$A_{r1}$、$A_{r3}$、$A_{rcm}$各临界点的意义。

4. 以下所列三种钢的原始组织为平衡状态，试按表所规定的温度，填写三种钢的组织和特征。

| 碳的质量分数/(%)<br>组织 特征<br>温度/℃ | 0.35 | 0.77 | 1.2 |
|---|---|---|---|
| 650 | | | |
| 760 | | | |
| 850 | | | |
| 1 000 | | | |

5. 为什么刚由珠光体转变为奥氏体的晶粒比较细小？加热温度升高后奥氏体晶粒大小还

要发生什么变化，这对钢的性能有何影响？

6. 绘出共析钢的过冷奥氏体等温转变图和连续转变图，并指出二者的不同之处。

7. 填下表归纳比较共析钢过冷奥氏体转变产物的特点。

| 过冷奥氏体的冷却产物 | 采用符号 | 形成条件 | 相组成物 | 显微组织特征 | 硬度/HRC | 塑性与韧性 |
|---|---|---|---|---|---|---|
| 粗片珠光体 | | | | | | |
| 索氏体 | | | | | | |
| 屈氏体 | | | | | | |
| 上贝氏体 | | | | | | |
| 下贝氏体 | | | | | | |
| 马氏体 | | | | | | |

8. 何谓临界冷却速度 $v_k$？它对钢的淬火有何重要意义？

9. “淬火钢硬而脆”的概念是否对所有碳的质量分数的钢都正确？板条(低碳)马氏体的性能有何特点？在生产中有何实际意义？

10. 用C曲线解释下列问题。

(1)为什么钢正火后的比退火后的硬度高？

(2)如果C曲线图中的 *MF* 线位于室温以下，对钢淬火后的性能有何影响？

(3)为什么碳钢淬火后用水冷却，而合金钢淬火后用油冷却？

(4)为什么截面大和形状复杂的调质零件要用合金钢制造？

(5)试分析“钢加热呈奥氏体后，冷却越快，硬度越高”这种说法的正确与错误之处。

11. 球化退火一般用于什么钢？其目的是什么？低碳钢在什么情况下用完全退火？

12. 正火与退火的区别是什么？说明下列情况下采用正火还是退火(何种退火)。

(1)ZG35 的铸造齿轮。

(2)20 钢齿轮锻件。

(3)经冷轧后的 15 钢钢板，要求降低硬度。

(4)T12 钢锉刀锻件。

(5)45 钢齿轮锻件。

13. 何谓淬硬性？淬硬性主要由什么决定？

14. 为什么热处理工人在淬某些细长轴时，要将轴放在油、硝盐浴或碱浴中冷却到 200℃左右立即从冷却介质中取出校直？

15. 有一批销子，材料是 T8A 钢，直径为 5 mm，采取什么热处理工艺可以得到下列组织。

(1)珠光体；(2)屈氏体＋索氏体；(3)下贝氏体；(4)回火索氏体；(5)马氏体＋残余奥氏体。

16. 试确定下列钢的淬火温度：20 钢、45 钢、60 钢、T8 钢、T10A 钢。

17. 下列选材可热处理要求是否正确？为什么？

(1)某零件要求52～56HRC，选用15钢、20钢加工后淬火来达到。

(2)碳素工具钢制成的刃具，要求淬火后达到67～70HRC。

18.一件工具，按图纸规定用T10A钢制造，要求淬硬到60～64 HRC，但实际上把材料错用成45钢，按T10钢淬火后硬度怎样？能否按45钢的工艺，重新淬火来达到图纸要求的硬度，为什么？

19.试述常见淬火缺陷及其原因，如何防止？

20.何谓回火？回火分哪几类？各类回火的性能及应用范围。

21.某工厂用45钢制作某零件，先后用正火和调质得到的硬度值都达到要求，试分析在组织和性能上有何区别？

22.指出下列组织在形态和性能上的区别。

(1)索氏体和回火索氏体。

(2)屈氏体和回火屈氏体。

(3)马氏体和回火马氏体。

23.钢的热处理不能改变刚性，为什么？弹簧却可以通过热处理提高弹性，为什么？

24.为什么淬火钢回火后的性能主要取决于回火温度，而不是冷却速度？回火时间有何影响？

25.在砂轮上磨经过淬火的高硬度工具时，为何要经常用水冷却？

26.什么是淬透性？主要影响因素是什么？

27.在机械设计中如何考虑淬透性？

28.什么是表面淬火？表面淬火与没有淬透有何区别？

29.什么是化学热处理？化学热处理与其他热处理有何本质的不同？试述化学热处理的基本过程。

30.什么是钢的渗氮？为什么渗氮后零件不再淬火和进行在量的机加工？

31.填下表，归纳比较三种常用表面热处理。

| 热处理方法 | 处理温度 | 适用钢材 | 最后热处理方法及大小 | 处理前后表面组织 | 表层耐磨性 | 成本 | 应用范围 |
|---|---|---|---|---|---|---|---|
| 感应加热表面淬火 | | | | | | | |
| 渗碳 | | | | | | | |
| 渗氮 | | | | | | | |

32.车床主轴要求轴颈部位的硬度为56～58HRC，其余地方为20～24HRC，其工艺路线为锻造→正火→机加工→轴颈表面淬火→低温回火→磨加工。请回答下列问题：

(1)主轴选用何种材料？

(2)正火、表面处理、低温回火目的和大致工艺；

(3)轴颈表面处理的组织和其他地方的组织。

33.有一 40 mm 的 20 钢制成的工件，渗碳后空冷，随后进行正常的淬火、回火处理，试分析工件在渗碳空冷后及淬火、回火后由表面到心部的组织。

34.现在 T10A 钢制造形状简单的车刀，工艺路线为锻造→热处理→机加工→磨加工，工件在渗碳空冷后及淬火、回火后由表面到心部的组织。

(1)试写出各热处理工艺的名称并指出各热处理工序的作用。

(2)制定出最终热处理的工艺规范(温度、冷却介质)。

(3)指出最终热处理后的显微组织及大致硬度。

35.判断下列看法是否正确。

(1)共析钢加热为奥氏体后，冷却时所形成的组织主要取决于钢的加热温度。

(2)钢的回火温度不能超过 $A_{c1}$。

(3)高碳钢为便于机加工采用球化退火，低碳钢为便于机加工也常预先进行球化退火。

(4)钢的实际晶粒度主要取决于钢在加热后的冷却速度。

# 模块2 工程材料

# 项目 6　碳钢及合金钢

## 任务 1　钢的分类和编号

含有质量分数小于 2.11%(一般小于 1.35%)的碳及少量硅、锰、磷、硫等杂质的铁碳合金称为碳素钢,简称碳钢。碳钢的冶炼方便,不消耗贵重的合金元素,其价格便宜,力学性能满足一般工程构件、日常生活用品和普通机械零件的要求,碳钢经热处理后性能会有很大改善,因此,碳钢的产量占世界钢的总量的 90%以上,被广泛用于机械制造工业和各种建筑构件上。

工业生产和科学技术的发展,对钢材性能的要求越来越高,碳钢在力学性能、耐热、耐磨、不锈耐酸及某些物理、化学性能的工艺性能等方面已不能满足使用需要。为满足使用上的需要,必须在钢中特意加入一种或数种元素,这种为了合金化目的而加入,不管是加入量多达 20%～30%的铬、镍,还是只有 0.005%的硼,都称为合金元素,这种钢称为合金钢。

目前,钢中常用的合金元素有硅、锰、铬、镍、钨、钼、钒、钛、铌、锆、铝、钴、铜、氮、硼、稀土等 16 种元素。

### 一、钢的分类

钢的种类繁多,为便于生产管理和使用,可从不同角度进行多种分类。最常用的是以化学成分、冶金质量和用途等三种分类方法。

按化学成分分类
- 碳钢
  - 低碳钢($w_C<0.25\%$)
  - 中碳钢($0.25\%\leqslant w_C\leqslant 0.6\%$)
  - 高碳钢($w_C>0.6\%$)
- 合金钢
  - 低合金钢($M_{e总}\leqslant 5\%$)
  - 中合金钢($5\%<M_{e总}<10\%$)
  - 高合金钢($M_{e总}\geqslant 10\%$)

按冶金质量分类
- 普通钢($w_S$、$w_P\leqslant 0.05\%$)
- 优质钢($w_S$、$w_P\leqslant 0.040\%$)
- 高级优质钢($w_S\leqslant 0.030\%$,$w_P\leqslant 0.035\%$)

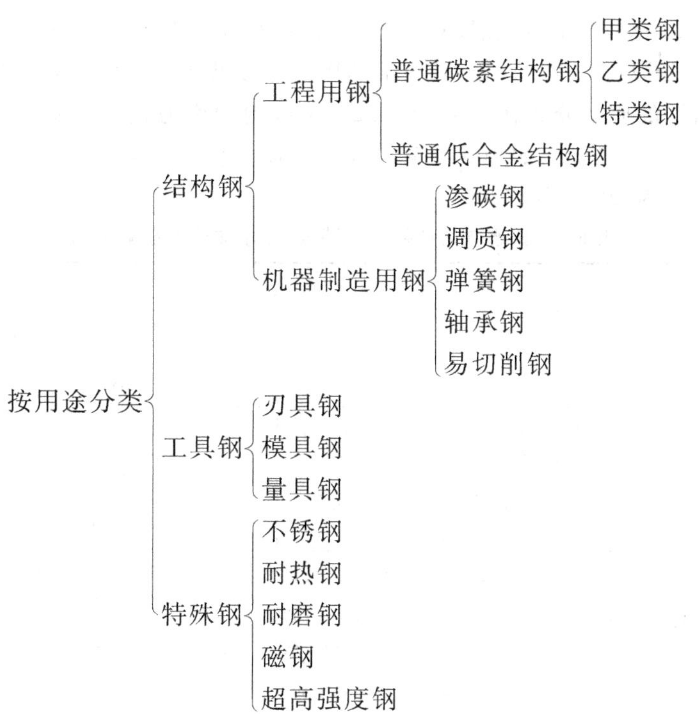


此外，还可按冶炼方法、金相组织等进行分类。

## 二、钢的编号

按用途和质量，碳钢的编号方法如下。

### 1. 普通碳素结构钢

这类钢按保证的条件不同可分为甲类钢、乙类钢及特类钢。普通碳素结构钢的牌号依次表明其类别、冶炼方法、顺序号、脱氧程度。用甲(A)、乙(B)、特(C)表示类别：1～7 表示顺序号；“J”、“S”、“Y”分别表示碱性空气转炉、酸性空气转炉及氧气转炉，平炉钢不加符号；“F”、“b”表示沸腾钢和半沸腾钢，不标“F”、“b”的都是镇静钢。例如，A3 为甲类 3 号镇静钢，BJ5 为乙类碱性空气转炉 5 号镇静钢，CJ2F 为特类碱性空气转炉 2 号沸腾钢。

钢厂对甲类钢必须保证力学性能即强度极限和伸长率。对乙类钢必须保证化学成分，作为制订热加工及热处理工艺的依据。对特类钢既要保证力学性能，又要保证化学成分。

另外，对普通碳素钢的成分和性能稍作调整，可使其更适合各种专业的要求，从而派生出一系列专业用钢。普通碳素结构钢的牌号、化学成分及脱氧方法如表 6-1 所示。普通碳素结构钢的牌号及力学性能试验(一)如表 6-2 所示。普通碳素结构钢的牌号及力学性能试验(二)如表6-3所示。

### 2. 优质碳素结构钢

优质碳素结构钢的牌号用两位数表示，沸腾钢或半镇静钢应特别标明，不标的是镇静钢，如 10F 钢、10 钢、20 钢、45 钢、80 钢、85 钢等。数字表示平均碳的质量分数的万分之几。例如，45 钢碳的质量分数约为 0.45%。其中锰的质量分数低于 0.8%的称为普通锰质量分数的优质碳素结构钢；锰的质量分数在 0.7%～1.2%范围内的称为较高锰质量分数的优质碳素结构钢，标牌号时应将锰字标出，如 50Mn 钢。专门用途的优质碳素钢，在牌号之尾附加用途符号，如锅炉钢的牌号为“20 锅”或“20g”。

**表 6-1　普通碳素结构钢的牌号、化学成分及脱氧方法**

| 牌号 | 等级 | 化学成分/(%) | | | | | 脱氧方法 |
|---|---|---|---|---|---|---|---|
| | | $w_C$ | $w_{Mn}$ | $w_{Si}$ | $w_S$ | $w_P$ | |
| | | | | 不大于 | | | |
| Q195 | — | 0.06～0.12 | 0.25～0.50 | 0.30 | 0.050 | 0.045 | F、b、Z |
| Q215 | A | 0.09～0.15 | 0.25～0.55 | 0.30 | 0.050 | 0.045 | F、b、Z |
| | B | | | | 0.045 | | |
| Q235 | A | 0.14～0.22 | 0.30～0.6511 | 0.30 | 0.050 | 0.045 | F、b、Z |
| | B | 0.12～0.20 | 0.30～0.7011 | | 0.045 | | |
| | C | ≤0.18 | 0.35～0.80 | | 0.040 | 0.040 | Z |
| | D | ≤0.17 | | | 0.035 | 0.035 | Z |
| Q255 | A | 0.18～0.28 | 0.40～0.70 | 0.30 | 0.050 | 0.045 | F、b、Z |
| | B | | | | 0.045 | | |
| Q275 | — | 0.28～0.38 | 0.50～0.80 | 0.35 | 0.500 | 0.045 | b、Z |

注：Q235A、B 级沸腾钢锰含量上限为 0.60%。

**表 6-2　普通碳素结构钢的牌号及力学性能试验(一)**

| 牌号 | 等级 | 拉伸试验 | | | | | | | | | | | | | 冲击试验 | |
|---|---|---|---|---|---|---|---|---|---|---|---|---|---|---|---|---|
| | | 屈服点 $\sigma_s$/(N/mm²) | | | | | | 抗拉强度 $\sigma_b$ /(N/mm²) | 伸长率 $\delta_5$/(%) | | | | | | 温度/℃ | V 形冲击功(纵向)/J |
| | | 钢材厚度(直径)/mm | | | | | | | 钢材厚度(直径)/mm | | | | | | | |
| | | ≤16 | >16～40 | >40～60 | >60～100 | >100～150 | >150 | | ≤16 | >16～40 | >40～60 | >60～100 | >100～150 | >150 | | |
| | | 不小于 | | | | | | | 不小于 | | | | | | | 不小于 |
| Q195 | — | (195) | (185) | — | — | — | — | 315～430 | 33 | 32 | — | — | — | — | — | — |
| Q215 | A | 215 | 205 | 195 | 185 | 175 | 165 | 335～450 | 31 | 30 | 29 | 28 | 27 | 26 | — | — |
| | B | | | | | | | | | | | | | | 20 | 27 |

续表

<table>
<tr><td rowspan="4">牌号</td><td rowspan="4">等级</td><td colspan="7">拉伸试验</td><td colspan="6"></td><td colspan="2">冲击试验</td></tr>
<tr><td colspan="6">屈服点 $\sigma_s$/(N/mm²)</td><td rowspan="3">抗拉强度 $\sigma_b$ /(N/mm²)</td><td colspan="6">伸长率 $\delta_5$/(%)</td><td rowspan="3">温度/℃</td><td rowspan="2">V形冲击功(纵向)/J</td></tr>
<tr><td colspan="6">钢材厚度(直径)/mm</td><td colspan="6">钢材厚度(直径)/mm</td></tr>
<tr><td>≤16</td><td>>16～40</td><td>>40～60</td><td>>60～100</td><td>>100～150</td><td>>150</td><td>≤16</td><td>>16～40</td><td>>40～60</td><td>>60～100</td><td>>100～150</td><td>>150</td></tr>
<tr><td></td><td></td><td colspan="6">不小于</td><td></td><td colspan="6">不小于</td><td></td><td>不小于</td></tr>
<tr><td rowspan="4">Q235</td><td>A</td><td rowspan="4">235</td><td rowspan="4">225</td><td rowspan="4">215</td><td rowspan="4">205</td><td rowspan="4">195</td><td rowspan="4">185</td><td rowspan="4">375～500</td><td rowspan="4">26</td><td rowspan="4">25</td><td rowspan="4">24</td><td rowspan="4">23</td><td rowspan="4">22</td><td rowspan="4">21</td><td>—</td><td>—</td></tr>
<tr><td>B</td><td>20</td><td rowspan="3">27</td></tr>
<tr><td>C</td><td>0</td></tr>
<tr><td>D</td><td>−20</td></tr>
<tr><td rowspan="2">Q255</td><td>A</td><td rowspan="2">255</td><td rowspan="2">245</td><td rowspan="2">235</td><td rowspan="2">225</td><td rowspan="2">215</td><td rowspan="2">205</td><td rowspan="2">410～550</td><td rowspan="2">24</td><td rowspan="2">23</td><td rowspan="2">22</td><td rowspan="2">21</td><td rowspan="2">20</td><td rowspan="2">19</td><td>—</td><td>—</td></tr>
<tr><td>B</td><td>20</td><td>27</td></tr>
<tr><td>Q275</td><td>—</td><td>275</td><td>265</td><td>255</td><td>245</td><td>235</td><td>225</td><td>490～630</td><td>20</td><td>19</td><td>18</td><td>17</td><td>16</td><td>15</td><td>—</td><td>—</td></tr>
</table>

**表 6-3 普通碳素结构钢的力学性能试验(二)**

<table>
<tr><td rowspan="4">牌号</td><td rowspan="4">试样方向</td><td colspan="3">冷弯试验 $B=2a180°$</td></tr>
<tr><td colspan="3">钢材厚度(直径)/mm</td></tr>
<tr><td>60</td><td>>60～100</td><td>>100～200</td></tr>
<tr><td colspan="3">弯心直径 $d$</td></tr>
<tr><td rowspan="2">Q195</td><td>纵</td><td>0</td><td rowspan="2">—</td><td rowspan="2">—</td></tr>
<tr><td>横</td><td>0.5$a$</td></tr>
<tr><td rowspan="2">Q215</td><td>纵</td><td>0.5$a$</td><td>1.5$a$</td><td>2$a$</td></tr>
<tr><td>横</td><td>$a$</td><td>2$a$</td><td>2.5$a$</td></tr>
<tr><td rowspan="2">Q235</td><td>纵</td><td>$a$</td><td>2$a$</td><td>2.5$a$</td></tr>
<tr><td>横</td><td>1.5$a$</td><td>2.5$a$</td><td>3$a$</td></tr>
<tr><td>Q255</td><td>—</td><td>2$a$</td><td>3$a$</td><td>3.5$a$</td></tr>
<tr><td>Q275</td><td>—</td><td>3$a$</td><td>4$a$</td><td>4.5$a$</td></tr>
</table>

注:$B$ 为试样宽度,$a$ 为钢材厚度(直径)。

**3. 合金工具钢与特殊钢**

合金工具钢和特殊钢用“一个数字＋元素符号＋数字前面一位数字”标明钢平均碳的质量分数的千分之几，为避免与结构钢相混淆，工具钢碳的质量分数≥1.0%时，碳的质量分数不标，其后的表示方法与合金结构钢的相同。例如 5CrNiMo，表示钢平均碳的质量分数为 0.50%，含有铬、镍、钼三种主要合金元素，其质量分数都在 1.5%以下。不过，高速钢平均碳的质量分数小于 1%时也不用标出。

高质量的钢在钢号的末尾加“A”字，如 38CrMoAlA，即属于高级优质钢，而一般优质钢以下的钢均不标字母。但由于合金工具钢一般都是高级优质钢，故合金工具钢钢号后不用标“A”。在铬轴承钢和低铬工具钢中，铬元素后的数字表示铬的质量分数的千分之几，轴承钢前面冠以表示用途的“滚”字的汉语拼音字首“G”，例如 GCr15，表示平均铬的质量分数为 1.5%的铬轴承钢，又如 Cr06 表示平均铬的质量分数为 0.6%的合金工具钢。

## 任务 2 碳、杂质及合金元素在钢中的作用

为了正确选用碳钢及合金钢，必须了解碳、杂质及合金元素在钢中的基本作用。合金元素对钢的转变、组织和性能的影响一般取决于合金元素与铁和碳的相互作用。

### 一、碳及常存杂质对钢的性能的影响

**1. 碳的影响**

钢的性能主要取决于碳的质量分数。如前所述，在退火、正火状态(即平衡状态)，随着碳的质量分数的增高，珠光体增加，铁素体减少，钢的强度、硬度升高而塑性、韧性降低。钢淬火后(即非平衡状态)得到马氏体，其具有良好的综合力学性能，即有较高的强度、硬度，同时具有良好的塑性、韧性。

碳的质量分数对钢的工艺性能也有重要影响。中碳钢硬度、强度、塑性、韧性配合较好，切削加工性能最好；低碳钢具有良好的压力加工及焊接性能，随着碳的质量分数的增加，塑性变形抗力也不断增加，冷压力加工性及焊接性能下降。

**2. 四大常存杂质对钢的性能的影响**

碳钢中除铁和碳外，在冶炼过程中不可避免地存在一些杂质元素，除四大常存元素锰、硅、硫、磷外，还有氧、氢、氮等隐存元素。

锰是为脱氧而加入的，可溶入铁素体和渗碳体中，可明显提高钢的强度、淬透性和热加工性能。锰还可以消除硫对钢的有害影响，锰作为杂质，其质量分数不大于 0.8%。

硅是作为脱氧剂加入的，硅溶入铁素体中可提高其强度和硬度，硅作为杂质，其质量分数

不超过0.4%，是一种有益元素。

硫是由矿石和燃料带入的，硫不溶入铁素体，生成的FeS与Fe在988 ℃时形成共晶体，分布于晶界上，当加热到1 000～1 200 ℃进行轧制或锻压时，共晶体熔化，钢材开裂，此现象称为热脆。因此，对硫要严格限制，根据不同质量，质量分数不超过0.055%～0.030%的锰可消除硫的危害，FeS+Mn→MnS+Fe，MnS的熔点为1600 ℃，且塑性好，但现已发现硫化锰也常是钢件断裂的发源点。

磷来源于矿石、生铁等炼钢原料，可溶入铁素体造成固溶强化，但其塑性、韧性显著降低，当质量分数达0.3%时完全变脆，在低温下影响更大，此现象称为冷脆。磷的质量分数不能超过0.045%～0.035%。

**3. 钢的冶金质量**

钢材的生产要通过冶炼、铸锭、轧制(或锻造)等工序，控制这些工艺过程的质量称为冶金质量。钢的冶金质量对钢的性能有直接影响，常见的组织缺陷有夹杂物(非金属夹杂物、金属夹杂物)、化学成分的不均匀(偏析)、组织的不均匀(带状组织)及裂纹(发纹、白点等)、缩松等。非金属夹杂物是冶炼时钢中气体与脱离氧剂及合金元素的反应产物，以及混入钢中的耐火材料，一般为氧化物、硫化物、硅酸盐等，非金属夹杂物的成分、数量、形状、大小及分布对性能有着重要影响。非金属夹杂物将引起应力集中及破坏金属的连续性，降低钢的力学性能，特别是塑性、韧性和疲劳强度。

综上所述，影响钢的性能和钢材质量的因素有碳的质量分数、杂质的质量分数及冶金质量，为保证质量，除冶金厂按规定进行各项检查外，作为机械制造厂也应对钢材质量进行复查，保证产品质量。

## 二、合金元素在钢中的作用

**1. 合金元素对铁与碳的作用及对状态图的影响**

1)合金元素与铁的作用

大多合金元素能溶入铁素体中，由于合金元素与铁的晶格类型和原子半径不同，必将引起铁素体晶格畸变，产生固溶强化，从而使强度、硬度升高，而对塑性、韧性来说则没有简单规律。由图6-1、图6-2可知，磷、硅、锰对提高铁素体硬度的作用最强，镍、钼、钒、钨次之，而铬最小。硅、锰会强烈地降低铁素体的塑性和韧性，但值得注意的是，镍及少量的锰(≤1.2%)、铬(≤1.8%)溶入铁素体后，对铁素体的韧性还有提高的作用。

2)合金元素与碳的作用

根据合金元素在钢中与碳的相互作用，可将合金元素分为碳化物形成元素与非碳化物形成元素两大类。非碳化物形成元素包括镍、钴、铜、硅、铝、氮、硼等，碳化物形成元素都是在元素周期表中铁左边的过渡族元素；在周期表中离铁原子越远的过渡族元素与碳原子的亲和力越强，按它们的强弱排列如下：钛、锆、铌、钒、钨、钼、铬、锰、铁。其中钛、锆、铌、钒是强碳化物形成元素；钨、钼、铬是较强碳化物形成元素；锰和铁则是弱碳化物形成元素。

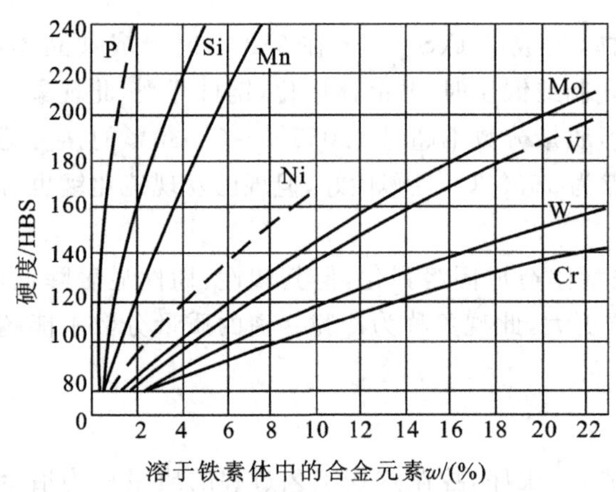


图 6-1 合金元素对铁素体硬度的影响

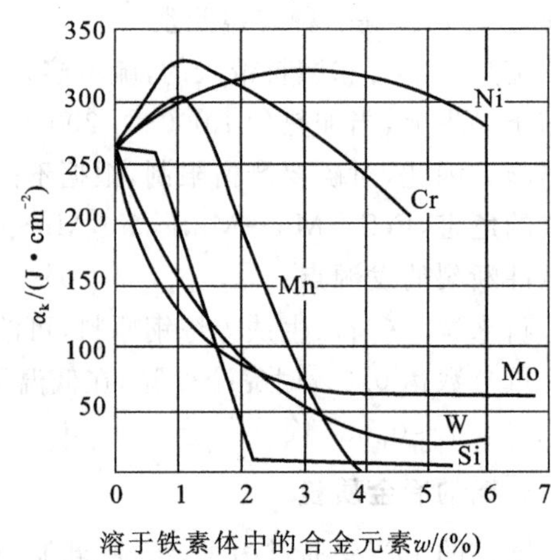


图 6-2 合金元素对铁素体冲击韧性的影响

合金渗碳体是弱碳化物形成元素和较强碳化物形成元素置换了渗碳体中的部分铁所形成的化合物，仍为复杂斜方结构，可用表达式$(Fe,Me)_3CM$代表锰、铬、钨等合金元素来表示。合金渗碳体较渗碳体更稳定，较难溶入奥氏体中，硬度会明显增加，是一般低合金钢中碳化物的主要存在形式。

特殊碳化物是较强碳化物形成元素、强碳化物形成元素和碳所形成的化合物。特殊碳化物比合金渗碳体具有更高的熔点、硬度与韧性，加热时很难溶入奥氏体中，对钢的机械性能、工艺性能的影响很大。

非碳化物形成元素几乎都溶入铁素体中。碳化物形成元素随钢中元素及碳的质量分数的不同，其分布也较复杂。弱碳化物形成元素锰，除少量溶入渗碳体中形成合金渗碳体外，大部分溶入铁素体中。较强碳化物形成元素铬、钼、钨等，当其质量分数较低时，多半溶入铁素体中及形成合金渗碳体，当其质量分数较高($w_{Me}>5\%$)时，可形成特殊碳化物。强碳化物形成元素钒、铌、锆、钛等，只要有碳存在，都会形成特殊碳化物，其余的也会溶入铁素体中。

3)合金元素对铁碳合金状态图的影响

合金元素对铁碳合金状态图的影响分以下两种情况。

(1)合金元素对γ相区的影响。①扩大γ相区。扩大γ相区的元素有锰、镍、铂、钴、碳、氮、铜等，这类合金元素使奥氏体稳定区域扩大，使$A_4$点上升，$A_3$点下降，其中锰、镍、钴等质量分数达一定量后，可把γ相区扩大到室温，如图6-3所示，使钢在室温上保持奥氏体组织，即奥氏体钢。②缩小γ相区。缩小γ相区的元素有铬、钒、钼、钨、钛、铝、硅、磷、铌、锆等，这类合金元素使铁素体稳定区扩大，使$A_4$点下降，$A_3$点上升，其中铬、钼、钨、钛、硅、铝、磷等质量分数达到一定量后，能使γ相区缩小并封闭，如图6-4所示，在室温下获得单相铁素体组织，即铁素体钢。

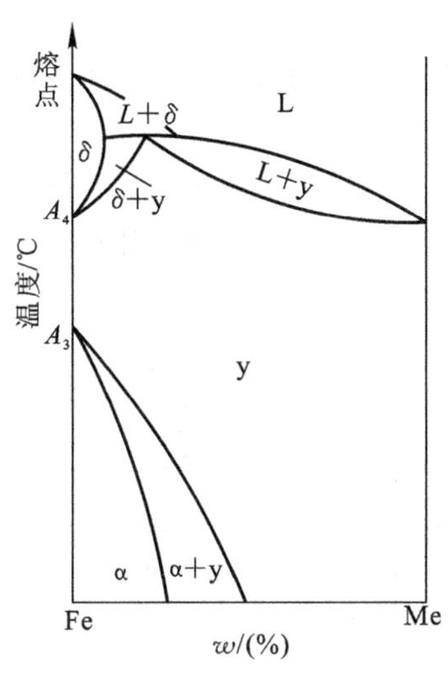


图 6-3 合金元素扩大 γ 相区的状态

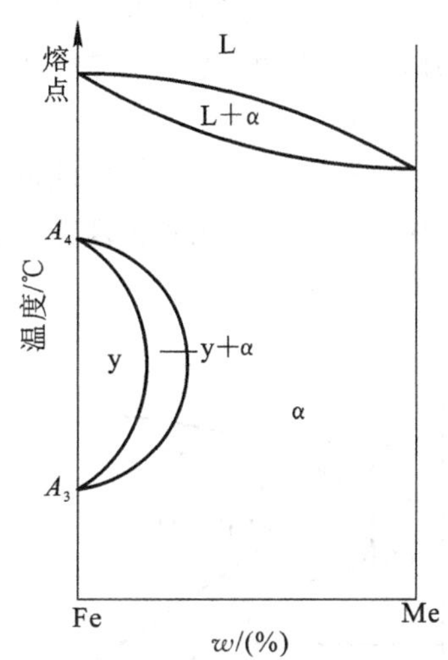


图 6-4 合金元素缩小 γ 相区的状态图

(2)对铁碳状态图中 $E$、$S$ 点的影响。凡扩大 γ 相区的合金元素均会使 $E$、$S$ 点向左下方移动；凡缩小 γ 相区的合金元素均会使 $E$、$S$ 点向左上方移动。例如，当 $w_{Cr}>12\%$ 时，共析点 $S$ 的 $w_C$ 降至 0.4%。又如，W18 Cr4 V 高速钢中 $w_C=0.7\%\sim0.8\%$，由于加入了大量合金元素，在组织中已有莱氏体出现。

**2. 合金元素对钢热处理的影响**

1)合金元素加热时对奥氏体形成的影响

合金钢的奥氏体化过程仍包括奥氏体的形核、奥氏体的长大、残余碳化物的溶解、奥氏体均匀化及奥氏体晶粒长大等阶段。

奥氏体的形核、奥氏体的长大与铁、碳及合金元素在奥氏体中扩散速度密切相关，铬、钼、钨、钒等较强、强碳化物形成元素强烈阻碍了原子的扩散，所以，大大地降低了奥氏体的形成速度。

奥氏体均匀化还包括合金元素的均匀化，合金元素在奥氏体中的扩散速度仅为碳的 1/1 000～1/10 000，同时大多合金元素还将降低碳的扩散速度，因此，奥氏体的均匀化过程非常缓慢。

由此可见，除了使碳扩散加速的部分非碳化物形成元素（如钴、镍等）外，一般合金钢比碳钢的加热温度更高，保温时间更长。

奥氏体晶粒长大是奥氏体晶界原子扩散移动的结果，强碳化物形成元素如钛、钒、铌等的碳化物熔点高、稳定性高，能强烈地阻碍晶粒长大，可细化奥氏体晶粒。钨、钼、铬等可以中等程度地细化奥氏体晶粒。非碳化物形成元素镍、硅、铜、钴等的作用较轻，而锰、磷、碳、硼等则起到助长奥氏体晶粒长大的作用。

2)合金元素对过冷奥氏体转变的影响

除钴外,非碳化物形成元素镍、硅、铝、铜等基本上不改变 C 曲线的形状,只会使 C 曲线右移,如图 6-5 所示。

碳化物形成元素不但会使 C 曲线显著右移,且改变了 C 曲线的形状,强碳化物形成元素钛、铌、钒、钨、钼等能强烈地推迟珠光体转变,对贝氏体转变推迟则较少,因此会出现两个 C 曲线,如图 6-6 所示。

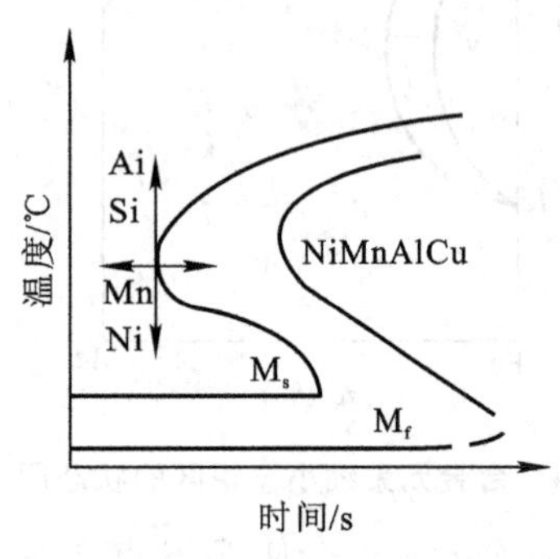


图 6-5　非碳化物形成元素对 C 曲线的影响

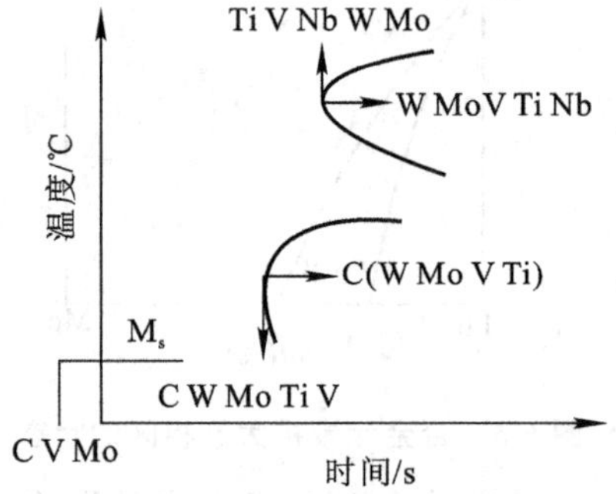

图 6-6　强碳化物形成元素对 C 曲线的影响

铬、锰是较强碳化物形成元素和弱碳化物形成元素,二者都会强烈地推迟珠光体的贝氏体转变,但对后者的作用更显著,因此会使 C 曲线出现另一种形式,如图 6-7 所示。

由于除 Co 外的合金元素都会不同程度地使 C 曲线右移,提高了过冷奥氏体的稳定性,降低了临界冷却速度,提高了钢的淬透性,这是在钢中加入合金元素的主要目的之一。但应指出的是,只有当合金元素溶入奥氏体中时,才能提高淬透性,若碳化物未溶解,一方面会使奥氏体中的碳和合金元素的质量分数下降,另一方面未溶解碳化物能成为珠光体转变的核心,反而使淬透性下降,如钛、锆、钒等超过一定质量分数后就会使淬透性下降。多种合金元素同时加入,其影响比单元素加入时更大,因此,多元少量合金化原则上可获得高淬透性的钢。

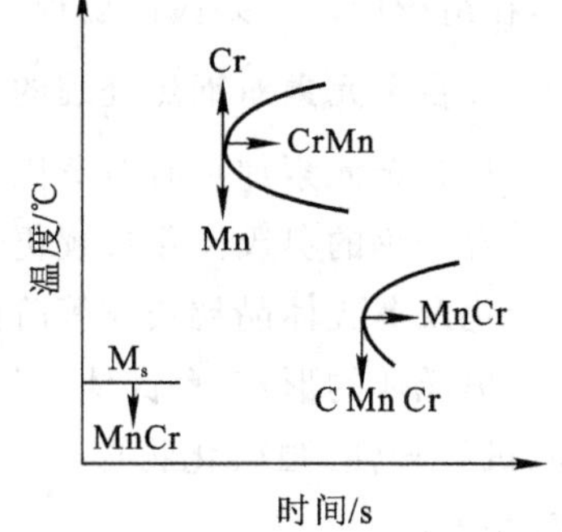


图 6-7　较强、弱碳化物形成元素对 C 曲线的影响

除钴、铝外的合金元素都会使马氏体转变温度 $M_s$-$M_f$ 下降,碳能最强烈地降低钢的 $M_s$ 点温度,其次是锰、铬、镍。实践证明:$M_s$ 点越低,淬火钢中的残余奥氏体越多,图 6-8 所示为不同合金元素对 $w_C=1\%$ 的钢在 1 150 ℃淬火后残余奥氏体数量的影响。

3)合金元素对淬火钢回火转变的影响

淬火钢的回火转变包括以下四个过程:①马氏体分解;②残余奥氏体的转变;③铁素体的再结晶及碳化物的形成;④转变及聚集长大。钢中合金元素的存在并不改变这四个过程的一般规律的基本特征,其主要表现在以下几个方面。

(1)提高回火稳定性。回火稳定性是钢对于回火时发生软化过程的抵抗能力，即回火抗力。合金元素阻碍碳原子的扩散，延缓马氏体的分解，提高残余奥氏体转变的温度和铁素体的回复与再结晶温度，阻碍碳化物的析出和聚集长大，使合金钢与碳钢相比在相同温度回火后具有较高硬度与强度。在达到相同硬度时，合金钢的回火温度比碳钢高，可进一步消除残余内应力，因而合金钢的塑性、韧性比碳钢高。

(2)二次硬化现象。含有钒、铌、钨、钼等强碳化物形成元素、较强碳化物形成元素的合金钢，在 500～600 ℃温度范围内回火时，钢的硬度不但不降低，反而会有所回升，在硬度-回火温度曲线上出现“二次硬化峰”，如图 6-9 所示，这种现象称为“二次硬化”。

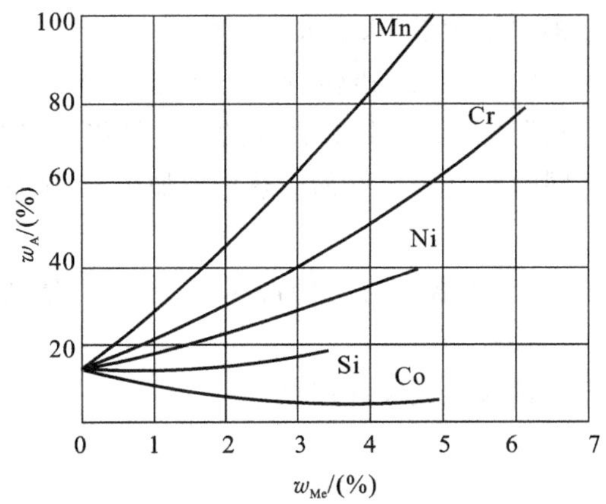


图 6-8　合金元素对淬火钢中残余奥氏体数量的影响($w_C$=1.0%，1 150 ℃淬火)

V钢
Mo钢
Cr钢
碳钢
硬度/HRC
回火温度/℃

图 6-9　合金元素对回火后钢硬度的影响

产生二次硬化的原因是因为在回火过程中从铁素体析出的特殊碳化物如 VC、NbC 及 $Mo_2C$、$W_2C$ 等，这些特殊碳化物硬度高、形状细小，弥散地分布在位错线附近，并和基体保持共格，阻碍位错运动，造成二次硬化现象。二次硬化现象对需要较高红硬性的工具钢具有重要意义。

(3)回火脆性。与碳钢相比，合金钢的回火脆性要明显得多。如图 5-31 所示，在 250～400 ℃之间出现第一类回火脆性，这是与回火马氏体分解的碳化物析出有关，与回火后的冷却速度无关，铬、锰、镍能增加这类回火脆性；钼、钨、钒、铝则能稍减弱这类回火脆性，目前还不能完全抑制这类回火脆性，加入铬、硅可以使发生回火脆性的温度方向移动。

在 400～650 ℃回火时发生的第二类回火脆性，与磷、锑、锡等杂质在原奥氏体晶界偏聚有关。铬、镍(与其他元素一起加入)、锰等元素不但促进杂质元素的偏聚，而且本身也向晶界偏聚，从而增大回火脆性。钛、锆、铌、硅(单一元素作用时)等元素对回火脆性无明显影响，钼、钨等降低回火脆性的敏感性，但钼只有加入脆性倾向大的合金钢中才有良好的作用，单独加入碳钢中，反而会促进脆性倾向。

综上所述，通过合金元素对钢热处理(相变过程)的影响，可以细化奥氏体晶粒，明显提高淬透性，有高的回火稳定性及二次硬化现象，使合金元素在钢中的作用充分发挥出来，表现出合金钢的优越性能。

## 任务3 结构钢

按应用分类，结构钢一般分为两大类：一类是制造机器零件，如汽车、拖拉机、电站设备、电动机等机器上的轴、齿轮、连杆、弹簧、轴承、紧固件等；另一类是制造各种金属结构的工程用钢，如桥梁、船体、厂房结构、高压容器等，它们是合金钢中用途最广、最大的钢种。

机器零件在工作时会承受各种复杂载荷，如拉伸、压缩、弯曲、扭转、冲击、疲劳、摩擦等作用，同时还受到温度、腐蚀等环境因素的作用。因而机器结构钢要具有良好的力学性能，足够高的屈服强度、抗拉强度、疲劳强度及足够强的韧性，同时要具有良好的冷热压力加工、切削加工、焊接及热处理等工艺性能。

此外，结构钢的用途广、用量大，因此结构钢中的合金元素要符合资源丰富、价格低廉的要求。

按钢的具体用途分类，结构钢一般分为工程构件用钢和机械零件用钢。

### 一、工程构件用钢

工程构件用钢是指用于制作各种大型金属结构如桥梁、船舶、车辆、锅炉和压力容器等所用的钢材。

工程构件的主要生产过程有冷变形与焊接两大方面，所以，对工程构件用钢必须相应要求有良好的冷变形性和焊接性。另外，为使工程构件在大气或海水中能长期稳定地工作，应要求工程构件用钢具有一定的耐大气及海水腐蚀的能力。

目前，绝大多数工程构件用钢都采用低碳钢，$w_C$ 一般在 0.2%以下，加入微量的 V、Ti、Nb、Zr、Cu、Re 等元素。通常是在热轧空冷（正火）状态下或有时在正火、回火状态下使用，用户一般不再进行热处理。

#### 1. 碳素工程构件用钢

碳素工程构件用钢又称碳素结构钢，通常分为普通质量碳素结构钢和优质碳素结构钢，其产量占钢总产量的70%～80%。

1）普通质量碳素工程素构件用钢

由于普通质量碳素工程构件用钢易于冶炼，价格低廉，其性能也基本满足一般构件的要求，所以工程上用量很大，表6-4列出了这类钢的牌号、质量等级、化学成分、脱氧方法、力学性能及用途。

表 6-4 普通质量碳素工程构件用钢牌号、质量等级、化学成分、脱氧方法、力学性能及用途

| 牌号 | 等级 | 化学成分/(%) | | | 脱氧方法 | 力学性能 | | | 用途 |
|---|---|---|---|---|---|---|---|---|---|
| | | $w_C$ | $w_S$ | $w_P$ | | $\sigma_s$/MPa | $\sigma_b$/MPa | $\delta_5$/(%) | |
| Q195 | — | 0.06～0.12 | ≤0.050 | ≤0.045 | F,b,Z | 195 | 315～390 | ≥33 | 承受载荷不大的金属结构件、铆钉、垫圈、地脚螺栓、冲压件及焊接件 |
| Q215 | A | 0.09～0.15 | ≤0.050 | ≤0.045 | F,b,Z | 215 | 335～410 | ≥31 | |
| | B | | ≤0.045 | | | | | | |
| Q235 | A | 0.14～0.22 | ≤0.050 | ≤0.045 | F,b,Z | 235 | 375～460 | ≥26 | 金属结构件、钢板、钢筋、型钢、螺栓、螺母、短轴、心轴等 |
| | B | 0.12～0.20 | ≤0.045 | | | | | | |
| | C | ≤0.18 | ≤0.040 | ≤0.040 | Z | | | | |
| | D | ≤0.17 | ≤0.035 | ≤0.035 | TZ | | | | |
| Q225 | A | 0.18～0.28 | ≤0.050 | ≤0.045 | Z | 255 | 410～510 | ≥24 | 强度较高,用于制造承受中等载荷的零件如键、销、转轴、拉杆、链轮、链环片等 |
| | B | | ≤0.045 | | | | | | |
| Q275 | — | 0.28～0.38 | ≤0.050 | ≤0.045 | Z | 275 | 490～610 | ≥20 | |

其中,Q195、Q215 钢通常可轧制成薄板、钢筋,可用于制作铆钉、螺钉、地脚螺栓及轻负荷的冲压零件的焊接结构件等;Q235、Q255 钢可用于制作螺栓、螺母、拉杆、销、吊钩和不太重要的机构零件,以及建筑结构中的螺纹钢、工字钢、槽钢、钢筋等;Q235C、Q235D 还可作为重要焊接结构用钢;Q275 钢可部分代替优质碳素结构钢 25～35 钢使用。按 GB/T13304.1—2008《钢分类》,该类钢分为 A、B 两级,Q195、Q275 一般无特殊要求的是普通质量非合金钢,其余的是优质非合金钢。

另外,根据一些专业的特殊要求,对普通质量碳素结构钢的成分和工艺做些微小的调整,使其分别适合于各专业的应用,从而派生出一系列的专业用钢,如桥梁用钢和船舶用钢等。

2)优质碳素工程构件用钢

与普通质量碳素工程构件用钢相比,这类钢必须同时保证化学成分和力学性能,其牌号体现了化学成分。它的硫、磷含量较低,夹杂物也较少,综合力学性能优于普通质量碳素工程构件用钢,通常作为热轧或冷轧(拉)材以锻材供应,为了充分发挥其性能潜力,一般都需经热处理后使用。

### 2. 低合金工程构件用钢

低合金工程构件用钢又称为低合金结构钢，低合金结构钢是在碳素结构钢的基础上添加少量合金元素（合金元素总量不超过 5%，一般在 3%以下），具有较高强度的工程构件用钢。由于强度高，用此钢可提高工程构件使用的可靠性及减轻构件重量，节约了钢材。

几种低合金结构钢牌号、质量等级、化学成分、钢材厚度、力学性能及用途如表 6-5 所示。

**表 6-5　几种低合金结构钢牌号、质量等级、化学成分、钢材厚度、力学性能及用途**

| 牌号 | 质量等级 | 化学成分/(%) | | | | 钢材厚度/mm | 力学性能 | | | | 用途 |
|---|---|---|---|---|---|---|---|---|---|---|---|
| | | $w_C$ | $w_{Si}$ | $w_{Mn}$ | $w_{其他}$ | | $\sigma_b$/MPa | $\sigma_s$/MPa | $\delta_5$/(%) | 180℃冷弯试验 $a$—试件厚度；$d$—心棒直径 | |
| | | 不大于 | | | | | | | | | |
| Q295 | A<br>B | 0.16 | 0.55 | 0.80～1.50 | $w_V$:0.02～0.15；$w_{Nb}$:0.010～0.055；$w_{Ti}$:0.02～0.20 | ≤16 | 390～570 | 295 | 23 | $d=2a$ | 油槽、油罐、机车、车辆、梁柱等 |
| Q345 | A<br>B<br>C<br>D<br>E | 0.20（A、B）<br>0.18（C、D、E） | 0.55 | 1.00～1.60 | | | 470～630 | 345 | 21<br>21<br>22<br>22<br>22 | | 桥梁、船舶、车辆、压力容器、建筑结构等 |
| Q390 | A<br>B<br>C<br>D<br>E | 0.20 | 0.55 | 1.00～1.60 | $w_V$:0.20～0.20；$w_{Nb}$:0.015～0.050；$w_{Ti}$:0.02～0.20 | | 490～650 | 390 | 19<br>19<br>20<br>20<br>20 | | 船舶、压力容器、电站设备等 |

1）成分特点

从表 6-5 中可以看出，这类钢具有以下特点。①含碳量 $w_C \leqslant 0.2\%$，以此满足塑性、韧性、焊接性及冷塑性加工性能的要求。②合金元素含量也较低，主加合金元素为锰，锰具有明显的固溶强化作用，细化了铁素体和珠光体尺寸，增加了珠光体的相对量并抑制了硫的有害作用，故锰既是强化元素，又是韧化元素；辅加合金元素为 V，Ti，Nb，Al 等强碳（氮）化合物形成元素，所产生的细小化合物既可通过弥散强化进一步提高强度，又可细化晶粒而起到细晶强韧化（尤其是韧化）的作用；其他特殊元素如 Cu、P 提高了耐大气腐蚀能力，微量稀土元素（Re）可起到脱硫、去气、改善夹杂物形态与分布的作用，从而进一步提高钢的力学性能和工艺性能。

2）性能要求

低合金结构钢的屈服强度（$\sigma$）一般在 300 MPa 以上，高于普通碳素结构钢，且要求有足够的塑性、韧性及低温韧性、良好的焊接性和冷、热塑性加工性能。

3)典型钢号与热处理特点

Q345(16 Mn)和 Q420(15 MnVN)，与普通碳素结构钢 Q235 相比屈服强度分别提高到了 345 MPa 和 420 MPa。如武汉长江大桥采用 Q235 制造，其主跨跨度为 128 m；南京长江大桥采用 Q345(16 Mn)制造，其主跨跨度增加到 160 m；而九江长桥采用 Q420(15MnVN)制造，其主跨跨度增加到 216 m，这类钢大多在热轧空冷状态使用，考虑到零件加工特点，有时也可在正火、正火加高温回火或冷塑性变形状态使用。

**3. 工程构件用钢的发展趋势**

低合金结构钢由于其强度高，韧性和加工性能优异，合金元素耗量少，且不需进行复杂的热处理，与碳素结构钢相比已越来越受到重视。目前，这类钢发展趋势如下。

(1)通过微合金化与合理的轧制工艺结合起来，实行控制轧制，以达到更高的强度。在钢中加入少量的微合金化元素，如 V、Ti、Nb 等，通过控制轧制时的再结晶过程，使钢的晶粒细化，达到既提高强度又改善塑性、韧性的最佳效果。

(2)通过合金化改变基体组织，提高强度。在钢中加入较多的其他元素，如 Cr、Mn、Mo、Si、B 等，使钢在热轧空冷的条件下即可得到贝氏体组织，甚至马氏体组织。这种马氏体在冷却过程中可发生自回火过程，甚至不需要专门进行回火。

(3)超低碳化。为了保证韧性和焊接性能，碳的质量分数进一步降到 $10^{-6}$ 数量级，此时必须采用真空冶炼或真空去气的先进冶炼工艺。

我国的微合金化元素资源十分丰富，所以，低合金结构钢在我国具有极其广阔的发展前景。

## 二、机器零件用钢

机器零件用钢用来制造各种机器零件，如制造轴类零件、齿轮、弹簧和轴承等所用的钢种，是机械制造行业中广泛使用且用量最大的钢种。

根据机器零件用钢热处理的工艺特点和用途，一般可将其分为渗碳钢、调质钢、弹簧钢和滚动轴承钢四大类，其他还包括超高强度钢和易切削钢等。

**1. 渗碳钢**

渗碳钢通常是指经渗碳淬火、低温回火后使用的钢。它一般为低碳的优质碳素结构钢与合金结构钢，主要用于制造要求高耐磨性、能承受高接触应力和冲击载荷的重要零件。

(1)渗碳钢性能特点。①表层高硬度(≥58 HRC)和高耐磨性；②心部具有良好的韧性；③优良的热处理工艺性能，如较好的淬透性以保证渗碳件的心部性能，在高渗碳温度(一般为 930℃)和长渗碳时间下奥氏体晶粒长大倾向小，以便于渗碳后直接淬火。

(2)渗碳钢的成分特点。①低碳，一般 $w_C=0.1\%\sim0.25\%$，以保证零件心部具有足够的塑性和韧性，能抵抗冲击载荷；②合金元素，主加合金元素为 Cr、Mn、Ni、B 等，以提高渗碳钢的淬透性，保证零件的心部为低碳马氏体，从而具有足够的心部强度；辅加合金元素为微量的 Mo、W、V、Ti 等强碳化物形成元素，以形成稳定的特殊合金碳化物阻止渗碳时奥氏体晶粒长大。

(3)常用渗碳钢及热处理。常用主要渗碳钢的种类、牌号、热处理工艺、力学性能及用途如表 6-6 所示，按其淬透性(或强度等级)不同，渗碳钢可分为以下三大类。

**表 6-6　常用主要渗碳钢的种类、牌号、热处理工艺、力学性能及用途**

| 种类 | 牌号 | 热处理工艺 | | | | 力学性能(不小于) | | | | | 用途 |
|---|---|---|---|---|---|---|---|---|---|---|---|
| | | 渗碳/℃ | 第一次淬火温度/℃ | 第二次淬火温度/℃ | 回火温度/℃ | $\sigma_s$/MPa | $\sigma_b$/MPa | $\delta_5$/(%) | $\psi$/(%) | $A_k(\alpha_k)$/J($J\cdot cm^{-2}$) | |
| 低淬透性渗碳钢 | 15 | 900～950 | ～920 空气 | — | — | 225 | 375 | 27 | 55 | — | 形状简单、受力小的小型渗碳件 |
| | 20 | | ～900 空气 | — | — | 245 | 410 | 25 | 55 | — | |
| | 20Mn2 | | 850 水、油 | — | 200 水、空气 | 590 | 785 | 10 | 10 | 47(60) | 代替 20Cr |
| | 15Cr | | 880 水、油 | 780 水～820 油 | 200 水、空气 | 490 | 735 | 11 | 45 | 55(70) | 船舶主机螺钉、活塞销、凸轮、机车小零件及心部韧性高的渗碳零件 |
| | 20Cr | | 880 水、油 | 780 水～820 油 | 200 水、空气 | 540 | 835 | 10 | 10 | 47(60) | 截面小于 30 mm 的载荷不大的零件，如机床齿轮、齿轮轴、蜗杆、活塞销及气门顶杆等 |
| 中淬透性渗碳钢 | 20MnV | | 880 水、油 | | 200 水、空气 | 590 | 785 | 10 | 40 | 55(70) | 代替 20Cr |

续表

| 种类 | 牌号 | 热处理工艺 | | | | 力学性能(不小于) | | | | | 用途 |
|---|---|---|---|---|---|---|---|---|---|---|---|
| | | 渗碳/℃ | 第一次淬火温度/℃ | 第二次淬火温度/℃ | 回火温度/℃ | $\sigma_s$/MPa | $\sigma_b$/MPa | $\delta_5$/(%) | $\psi$/(%) | $A_k(\alpha_k)$/J(J·$cm^{-2}$) | |
| 中淬透性渗碳钢 | 20CrMnTi | 900～950 | 880 水、油 | 870 油 | 200 水、空气 | 853 | 1080 | 10 | 45 | 55(70) | 工艺性优良，广泛用于截面小于 30 mm，承受高速、中等或重载及受冲击和摩擦的重要渗碳件，如汽车、拖拉机的齿轮、凸轮，是 Cr-Ni 钢代用品 |
| | 20Mn2B | | 880 水、油 | — | 200 水、空气 | 785 | 980 | 10 | 45 | 55(70) | 代替 20Cr,20CrMnTi |
| | 12CrNi3 | | 860 水、油 | 780 油 | 200 水、空气 | 685 | 930 | 10 | 50 | 71(90) | 大齿轮、轴 |
| | 20CrMnMo | | 850 水、油 | — | 200 水、空气 | 885 | 1175 | 10 | 45 | 55(70) | 代替含镍较高的渗碳钢，用于大型拖拉机齿轮、活塞销等大截面渗碳件 |
| | 20MnVB | | 860 水、油 | — | 200 水、空气 | 885 | 1080 | 10 | 45 | 55(70) | 代替 20CrMnTi,20Ni |
| 高淬透性渗碳钢 | 12Cr2Ni4WA | | 860 油 | 780 油 | 200 水、空气 | 835 | 1080 | 10 | 50 | 71(90) | 大截面、重载，要求良好韧性的重要零件，如重型载重车齿轮 |
| | 20Cr2Ni4 | | 880 油 | 780 油 | | 1080 | 1175 | 10 | 45 | 63(80) | 截面、载荷更大，性能要求更高的重要零件，如坦克、飞机齿轮 |
| | 18Cr2Ni4WA | | 950 空气 | 850 空气 | | 835 | 1175 | 10 | 45 | 78(100) | 截面更大、载荷更重，性能要求更高的重要零件，如坦克齿轮、飞机曲轴、齿轮 |

①低淬透性渗碳钢，即低强度渗碳钢（强度级别 $\sigma_b$＜800 MPa），这类钢的水淬临界直径一般不超过 20～35 mm，典型的有 20 钢、20Cr 钢、20Mn2 钢、20MnV 钢等，只适合于制造对心部性能要求不高的、承受轻载的小尺寸耐磨件，如小齿轮、活塞销、链条等。

②中淬透性渗碳钢，即中强度渗碳钢（强度级别 $\sigma_b$＜800～1 200 MPa），这类钢的油淬临界直径为 25～60 mm，典型的有 20CrMnTi 钢，20CrMnMo 钢等。由于淬透性较高、力学性能和工艺性能良好，故而大量用于制造高速中载、冲击和剧烈摩擦条件下工作的零件，如汽车与拖拉机的变速齿轮、离合器轴等。

③高淬透性渗碳钢，即高强度渗碳钢（强度级别 $\sigma_b$＞1 200 MPa），这类钢的油淬临界直径在 100 mm 以上，典型的有 18Cr2Ni4WA 钢，主要用于制造大截面的、承受高载及要求高耐磨性与良好韧性的重要零件，如飞机、坦克的曲线与齿轮。

渗碳钢的热处理规范一般是渗碳后进行直接淬火（一次淬火或二次淬火），然后再低温回火。碳素渗碳钢和低合金渗碳钢，经常采用直接淬火或一次淬火，然后再低温回火；高合金渗碳钢则采用二次淬火和低温回火处理。

下面以应用广泛的 20CrMnTi 钢为例，分析其热处理工艺规范。20CrMnTi 钢齿轮的加工工艺路线：下料→锻造→正火→加工齿形→渗碳→预冷淬火→低温回火→磨齿。正火作为预备热处理，其目的是改善锻造组织、调整硬度（170～210 HBS）以便于机加工，正火后的组织为索氏体＋铁素体。最终热处理渗碳后预冷到 875 ℃直接淬火＋低温回火，预冷的目的在于减少了残余奥氏体，最终热处理后其组织由表面往心部依次为回火马氏体＋颗粒状碳化物＋残余奥氏体→回火马体＋残余奥氏体。而心部的组织分为两种情况：在淬透时为低碳马氏体＋铁素体；未淬透时为索氏体＋铁素体。20CrMnTi 钢经上述处理后可获得高耐磨性的渗透层，心部具有较高的强度和良好的韧性，适宜制造承受高速中载且抗冲击和耐磨损的零件，如汽车、拖拉机的后桥和变速箱齿轮、离合器轴、锥齿轮和一些重要的轴类零件。

**2. 调质钢**

调质钢通常是指经调质处理后使用的钢。一般为中碳素结构钢与合金结构钢，主要用于承受较大循环冲击载荷或各种复合应力的零件。

(1)调质钢的性能特点。所谓调质钢处理即淬火＋高温回火处理，得到回火索氏体组织。此类钢要求强度、硬度、塑性、韧性有良好的配合，即要求钢材具有较高的综合力学性能。

(2)调质钢的成分特点。①中碳调质钢的 $w_C$ 一般在 0.25%～0.5%，多为 0.4%左右，以保证调质处理后优良的强度和韧性的配合。碳的质量分数过低，钢的强度下降；碳的质量分数过高，又会损害钢的塑性和韧性。②合金元素，主加元素为 Mn、Si、Cr、Ni、B 等，其主要作用是提高调质钢的淬透性，如 40 钢的水淬临界直径仅为 18 mm，而 CrNiMo 钢的油淬临界直径便已超过了70 mm；次要作用是溶入固溶体（铁素体）起固溶强化作用。辅加元素为 Mo、W、V 等强碳化物形成元素，其中 Mo、W 的主要作用是抑制含 Cr、Ni、Mn、Si 等合金调质钢的高温回火脆性，次要作用是进一步改善了淬透性，V 的主要作用是形成碳化物阻碍奥氏体晶粒长大，起细晶强化和弥散强化的作用，几乎所有的合金元素均提高了调质钢的回火稳定性。

(3)常用调质钢及热处理特点。GB/T 699—1999,GB/T 3077—1999 和 GB/T 5216—2004 中所列的中碳钢均可用做调质钢,表 6-7 所示的为部分常用调质钢的种类、牌号、热处理、力学性能及用途。

调质钢的热处理有两种情况。①预先热处理。调质钢预先热处理的主要目的是保证零件的切削加工性能,依据碳的质量分数和合金元素的种类、数量不同,可进行正火处理(碳及合金元素质量分数较低,如 40 钢)、退火处理(碳及合金元素质量分数高,如 42CrMo 钢)、甚至正火+高温回火处理(淬透性高的调质钢,如 40CrNiMo 钢)。②最终热处理。最终热处理即淬火+高温回火,淬火介质和淬火方法根据钢的淬透性和零件的形状尺寸选择确定。回火温度的选择取决于调质件的硬度要求,由于零件硬度可间接反映强度与韧性,故技术文件上一般仅规定硬度数值,只有很重要的零件才规定其他力学性能指标。

**表 6-7　常用调质钢的种类、牌号、热处理、力学性能及用途**

| 种类 | 牌号 | 热处理 | | 力学性能(不小于) | | | | | 用途 |
|---|---|---|---|---|---|---|---|---|---|
| | | 淬火温度/℃ | 回火温度/℃ | $\sigma_s$/MPa | $\sigma_b$/MPa | $\delta_5$/(%) | $\psi$/(%) | $A_k$/J | |
| 低淬透性调质钢 | 45 | 840 水 | 600 空 | 335 | 600 | 16 | 40 | 39 | 形状简单、尺寸较小、中等韧性零件,如普通机床的主轴、曲轴、齿轮 |
| | 40Mn | 840 水 | 600 水、油 | 335 | 590 | 15 | 45 | 47 | 比 45 钢强韧性要求稍高的调质件 |
| | 40Cr | 850 油 | 520 水、油 | 785 | 980 | 9 | 45 | 47 | 重要调质件,如轴类、连杆螺栓、齿轮 |
| | 45Mn2 | 840 油 | 550 水、油 | 735 | 885 | 10 | 45 | 47 | 代替 $\psi$<50 mm 的 40Cr,用于重要调质件 |
| | 45MnB | 850 油 | 500 水、油 | 785 | 980 | 10 | 45 | 47 | |
| | 45MnVB | 850 油 | 520 水、油 | 785 | 980 | 10 | 45 | 47 | 可代替 40Cr 及部分代替 40CrNi |
| | 35SiMn | 900 水 | 570 水、油 | 735 | 885 | 15 | 45 | 47 | 除低温韧性稍差外,可全面代替 40Cr 和部分代替 40CrNi |

续表

| 种类 | 牌号 | 热处理 | | 力学性能(不小于) | | | | | 用途 |
|---|---|---|---|---|---|---|---|---|---|
| | | 淬火温度/℃ | 回火温度/℃ | $\sigma_s$/MPa | $\sigma_b$/MPa | $\delta_5$/(%) | $\psi$/(%) | $A_k$/J | |
| 中淬透性调质钢 | 40CrNi | 820 油 | 520 水、油 | 785 | 980 | 10 | 45 | 55 | 用于较大载面和重要的曲轴、主轴、连杆 |
| | 40CrMn | 840 油 | 550 水、油 | 835 | 980 | 9 | 45 | 47 | 代替 40CrNi 作受冲击载荷不大零件 |
| | 35CrMo | 850 油 | 550 水、油 | 835 | 980 | 12 | 45 | 63 | 代替 40CrNi 作大截面重要零件 |
| | 30CrMnSi | 850 油 | 520 水、油 | 885 | 1080 | 10 | 50 | 39 | 高强度钢，用于高速重载荷轴、齿轮 |
| | 38CrMoAlA | 940 水、油 | 640 水、油 | 835 | 980 | 14 | 50 | 71 | 高级氮化钢，用于精度密床主轴重要丝杠，镗杆、蜗杆、高压阀门 |
| 高淬透性调质钢 | 37CrNi3 | 820 油 | 500 水、油 | 980 | 1130 | 10 | 45 | 47 | 高强韧性的大型重要零件 |
| | 25Cr2Ni4WA | 850 油 | 350 水 | 930 | 1090 | 11 | 45 | 71 | 受冲击载荷的高强度大型重要零件，也可作为高级渗碳钢 |
| | 40CrNiMoA | 850 油 | 600 水、油 | 835 | 980 | 12 | 55 | 78 | 高强韧性大型重要零件，如飞机起落架、航空发动机轴 |
| | 40CrMnMo | 850 油 | 600 水、油 | 785 | 980 | 10 | 45 | 63 | 部分代替 40CrNiMoA |

注：力学性能试验用毛坯试样直径尺寸，除 38CrMoAlA(30 mm)外均为 25 mm。

现以 40Cr 钢为例分析其热处理工艺规范。40Cr 钢作为拖拉机上的连杆、螺栓材料，其工艺路线：下料→锻造→退火→粗机加工→调质→精机加工→装配。在工艺路线中，预先热处理采用退火(或正火)，其目的是改善锻造组织，消除缺陷，细化晶粒，调整硬度以便切削加工，并为淬火做好组织准备。调质工艺采用 830 ℃加热、油淬，得到马氏体组织，然后在 525 ℃回火。为防止第二类回火脆性，在回火的冷却过程中采用水冷，最终使用状态下的组织为回火索氏体。

(4)调质钢的新发展。①低碳马氏体钢。低碳马氏体钢是利用低碳马氏体具有高强度的同时兼有良好的塑性和韧性的特点而开发的,低碳马氏体是具有高密度位错的板条马氏体,其内部有回火或低温回火析出的细小弥散的碳化物,并有少量的残余奥氏体薄膜,因而具有高强韧性。低碳马氏体钢是指低碳钢或低碳合金结构钢经淬火、低温回火后使用的钢材,此时不仅具有高强度和良好塑性、韧性相结合的特点,而且具有低的缺口敏感性、低的冷脆转变温度和优良的冷形性、焊接性,其综合力学性能可以达到中碳合金钢调质处理后的水平。例如,我国研制生产的石油钻机用的吊环、吊卡采用低碳马氏体钢 20SiMn2MoVA,由于强度高,使其质量降为 35 钢吊环的 42.3%,大大减轻了石油钻井工人的劳动强度。用铆螺钢 ML15MnVB 制造的汽车用高强度连杆螺栓、汽缸螺栓、半轴螺栓,淬火、低温回火处理后使用性能优于 ML40Cr 钢(GB/T 6478—2001)调质的螺栓。②中碳微合金化非调质钢。为了节约能源,简化工艺,近年来,开发了不需进行调质处理,而是通过锻造时控制终锻后的冷却速度来获取得的高强韧性能的钢材,这种钢材称为非调质机械结构钢(GB/T 15712—2008),与传统调质钢的生产工艺比较,非调质钢的生产工艺大为简化。

非调质钢是在中碳钢($w_C$=0.30%～0.50%)中添加微量合金元素(V、Ti、Nb 和 N 等),钢材加热时,这些元素固溶在奥氏体中,通过控制轧制(锻制)、控温冷却,在铁素体和珠光体中弥散析出碳、氮化物为强化相,使钢在轧制(锻制)后不经调质处理即可获得碳素结构钢或合金结构钢经调质处理后所达到的力学性能的钢种。该类钢按使用加工方法不同分为两类:①切削加工用非调质机械结构钢,牌号以 YF 为首;②热锻用非调质机械结构钢,牌号以 F 为首。例如,YF35MnV 钢汽车发动机连杆性能已达到或超过 55 钢连杆,而可加工性远远优于 55 钢。非调质钢大多属于低合金钢。表 6-8 列举了两种典型非调质机械结构钢的化学成分和力学性能。

**表 6-8　两种典型非调质机械结构钢的牌号、化学成分和力学性能**

| 牌号 | 化学成分/(%) | | | | | | 力学性能 | | | | | |
|---|---|---|---|---|---|---|---|---|---|---|---|---|
| | $w_C$ | $w_{Mn}$ | $w_{Si}$ | $w_P$ | $w_S$ | $w_V$ | $\sigma_s$/MPa | $\sigma_b$/MPa | $\delta_5$/(%) | $\psi$/(%) | $A_k$/J | HBS |
| YF35MnV | 0.32～0.39 | 1.00～1.50 | 0.30～0.60 | ≤0.035 | 0.035～0.075 | 0.06～0.13 | ≥735 | ≥460 | ≥17 | ≥35 | ≥37 | ≤257 |
| F40MnV | 0.37～0.44 | 1.00～1.50 | 0.20～0.40 | ≤0.035 | ≤0.035 | 0.06～0.13 | ≥785 | ≥490 | ≥15 | ≥40 | ≥36 | ≤257 |

**3. 弹簧钢**

弹簧钢是指用来制造各种弹簧和弹性元件的钢。

在各种机械设备中,弹簧的主要作用是通过弹性变形储存能量(即弹性变形功),从而传递力(或能)和机械运动或缓和机械的振动与冲击,如汽车、火车上的各种板弹簧和螺旋弹簧、仪表弹簧等,通常是在长期的交变应力下承受拉压、扭转、弯曲和在冲击条件下工作。

(1)性能要求。①高的弹性极限 $\sigma_e$ 和屈强比 $\sigma_e/\sigma_b$ 以保证优良的弹性性能，即吸收大量的弹性而不产生塑性变形；②高的疲劳极限，疲劳是弹簧的最主要破坏形式之一，疲劳性能除与钢的成分结构有关以外，还主要受钢的冶金质量（如非金属夹杂物）和弹簧表面质量（如脱碳）的影响；③足够的塑性和韧性以防止冲击断裂；④其他性能，如良好热处理和塑性加工性能，特殊条件下工作的耐热性或耐蚀性要求等。

(2)成分特点。①中、高碳。一般来说，碳素弹簧钢 $w_C=0.60\%\sim0.9\%$，合金弹簧钢 $w_C=0.45\%\sim0.70\%$，经淬火＋中温回火后得到回火屈氏体组织，能较好地保证弹簧钢的性能要求。近年来，又开发出了综合性能优良的低碳马氏体弹簧钢。在淬低温回火的板条马氏体组织下使用。②合金元素。普通用途的合金弹簧钢一般是低合金钢，主加元素为 Si、Mn、Cr 等，其主要作用是提高淬透性、固溶强化基体并提高回火稳定性；辅加元素为 Mo、W、V 等强碳化物形成元素，主要作用有防止 Si 引起的脱碳缺陷、Mn 引起的过热缺陷并提高回火稳定性及耐热性等。特殊用途的弹簧因耐高低温、耐蚀、抗磁等方面的特殊性能要求，必须选用特殊弹性材料，包括高合金钢的弹性合金。高合金弹簧钢包括不锈钢、耐热钢、高速钢等，其中以不锈钢应用最多、最广。

(3)常用弹簧钢及热处理。我国常用弹簧钢的类别、牌号、性能特点和主要用途如表 6-9 所示，其化学成分、热处理工艺的力学性能可参照国家标准 GB/T 1222—2007。

**表 6-9　常用主要弹簧钢的类别、牌号、性能特点及主要用途**

<table>
<tr><th colspan="2">类　别</th><th>牌　号</th><th>性能特点</th><th>主要用途</th></tr>
<tr><td rowspan="4">碳素弹簧钢</td><td rowspan="3">普通 Mn</td><td>65</td><td rowspan="3">硬度、强度、屈强比高，但淬透性差，耐热性不好、承受动载和疲劳载荷的能力低</td><td rowspan="3">价格低廉，多应用于工作温度不高的小型弹簧(<12 mm)或不重要的较大弹簧</td></tr>
<tr><td>70</td></tr>
<tr><td>85</td></tr>
<tr><td>较高 Mn</td><td>65Mn</td><td>淬透性、综合力学性能优于碳钢，但对过热比较敏感</td><td>价格较低，用量很大，制造各种小载面(<15 mm)的扁簧、发条、减震器与离合器簧片、刹车轴等</td></tr>
<tr><td rowspan="10">合金弹簧钢</td><td rowspan="4">Si-Mn 系</td><td>55Si2Mn</td><td rowspan="4">强度高、弹性好，抗回火稳定性佳；但易脱碳和石墨化，含 B 钢淬透性明显提高</td><td rowspan="4">主要的弹簧钢类，用途很广，可制造各种中等载面(<25 mm)的重要弹簧，如汽车、拖拉机板簧，螺旋弹簧等</td></tr>
<tr><td>60Si2Mn</td></tr>
<tr><td>55Si2MnB</td></tr>
<tr><td>55SiMnVB</td></tr>
<tr><td rowspan="6">Cr 系</td><td>50CrVA</td><td rowspan="6">淬透性优良，回火稳定性高，脱碳与石墨化倾向低；综合力学性佳，有一定的耐腐蚀性，含 V、Mo、W 等元素的弹簧具有一定的耐高温性，由于匀为高级优质钢，故疲劳性能进一步改善</td><td rowspan="6">用于制造载荷大的重型、大型尺寸(50～60 mm)的重要弹簧，如发动机阀门弹簧、常规武器取弹钩弹簧、破碎面弹簧；耐热弹簧，如锅炉安全阀弹簧、喷油嘴弹簧、汽缸胀圈等</td></tr>
<tr><td>60CrMnA</td></tr>
<tr><td>60CrMnBA</td></tr>
<tr><td>60CrMnMoA</td></tr>
<tr><td>60Si2CrA</td></tr>
<tr><td>60Si2CrVA</td></tr>
</table>

弹簧钢热处理取决于弹簧的加工成形方法，一般可分为热成形弹簧和冷成形弹簧两大类。①碳素弹簧钢（即非合金弹簧钢）。其价格便宜，但淬透性较差，适用于截面尺寸较小的非重要弹簧，其中以 65 钢、65Mn 钢最常用。②合金弹簧钢。根据主加合金元素种类不同可分为两大类：Si-Mn 系（即非 Cr 系）弹簧钢和 Cr 系弹簧钢。前者淬透性较碳钢高，价格不很昂贵，故应用最广，主要用于截面尺寸不大于 25 mm 的各类弹簧，60 Si2Mn 钢是其典型代表；后者的淬透性较好，综合力学性能高，弹簧表面不脱碳，但价格相对较高，一般用于截面尺寸较大的重要弹簧，50CrVA 钢是其典型代表。③热成形弹簧。对截面尺寸大于 10 mm 的各种大型的和形状复杂的弹簧均采用热成形（如热轧、热卷），如汽车、拖拉机、火车板簧的螺旋弹簧。其简明加工路线：扁钢或圆钢下料→加热压弯或卷绕→淬火＋中温回火→表面喷丸处理。使用状态组织为回火托氏体，喷丸可强化表面并提高弹簧表面质量，显著改善疲劳性能。近年来，热成形弹簧也可采用等温淬火获得下贝氏体或形变热处理，对提高弹簧的性能和寿命也有较明显的作用。④冷成形弹簧。截面尺寸小于 10 mm 的各种小型弹簧可采用冷成形（如冷卷、冷轧），如仪表中的螺旋弹簧、发条及弹簧片等。这类弹簧在成形前先进行冷拉（冷轧）、淬火＋中温回火或铅浴等温淬火后冷拉（冷轧）强化；然后再进行冷成形加工，此过程中将进一步强化金属，但也产生了较大的内应力和脆性，故在其后应进行低温去应力退火（一般在 200～400 ℃）。

**4. 滚动轴承钢**

滚动轴承钢是用于制造各种滚动轴承的滚动体（滚珠、滚柱）和内外套圈的专用钢种，也可用于制作精密量具、冷冲模、机床丝杆及油泵油嘴的精密件如针阀体、柱塞等耐磨件。

（1）性能要求。由于滚动轴承要承受高达 3 000～5 000 MPa 的交变接触应力和极大的摩擦力，还将受到大气、水及润滑剂的侵蚀，其主要损坏形式为接触疲劳（麻点剥落）、磨损和腐蚀等。故对滚动轴承钢提出的主要性能要求如下：①高的接触疲劳极限的弹性极限；②高的硬度和耐磨性；③适当的韧性的耐蚀性及尺寸稳定性。

（2）成分特点。传统的滚动轴承是一种高碳低铬钢，它是轴承钢的主要材料，其成分特点如下。①高碳，一般 $w_C=0.95\%\sim1.15\%$，用于保证轴承钢的高硬度和高耐磨性。②合金元素，一般是低合金钢，其基本元素是铬，且 $w_C=0.40\%\sim1.65\%$，它的主要作用是增加钢的淬透性，并形成合金渗碳体 $(Fe,Cr)_3C$ 以提高接触疲劳极限和耐磨性。为了制造大型轴承，还需加入 Si、Mn、Mo 等元素以进一步提高淬透性和强度。对无铬轴承钢还应加入 V 元素用来形成 VC 以保证耐磨性并细化晶粒。③钢的纯度及组织均匀性高。轴承的失效统计表明，由原材料质量问题而引起的失效约占 65%，故轴承钢的杂质含量规定很低（$w_C<0.020\%\sim0.027\%$）夹杂物级别应低，成分和组织均匀性（尤其是碳化物均匀性）应高，这样才能保证轴承钢的高接触疲劳极限和足够的韧性。

除了传统的铬轴承钢外，生产中还发展了一些具有特殊目的和用途的滚动轴承钢，如节省了铬资源的无铬轴承钢、抗冲击载荷的渗碳轴承钢、耐腐蚀的不锈钢轴承钢、耐高温的高温轴承钢，其成分特点详见相应钢种的国家标准。

（3）常用轴承钢与热处理特点。国际标准 ISO 683/Part 将已纳标的滚动轴承钢分为四大类：高碳铬轴承钢(即全淬透性轴承钢)、渗碳轴承钢、不锈轴承钢和高温轴承钢。我国常用主要轴承钢的类别、牌号、主要特点及用途如表 6-10 所示，其具体成分与热处理工艺详见相应钢材的国家标准。

**表 6-10 常用主要轴承钢的类别、牌号、主要特点及用途**

| 类别 | 牌号 | 主要特点 | 用途 |
|---|---|---|---|
| 高碳铬轴承钢 | GCr6 | 淬透性差，合金元素少，工艺简单 | 用于制造一般工作条件下的小尺寸(＜20 mm)的各类滚动体 |
| | GCr9 | | |
| | GCr9SiMn | 淬透性有所提高，耐磨性和回火稳定性有所改善 | 用于制造一般工作条件下的中等尺寸的各类滚动体和套圈 |
| | GCr15 | | |
| | GCr15SiMn | 淬透性高，耐磨性好，接触疲劳性能优良 | 用于制造一般工作条件下的大型或特大型轴承套圈和滚动体 |
| 渗碳轴承钢 | 20CrNiMoA | 钢的纯度和组织均匀性高，渗碳后表面硬度 58～62HRC，心部硬度 25～40HRC，工艺性能好 | 用于制造承受冲击载荷的中小型滚子轴承，如发动面主轴承；<br>用于制造承受高冲击的和高温下的轴承，如发动机的高温轴承；<br>用于制造承受大冲击的特大型轴承，也用于制造承受大冲击、安全性高的中小型轴承 |
| | 16CrNi4MoA | | |
| | 12Cr2Ni3Mo5A | | |
| | 20Cr2Ni4A | | |
| | 20CrMn2MoA | | |
| | 20Cr2Ni3MoA | | |
| 不锈轴承钢 | 9Cr18 | 高的耐腐蚀性，高的硬度、耐磨性、弹性和接触疲劳性能 | 用于制造耐水和耐硝酸腐蚀的轴承及微型轴承 |
| | 9Cr18Mo | | |
| | 0Cr18Ni9 | 极优良的耐腐蚀性、耐低温性、冷塑性成形性和切削加工性好 | 用于制造车制保持架及高耐腐蚀性要求的防锈轴承，经渗氮处理后可制作高温、高速、高耐腐蚀、耐磨的低负荷轴承 |
| | 1Cr18Ni9Ti | | |
| | 0Cr17Ni7Al | | |
| 高温轴承钢 | Cr14Mo4V | 高温强度、硬度、耐磨性和疲劳性能好，抗氧化性较好，但抗冲击性较差 | 用于制造耐高温轴承，如发动机主轴轴承，对结构复杂、冲击负荷大的高温轴承，应采用 12Cr2Ni3Mo5 渗碳钢制造 |
| | W18Cr4V | | |
| | W6Mo5Cr4V2 | | |
| | GCrSiΩV | | |
| 其他轴承钢 | 50CrVA | 中碳合金钢具有较好的综合力学性能(强韧性配合)，调质处理后若进行表面强化，可以改善疲劳性能和耐磨性 | 用于制造转速不高、较大载荷的特大型轴承(主要是内、外套圈)，如掘进机、起重机、大型床上轴承 |
| | 37CrA | | |
| | 5CrMnMo | | |
| | 30CrMo | | |

高碳铬轴承钢(如 GCr15 钢)是最常用的轴承钢,其主要热处理:①预先热处理→球化退火,其目的是改善切削加工性并为淬火做组织准备;②最终热处理→淬火+低温回火,它是决定轴承钢性能的关键,目的是得到高硬度(62～66 HRC)和高耐磨性。为了较彻底地消除残余奥氏体与内应力、稳定组织、提高轴承的尺寸精度,还可在淬火后进行一次处理(－60～－80 ℃),在磨削加工后进行低温时效处理等。

**5. 其他结构钢**

1)超高强度钢

超高强度钢一般是指 $\sigma_b$>1 500 MPa 或 $\sigma_s$>1 380 MPa 的合金结构钢,是一种新发展的结构材料。随着航天航空技术的飞速发展,对结构轻量化的要求越突出,这意味着材料应有高的比强度和比刚度。超高强度钢就是在合金钢的基础上,通过严格控制材料冶金质量、化学成分和热处理工艺而发展起来的,以强度为首要要求并辅以适当韧性的钢种。其主要用于制造飞机起落架、机翼大梁、火箭及发动机壳体与武器的炮筒、枪筒、防弹板等。

超高强度钢通常按化学成分和强韧化机制分为低合金超高强度钢、二次硬化型超高强度钢、马氏体时效钢和超高强度不锈钢等四类。

低合金超高强度钢是在合金调质钢基础上加入一定量的某些合金元素而成,其碳的质量分数 $w_C$<0.45%,以保证足够的塑性和韧性。合金元素 $w_{Me}$总量在5%左右,其主要作用是提高淬透性、耐回火性及韧性。热处理工艺为淬火和低温回火。例如,30CrMnSiNi2A 钢,热处理后 $\sigma_b$=1 700～1 800 MPa,它是航空工业中应用最广的一种低合金超高强度钢。

二次硬化型钢大多含有强碳化物形成元素,其总量 $w_{Me}$=5%～10%。其典型的钢种是 Cr-Mo-V 型中合金超高强度钢,这类钢经过高温淬火和三次高温回火(580～600 ℃)获得了高强度、高抗氧化性和抗热疲劳性,其牌号有 4Cr5MoSiV(平均碳的质量分数为千分数)等。二次硬化型超高强度钢还包括高合金 Ni-Co 类型钢。

马氏体时效钢碳的质量分数极低($w_C$<0.03%),含镍量高($w_{Ni}$=18%～25%),并含有钼、钛、铌、铝等时效强化元素。这类钢淬火后经 450～500℃时效处理,其金相组织为在低碳马氏体基体上弥散分布极细微的金属间化合物 Ni2Mo、Fe2MoTi 等粒子。因此,马氏体时效钢有极高的强度,良好的塑性、韧性及较高的断裂韧度,可以进行冷、热压力加工,冷加工硬化率低,焊接性良好,是制造超音速飞机及火箭壳体的重要材料,在模具和机械零件制造方面也有应用。典型的马氏体时效钢有 Ni25Ti2AlN6(Ni25)和 Ni18Co9Mo5TiA(Ni18)等,时效处理后 $\sigma_b$ 在 2 000 MPa 左右。

2)易切削钢

易切削钢是指具有优良切削加工性能的专用钢种,它是在钢中加入了某一种或几种元素,利用与其他元素形成一种对切削加工有利的夹杂物的作用,从而使切削抗力下降、切屑易断易排、零件表面粗糙度改善和提高刀具寿命。目前广泛使用的元素是 S、P、Pb、Ca 等,这些元素一方面改善了钢的切削加工性能;但另一方面又不同程度地损害了钢的力学性能(主要是强度,尤其是韧性)和压力加工与焊接性能,这就意味着易切削钢一般不作为重要零件,如在冲击载荷或疲劳交变应力下工作的零件。

易切削钢主要适用于在高效自动机床上进行大批量生产的非重要零件，如标准件和紧固件（螺栓、螺母）、自行车与照相机零件。国家标准 GB/T 8731—2008 中共列有 9 个钢号的碳素易切削钢，如 Y15 钢、Y15Pb 钢、Y20 钢、Y45Ca 钢、Y40Mn 钢等。随着合金易切削钢的研制与应用，汽车工业上的齿轮和轴类零件也开始使用这类钢材；如用加 Pb 的 20CrMo 钢制齿轮，可节省加工时间和加工费用达 30%以上，显示了采用合金易切削钢的优越性。

3）铸钢

铸钢是冶炼后直接铸造成形而不需轧成形的钢种。一些形状复杂、综合力学性能要求较高的大型零件，在加工时难用锻轧方法成形，在性能上又不允许用力学性能较差的铸铁制造，即可采用铸钢。目前，铸钢在重型机械制造、运输机械、国防工业等部门应用广泛。理论上，凡用于锻件和轧材的钢号均可用于铸钢件，但考虑到铸钢对铸造性能、焊接性能和切削加工性能的良好要求，铸钢的碳的质量分数一般为 $w_C=0.15\%\sim0.60\%$。为了提高铸钢的性能，也可进行热处理（主要是退火、正火，小型铸钢件还可进行淬火、回火处理）。生产上的铸钢主要有碳素铸钢和低合金铸钢两大类。

（1）碳素铸钢。按用途分为一般工程用碳素钢和焊接结构用碳素铸钢，前者在国家标准 GB/T 11352—2009 列有 5 个牌号；后者的焊接性良好，在国家标准 GB/T 7659—2010 中列有 3 个牌号。表 6-11 列举了碳素铸钢的类别、牌号（同时给出了对应的旧牌号）、力学性能及用途。

**表 6-11　碳素铸钢的类别、牌号同时对应的旧牌号、力学性能及用途**

| 类别 | 牌号 | 对应旧牌号 | 力学性能（不小于） | | | | | 用途 |
|---|---|---|---|---|---|---|---|---|
| | | | $\sigma_s$ /MPa | $\sigma_b$ /MPa | $\delta_5$ /（%） | $\psi$ /（%） | $A_k$ /J | |
| 一般工程用碳素铸钢 | ZG200-400 | ZG15 | 200 | 400 | 25 | 40 | 30 | 良好的塑性、韧性、焊接性能，用于受力不大、要求高韧性的零件 |
| | ZG230-450 | ZG25 | 230 | 450 | 22 | 32 | 25 | 一定的强度和较好的韧性、焊接性能，用于受力不大、要求高韧性的零件 |
| | ZG270-500 | ZG35 | 270 | 500 | 18 | 25 | 22 | 较高的强韧性，用于受力较大且有一定韧性要求的零件，如连杆、曲轴 |
| | ZG310-570 | ZG45 | 310 | 570 | 15 | 21 | 15 | 较高的强度和较低的韧性，用于载荷较高的零件，如大齿轮、制动轮 |
| | ZG340-640 | ZG55 | 340 | 640 | 10 | 18 | 10 | 高的强度、硬度和耐磨性，用于齿轮、棘轮、联轴器、叉头等 |

续表

| 类别 | 牌号 | 对应旧牌号 | 力学性能(不小于) | | | | | 用　途 |
|---|---|---|---|---|---|---|---|---|
| | | | $\sigma_s$ /MPa | $\sigma_b$ /MPa | $\delta_5$ /(%) | $\psi$ /(%) | $A_k$ /J | |
| 焊接结构用碳素铸钢 | ZG200-400H | ZG15 | 200 | 400 | 25 | 40 | 30 | 由于碳的质量分数偏下，故焊接性能优良，其用途基本同 ZG200-400、ZG230-450 和 ZG270-500 |
| | ZG230-450H | ZG20 | 230 | 450 | 22 | 35 | 25 | |
| | ZG275-485H | ZG25 | 275 | 485 | 20 | 35 | 22 | |

注：表中力学性能是在正火(或退火)+回火状态下测定的。

(2)低合金铸钢。低合金铸钢是在碳素铸钢的基础上，适当提高 Mn、Si 的元素含量，常用牌号有 ZG40Cr、ZG40Mn、ZG35SiMn、ZG35CrMo 和 ZG35CrMnSi 等。低合金铸钢的综合力学性能明显优于碳素铸钢，大多用于承受较重载荷、冲击和摩擦的机械零件部件，如各种高强度齿轮、水压机工作缸、高速列车车钩等。为充分发挥合金元素的作用以提高低合金铸钢的性能，通常应对其进行热处理，如退火、正火、调质和各种表面热处理。

# 任务 4　工具钢

工具钢是用来制造各类工具的钢种。工具钢按工具的使用性质和主要用途可分为刃具用钢、模具用钢和量具用钢。但这种分类的界限并不严格，因为某些工具钢既可做刃具，又可做模具和量具。故在实际应用中，只要某种钢能满足某种工具的使用要求，即可用于制造这种工具。

## 一、刃具钢

刃具钢用来进行切削加工的工具，包括各种手用和机用的车刀、铣刀、刨刀、钻头、丝锥和板牙等。刃具在切削过程中，刀刃与工件及切屑之间产生的强烈摩擦将导致严重的磨损和切削热(这可使刀具刃部温度升至很高)；刀口局部区域极大的切削力及刀具使用过程中的过大的冲击与振动，将可能导致刀具崩刃或折断。

### 1. 刃具钢的性能要求

刃具钢的性能要求：①高的硬度(60～66HRC)和高的耐磨性；②高的热硬性，即钢在高温下(如 500～600℃)保持高硬度(60HRC 左右)的能力，这是高速切削加工刀具必备的性能；③高的弯曲强度和足够的韧性。

**2. 刃具钢的成分与组织特点**

为了满足上述性能要求，刃具钢含碳量均较高（不论碳素钢或合金钢），因为高的含碳量是刃具获取高硬度、高耐磨性的基本保证。在合金刃具钢中，加入的合金元素，或可提高钢的淬透性和回火性，或可进一步改善钢的硬度和耐磨性（主要是耐磨性），或可改善韧性并使某些刃具钢产生热硬性。刃具钢使用状态的组织通常是回火马氏体上分布着的细小均匀的粒状碳化物。

**3. 常用刃具钢与热处理特点**

1）碳素工具钢

根据GB/T1298—2008，表6-12列出了碳素工具钢的牌号、化学成分热处理及用途。碳素工具钢碳的质量分数一般为 $w_C=0.65\%\sim1.35\%$，随着碳的质量分数的增加（从T7到T13），钢的硬度并无明显变化，但耐磨性增加，韧性下降。

碳素工具钢的预先热处理一般为球化退火，其目的是降低硬度（<217HBS）以便于切削加工，并为淬火做组织准备，但若锻造组织不良（如出现网状碳化物缺陷），则应在球化退火之前先进行正火处理，以消除网状碳化物。其最终热处理为淬火＋低温回火（回火温度一般为180～200℃），组织为回火马氏体＋细粒状渗碳体及少量残余奥氏体。

碳素工具钢的优点：成本低，冷、热加工的工艺性能好，在手用工具和机用低速切削工具上有较广泛的应用。但碳素工具钢的淬透性低、组织稳定性差且无热硬性、综合力学性能也欠佳，故一般只用于尺寸大、形状简单、要求不高的低速切削工具。

**表6-12　碳素工具钢的牌号、化学成分及用途**

| 牌号 | 化学成分/（%） | | | 热处理 | | | | 用途 |
|---|---|---|---|---|---|---|---|---|
| | | | | 退火状态 | 试样淬火 | | | |
| | $w_C$ | $w_{Mn}$ | $w_{Si}$ | HBS | 淬火温度/℃ | 冷却剂 | HRC不小于 | |
| T7A | 0.65～0.74 | ≤0.40 | ≤0.35 | 187 | 800～820 | 水 | 62 | 淬火、回火后，常用于制造能承受振动、冲击，并且在硬度适中情况下有较好韧性的工具，如凿子、冲头、木工工具、大锤等 |
| T8A | 0.75～0.84 | ≤0.40 | ≤0.35 | 187 | 780～800 | 水 | 62 | 淬火、回火后，常用于制造要求有较高硬度和耐磨性的工具，如冲头、木工工具、剪切金属用剪刀等 |
| T8MnA | 0.80～0.90 | 0.40～0.60 | ≤0.35 | 187 | 780～800 | 水 | 62 | 性能和用途与T8相似，但由于加入锰，提高淬透性，故适用于制造载面较大的工具 |

续表

| 牌号 | 化学成分/(%) | | | 热处理 | | | | 用途 |
|---|---|---|---|---|---|---|---|---|
| | $w_C$ | $w_{Mn}$ | $w_{Si}$ | 退火状态 | 试样淬火 | | | |
| | | | | HBS | 淬火温度/℃ | 冷却剂 | HRC不小于 | |
| T9A | 0.85～0.94 | ≤0.40 | ≤0.35 | 192 | 760～780 | 水 | 62 | 适用于制造一定硬度和韧性的工具,如冲模、冲头、凿岩石用凿子等 |
| T10A | 0.95～1.04 | ≤0.40 | ≤0.35 | 197 | 760～780 | 水 | 62 | 适用于制造耐磨性要求较高,不受剧烈振动,具有一定韧性及具有锋利刃口的各种工具,如刨刀、车刀、钻头、丝锥、手锯锯条、拉丝模、冷冲模等 |
| T11A | 1.05～1.14 | ≤0.40 | ≤0.35 | 207 | 760～780 | 水 | 62 | 用途与T10钢基本相同,一般习惯上采用T10钢 |
| T12A | 1.15～1.24 | ≤0.40 | ≤0.35 | 207 | 760～780 | 水 | 62 | 适用于制造不受冲击、要求高硬度的各种工具、如丝锥、锉刀、刮刀、铰刀、板牙、量具等 |
| T13A | 1.25～1.35 | ≤0.40 | ≤0.35 | 217 | 760～780 | 水 | 62 | 适用于制造不受振动、要求高硬度的各种工具,如剃刀、刮刀、刻字刀 |

2)低合金工具钢

为了弥补碳素工具钢的性能不足,在其基础上添加各种合金元素Si、Mn、Cr、W、Mo、V等,就形成了低合金工具钢。低合金工具钢的合金元素总量一般在5%(质量分数)以下,其主要作用是提高钢的淬透性和回火稳定性,进一步改善刀具的硬度和耐磨性。强碳化物形成元素(如W、V等)所形成的碳化物除对耐磨性有提高作用外,还可细化晶粒,改善刀具的强韧性。适用于刃具的高碳低合金工具钢种类很多,根据国家标准GB/T1299—2009,表6-13列出了部分常用的低合金工具钢的牌号、化学成分、热处理及用途,其中最典型的钢号有9SiCr、CrWMn等。

**表 6-13　部分常用的低合金工具钢的牌号、化学成分、热处理及用途**

| 牌号 | 化学成分/(%) | | | | | 热处理 | | | | 用途 |
|---|---|---|---|---|---|---|---|---|---|---|
| | $w_C$ | $w_{Mn}$ | $w_{Si}$ | $w_{Cr}$ | $w_{其他}$ | 淬火温度/℃ | 淬火后硬度HRC | 回火温度/℃ | 回火后硬度HRC | |
| 9SiCr | 0.85～0.95 | 0.30～0.60 | 1.20～1.60 | 0.95～1.25 | — | 800～860 油 | 62～64 | 150～200 | 61～63 | 适用于制造板牙、丝锥、钻头、冷冲模 |
| CrWMn | 0.90～1.05 | 0.80～1.10 | ≤0.40 | 0.90～1.20 | $w_W$:1.20～1.60 | 800～830 油 | 62～63 | 160～200 | 61～62 | 适用于制造板牙、拉刀、量规、形状复杂的高精度冲模 |
| 9Mn2V | 0.85～0.95 | 1.70～2.00 | ≤0.40 | — | $w_V$:0.10～0.25 | 760～780 水 | — | 130～170 | 62～62 | 适用于制造小冲模、气压模、样板、丝锥 |
| CrW5 | 1.25～1.50 | ≤0.40 | ≤0.40 | 0.40～0.70 | $w_W$:4.5～5.50 | 800～850 水 | 65～66 | 160～180 | 64～65 | 适用于制造铣刀、刨刀 |
| Cr6 | 1.30～1.45 | ≤0.40 | ≤0.40 | 0.50～0.70 | — | 800～810 水 | 63～65 | 160～180 | 62～64 | 适用于制造锉刀、刮刀、刻刀刀片 |
| Cr | 0.95～1.10 | ≤0.40 | — | 0.75～1.05 | — | 830～860 油 | 62～64 | 150～170 | 61～63 | 适用于制造铰刀、样板、测量工具、插刀 |
| Cr2 | 0.95～1.10 | ≤0.40 | ≤0.40 | 1.30～1.65 | — | 830～850 油 | 62～65 | 150～170 | 60～62 | 适用于制造车刀、铰刀、插刀 |

低合金工具钢的热处理特点基本上同于碳素工具钢，只是由于合金元素的影响，其工艺参数（如加热温度、保温时间、冷却方式等）有所变化。

低合金工具钢的淬透性和综合力学性能优于碳素工具钢，故可用于制造尺寸较大、形状较复杂、受力要求较高的各种刀具。但由于其内的合金元素主要是淬透性元素，而不含数量较多的强碳化物形成元素如（W、Mo、V 等），故仍不具备热硬性特点，刀具刃部的工作温度一般不超过 250℃，否则硬度的耐磨性迅速下降，甚至丧失切削能力，因此，这类钢仍然属于低速切削刃具钢。

3）高速工具钢（W6Mo5Cr4V3/W9Mo3Cr4V/W6Mo5Cr4V2）

为了适应高速切削而发展起来的具有优良热硬性的工具钢就是高速工具钢，它是金属切削刀具的主要材料，也可作为模具材料。

（1）性能特点。高速工具钢与其他工具钢相比，其最突出的主要性能特点是高热硬性，它可使刀具在高速切削，刃部温度上升到 600℃时，其硬度仍然维持在 55～60HRC 以上，高速工具钢还具有高硬度和高耐磨性，从而使切削时刀刃保持锋利（故也称“锋钢”）；高速工具钢的淬透性优良，甚至在空气中冷却也可得到马氏体（故又称“风钢”）。因此，高速工具钢广泛用于制造尺寸大、形状复杂、负荷重、工作温度高的各种高速切削刀具。

（2）高速工具钢的分类。习惯上将高速工具钢分为两大类。一类是通用型高速工具钢，它以钨系 W18Cr4V（也称 T1，常用 18-4-1 表示）和钨钼系 W6Mo5Cr4V2（也称 M2，常用 6-5-4-2 表示）为代表，还包括成分稍作调整的高钒型 W6Mo5Cr4V3（常用 6-5-4-3 表示）和尚未纳入标准的新型高速钢 W9Mo3Cr4V。目前 W6Mo5Cr4V2 应用最广泛，而 W8Cr4V 则逐步淘汰。另一类是高性能高速工具钢，其中包括高碳高钒型（CW6Mo5Cr4V3）、超硬型（如含 Co 的 W6Mo5Cr4V2Co5，含 Al 的 W6Mo5Cr4V2Al）。在国家标准 GB/T 9943—2008 中列出的高速工具钢共有 14 个牌号。按其成分特点不同，可将高速工具钢分为钨系、钨钼系和超硬系三类。钨系高速工具钢（W18Cr4V）发展最早，但脆性较大，将逐步被韧性较好的钨钼系高速工具钢（以 W6Mo5Cr4V2 为主）淘汰，但后者由于过热和脱碳倾向较大，热加工时应予注意；超硬高速工具钢的硬度、耐磨性、热硬性最好，适用于加工难以切削的材料，但其脆性最大，不宜制作薄刃刀具。表 6-14 所列为我国部分常用高速工具钢的种类、牌号、化学成分及热处理。

（3）成分特点与合金元素的作用。高速工具钢的碳的质量分数 $w_C=0.70\%\sim1.5\%$，其主要作用是强化基体并形成各种碳化物来保证钢的硬度、耐磨性和热硬性：$w_C$ 在 4.0%左右，其主要作用是提高淬透性和回火稳定性，增加钢的抗氧化、耐腐蚀性和耐磨性，并有微弱的二次硬化作用；W、Mo 的主要作用是产生二次硬化来保证钢的热硬性（故称热硬性元素），此外也可提高淬透性和热稳定性，进一步改善钢的硬度和耐磨性的作用，由于 W 的含量过多会使钢的脆性加大，故采用 Mo 来部分代替 W（一般 $1\%w_W\approx1.6\%\sim2.0\%w_{Mo}$）可改善钢的韧性，因此 W、Mo 系高速工具钢（W6Mo5Cr4V2）现已成为主要的常用高速工具钢；V 的作用是形成细小稳定的 VC 来细化晶粒（否则高速工具钢高温加热时晶粒极易长大，韧性急剧下降而产生脆性断裂，得到一种沿晶界断裂“萘状断口”），同时也会加强热硬性，进一步提高硬度和耐磨性的作用；Co、Al 是超硬高速钢的非碳化物形成元素，对它们的作用及机理的研究还不太全面，但 Co、Al 能进一步提高钢的热硬性和耐磨性及降低韧性。

**表 6-14　我国部分常用高速工具钢的种类、牌号、化学成分及热处理**

| 种类 | 牌号 | 化学成分/(%) | | | | | | 热处理主要性能 | | | | |
|---|---|---|---|---|---|---|---|---|---|---|---|---|
| | | $w_C$ | $w_{Cr}$ | $w_W$ | $w_{Mo}$ | $w_V$ | $w_{其他}$ | 淬火温度/℃ | 回火温度/℃ | 退火HBS | 淬火回火HRC ≥ | 热硬性HRC |
| 钨系 | W18Cr4V (18-4-1) | 0.70~0.80 | 3.80~4.40 | 1.75~19.00 | ≤0.30 | 1.00~1.40 | — | 1 270~1285 | 550~570 | ≤255 | 63 | 61.5~62 |
| 钨钼系 | CW6Mo5Cr4V2 | 0.95~1.05 | 3.80~4.40 | 5.50~6.75 | 4.50~5.50 | 1.75~2.20 | — | 1 190~1 210 | 540~560 | ≤255 | 65 | — |
| | W6Mo5Cr4V2 (6-5-4-2) | 0.80~0.90 | 3.80~4.40 | 5.50~6.75 | 4.50~5.50 | 1.75~2.20 | — | 1 210~1 240 | 540~560 | ≤255 | 645 | 60~61 |
| | W6Mo5Cr4V3 (6-5-4-3) | 1.10~1.20 | 3.80~4.40 | 6.00~7.00 | 4.50~5.50 | 2.80~3.30 | — | 1 200~1 240 | 560 | ≤255 | 64 | 64 |
| 超硬系 | W18Cr4V2Co8 | 0.75~0.85 | 3.80~4.40 | 17.50~19.00 | 0.50~1.25 | 1.80~2.40 | $w_{Co}$:7.00~9.50 | 1 270~1 290 | 540~560 | ≤258 | 65 | 64 |
| | W6Mo5Cr4VAl | 1.05~1.20 | 3.80~4.40 | 5.5~6.75 | 4.50~5.50 | 1.75~2.20 | $w_{Al}$:0.80~1.20 | 1 220~1 250 | 540~560 | ≤269 | 65 | 65 |

注：热硬性是将淬火回火试样在 600℃ 加热 4 次，每次加热 1 h 的条件下测定的。

(4)高速工具钢的加工处理。高速工具钢的成分复杂，因此，其加工处理工艺也相当复杂，与碳素工具钢和低合金工具钢相比，有较明显的不同。高速工具钢的性能优势，只有在正确热处理后才能发挥出来。

①锻造。高速工具钢属于莱氏体钢，故铸态组织中有大量的不均匀分布的粗大共晶碳化物，呈鱼骨状，难以通过热处理来改善，这将显著降低钢的强度和韧性，引起工具的崩刃和脆

断，故要求进行严格的锻造来改善碳化物的形态与分布。其锻造要点：一是两轻一重，即开始锻造和终止锻造时要轻锻，中间温度范围要重锻；二是两均匀，即锻造过程中温度和变形量的均匀性；三是反复多向锻造等。

②普通热处理。锻造之后高速工具钢的预先热处理为球化退火，其目的是降低硬度（207～225HBS）便于切削加工并为淬火做组织准备，组织为索氏体＋细粒状碳化物，为节约工艺时间可采用等温退火工艺。高速工具钢的最终热处理为淬火＋高温回火，由于高速工具钢的导热性较差，故淬火加热时应先预热。淬火加热温度应严格控制，过高则晶粒粗大，过低则会由于奥氏体合金度不够而引起热硬性下降。冷却方式可采用直接冷却（油冷或空冷）、分级淬火等，其组织为马氏体＋未溶细粒状碳化物＋大量残余奥氏体（约30%），硬度为61～63HRC。淬火后可通过冷处理（－80℃左右）来减少残余奥氏体，也可直接进行回火处理。为充分减少残余奥氏体，降低淬火钢的脆性和内应力，更重要的是通过产生二次硬化来保证高速工具钢的热硬性，通常采用550～570℃高温回火2～4次、每次1 h。

③表面强化处理。表面强化处理可有效地提高高速工具钢刀具（包括模具）的切削效率和寿命，因而受到了普遍重视和广泛的应用。可进行的表面强化处理方法很多，常见的主要有表面化学热处理（如渗氮）、表面气相沉积（如物理气相沉积 TiN 涂层）和激光表面处理等，刀具寿命少则提高百分之几十，多则提高几倍甚至十倍以上。

④超硬刀具材料简介。为了适应高硬度、难切削材料的加工，可采用硬度、耐磨性、热硬性更好的刃具材料，主要有硬质合金刀具材料（如钢结硬质合金 GW50、TMW50，普通硬质合金 YG8、YG20）和超硬涂层刀具（如 TiN 涂层、金刚石涂层等），其中硬质合金刀具（尤其是钢结硬质合金）的应用最重要。与刃具钢相比，超硬刃具材料具有更高的切削效率和耐用率（寿命），但存在脆性大、工艺性能差、价格较高的缺点，限制了其应用程度。这说明刃具钢占据了刃具材料的主导地位，其中最主要的是高速工具钢。

## 二、模具钢

通常将模具钢分为冷作模具钢、热作模具钢和塑料模具钢。近年来，由于对模具需求的大量增加及对模具加工和寿命要求的不断提高，有关新型模具用钢的开发受到广泛重视，各种模具用钢种发展迅速。

### 1. 冷作模具钢

（1）工作条件与性能要求。冷作模具工作温度不高，工作部分受到很大的压力、摩擦力、拉力、冲击力。尤其是模具刃口部位受到了强烈的摩擦和挤压。故要求所用材料应具备高硬度、高耐磨性、高强度和足够的韧性、热处理变形小等特点。

（2）常用冷作模具钢。常用冷作模具钢如表6-15所示。其中 Cr12 钢、Cr12MoV 钢具有很好的耐磨性和淬透性，而且淬火变形微小，常用于制造受载重、耐磨性要求高、热处理变形小的形状复杂模具。

表 6-15　常用冷作模具钢

| 类　别 | 牌　号 |
|---|---|
| 低淬透性冷作模具钢 | T7A，T8A，T10A，T12A，8MnSi，GCr15 |
| 低变形冷作模具钢 | CrWMn，9Mn2V，9CrWMn，9Mn2，MnCrWV，SiMnMo |
| 高耐磨微变形冷作模具钢 | Cr12，Cr12MoV，Cr12Mo1V1，Cr5Mo1V，Cr4W2MoV，Cr12Mn2SiWMoV，Cr6WV，Cr6W3Mo2.5V2.5 |
| 高强度、高耐磨冷作模具钢 | W18Cr4V，W6Mo5Cr4V2，W12Mo3Cr4V3N |
| 高强韧性冷作模具钢 | 6W6Mo5CrV，6Cr4W3Mo2VNb(62Nb)，7Cr7Mo2V2Si，7CrSiMnMoV，6CrNiSiMnMoV，8Cr2MnWMoVS |
| 高耐磨、高韧性冷作模具钢 | 9Cr6W3Mo2V2，Cr8MoWV3Si |
| 特殊性能冷作模具钢 | 9Cr18，Cr18MoV，1Cr18Ni9Ti，5Cr21Mn9Ni4W，7Mn15Cr2Al3V2WMo |

Cr12 钢碳的质量分数 $w_C=2.0\%\sim2.3\%$，$w_{Cr}=11.5\%\sim13.0\%$，铸态组织中含有莱氏体，易造成碳化物不均匀，所制模具脆性大，易产生崩刃和脆断，不适用于冲击负荷大的冷作模具。新型高耐磨、高韧性冷作模具钢如 ER5、GM 钢则克服了这些缺点。

**2. 热作模具钢**

(1)工作条件与性能要求。热作模具长时间在反复急冷急热的条件下服役，工作温度在200～700℃之间，往往伴随着强烈的摩擦、很大的压应力和冲击载荷，主要失效形式是变形、磨损、开裂和热疲劳。要求热作模具钢具有高的高温强度和稳定性，良好的韧性，高的热疲劳抗力和耐磨性，良好的抗氧化性和耐钝性。

(2)常用热作模具钢。常用热作模具钢如表 6-16 所示，代表钢号为 5CrNiMo 钢。$w_C=0.50\%\sim0.60\%$，$w_{Cr}=0.50\%\sim0.80\%$，$w_{Ni}=1.40\%\sim1.80\%$，$w_{Mo}=0.15\%\sim0.30\%$，具有良好的综合力学性能和高淬透性。

表 6-16　常用热作模具钢

| 按用途分类 | 按性能分类 | 按工作温度分类 | 牌　号 |
|---|---|---|---|
| 锤锻模及大截面机锻模用钢 | 高韧性热作模具钢 | 低耐热模具钢(≤350～370℃) | 5CrMnMo，5CrNiMo，4CrMnSiMoV，5Cr2NiMoVSi，5SiMnMoV |
| 中小机锻模及热挤压模用钢 | 高热强热作模具钢 | 中耐热模具钢(650～600℃) | 4Cr5MoSiV，4Cr5MoSiV1，4Cr5W2SiV |
| | | 高耐热模具钢(580～650℃) | 3Cr5W8V，3Cr3Mo3W2V，4Cr3Mo2SiV，5Cr4WSMo2V，5Cr4Mo3SiMnVAl |

续表

| 按用途分类 | 按性能分类 | 按工作温度分类 | 牌　　号 |
|---|---|---|---|
| 压铸模用钢 | 高热强温作模具钢 | 中耐热模具钢 | 4Cr5MoSiV1,4Cr5W2VSi |
| | | 高耐热模具钢 | 3Cr2W8V,3Cr3Mo3W2V |
| 热冲裁模具钢 | 高耐磨热作模具钢 | 低耐热模具钢 | 8Cr3,7Cr3 |

**3. 塑料模具用钢**

(1)工作条件与性能要求。热固性塑料模具工作温度一般在 160～250℃,工作时型腔面与流动粉料间发生摩擦,易使型腔磨损,并承受一定的冲击负荷和腐蚀作用。

热塑性塑料模具的工作温度一般在 150℃以下,承受的工作压力和摩擦比热固性塑料模小。当 PVC、ABS 及含氟聚合物等塑料制品成形时,会分解出 HCl、$SO_2$、HF 等腐蚀性气体,对模具型腔面产生较大的腐蚀。

相对于冷热模具钢,塑料模对力学性能要求不高,一般要求有足够的强韧度、较好的耐腐蚀和耐热性能。塑料模具用钢对工艺性能要求非常突出,一般要求有良好的切削加工性、抛光性、光刻蚀性能及良好的热处理性能。

(2)常用塑料模具钢。常用塑料模具钢如表 6-17 所示。如 Y55CrNiMnMoV(SM1)钢,该钢具有高强韧性、优良的切削加工性和镜面抛光性能及较好的耐腐蚀性。广泛用于制造高精度塑料成型模具,如录音机、洗衣机外壳模和继电器组合件注射模。不同种类塑料制品的模具用钢可参考表 6-18。

**表 6-17　常用塑料模具用钢**

| 类　别 | 牌　　号 | 类　别 | 牌　　号 |
|---|---|---|---|
| 渗碳型 | 20,20Cr,20Mn,12CrNi3A,20CrNiMo,Cr4NiMoV | 预硬型 | 3Cr2Mo,Y20CrNi3AlMnMo(SM2),5NiSCa,Y55CrNiMnMoV(SM1),4Cr5MoSiV,8Cr2MnWMoV5(8Cr2S) |
| 调质型 | 45,50,55,40Cr,40Mn,50Mn,4Cr5MoSiV,38CrMoAlA | 耐腐蚀型 | 3Cr13,2Cr13,Cr16Ni4Cu3Nb(PCR),1Cr18Ni9,3Cr17Mo,0Cr17Ni4Cu4Nb(74PH) |
| 淬硬型 | T7A, T8A, T10A, 5CrNiMo, 9SiCr,9CrWMn, GCr15, 3Cr2W8V, Cr12MoV,45Cr2NiMoSi,6CrNiSiMnMoV | 时效硬化型 | 18Ni140,18Ni70,18Ni210,10Ni3MnCuAl,18Ni9Co,06Ni16MoViAl,25CrNi3MoAl |

表 6-18 不同种类塑料制品的模具用钢

| 塑料种类 | 工件条件及对模具材料的要求 | 牌号 |
|---|---|---|
| 通用塑料 | 批量小，精度无特殊要求，模具截面不大 | 45,40Cr,10,20 |
| | 批量较大、模具尺寸较大或形状复杂 | 12CrNi3,12CrNi4,20Cr,20CrMnMo,20Cr2Ni4,3Cr2Mo,SM1,4Cr3Mo3SiV,5CrNiMo,5CrMnMo,4Cr5MoSiV,4Cr5MoSiV1,4Cr5W2SiV1 |
| | 精度和表面粗糙度要求高 | 3Cr2Mo,4Cr5MoSiV1,8Cr2MnSiWMoVS,Cr12Mo1V1,5NiSCa,25CrNi3MoAl,或 18Ni(250),18Ni(300),06Ni6MoTiAlV,PMS,Y82 |
| 增强塑料 | 高强度、高耐磨性 | 7CrMn2WMo,7CrMnNiMo,Cr2Mn2SiWMoV,Cr6WV,Cr12,Cr12MoV,Cr12Mo1V1,9Mn2V,CrWMn,MnCrWV,GCr15 |
| 腐蚀性塑料 | 耐腐蚀性好 | 4Cr13,9Cr18,Cr18MoV,Cr14Mo4V,1Cr17Ni2,PCR,18Ni |
| 磁性塑料 | 无磁性 | Mn13,70Mn15Cr4A13V2WMo,1Cr18Ni9Ti |
| 透明塑料制品 | 镜面抛光性能和高的耐磨性 | 06Ni,18Ni,PMS,PCR,SM2,SM1,Y82 |

## 三、量具用钢

### 1. 工作条件与性能要求

量具是度量工作尺寸形状的工具，是计量的基准，如卡尺、塞规及千分尺等。由于量具使用过程中常受到工作的摩擦与碰撞，且本身须具备极高的尺寸精度和稳定性，故量具钢应具备以下性能。

(1)高硬度(一般 58～64HRC)和高耐磨性。

(2)尺寸稳定性高(这就要求组织稳定性高)。

(3)一定的韧性(防撞击与折断)和特殊环境下的耐腐蚀性。

### 2. 常用量具钢

量具并无专用钢种，根据量具的种类及精度要求，可选不同的钢种来制造。

(1)低合金工具钢。低合金工具钢是量具最常用的钢种，典型钢号有 CrWMn 钢和 GCr15 钢。CrWMn 钢是一种微变形钢，而 GCr15 钢的尺寸稳定性及抛光性能优良。此类钢常用于制造精度要求高、形状较复杂的量具。

(2)其他钢种。①碳素工具钢(如 T10A 钢、T12A 钢等)。碳素工具钢的淬透性小、淬火变形大，故只适合于制造精度低、形状简单、尺寸较小的量具。②表面硬化钢。表面硬化钢经处理后可获得表面的高硬度和耐磨性，心部的高韧性，适合于制造在使用过程中易受冲击折断的量具。包括渗碳钢(如 20 Cr 钢)渗碳、调质钢(如 55 钢)表面淬火及专用氮化钢(如 38CrMoAlA 钢)渗氮等，其中 38 CrMoAlA 钢渗氮后具有极高的表面硬度和耐磨性、尺寸稳定性和一定的耐腐蚀性，适合于制造高质量的量具。③不锈钢。不锈钢 4 Cr13 或 9 Cr18 具

有极佳的耐腐蚀性和较高的耐磨性，适合于制造在腐蚀条件下工作的量具。

**3. 热处理特点**

量具钢的热处理基本上可依照其相应钢种的热处理规范进行。但由于量具对尺寸稳定性要求很高，这就要求量具在处理过程中应尽量减小变形，在使用过程中组织稳定（组织稳定方可保证尺寸稳定），因此，热处理应采取一些附加措施。

（1）淬火加热时进行预热，以减小变形，这对形状复杂的量具更为重要。

（2）在保证力学性能的前提条件下降低淬火温度，尽量不采用等温淬火或分级淬火工艺，减少残余奥氏体的生成。

（3）淬火后立即进行冷处理减小残余奥氏体，延长回火时间，回火或磨削之后进行长时间的低温时效处理等。

## 任务 5　特殊性能钢

特殊性能钢是指具有特殊的物理、化学性能或力学性能较高的钢。特殊性能钢在工业上有着广泛的应用，发展十分迅速。本任务仅简单介绍机械制造中最常用的不锈钢、耐热钢、耐磨钢。

### 一、不锈钢

不锈钢是指能够抵抗大气腐蚀的钢，耐酸钢是在某些化学侵蚀介质中能够抵抗腐蚀的钢，通常统称为不锈耐酸钢，简称不锈钢。不锈钢在化工、石油、化肥、国防等工业部门中广泛使用，常用来制作与腐蚀介质接触的容器、结构件及工具。

**1. 提高金属耐腐蚀性能的途径**

（1）提高电极电位。通常加入铬、镍、锰、硅等均能提高电极电位。例如，当铬的质量分数大于 12%时，可显著提高电极电位，如图 6-10 所示。

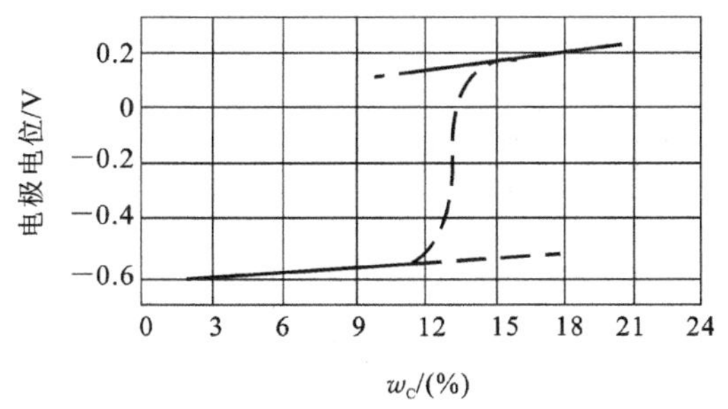


**图 6-10　铬的质量分数对 Fe-Cr 合金电极电位的影响**

（2）以单相存在。不锈钢中碳的质量分数一般较低，因钢中的碳会与铬形成碳化物 $Cr_7C_3$ 或 $Cr_{23}C_6$，降低了钢中铬的质量分数，削弱了钢的抗腐蚀能力。此外，碳以碳化物存在也加速了电化学腐蚀。

加入合金元素使金属在室温下以单相状态存在，例如，当低碳钢中镍的质量分数达 24% 时就能得到单相奥氏体（实际上要加入 27%才能提高耐腐蚀性），在铬的质量分数为 17%时，含 8%的镍就能得到单相奥氏体。加入锰、氮也能得到单相奥氏体，但一般不单独加入而与其他合金元素配合使用。加入铬的质量分数达 12.7%以上时，可得到单相铁素体。

（3）提高表面防腐蚀能力。可加入铬、硅、铝等合金元素，在金属表面形成一层稳定的、与金属基体结合牢固的氧化膜，即 $Cr_2O_3$ 膜、$SiO_2$ 膜、$Al_2O_3$ 膜，可提高耐腐蚀性；也可通过表面覆盖，如电镀、涂漆、发蓝、喷涂、渗金属等工艺，以防止金属腐蚀。这都是以减少或隔绝腐蚀电流来阻止电化学反应的。

（4）减少或消除金属中的不均匀现象。该现象包括组织、化学成分、应力的不均匀，以减少金属内的电极电位差，阻止电化学腐蚀。

**2. 常用不锈钢**

不锈钢根据正火（加热到 900～1 100℃空冷）后的组织可分为马氏体、铁素体、奥氏体等，常用的不锈钢类别、牌号、化学成分、热处理、力学性能及用途如表 6-19 所示。

**表 6-19　常用不锈钢的类别、牌号、化学成分、热处理、力学性能及用途**

| 类别 | 牌号 | 化学成分/(%) | | | | 热处理 | 力学性能 | | | | 用途 |
|---|---|---|---|---|---|---|---|---|---|---|---|
| | | $w_C$ | $w_{Cr}$ | $w_{Ni}$ | $w_{其他}$ | | $\sigma_b$ /MPa | $\sigma_s$ /MPa | $\delta_5$ /(%) | $\psi$ /(%) | |
| 马氏体型 | 1Cr13 | 0.10～0.15 | 12～14 | ≤0.60 | — | 1 000～1 050℃油或水淬 700～790℃回火 | ≥600 | ≥420 | ≥20 | ≥78 | 适用于制作抵抗弱腐蚀介质下承受冲击载荷的零件，如汽轮机中片、水压机阀、结构架、螺栓、螺帽等 |
| | 2Cr13 | 0.16～0.24 | 12～14 | ≤0.60 | — | 1 000～1 050℃油或水淬 700～790℃回火 | ≥660 | ≥450 | ≥16 | ≥55 | |
| | 30Cr13 | 0.25～0.34 | 12～14 | ≤0.60 | — | 1 000～1 050℃油淬 200～300℃回火 | — | — | — | — | 适用于制作具有较高硬度和耐磨性的医疗器械、量具、滚珠轴承等 |
| | 40Cr13 | 0.35～0.45 | 12～14 | ≤0.60 | — | 1 000～1 050℃油淬 200～300℃回火 | — | — | — | — | 适用于制作具有较高硬度和耐磨性的医疗工具、量具、滚珠轴承等 |
| | 9Cr18 | 0.90～1.00 | 17～19 | ≤0.75 | — | 1 000～1 050℃油 200～300℃油空 | — | — | — | — | 适用于制作耐腐蚀轴承 |

续表

| 类别 | 牌号 | 化学成分/(%) | | | | 热处理 | 力学性能 | | | | 用途 |
|---|---|---|---|---|---|---|---|---|---|---|---|
| | | $w_C$ | $w_{Cr}$ | $w_{Ni}$ | $w_{其他}$ | | $\sigma_b$ /MPa | $\sigma_s$ /MPa | $\delta_5$ /(%) | $\psi$ /(%) | |
| 铁素体型 | 1Cr17 | ≤0.12 | 16~18 | ≤0.60 | — | 750~800℃空冷 | ≥450 | ≥250 | ≥22 | ≥50 | 适用于制作硝酸工厂设备如吸收塔、热交换器、酸槽、输送管道,以及食品工厂设备等 |
| 奥氏体型 | 0Cr18Ni9 | ≤0.08 | 17~19 | 8~12 | — | 1 050~1 100℃水淬(固溶处理) | ≥500 | ≥180 | ≥40 | ≥60 | 适用于制作化学工业用的良耐腐蚀材料 |
| | 1Cr18Ni9 | ≤0.14 | 17~19 | 8~12 | — | 1 100~1 150℃水淬(固溶处理) | ≥560 | ≥200 | ≥45 | ≥50 | 适用于制作耐硝酸、冷磷酸、有机酸及盐、碱溶腐蚀的零件 |
| | 1Cr18Ni9Ti | ≤0.12 | 17~19 | 8~11 | 0.8 | 1 100~1 150℃水淬(固溶处理) | ≥560 | ≥200 | ≥40 | ≥55 | 适用于制作耐酸容器及设备的里衬,以及输送管等 |

(1)马氏体不锈钢。这类钢碳的质量分数为0.1%~1.0%,铬的质量分数高达12%~18%,因而也称铬不锈钢。碳对耐腐蚀性是不利的,但随碳的质量分数增加,钢的强度、硬度、耐磨性和切削加工性能显著提高。铬能显著提高钢的电极电位,在表面形成致密氧化铬$Cr_2O_3$,起纯化作用,这类钢多用于机械性能要求较高、耐腐蚀性相对较低的零件,如汽轮机叶片、水压机阀、医疗器械等。常用牌号有1Cr13钢、2Cr13钢、3Cr13钢、4Cr13钢,用于制造滚珠轴承的是9Cr18钢。

1Cr13钢、2Cr13钢采用调质处理后得到回火索氏体,常用来制造综合机械性能要求较高的耐腐蚀零件;30Cr13钢、40Cr13钢采用淬火加低温回火后得到回火马氏体,常用来制作硬度要求较高的医疗器械及量具。

(2)铁素体不锈钢。这类钢碳的质量分数一般均小于0.15%,铬的质量分数为13%~30%,主要有Cr13钢、Cr17钢和Cr25钢,属于铬不锈钢。这类钢从室温到高温(960~1 100℃)无相变(即奥氏体转变),组织也无大的变化,呈单相铁素体。随铬的质量分数增加,耐腐蚀性增加,这类钢能抵挡氧化性介质的腐蚀,具有良好的高温抗氧化性,被广泛用于硝酸和氮肥等化工设备,这类钢的主要缺点是脆性大、强度低。

(3)奥氏体不锈钢。奥氏体不锈钢比马氏体不锈钢具有更高的耐腐蚀性,还具有高塑性、良好的焊接性能、韧性和易加工碳化等特点。这类钢属于铬镍不锈钢,最常用的是18-8型,碳的质量分数低，铬的质量分数为 18%，镍的质量分数为 9%，常用的牌号有 1Cr18Ni9 钢、1Cr18Ni9Ti 钢等。

为得到单相奥氏体组织以提高耐腐蚀性和塑性，常采用固溶处理，即把钢加热到 1 050～1 100℃的高温迅速冷却，避免了缓冷时碳化物的析出。这类钢仅能通过加工硬化来强化，硬化后强度可由 600 MPa 提高到 1 200～1 400 MPa，这类钢的切削性能很差。

由于奥氏体不锈钢有优良的耐腐蚀性和良好的力学性能与工艺性能，因此被广泛应用，常用于化工、医疗器械及抗磁仪器等。

## 二、耐热钢

在高温下具有良好耐热性能的钢称为耐热钢。耐热性能包括高温抗氧化性和高温强度。

### 1. 耐热钢的抗氧化性和高温强度

(1)抗氧化性。抗氧化性是金属在高温下的抗氧化能力，即在高温下长期工作不致因介质侵蚀而破坏。金属的抗氧化能力取决于覆盖在金属表面的腐蚀产物即氧化膜的结构和性能，如果生成的氧化膜稳定性好，致密度大，能完全覆盖住金属表面并与金属结合牢固，以及具有一定的强度，则表明金属的抗氧化性就好。

(2)高温强度。高温强度是金属在高温下的强度，金属的高温强度与室温的机械性能不同，它与温度、时间及组织三个因素有关。金属在再结晶温度上受一定的应力作用，随时间的延长发生缓慢塑性变形的现象称蠕变。金属的蠕变极限和持久强度是衡量材料高温强度的性能指标。蠕变极限是钢在一定温度下在规定的持续时间里产生一定蠕变形量所对应的应力值。例如，在 700℃、持续时间为 1 000 h，总蠕变量达 0.2%时的蠕变极限，用 $\delta_{0.2/1000}^{700}$ 表示。持久强度是指钢在一定的温度和规定的持续时间内引起断裂的应力值，如 $\delta_{10^3}^{700}$ 表示在 700℃持续 1 000h 时的断裂应力。

### 2. 提高耐热钢的抗氧化性和高温强度的途径

(1)提高抗氧化性。在 560℃以上铁与氧主要的形成物为疏松的 FeO，FeO 是缺位固溶体，原子扩散较容易，因而氧化速度很快。要提高钢的抗氧化能力，主要加入铬、硅、铝等元素，在钢表面形成了致密的氧化膜 $Cr_2O_3$、$Al_2O_3$ 和 $Fe_2SiO_4$。

(2)强化途径如下。

①进行固溶强化，以提高再结晶温度。在钢中加入铬、钼、钨、锰、铌、钴等元素，可提高固溶体(钢的基体)中原子的结合力，使原子扩散困难，延缓再结晶过程的进行。

②利用第二相强化。在钢中加入强碳化物形成元素钛、铌、钒、钼、钨、铬等，析出弥散而稳定的碳化物，阻碍位错运动，能起到明显的强化效益。

### 3. 常用耐热钢

根据耐热钢的组织可分为珠光体耐热钢、马氏体耐热钢和奥氏体耐热钢。常用的耐热钢的类别、牌号、化学成分、热处理及用途如表 6-20 所示。

表 6-20　常用耐热钢的类别、牌号、化学成分、热处理及用途

| 类别 | 牌号 | 化学成分/(%) | | | | | | | | 热处理 | 用　　途 |
|---|---|---|---|---|---|---|---|---|---|---|---|
| | | $w_C$ | $w_{Si}$ | $w_{Mn}$ | $w_{Cr}$ | $w_{Mo}$ | $w_V$ | $w_S$ | $w_P$ | | |
| 珠光体钢 | 16Mo | 0.13～0.19 | 0.17～0.37 | 0.40～0.70 | — | 0.40～0.55 | — | ≤0.04 | ≤0.04 | 正火：900～950℃空冷高温回火：630～700℃空冷 | 适用于制造锅炉中小于540℃的受热面管道，蒸汽管道和介质适用于温度小于540℃的管路中的大型锻件和高温高压垫圈 |
| | 12CrMo | 0.08～0.15 | 0.17～0.37 | 0.40～0.70 | 0.40～0.60 | 0.40～0.55 | — | ≤0.04 | ≤0.04 | 正火：920～930℃空冷高温回火：720～740℃空冷 | 适用于制造蒸汽温度450℃的汽轮机零件，如隔板、耐热螺栓等 |
| | 15CrMo | 0.12～0.18 | 0.17～0.37 | 0.40～0.70 | 0.80～1.10 | 0.40～0.55 | — | ≤0.04 | ≤0.04 | 正火：910～940℃空冷高温回火：650～720℃空冷 | 适用于介质温度<550℃的蒸汽管路、法兰等锻件。壁温≤550℃的锅炉中的联箱和蒸汽管等 |
| | 20CrMoV | 0.17～0.24 | 0.17～0.37 | 0.40～0.70 | 0.80～1.10 | 0.15～0.25 | — | ≤0.04 | ≤0.04 | 正火：860～880℃空冷高温回火：600℃空冷 | 可在500～520℃使用，用做汽轮机隔板，隔板套件 |
| | 12CrMoV | 0.08～0.15 | 0.17～0.37 | 0.40～0.70 | 0.40～0.60 | 0.25～0.35 | 0.15～0.30 | ≤0.04 | ≤0.04 | 正火：960～980℃空冷高温回火：700～760℃空冷 | 用做≤540℃主汽管、汽轮机隔板，≤570℃的各种过热器等 |
| | 24CrMoV | 0.20～0.28 | 0.17～0.37 | 0.30～0.60 | 1.20～1.50 | 0.50～0.60 | 0.15～0.25 | ≤0.04 | ≤0.04 | 正火：880～900℃空冷高温回火：550～650℃空冷 | 用于制作直径<500mm，在450～500℃下长期工作的汽轮发电机转子、叶轮和轴。在锅炉制造中，适用于要求高强度的，工作温度在350～525℃范围内的耐热法兰和螺母 |

续表

| 类别 | 牌号 | 化学成分/(%) | | | | | | | | 热处理 | 用途 |
|---|---|---|---|---|---|---|---|---|---|---|---|
| | | $w_C$ | $w_{Si}$ | $w_{Mn}$ | $w_{Cr}$ | $w_{Mo}$ | $w_V$ | $w_S$ | $w_P$ | | |
| 珠光体钢 | 25Cr2MoVA | 0.22～0.29 | 0.17～0.37 | 0.40～0.70 | 1.50～1.80 | 0.20～0.35 | 0.15～0.30 | ≤0.035 | ≤0.035 | 正火：930～950℃空冷高温回火：630～660℃空冷 | 用于制造汽车轮套锻转子，套筒和阀等。蒸汽温度可达535℃，受热在550℃以下的螺母，以及长期工作在510℃以下的连接杆 |
| 珠光体钢 | 35CrMoV | 0.30～0.35 | 0.17～0.37 | 0.40～0.70 | 1.00～1.20 | 0.20～0.30 | 0.10～0.20 | ≤0.04 | ≤0.04 | 正火：900～920℃空冷高温回火：600～650℃空冷 | 适用于长期在500～520℃以下工作的汽轮机叶轮等零件 |
| 马氏体钢 | 1CH3 | 0.10～0.15 | ≤1.00 | ≤1.00 | 12～14 | — | — | ≤0.025 | ≤0.030 | 淬火：950～1 050℃油冷回火：700～750℃空冷 | 主要用于汽轮机，作变速轮及其他各级动叶片 |
| 马氏体钢 | 2CH3 | 0.16～0.24 | ≤1.00 | ≤1.00 | 12～14 | — | — | ≤0.030 | ≤0.035 | 淬火：950～1 050℃油冷回火：700～750℃空冷 | 适用于大容量机组中作末动叶片，高压汽车船轮中的阀门螺钉、螺帽等 |
| 马氏体钢 | 1Cr11MoV | 0.11～0.18 | ≤0.50 | ≤0.60 | 10～11.50 | 0.5～0.7 | — | ≤0.030 | ≤0.035 | 淬火：1 050～1 110℃油冷回火：720～740℃空冷 | 工作温度为535～540℃汽轮机叶片、汽轮机隔板，550～560℃的紧固件、叶轮、转子等 |
| 马氏体钢 | 4Cr9Si2 | 0.35～0.50 | 2～3 | ≤0.70 | 8～10 | — | — | ≤0.030 | ≤0.035 | 淬火：950～1050℃油冷回火：700～850℃空冷 | 适用于700℃以下受动载荷的部件及900℃以下的加热炉构件，如汽车发动机排气阀、料盘、炉底板等 |
| 马氏体钢 | 4Cr10Si2Mo | 0.35～0.45 | 1.9～2.6 | ≤0.70 | 9～10.5 | 0.7～0.9 | — | ≤0.030 | ≤0.035 | 淬火：1 030～1 050℃油冷回火：750～800℃ | 用于高碳载荷汽车发动机排气阀，中等功率的航空发动机的送气阀及排气阀，温度在不太高的炉子构件 |

续表

| 类别 | 牌号 | 化学成分/(%) | | | | | | | | 热处理 | 用途 |
|---|---|---|---|---|---|---|---|---|---|---|---|
| | | $w_C$ | $w_{Si}$ | $w_{Mn}$ | $w_{Cr}$ | $w_{Mo}$ | $w_V$ | $w_S$ | $w_P$ | | |
| 奥氏体钢 | 1Cr18Ni9Ti | ≤0.12 | ≤1.00 | ≤2.00 | 17～19 | — | — | ≤0.030 | ≤0.035 | 1 100～1050℃水冷 | 在锅炉、汽轮机方面，适用于制作610℃以下长期工作的过热气管道及构件、部件等 |
| | 4Cr14Ni14W2Mo | 0.4～0.5 | ≤0.80 | ≤0.70 | 13～15 | 0.25～0.40 | — | ≤0.030 | ≤0.030 | 1 100℃空冷750℃时效5h | 适用于制造工作温度为500～600℃的超高温度锅炉和汽轮机的主要零件，航空、重型汽车发动机的排气阀等 |

(1)珠光体耐热钢。珠光体耐热钢在正火条件下，显微组织是珠光体加铁素体。这类钢常加入少量铬、钼、钨、钒、钛、铌等合金元素，起强化铁素体和形成稳定碳化物的作用，常用的牌号有12CrMo、15CrMo和12CrMoV等，广泛用于600℃以下的工作的构件，如动力工业中的锅炉管道、气包及锅炉、汽轮机上的紧固件。珠光体耐热钢的热处理一般是正火后回火，回火温度要高于使用温度100℃。

(2)马氏体耐热钢。马氏体耐热钢可分为两类：一类是高铬钢，如1Cr13、1Cr11MoV、1Cr12WMoV钢等；另一类为铬硅钢，常用牌号有4Cr9Si2、4Cr10Si2Mo等。由于在铬硅钢中加入铬和硅，可以提高其抗氧化和热疲劳抗力，同时碳的质量分数为0.4%，具有一定的耐磨性，故广泛用于700℃以下的各种发动机排气阀钢。马氏体耐热钢的常用热处理为调质处理。

(3)奥氏体耐热钢。这类钢是在18-8型奥氏体不锈钢基础上发展起来的，具有高的抗氧化性和热强性，良好的韧性及焊接性，广泛用于工作温度在600～750℃之间的较重要零件，如汽轮机叶片、轮盘、发动机气阀和喷气发动机的某些零件等。常用的牌号有1Cr18Ni9Ti、4Cr14Ni14W2Mo及5Cr21Mn9Ni4N等。这类钢的常用热处理是固溶处理后，在高于使用温度60～100℃的温度进行时效处理。

当工作温度超过800℃时，就要考虑选用镍基合金(如Ni80Cr20Ti等)；当工作温度在1 000～1 050℃时则选用铌基、钼基合金及金属陶瓷，而工作温度在300～350℃以下时，一般结构钢就可以胜任。

## 三、耐磨钢

这里所指的耐磨钢是高锰钢，这类钢在强烈冲击及高压力下，具有高耐磨性。一般耐磨性钢材，其耐磨性高时，往往韧性较差，韧性较高的，则耐磨性又显得不足。而高锰钢同时具有高强度、高韧性，在高应力下有优良的耐磨性。

**1. 成分特点**

(1)高碳。碳的质量分数为 1.0%~1.4%,增加钢的耐磨性,但不能超过 1.4%,否则淬火后韧性下降,且在较高温度时会有碳化物析出。

(2)高锰。锰的质量分数为 1.1%~1.4%,利用锰扩大奥氏体区和稳定奥氏体的作用,获得高锰奥氏体,具有很强的加工硬化和高韧性。

**2. 热处理特点**

高锰钢在铸态时的金相组织为奥氏体加碳化物,脆性大,无法直接使用,为此要把钢加热到 1 050~1 150℃,保温后水淬迅速冷却,使碳化物溶解,得到具有良好韧性的单相奥氏体,这种热处理称为水韧处理。

**3. 常用钢种**

最常用牌号为 ZGMn13 钢,水韧处理后的强度、硬度并不高(185~200 HBS),但塑性、韧性好。在强烈的冲击及压应力下,表层的奥氏体迅速产生加工硬化,使表面硬度提高到 450~600 HBW,心部仍具有良好韧性的奥氏体,故常用来制作要求高耐磨性且能承受冲击的零件,如挖掘机的铲斗、铁路道叉、坦克及拖拉机的履带板、防弹板及保险箱钢板等。

## 复习思考题 6

1. 名词解释。

普通碳素结构钢　优质碳素结构钢　碳素工具钢　扩大 γ 相区元素

缩小 γ 相区元素　碳化物形成元素　回火稳定性　二次硬化　固溶处理

2. 钢中常存在的杂质有哪些?简述其对钢性能的影响。

3. 说明下列钢号各代表什么钢及数字的含义:A3 钢、AY3 钢、B3 钢、20 钢、45 钢、60 钢、65 钢、65Mn 钢、T8 钢、T10A 钢。

4. 能用几种方法区分下列材料。

(1)45 钢和 T8 钢;(2)低碳钢和白口碳钢。

5. 在生产中,如发生下列将不同牌号的钢乱用或搞错的情况将给零件性能带来什么问题?试分别简要分析。

(1)把 A3 钢、20 钢当成 45 钢或 T8 钢。

(2)把 45 钢、T8 钢当成 20 钢。

(3)把低碳钢当成碳素钢。

6. 试从性能上比较各牌号的碳素工具钢。

7. 试述碳素工具钢的优缺点。

8. 合金元素在钢中以什么形式存在?起什么作用?

9. 合金元素对铁碳合金状态图有何影响?对钢的组织和热处理加热温度有何影响?

10. 如何理解合金元素通过热处理(相变)才能充分发挥作用?

11. 试说明下列牌号代表什么钢及牌号中数字和字母符号的意义。

20Cr 20MnB 40Cr 30CrMnSi 55Si2Mn 50CrVA GCr15 9SiCr W18Cr4V 1Cr13 ZGMn13

12. 填下表,归纳比较几种结构钢和工具钢的特点。

| | 钢的种类 | 一般碳的质量分数/(%) | 常用牌号举例 | 常用最终热处理 | 主要性能及用途 |
|---|---|---|---|---|---|
| 合金结构钢 | 合金渗碳钢 | | | | |
| | 合金调质钢 | | | | |
| | 合金弹簧钢 | | | | |
| | 滚动轴承钢 | | | | |
| 合金工具钢 | 低合金刃具钢 | | | | |
| | 高速工具钢 | | | | |
| | 热作模具钢 | | | | |
| | 冷作模具钢 | | | | |
| | 量具钢 | | | | |

13. 现在要焊制一批临时活动房屋架,仓库内存有直径 $\phi 40$、壁厚 3 mm 的低碳钢水管和同尺寸规格的 40CrMnMo 废钢无缝钢管,试从屋架的性能要求及加工工艺性全面考虑,应采用哪一种较为合理?

14. T9 钢和 9SiCr 钢都属工具钢,碳的质量分数基本相同,它们在使用上有何不同?下列工具分别选用它们中的哪一种?

机用丝锥 木工刨刀 钳工锯条 金属剪刀 小型冲模 铰刀 钳工量具

15. 各类结构钢之间一般不能相互代用,而刃具、模具、量具之间可以代用,这是为什么?

16. 用 9SiCr 钢制成圆板牙,其工艺路线为:锻造→球化退火→机械加工→淬火低温回火→磨平面→开槽口。试分析

(1)球化退火、淬火及回火目的。

(2)球化退火、淬火及回火的大致工艺。

17. 为防止量具钢在热处理和使用中变形,应采用什么措施?

18. 高速工具钢的主要性能特点是什么?它的成分和热处理特点是什么?

19. 简述模具钢的分类、应用及处理特点。

20. 根据不锈钢的成分特点,Cr12MoV 钢是否为不锈钢?为什么?

21. 奥氏体不锈钢的耐磨性能否通过淬火来强化?为什么?可通过何种方法来强化?

22.下列说法正确吗？

(1)所有合金元素都阻碍奥氏体晶粒长大。

(2)合金元素能提高钢的回火稳定性。

(3)奥氏体不锈钢能淬火强化。

(4)T12 钢与 20CrMnTi 钢相比，淬透性与淬硬性都较低。

(5)Ti、V、Zr 等合金元素主要是提高钢的淬透性。

(6)淬火回火是钢的一种最经济、最有效的强韧化方法。

(7)高速工具钢淬火后硬度较其他工具钢高，故能进行高速切削。

# 项目7 铸 铁

铸铁是指碳的质量分数大于2.08%(一般为2.5%～4.0%)的铁碳合金,主要由铁、碳、硅、锰、硫、磷及其他微量元素组成。与钢的化学成分相比,铸铁的碳和硅的质量分数较高,杂质元素硫和磷的质量分数也较高。有时为增加铸铁的力学性能或特殊性能,还可加入铬、铜、铝等合金元素使其成为合金铸铁。

铸铁具有良好的铸造性、减振性、减摩性和切削加工性,且生产工艺简单、成本较低,其在工程实际中应用的比重占机器总量的45%～90%。尤其近年来随着球墨铸铁、合金铸铁技术的不断发展,原来需要用钢或合金钢制造的零部件已用铸铁代替,这大大降低了生产成本。

## 任务1 铸铁的分类与铸铁的石墨化

### 一、铸铁的分类

在铸铁中,碳通常以两种状态存在:一是有游离状的石墨;二是铁碳化合物渗碳体($Fe_3C$)。根据这一特征,通常把铸铁分为以下几类。

**1. 白口铸铁**

碳在铸铁中的分布除少量溶入铁素体外,绝大部分以渗碳体形式存在。因其断口呈银白色而得名,其性能硬而脆,很少直接用于制作机器零件,主要用于制造有耐磨损要求的机件,如轧辊、球磨机中的磨球,还可作为炼钢原料。

**2. 灰口铸铁**

碳在铸铁中的分布全部或大部分以石墨形式析出,因其断口呈暗灰色而得名。按石墨形态不同,灰口铸铁又分为灰铸铁、球墨铸铁、可锻铸铁和蠕墨铸铁。此类铸铁,尤其是灰铸铁在工业上应用很广,主要用于机械制造、冶金、石油化工、交通和国防等部门。

**3. 麻口铸铁**

这种铸铁中碳部分以游离碳化物形式析出,部分以石墨形式析出,断口呈灰、白相间的颜色。此类铸铁的硬脆性较大,故工业上很少使用。

此外,为满足某些特殊性能要求,可以向铸铁中加入一种或多种合金元素(如铬、铜、铝、硼等)得到合金铸铁,如耐磨铸铁、耐热铸铁、耐腐蚀铸铁等。

## 二、铸铁的石墨化及其影响因素

### 1. 铸铁的石墨化

影响铸铁组织和性能的关键是碳在铸铁中存在的形态、大小及分布。铸铁的发展，主要是围绕如何改变石墨的数量、大小、形状和分布这一核心问题进行的。

铸铁中碳形成石墨析出的过程称为铸铁的石墨化。一般认为石墨既可以由液体铁水中析出，也可以从奥氏体中析出，还可以由渗碳体分得。

实验表明，渗碳体是一个亚稳定相，石墨则是稳定相，因此，描述铁碳合金组织转变的相图实际上有两个：一个是 Fe-$Fe_3C$ 系相图；另一个是 Fe-C 系相图。把二者叠合在一起，就得到一个铁碳合金重相图，如图 7-1 所示。图中实线表示 Fe-$Fe_3C$ 系相图，部分实线再加上虚线表示 Fe-C 系相图。显然，按 Fe-$Fe_3C$ 系相图进行结晶，会得到白口铸铁；按 Fe-C 系相图进行结晶，则析出和形成石墨，即发生石墨化过程。

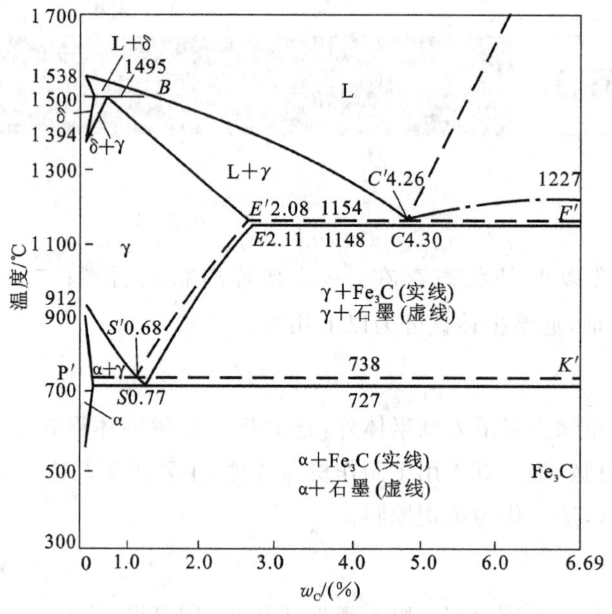


图 7-1 铁碳合金双重相图

按 Fe-C 系相图进行结晶，铸铁冷却时石墨化过程如下：从液体中析出一次石墨，由共晶反应生成共晶石墨；从奥氏体中析出二次石墨；从共析反应生成共析石墨。铸铁加热时的石墨化过程为亚稳定的渗碳体，在较高的温度下长时间加热时，会发生分解，产生石墨化，即

$$Fe_3C \rightarrow 3Fe + C$$

加热温度越高，分解速度相对就越快。

无论是冷却还是加热时的石墨化过程，凡是发生在 $P'S'K$ 线以上，统称为第一阶段石墨化；凡是发生在 $P'S'K$ 线及以下，统称为第二阶段石墨化。

**2. 影响石墨化的因素**

(1)化学成分。碳、硅都是强烈促进石墨化的元素。磷、铜、铝、镍等元素也有一定的促进作用。锰、硫都是阻止石墨化的元素,但锰与硫化合成硫化锰,可以减弱硫的不利作用,所以允许含有适量的锰,而硫强烈促使铸铁白口化,使铸铁的机械性能和铁水的流动性较差。碳、硅的质量分数过低,铸铁易出现白口,力学性能和铸造性能都较差;碳、硅的质量分数过高,铸铁中石墨数量多且粗大,基体内铁素体增多,力学性能下降,因此要严格控制其质量分数。

(2)冷却速度。铸铁在结晶冷却的过程中,冷却速度越慢,碳原子扩散越充分,越有利于石墨化。当铸铁冷却速度较快时,原子扩散能力减弱,有利于按 $Fe\text{-}Fe_3C$ 系相图进行结晶和转变,不利于石墨化的进行。同一成分的铸铁在铸造时,由于受造型材料和铸件设计形状、壁厚的影响,会造成冷却速度的不均匀性,从而导致铸件有的部位呈灰口,有的部位呈白口。在实际生产过程中,一般可通过调整铸铁的化学成分来加以控制。

## 任务2 常用铸铁

在铸铁的总产量中,灰铸铁约占80%以上,它常用于制造各种机器的底座、机架、工作台、齿轮箱的箱体等。

### 一、灰铸铁

灰铸铁的牌号是由HT("灰铁"的汉语拼音字首)加一数字(最低抗拉强度 $\sigma_b$)组成。

灰铸铁中石墨呈片状,根据基体组织的不同,分为铁素体灰铸块、铁素体+珠光体灰铸块、珠光体灰铸铁。灰铸铁的显微组如图7-2所示。因片状石墨对基体的割裂程度较严重,所以灰铸铁中基体强度的利用率仅为30%~50%。为了消除灰铸铁粗大的片状石墨对力学性能的不利影响,通常在铁水中加入一定量的硅铁或硅钙合金,形成大量的人工晶核,获得由细晶粒的珠光体和分布均匀且细小片状石墨的灰铸铁,这种处理称为孕育处理,获得的铸铁称为孕育铸铁。

(a) 铁素体灰铸铁

(b) 珠光体+铁素体灰铸铁

(c) 珠光体灰铸铁

图7-2 灰铸铁的显微组织

经过孕育处理的灰铸铁，其抗拉强度、塑性、韧性等力学性能指标比一般灰铸铁要高得多，使用范围也更宽。

灰铸铁的性能与普通碳钢的性能相比，具有力学性能低、耐磨性好、减振性强、工艺性能好等特点。

灰铸铁的热处理只能改变基体组织，不能消除片状石墨的有害作用，常用的灰铸铁热处理有两种。

(1)退火。用于消除铸件内应力和白口组织，稳定尺寸。

(2)表面淬火。提高铸件的表面硬度和耐磨性，如机床导轨面和内燃机汽缸套内壁，可进行表面淬火。经表面淬火后，可使机床导轨的寿命提高约 1.5 倍。

常用的灰铸铁的典型牌号是 HT150、HT200，前者主要用于机械制造业中承受中等应力的一般铸件；后者主要用于一般运输机械和机床中承受较大应力的较重要零件，如汽缸体、缸盖、机座、床身等。

灰铸铁的类别、牌号、力学性能及用途如表 7-1 所示。

**表 7-1　灰铸铁的类别、牌号、力学性能及用途**

| 类　别 | 牌　号 | 力学性能 | | 用　途 |
|---|---|---|---|---|
| | | 抗拉强度 $\sigma_b$ /MPa　不小于 | 硬度/HBS | |
| 铁素体灰铸铁 | HT100 | 100 | 143～223 | 轻载、不重要铸件，如盖、手轮、支架、外罩等 |
| 铁素体+珠光体灰铸铁 | HT150 | 150 | 170～229 | 受载不太大的铸件，如底座、工作台、端盖、轴承座等 |
| 珠光体灰铸铁 | HT200<br>HT250 | 200<br>250 | 187～229<br>187～229 | 受载较大、较重要铸件，如汽缸体、齿轮、阀壳、齿轮箱、冷冲模上托、联轴器等 |
| 孕育铸铁 | HT300<br>HT350 | 300<br>350 | 187～241<br>197～241 | 重载、高耐磨、高气密性的重要铸件，如重型机床床身，压力机机身，凸轮、齿轮、高压油缸、泵体、阀体、大型发动机曲轴等 |

灰铸铁是一种应用最广泛的铸铁，占铸铁总产量的 80%以上。下面介绍灰铸铁的组织、性能、牌号、用途和热处理。

**1. 灰铸铁的组织和性能**

铸铁中的化学成分对铸铁的组织和性能影响很大，常存的五大元素中，碳、硅、锰为调节组织的元素，磷是控制使用元素，硫则是限制元素，通常使用灰铸铁的化学成分大致是 $w_C=2.5\%\sim3.5\%$，$w_{Si}=1.1\%\sim2.5\%$，$w_{Mn}=0.6\%\sim1.3\%$，$w_P\leqslant0.12\%$，$w_S\leqslant0.15\%$。

1)灰铸铁的组织

灰铸铁是第一阶段和中间阶段石墨化充分进行所形成的铸铁,它的组织是由片状石墨和金属基体所组成。金属基体依第二阶段(共析阶段)石墨化进行的程度不同可分为铁素体、珠光体和铁素体加珠光体三种,这种组织实质上就是亚共析钢和共析钢的平衡组织,也就是说灰铸铁的基体就是钢。因此,灰铸铁的三种组织分别是:铁素体加石墨,珠光体加石墨和铁素体、珠光体加石墨,如图7-2所示。

2)灰铸铁的性能

灰铸铁的组织是在钢的基体上分布着片状石墨,其性能取决于作为基体的钢的组织和石墨的数量、大小及分布。

(1)强韧性。由于石墨的强度极低,石墨在铸铁中就好像是空洞或裂纹,破坏了钢基体组织的连续性。石墨不仅减小了铸铁的有效承载面积,并且在片状石墨端部易引起应力集中。因此,灰铸铁的抗拉强度、塑性、韧性及弹性都很低,特别是塑性、韧性几乎等于零。尤其是片状石墨越粗大,数量越多,且基体组织越粗大,其强韧性将越差。

由于承受压应力的受力状态较软,则石墨的有害影响较小,因而铸铁的抗压强度较高,适宜于制作在压应力条件下工作的零件。

(2)优良的减振性。片状石墨对振动的传递起削弱作用,能有效地减振,灰铸铁的减振能力优于钢10倍,因此,灰铸铁广泛应用于制造结构的底部件,如机床床身、汽缸体等零件。

(3)耐磨性好。灰铸铁中石墨本身具有良好的润滑和减摩作用,但更重要的是石墨周围的空隙及石墨剥落后可以吸附和储存润滑油,使摩擦面始终保持良好的润滑条件,其耐磨性可以保持到400℃,所以,铸铁可以用来制造活塞环、汽缸套等耐磨性要求较高的零件。

(4)铸造工艺性良好。灰铸铁的成分一般控制在共晶成分附近,流动性好,熔点低,在凝固时由于石墨的析出使体积膨胀,减少了铸铁的凝固收缩。灰铸铁的收缩率一般为0.5%~1%,而钢的收缩率在2.5%~3%以上,体积收缩率小,可减小内应力,避免变形、开裂,所以,灰铸铁常用制造形状复杂的薄壁铸件。

(5)切削加工性良好。由于石墨能割断基体和润滑作用,使刀具的磨损减小。

(6)缺口敏感性较低。灰铸铁中石墨本身就像许多缺口,外加缺口的作用相对减弱,所以与钢相比有较低的缺口敏感性。

**2. 灰铸铁的牌号及用途**

根据我国国家标准《GB9439—2010》,表7-1列出了灰铸铁的牌号、性能及应用。标准中的“HT”是“灰铁”二字汉语拼音字首,为灰铸铁的代号,后面的数字表示其最低抗拉强度。表中灰铸铁的六个牌号,它们的抗拉强度以50MPa的数量递增,其基体组织也由铁素体逐步过渡到珠光体。

由于珠光体基体灰铸铁的强度、硬度和耐磨性均优于铁素体基体,而塑性、韧性则相差无几,所以,珠光体基体的灰铸铁获得了广泛的使用。

**3. 孕育铸铁**

普通灰铸铁的石墨呈粗大的片状，其机械性能较低，为此常在浇注前往铁水中加入少量的硅铁及硅钙合金作为孕育剂，促使石墨非自发形核，从而获得在珠光体基体上分布均匀的片状石墨的组织，这种处理称为孕育处理，获得的铸铁称为孕育铸铁。

孕育铸铁的强度、硬度、耐磨性及冲击韧性、伸长率均比灰铸铁高，而且孕育铸铁的铸件能避免在边缘或薄壁处出现白口，整个截面的机械性能均匀一致。因而，常用孕育铸铁来制造机械性能要求较高、截面尺寸变化较大的铸件，如汽缸、曲轴、凸轮、机床床身等。

**4. 铸铁的热处理**

热处理不能改变石墨的形状和分布，不能有效地提高机械性能，因而到目前为止，灰铸铁的热处理主要用于消除内应力和改善切削加工性能。

1)消除内应力退火

消除内应力退火又称为人工时效，形状复杂或厚薄不均匀的铸件在浇注冷却时会产生内应力，它不仅会削弱铸件的强度，更重要的是在机加工之后，应力会重新分布，引起铸件变形。因而对形状复杂且精度要求较高的铸件如机床床身、柴油机缸体等都要进行一次去应力退火，以防止变形、开裂，保证尺寸的稳定性，要求高的铸件在粗加工之后还要安排一次时效。

其工艺规范如下：加热温度为 500～550℃，加热速度一般为 60～120℃/h，保温 4～8 h 后，随炉冷却至 150～200℃后出炉。加热温度不能过高或保温时间过长，否则会将共析渗碳体石墨化，从而降低强度和硬度。

2)消除铸件白口的软化退火

灰铸铁在铸件薄壁或表面处往往易形成白口，难以切削加工，需用加热到共析温度以上退火，促使渗碳体转变为石墨，以利切削加工。具体方法是将铸件加热到 850～900℃，保温 2～5 h，随炉缓冷却至 250～400℃出炉空冷，退火后硬度可下降 20～40 HBS。

3)表面淬火

有些铸铁件如机床导轨、缸体内壁等需表面具有高硬度、耐磨性，通过表面淬火可以改变铸件表层的基体组织，提高强度、硬度、耐磨性和疲劳强度，可采用感应加热、火焰加热淬火，近年来还采用电接触表面加热淬火，淬火后硬度可达 55HRC 左右，淬硬层深度为 0.2～0.3 mm，组织为极细马氏体加片状石墨。

## 二、球墨铸铁

球墨铸铁简称球铁，它是在铸铁水中加入稀土镁等球化剂及硅铁等孕育剂，进行球化处理和孕育处理，使石墨结晶成细小、圆整、均匀的球状石墨，并能通过热处理进一步强化，因此，球墨铸铁的机械性能优于灰铸铁，工业上被广泛应用。

**1. 球墨铸铁的组织和性能**

球墨铸铁的大致成分如下：$w_C = 3.6\% \sim 3.9\%$，$w_{Si} = 2.0\% \sim 2.8\%$，$w_{Mn} = 0.6\% \sim$

0.8%，$w_S$<0.04%，$w_P$<0.1%，$w_{Mg}$=0.03%～0.05%，$w_{Me}$=0.045%～0.05%。与灰铸铁相比，球铁的成分要求较严格，磷、硫的质量分数低，其质量分数（$w_C+\frac{1}{3}w_{Si}$）较高时，一般为过共晶成分，通常在4.3%～4.7%范围内变动。

1）球墨铸铁的组织

球墨铸铁的组织是球状石墨分布在钢的基体中，石墨都是以孤立的状态分布在基体中，球墨铸铁的铸态组织往往是铁素体+珠光体+游离渗碳体+球状石墨的混合组织。通过热处理获得的各种不同的基体组织上，常有铁素体基体球墨铸铁、铁素体+珠光体基体球墨铸铁、珠光体基体球墨铸铁、贝氏体基体球墨铸铁等，其显微组织如图7-3所示。

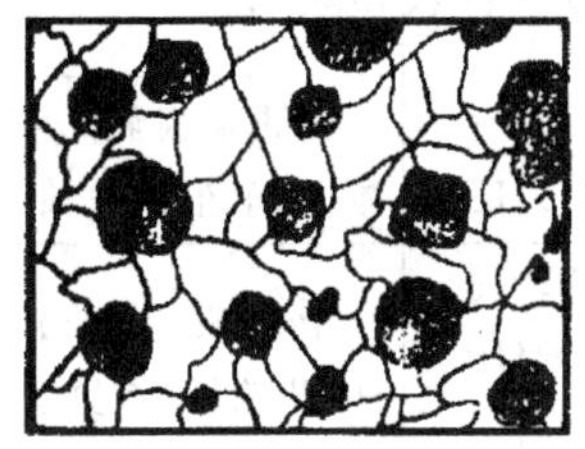

(a) 铁素体基体

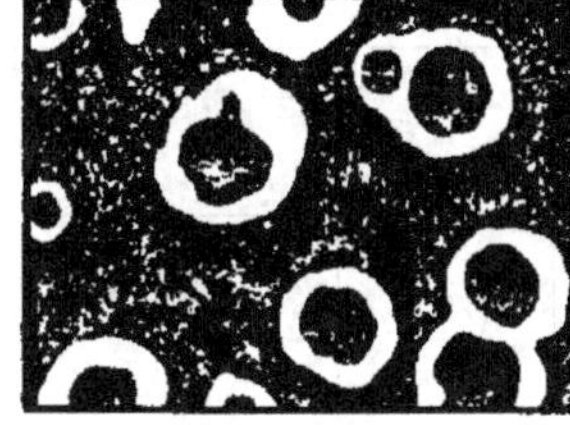

(b) 珠光体+铁素体基体

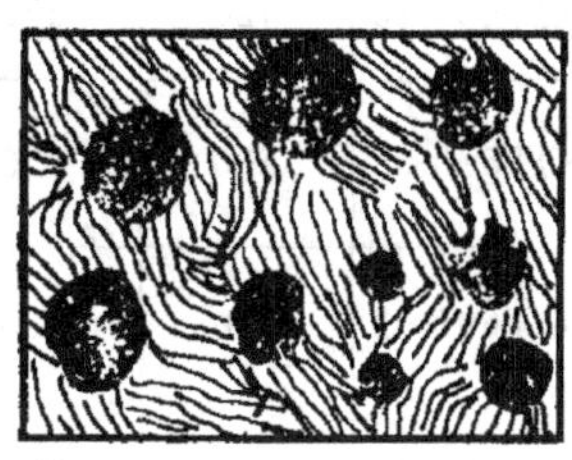

(c) 珠光体基体

图7-3　不同基体组织的球墨铸铁

2）球墨铸铁的性能

球墨铸铁不仅应力集中倾向较小，对基体的破坏作用也最低，而且基体强度的利用率较高，为70%～90%，因此，它的抗拉强度比其他铸铁高，它的屈服强度比$\sigma_{0.2}/\sigma_b$比其他铸铁高0.7%～0.8%，比钢高0.3%～0.5%，在一般机械设计中，塑性材料的许用应力是按$\sigma_{0.2}$确定的。因此，对承受静载荷的零件，以球铁代替铸钢可以减轻机器的质量。另外，球墨铸铁的塑性、韧性优于其他铸铁，抗冲击能力还优于中碳钢，疲劳强度也接近中碳钢。

球墨铸铁同样具有灰铸铁的一些优良性能，如铸造性、耐磨性、减振性等。

**2. 球墨铸铁的牌号和用途**

根据国家标准《GB 1348—2009》，表7-2列出了球墨铸铁的基体类型、牌号、力学性能和用途。其中“QT”代表球铁，后面的两组数字分别表示最低的抗拉强度和最低的伸长率。从表中可看出，不同基体球墨铸铁的性能有很大差别，铁素体基体的球墨铸铁有较高的塑性、韧性，珠光体基体球墨铸铁的抗拉强度比铁素体基体的高25%～100%，贝氏体基体的球墨铸铁具有较好的力学性能。

**3. 球墨铸铁的热处理**

球墨铸铁具有良好的热处理工艺性能，能与碳钢一样进行各种热处理，且淬透性及回火稳定性比碳钢好。球墨铸铁的热处理方式有退火、正火、调质、等温淬火、表面淬火、化学热处理等。

表 7-2　球墨铸铁的基体类型、牌号、力学性能及用途(GB 1348—2009)

| 基体类型 | 牌　号 | 力学性能 | | | | | 用　途 |
|---|---|---|---|---|---|---|---|
| | | 抗拉强度 $\sigma_b$/MPa | 屈服强度 $\sigma_s$/MPa | 伸长率 $\delta$/(%) | 冲击韧性 $\alpha_k$/(J·cm$^{-2}$) | 硬　度 | |
| | | 不小于 | | | | | |
| 铁素体 | QT400-17 | 400 | 250 | 17 | 60 | ≤197HBS | 汽车、拖拉机底盘零件;16～24 大气压阀门的阀体、阀盖;农机具的犁铧、犁托、牵引架 |
| | QT420-10 | 420 | 270 | 10 | 30 | ≤207 HBS | |
| 铁素体珠光体 | QT500-05 | 500 | 350 | 5 | — | 147～241HBS | 机油泵齿轮;水轮机阀门体、机车车轴的轴瓦等 |
| 珠光体 | QT600-02 | 600 | 420 | 2 | — | 229～302HBS | 柴油机、汽油机曲轴、连杆、凸轮轴、汽缸套;磨床、铣床、车床的主轴;空压机、冷冻机缸体、缸套;球磨机齿轮等 |
| | QT700-02 | 700 | 490 | 2 | — | 231～304HBS | |
| | QT800-02 | 800 | 560 | 2 | — | 241～321HBS | |
| 下贝氏体 | QT1200-01 | 1 200 | 840 | 1 | 30 | ≥38HRC | 汽车、拖拉机螺旋伞齿轮、减速齿轮;农机具犁铧、耙片等 |

1)退火

退火的目的是为了获得铁素体球墨铸铁。球墨铸铁的铸态组织中常会出现自由渗碳体和珠光体。通过退火可获得高塑性、高韧性的铁素体基体,并改善切削加工性和消除铸造内应力。根据不同的铸态组织球墨铸铁的退火可以分为高温退火和低温退火两种。

高温退火　当存在自由渗碳体时要进行高温退火。其工艺是将铸件加热到 900～950℃,保温 2～5 h,随炉冷却至 500～600℃空冷。

低温退火　当铸态组织中无自由渗碳体,只有铁素体+珠光体时,应采用低温退火。其工艺是将铸件加热到 720～760℃,保温 3～6 h,随炉冷却至 500～600℃空冷。

2)正火

正火的目的是为了得到珠光体基体(珠光体占 75%以上),并细化组织,提高强度和耐磨性。根据不同的加热温度,球墨铸铁的正火分为高温正火(完全奥氏体化正火)和低温正火(不完全奥氏体化正火)两种。

高温正火　将铸件加热到 880～920℃,保温 1～3 h,然后空冷,获得珠光体基体。为了增加基体中珠光体的质量分数,还可采用风冷、喷雾冷等加快冷却速度。

低温正火　将铸件加热到 820～860℃,保温 1～4 h,然后空冷,获得少许破碎铁素体+珠光体基体，这种组织具有较高的塑性、韧性和一定的强度。

3)调质

球墨铸铁像钢一样可以淬火后再高温回火，即调质处理，显微组织为回火索氏体＋球状石墨，该组织具有良好的力学性能，可代替碳钢制造一些重要的结构件，如连杆、曲轴及内燃机车万向轴等。其工艺是将铸件加热到850～900℃，油中淬火，550～600℃回火，空冷。

球墨铸铁也可以与钢一样，淬火后再中温或低温回火，低温回火常用于要求高耐磨性的零件，如柴油机高压油泵中要求高耐磨性、高精度的两对偶件(如芯套与阀座等)。

4)等温淬火

球墨铸铁等温淬火后可以获得高强度和较高的塑性、韧性，即良好的力学性能及耐磨性，常用于大马力、受力复杂构件，如齿轮、曲轴、凸轮轴等。其工艺是将铸件加热到840～900℃呈奥氏体，保温后在300℃左右盐浴中等温冷却，获得下贝氏体组织。

5)其他热处理

除要求良好的力学性能外，零件的工作表面还要有较高的硬度、耐磨性及疲劳强度时，往往需要表面淬火，可采用火焰加热、感应加热淬火等热处理方法。

在强烈的磨损或在氧化、腐蚀介质下工作的零件，必须进行化学热处理，常采用氮化、软氮化、渗硼等热处理方法。

## 三、蠕墨铸铁

蠕墨铸铁是近十几年发展起来的一种新型铸铁材料。它的石墨是介于片状和球状之间的一种中间形态的石墨，在光学显微镜下呈互不连接的石墨短片，与灰铸铁的片状石墨相比，石墨片的长厚比小，端部较钝、较圆，同时保留了与球墨铸铁相似的结构特征，蠕墨铸铁的显微组织如图7-4所示。由于蠕墨铸铁中的石墨对基体的割裂作用较灰铸铁小，因而它的强度接近于球墨铸铁，并具有一定的韧性，较高的耐磨性，它是介于球墨铸铁和灰铸铁之间的一种高强度铸铁，但它也具有灰铸铁良好的铸造性能和导热性。

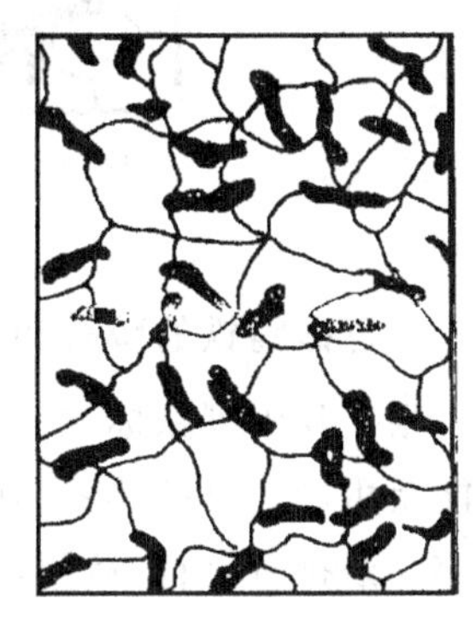

图7-4 蠕墨铸铁的显微组织

蠕墨铸铁的制取方法与球墨铸铁相似，都是在一定成分的铁水中加入适量的蠕化剂处理而成。蠕化剂常采用镁钛合金、稀土镁钛合金或稀土镁钙合金等。

蠕墨铸铁的牌号是由“RuT＋数字”组成，其中“RuT”代表蠕铁，后面的数字表示最低抗拉强度值。

蠕墨铸铁目前正广泛应用于汽缸盖、汽缸套、钢锭模、液压阀等铸件。

## 四、可锻铸铁

可锻铸铁是由白口铸铁经石墨化退火后得到的一种高强度铸铁，有较高的强度和韧性，因具有一定的塑性变形能力，故称为可锻铸铁。

**1. 可锻铸铁的组织和性能**

可锻铸铁的化学成分要求较为严格，常用可锻铸铁的成分如下：$w_C=2.2\%\sim2.8\%$，$w_{Si}=1.2\%\sim2.0\%$，$w_{Mn}=0.4\%\sim1.2\%$，$w_S<0.02\%$，$w_P<0.1\%$。其中碳和硅的质量分数不能太高，否则浇注后不能得到纯白口组织，也不能过低，不然会延长石墨化退火时间。此外，对杂质磷、硫的质量分数也应严格控制。

可锻铸铁按热处理条件的不同，可分为白心可锻铸铁和黑心可锻铸铁两种。白心可锻铸铁经石墨化退火和氧化脱碳制得，其基体组织表面为铁素体，呈暗灰色，中心为珠光体＋少量渗碳体，呈灰白色，故称白心可锻铸铁。黑心可锻铸铁是白口铸铁在高温石墨化退火后制成，其组织为铁素体或珠光体基体上分布着的团絮状石墨。我国以生产黑心可锻铸铁为主。

铁素体基体与珠光体基体可锻铸铁显微组织如图 7-5 所示。

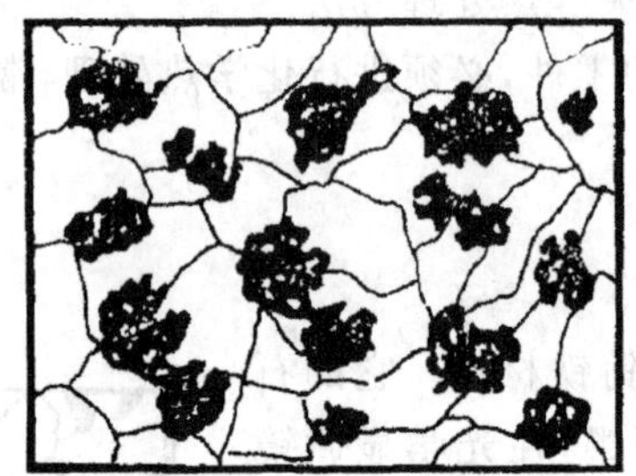

(a) 铁素体基体的可锻铸铁

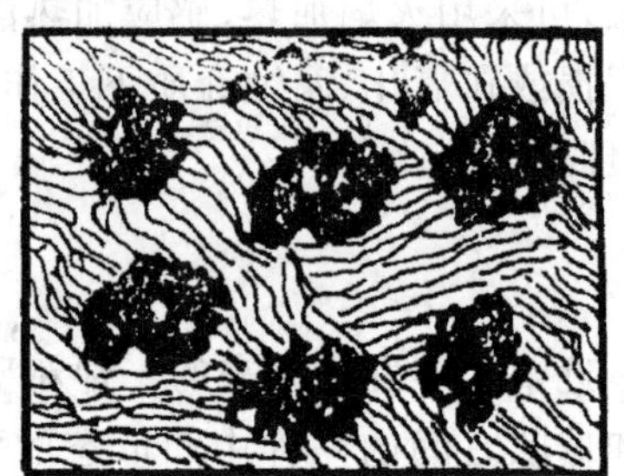

(b) 珠光体基体的可锻铸铁

图 7-5　可锻铸铁的显微组织

**2. 可锻铸铁的牌号和用途**

根据我国国家标准《GB 9440—2010》，表 7-3 列出了八种可锻铸铁的基本类型牌号、力学性能及用途。可锻铸铁的牌号是由“KTH”（“可铁黑”三字汉语拼音字首）或“KTZ”（“可铁珠”三字汉语拼音字首）后附最低抗拉强度值（MPa）和最低断后伸长率的百分数表示。可锻铸铁与灰铸铁相比，有较高的塑性、韧性，与铸钢相比有较好的铸造性能，这类铸铁适宜制成受震动和受冲击的薄壁零件，如汽车、拖拉机后桥外转向机构、弹簧钢板支座等。

珠光体可锻铸铁的强度、硬度高，耐磨性好，常用来制造成曲轴、凸轮轴、连杆、齿轮等重要零件。

**3. 可锻铸铁的热处理**

可锻铸铁的生产分两个步骤：第一步为浇注成白口铁，不允许有石墨析出；第二步骤为进行退火处理，时间为几十个小时。

表 7-3　黑心可锻铸铁和珠光体可锻铸铁的基体类型、牌号、力学性能及用途(GB 9440—2010)

| 基体类型 | 牌　号 | 力学性能 | | | | 用　途 |
|---|---|---|---|---|---|---|
| | | 抗拉强度 $\sigma_b$/MPa | 屈服强度 $\sigma_s$/MPa | 伸长率 $\delta$/(%) | 硬度/HBS | |
| | | 不小于 | | | | |
| 铁素体 | KTH300-06 | 300 | — | 6 | 不小于 150 | 承受较低静载荷的零件，如管道弯头、三通、管件等 |
| | KTH330-08 | 330 | — | 8 | | 承受中等动、静载荷的零件，如机床扳手，农机具用犁刀、犁柱，建筑用的桥梁零件、脚手架零件等 |
| | KTH350-10<br>KTH370-12 | 350<br>370 | 200<br>— | 10<br>12 | | 承受较高的冲击、振动及扭转载荷的零件，如汽车、拖拉机前后轮壳、差速器壳、制动器以及铁道扣板、底座、铁道零件等 |
| 珠光体 | KTZ450-06<br>KTZ550-04<br>KTZ650-02<br>KTZ700-02 | 450<br>550<br>650<br>700 | 270<br>340<br>430<br>530 | 6<br>4<br>2<br>2 | 150～200<br>180～250<br>210～260<br>240～290 | 承受较高动载荷和静载荷，在磨损条件下工作，要求有较高冲击抗力、强度和耐磨性的零件，如曲轴、凸轮轴、连杆、齿轮、活塞环、轴套、犁刀、棘轮、扳手等 |

黑心可锻铸铁的可锻化退火工艺如图 7-6 所示。加热到 950～1 000℃，原始组织转变为奥氏体＋共晶渗碳体，长期保温发生第一阶段石墨化，共晶渗碳体分解为奥氏体＋团絮状石墨。从高温随炉冷却至 720～750℃的过程中发生中间阶段石墨化，即从奥氏体中析出二次石

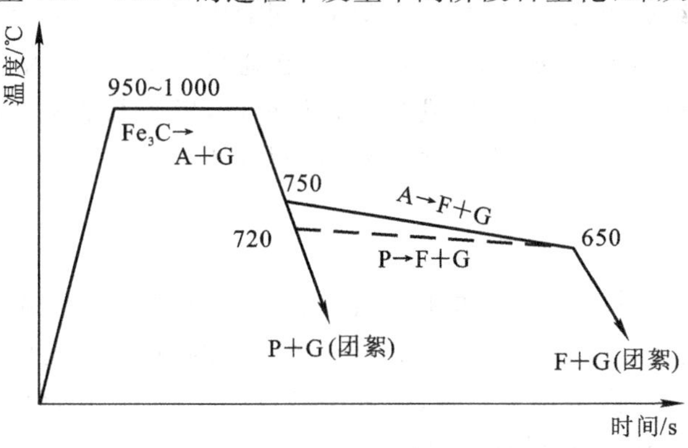


图 7-6　黑心可锻铸铁的石墨化退火工艺曲线

墨。在 720～750℃的缓冷过程中，发生第二阶段石墨化，即奥氏体转变为铁素体＋石墨，最终得到的是铁素体基体＋团絮状石墨。如果第一阶段石墨化后，随炉冷却至 840～860℃，然后直接空冷，可得到珠光体基体＋团絮状石墨。

## 任务 3　合金铸铁简介

随着生产的发展，铸铁不仅要求具有较高的力学性能，同时还要求具有某些特殊性能。为此，在熔炼铸铁时有意加入一些磷、硅、铬、钼、铜等合金元素。合金铸铁与合金钢相比，熔炼简单，成本低廉，基本上能满足性能的要求，但力学性能较差，脆性较大。

常用的合金铸铁有耐磨铸铁、耐热铸铁和耐腐蚀铸铁三种。

### 一、耐磨铸铁

在无润滑的干摩擦条件下工作的零件应具有均匀的高硬度组织。白口铸铁是较好的耐磨铸铁，但脆性大，不能承受冲击载荷。因此，生产中常采用冷硬铸铁（或称激冷铸铁），即用金属型铸铁耐磨的表面，而其他部位用砂型，同时适当调整铁液化学成分（如减少含硅量），保证白口层的深度，而心部为灰口组织，从而使整个铸件既有较高的强度和耐磨性，又能承受一定的冲击。

我国试制成功的中锰球墨铸铁即在稀土镁球墨铸铁中加入 $w_{Mn}=5.0\%\sim9.5\%$，$w_{Si}=3.3\%\sim5.0\%$，并适当高速冷却，使铸铁基体获得马氏体、大量残余奥氏体和渗碳体。这种铸铁具有高的耐磨性和抗冲击性，可代替高锰钢或锻钢，适用于制造农用耙片、犁铧、饲料粉碎机锤片、球磨机磨球、衬板、煤粉机锤头等。

在润滑条件下工作的耐磨铸铁，其组织应为软基体上分布有硬的组织组成物，使软基体磨损后形成沟槽，保持油膜。珠光体灰铸铁基本上能满足这样的要求，其中铁素体为软基体，渗碳体层片为硬的组织组成物，同时石墨片起储油和润滑作用。为了进一步改善其耐磨性，通常将 $w_P$ 提高到 $0.4\%\sim0.6\%$，做成高磷铸铁。由于普通高磷铸铁的强度和韧性较差，故常在其中加入铬、钼、钨、钛、钒等合金元素，做成合金高磷铸铁，用于制造机床床身、汽缸套、活塞环等。此外，还有钒钛耐磨铸铁、铬钼铜耐磨铸铁、硼耐磨铸铁等。

### 二、耐热铸铁

铸铁的耐热性主要是指在高温下的抗氧化和抗生长能力。在高温下工作的铸件，如炉底板、换热器、坩埚、炉内运输链条和钢锭模等，要求有良好的耐热性，应采用耐热铸铁。

在铸铁中加入硅、铝、铬等合金元素，使表面形成一层致密的 $SiO_2$、$Al_2O_3$、$Cr_2O_3$ 保护膜等。此外，这些元素还会提高铸铁的临界点，使铸铁在使用温度范围内不发生固态相变，使基体组织为单相铁素体，因而提高了铸铁的耐热性。

耐热铸铁按其成分可分为硅系、铝系、硅铝系及铬系等。其中铝系耐热铸铁脆性较大，铬系耐热铸铁价格较贵，故我国多采用硅系和硅铝系耐热铸铁，主要用于制造成加热炉附件，如炉底、烟道挡板、传递链构件等。

## 三、耐腐蚀铸铁

耐腐蚀铸铁是指在腐蚀性介质中工作时具有耐腐蚀能力的铸铁。普通铸铁的耐腐蚀性差，因为组织中的石墨或渗碳体会促进铁素体的腐蚀。

加入 Al、Si、Cr、Mo 等合金元素，在铸铁表面形成保护膜或使基体电极电位升高，可以提高铸铁的耐腐蚀性能。耐腐蚀铸铁分为高硅耐腐蚀铸铁和高铬耐腐蚀铸铁。其中应用最广的是高硅耐腐蚀铸铁，其中 $w_{Si}$高达 14%～18%，在含氧酸（如硝酸、硫酸等）中的耐腐蚀性不亚于 1Cr18Ni9，而在碱性介质和盐酸、氢氟酸中，由于表面 $SiO_2$ 保护膜遭到破坏，会使耐腐蚀性降低。可在铸铁中加入 $w_{Cu}$为 6.5%～8.5%的铜，改善高硅铸铁在碱性介质中的耐腐蚀性；为改善在盐酸中的耐腐蚀性，可向铸铁中加扩 $w_{Mo}$为 2.5%～4.0%的钼。

耐腐蚀铸铁主要用于化工机械，如制造容器、管道、泵、阀门等。

## 复习思考题 7

1. 名词解释。

石墨化过程　　石墨形态　　碳当量　　铸铁的时效

2. 何谓铸铁？根据铸铁中碳的形态不同可分为哪几类？

3. 何谓石墨化？石墨铸铁的形成分哪几个阶段？

4. 影响石墨化的主要因素是什么？为什么？

5. 铸铁的强度主要由什么决定？用什么方法可提高强度？铸铁的硬度由什么决定？用什么方法可以提高硬度？铸铁的抗拉强度高，其硬度是否一定高？为什么？

6. 试从组织上来分析灰铸铁的性能特点。

7. 生产中出现下列现象时，应采取什么措施予以防止或改善。

(1)机床床身铸造后即切削加工，过后发现机床床身产生过量变形。

(2)灰铸铁薄壁处出现白口组织，难以切削加工。

8. 试从以下几个方面来比较 HT150 铸件和退火状态的 20 钢，并归纳铸铁的性能特点。

(1)成分；(2)组织；(3)抗拉强度；(4)屈服强度；(5)硬度；(6)减摩性；(7)铸造性能；(8)锻造性能；(9)焊接性能；(10)切削加工性能。

9. 为什么生产可锻铸铁要用白口铸件毛坯？可锻铸铁的特点及应用有哪些？

10. 球墨铸铁是如何获得的？为什么它的力学性能较其他铸铁高？

11. 为什么可锻造适宜于薄件，而球墨铸铁却不适宜于薄壁件？

12. 灰铸铁、可锻铸铁、球墨铸铁的牌号如何表示？

13. 试判断下列说法是否正确。

(1)可锻铸铁可以锻造。

(2)铸铁经过了热处理,改变了基体和石墨形态,从而提高了性能。

(3)铸铁都是硬而脆。

14. 填写下表,归纳比较下列铸铁的特点。

| 种类 | 牌号表示 | 显微组织 | 生产方法 | 力学、工艺性能特点 | 用途举例 |
|---|---|---|---|---|---|
| 灰铸铁 | | | | | |
| 孕育铸铁 | | | | | |
| 蠕墨铸铁 | | | | | |
| 可锻铸铁 | | | | | |
| 球墨铸铁 | | | | | |

15. 试根据机床床身、导轨、汽车后桥壳、柴油机曲轴、连杆等零件的工作条件和使用性能,判断它们各适合选择何类铸铁?并说明它们的大致成分的热处理方法。

# 项目 8　非铁金属及其合金

铁及其合金称为黑色金属，除钢铁以外的所有其他金属统称为非铁金属。归纳起来，非铁金属可以分成五大类。

(1)轻金属。密度小于 4.5 g/cm$^3$ 的金属称为轻金属，如铝、镁、钾、钠等。

(2)重金属。密度大于 4.5 g/cm$^3$ 的金属称为重金属，如铜、锌、铅、镍等。

(3)贵金属。如金、银和铂等金属。

(4)半金属。物理、化学性质介于金属与非金属之间的金属称为半金属，如硅、硼、硒、碲、砷等。

(5)稀有金属。

稀有轻金属，如钛、锂、铍等。

稀有难熔金属，如钨、钼、钽、锗等。

稀土金属，如钪系、钇系和镧系。

放射性金属，如镭、铀、钍等。

非铁金属与钢铁材料相比有许多优点，如铝、镁、钛及其合金密度小；铜、银及其合金导电性好；钨、镍、钼、铌、钴及其合金耐高温；而铜、钛及其合金还是优良的抗腐蚀材料等。

非铁金属及其合金是国民经济中不可缺少的金属材料，特别在航空、航海等交通运输工业中，要求材料有高的比强度。例如，在制造飞机用的金属材料中，轻金属占 95%以上，钢铁和其他材料只占 5%左右。此外，石油化工的发展及海洋的开发，要求具有优良耐腐蚀性的非铁金属材料。

非铁金属及其合金品种繁多，本项目重点介绍机械和电子工业中常用的铝及其合金、铜及其合金、轴承材料。

## 任务 1　铝及其合金

### 一、纯铝

铝占地壳质量的 8.3%，是铁的一倍多，大于其他非铁金属储藏量的总和，是分布最广的金属元素。铝及其合金是工业中用量最大的非铁金属。

纯铝为银白色，熔点为 657℃，是面心立方结构，无同素异晶转变，纯铝具有以下特点。

(1)密度小，为 2.78 g/cm$^3$。

(2)具有良好的导热、导电性。相同横截面积时，纯铝的导电率为铜的 64%，仅次于银和金。相同质量时，纯铝的导热性是铜的 200%。

(3)具有良好的塑性，断面收缩率 $\psi$ 约为 80%。

(4)抗大气腐蚀性好，铝在表面形成致密氧化膜 $Al_2O_3$，能阻止进一步氧化，但对酸、碱和盐无耐腐蚀能力。

(5)强度低，纯铝的抗拉强度 $\sigma_b$ 为 80～100 MPa，冷压力加工后提高到 150～200 MPa，塑性 $\delta$ 将提高 50%～60%。但铝合金具有较高强度，可达 700 MPa，特别是铝合金的比强度 $(\sigma_b/r)$ 比刚度 $(E/r)$ 高。

铝合金中的杂质是铁和硅，随着杂质质量分数的增高，导电性、抗氧化性、抗腐蚀性和塑性都会降低。

纯铝材料根据其杂质质量分数进行编号，由 LG、L(分别为“铝高”和“铝”字汉语拼音字首)及数字(编号)表示。LG5、LG4、LG3、LG2、LG1 表示工业高纯铝，L1、L2、L3、L4、L5、L6、L7 表示工业纯铝。工业高纯铝标号越小，纯度越低，而工业纯铝编号越大，纯度越低。

工业高纯铝主要用于科学研究及制造电容器等，工业纯铝的主要用途是配制铝基合金和在电器工业中代替铜制造导线、电缆、电容器等，也用于制作要求不生锈(对强度不要求)的用品和器皿。

## 二、铝合金的分类和时效

### 1. 铝合金的分类

纯铝中加入铜、锌、镁、硅、锰及稀土元素等后，常得到部分互溶的共晶类二元平衡图，如图 8-1 所示，$D$ 点是合金元素在铝中的最大溶解度，$DF$ 是溶解度曲线，当合金元素的质量分数超过 $D'$，则合金中将出现共晶组织(α 固溶体加金属化合物)，流动性好，适合铸造。当合金元素的质量分数低于 $D'$，加热到 $DF$ 线以后就获得单相 α 固溶体，有好的压力加工性能，因而以 $D'$ 点为界，分成变形铝合金和铸造铝合金。

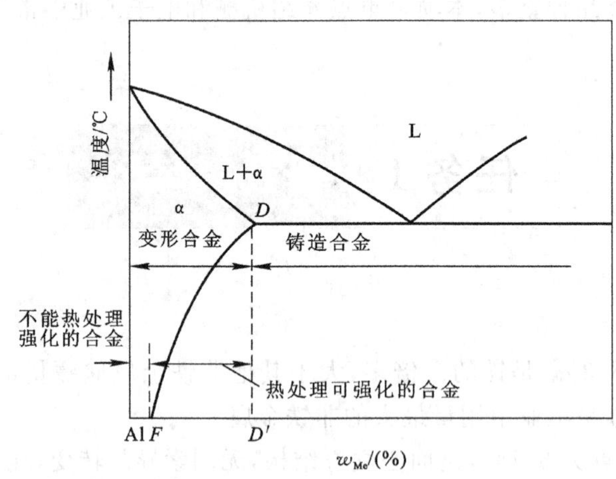


图 8-1　铝合金状态图的一般类型

在变形铝合金中，$F$ 点左边成分的合金，从高温到室温组织不发生变化，因而不能用热处理来强化，$F$ 点与 $D'$ 点之间的合金，在冷却时固溶体中有析出过程，有可能产生热处理强化即析出强化，所以又以 $F$ 点为界分成不能热处理强化铝合金和能热处理强化铝合金。

另外，变形铝合金还可以根据其主要特性，分为防锈铝、硬铝、超硬铝和锻铝合金等，表 8-1 列出了铝合金的分类、合金名称、合金系、性能特点及牌号举例。

**表 8-1 铝合金的分类、合金名称、合金系、性能特点及牌号举例**

| 分类 | | 合金名称 | 合金系 | 性能特点 | 牌号举例 |
|---|---|---|---|---|---|
| 变形铝合金 | 不能热处理强化铝合金 | 防锈铝 | Al-Mn | 抗腐蚀性、压力加工性、焊接性能好，但强度较低 | LF21 |
| | | | Al-Mg | | LF5 |
| | 可热处理强化铝合金 | 硬铝 | Al-Cu-Mg | 力学性能好，抗腐蚀性较差 | LY11，LY12 |
| | | 超硬铝 | Al-Cu-Mg-Zn | 室温强度最高，抗腐蚀性较差 | LC4 |
| | | 锻铝 | Al-Mg-Si-Cu | 锻造性能好，耐热性好 | LD5，LD10 |
| | | | Al-Cu-Mg-Fe-Ni | | LD8，LD7 |
| 铸造铝合金 | | 简单硅铝明 | Al-Si | 铸造性能好，不能热处理强化 | ZL102 |
| | | 特殊硅铝明 | Al-Si-Mg | 铸造性能良好，能热处理强化，具有较高的力学性能 | ZL101 |
| | | | Al-Si-Cu | | ZL107 |
| | | | Al-Si-Mg-Cu | | ZL105，ZL110 |
| | | | Al-Si-Mg-Cu-Ni | | ZL109 |
| | | 铝铜铸造合金 | Al-Cu | 耐热性好，锻造和抗腐蚀性差 | ZL201 |
| | | 铝镁铸造合金 | Al-Mg | 力学性能和抗腐蚀性均优 | ZL301 |
| | | 铝锌铸造合金 | Al-Zn | 能自动淬火，宜于压铸 | ZL401 |

**2. 铝合金的时效**

铝合金中无马氏体转变，因而无法像钢那样通过马氏体转变来强化。铝合金是通过如上所述的“固溶-时效”处理来强化的。例如，铝铜合金如图 8-2 所示，在 548℃时，铜在铝中的最大溶解度为 5.65%，随温度下降，到室温时仅为 0.05%。若铜的质量分数在 0.5%～5.6%(例如 4%)之间的合金加热至固溶线以上(如 550℃)，获得均匀的 $\alpha$ 固溶体后在水中淬火，呈过饱和的 $\alpha$ 固溶体，这个过程称为固溶处理。这是热处理的第一步，这时并没有发生晶格类型的转变，晶格畸变也并不严重，单纯的固溶强化效果是有限的，所以，在固溶处理后的强度、硬度提高并不显著，而塑性却有明显的提高。在室温下，过饱和的 $\alpha$ 固溶体是不稳定的，有分解出过剩铜而过渡到相对稳定的趋势。在室温下长时间的搁置或在一定温度保温足够的时间，铝都会出现强度、硬度增高现象，如图 8-3 所示，这是热处理的第二步，即时效硬化。在室温下搁置称为自然时效，在加热时产生的时效称为人工时效。图 8-3 表明，时效温度越高，则时效过程就越快，但强化效果越小。固溶时效处理是铝合金及其他非铁金属和高温合金的重要强化手段。

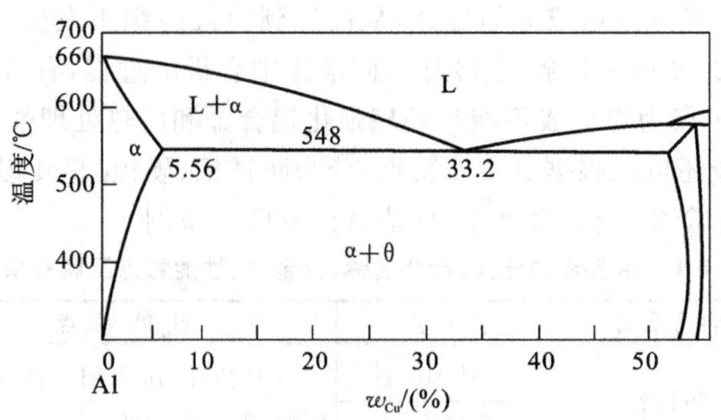


图 8-2 铝铜合金状态图

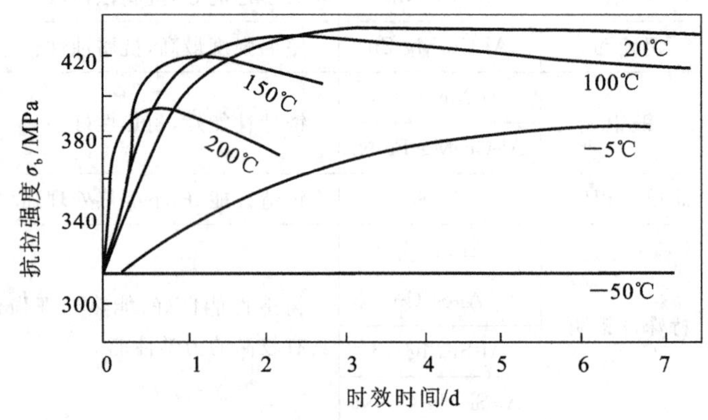


图 8-3 时效温度对性能的影响

## 三、变形铝合金

不可热处理强化的铝合金有防锈铝合金,可热处理强化的铝合金有硬铝、超硬铝和锻造铝合金。

变形铝合金的编号采用汉语拼音字母加顺序号表示。防锈铝合金用“铝”和“防”两字的汉语拼音第一个字母“L”、“F”加顺序号表示,如“五号防锈铝”用“LF5”表示。按同样的原则,硬铝、超硬铝和锻造铝合金分别用“LY”、“LC”、“LD”表示。常用变形铝合金的类别、牌号、化学成分、热处理工艺、力学性能及用途如表 8-2 所示。

### 1. 防锈铝合金

防锈铝合金主要包括铝-锰系和铝-镁系。铝-锰系常见牌号有 LF21,锰的质量分数在 1.0%～1.6%时,合金有较高强度、塑性、耐腐蚀性和焊接性。常用的铝-镁系牌号有 LF2、LF5、LF11 等,当 $w_{Mg}$ 大于 5%时,合金具有较好的耐腐蚀性,随着镁的质量分数的增加,合金的强度、塑性均增加。

这两类铝合金均只能通过冷加工硬化的方法提高强度,它们的塑性好、强度中等。

由于铝的耐腐蚀性和塑性较好,常以板材、箔材、型材、管材、线材等供应,制作焊接件、容器、管道、蒙皮、骨架,以及深冲、弯曲的零件和制品等。

表 8-2　变形铝合金的类别、牌号、化学成分、热处理工艺、力学性能及用途

| 类别 | 牌号 | 化学成分/(%) | | | | | | 热处理工艺 | 力学性能 | | | 用途 |
|---|---|---|---|---|---|---|---|---|---|---|---|---|
| | | $w_{Ca}$ | $w_{Mg}$ | $w_{Mn}$ | $w_{Zn}$ | $w_{其他}$ | $w_{Al}$ | | $\sigma_b$ | δ/(%) | HBS | |
| 防锈铝合金 | LF5 | — | 4.5～5.5 | 0.3～0.6 | — | — | 余量 | 退火 | 270 | 23 | 70 | 中等载荷零件、铆钉、焊接油箱等 |
| | LF21 | — | — | 1.0～1.6 | — | — | 余量 | 退火 | 130 | 23 | 30 | 管道、容器、铆钉、轻等载荷零件等 |
| 硬铝合金 | LY1 | 2.2～3.0 | 0.2～0.5 | — | — | — | 余量 | 淬火＋自然时效 | 300 | 24 | 70 | 中等强度，工作温度＜100℃的铆钉 |
| | LY11 | 3.8～4.8 | 0.4～0.8 | 0.4～0.8 | — | — | 余量 | 淬火＋自然时效 | 420 | 18 | 100 | 中等强度的构件和零件，如骨架等 |
| | LY12 | 3.8～4.9 | 1.2～1.8 | 0.3～0.9 | — | — | 余量 | 淬火＋自然时效 | 480 | 11 | 131 | 高强度构件及150℃以下工作的零件 |
| 超硬铝合金 | LC4 | 1.4～2.0 | 1.8～2.8 | 0.2～0.6 | 5.0～7.0 | $w_{Cr}$:0.1～0.25 | 余量 | 淬火＋人工时效 | 600 | 12 | 150 | 主要受力构件及等载荷零件，如飞机大梁、起落架等 |
| | LC6 | 2.2～2.8 | 2.5～3.2 | 0.2～0.5 | 7.6～8.6 | $w_{Cr}$:0.1～0.25 | 余量 | 淬火＋人工时效 | 680 | 7 | 190 | |
| 锻铝合金 | LD5 | 1.8～2.6 | 0.4～0.8 | 0.4～0.8 | — | $w_{Si}$:0.7～1.2 | 余量 | 淬火＋人工时效 | 420 | 13 | 105 | 形状复杂、中等载荷的锻件 |
| | LD7 | 1.9～2.5 | 1.4～1.8 | — | — | $w_{Ti}$:0.02～0.1<br>$w_{Ni}$:1.0～1.5<br>$w_{Fe}$:1.0～1.5 | 余量 | 淬火＋人工时效 | 440 | 13 | 120 | 高温下工作的复杂锻件和结构件、内燃机活塞等 |
| | LD10 | 3.9～4.8 | 0.4～0.8 | 0.4～1.0 | — | $w_{Si}$:0.5～1.2 | 余量 | 淬火＋人工时效 | 480 | 10 | 135 | 高等载荷锻件和模锻件 |

**2. 硬铝合金**

硬铝合金主要是铝-铜-镁系，此外，合金还有锰及少量杂质元素，如铁、硅、镍、锌等。铜、镁的主要作用是在时效过程中产生强化相，少量锰可提高耐腐蚀性。硬铝合金按其铜、镁的质量分数及性能的不同可分为三种类型：低强度硬铝，如 LY1、LY3、LY10 等铝合金；标准强度硬铝，如 LY 11 等铝合金；高强度铝合金，如 LY12 等铝合金。

各种硬铝合金都可时效硬化，也可通过变形硬化。应该注意，硬铝合金固溶处理的加热温度范围很窄，例如，LY12 最理想的淬火温度为(500±30)℃，温度过高易引起过烧，过低则强化效果不佳。硬铝一般采用自然时效，比人工时效有较小的晶间腐蚀倾向。

硬铝合金的耐腐蚀性较差，特别是在海水中，在硬铝表面包一层高纯度铝可提高其抗腐蚀能力。

低强度硬铝的比强度较差，具有较高的塑性，适宜于制作铆钉，常称为铆钉硬铝。

标准强度硬铝具有较高强度和较好强度的塑性，中等的抗腐蚀性，主要用于载荷的结构件，如骨架、螺旋桨叶、大型铆钉、螺栓等。

高强度硬铝具有更高的强度、屈服极限及良好的耐热性，但塑性较低，LY12 是工业应用最广泛的一种高强度硬铝合金，常用来制作高强度结构件如骨架、蒙皮、梁、销、轴等。

**3. 超硬铝合金**

铝、锌、镁、铜系合金是室温强度最高的一类，其强度达 500～700 MPa，超过高强度硬铝(400～430 MPa)，故称超硬铝合金。超硬铝合金经固溶时效处理后，形成多种强化相，具有很高的强度与硬度，它的缺点是抗腐蚀性差，常采用 $w_{Zn}=1\%$ 的包铝层，耐热强度也不如硬铝，不宜在 120～130℃以上工作。超硬铝合金常采用人工时效处理，因自然时效时间长(50～60d)和有较高的应力腐蚀倾向，常用牌号有 LC4、LC6 等，用于受力较大的结构件，如飞机大梁、桁条、加强框、起落架等。

**4. 锻造铝合金**

铝-镁-硅-铜系合金具有优良的锻造工艺性能，故称为锻造铝合金。它的力学性能与硬铝相近，工艺性能优于硬铝，但耐腐蚀性稍差。为提高时效强化效果，锻铝合金在淬火后应立即进行人工时效，常用牌号为 LD5、LD7 等，用于外形复杂、中等强度的锻件和模锻件。

## 四、铸造铝合金

常用的铸造铝合金分为铝-硅系、铝-铜系、铝-镁系和铝-锌系四大类。铸造铝合金牌号用“铸铝”两字的汉语拼音第一个大写字母“ZL”加三位数字表示，第一位数字表示合金系类别：1 为铝-硅系；2 为铝-铜系；3 为铝-锌系。第二、第三位数字表示顺序号。例如，ZL102 表示 2 号铝-硅系铸造铝合金。各类常用铸造铝合金的类别、牌号、化学成分、铸造方法、热处理、力学性能特点及用途如表 8-3 所示。

**1. 铝-硅铸造合金**

铝-硅铸造合金又称硅铝明，除硅外还加入其他合金元素的称为特殊硅铝明。

铝-硅合金系具有较好的流动性，较小的铸造收缩率，优良的焊接性、抗腐蚀性及足够的力学性能。

**表 8-3 铸造铝合金的类别、牌号、化学成分、铸造方法、热处理、力学性能及用途**

| 类别 | 牌号 | 化学成分/(%) | | | | | | 铸造方法 | 热处理 | 力学性能 | | | 用途 |
|---|---|---|---|---|---|---|---|---|---|---|---|---|---|
| | | $w_{Si}$ | $w_{Cu}$ | $w_{Mg}$ | $w_{Mn}$ | $w_{其他}$ | $w_{Al}$ | | | $\sigma_b$/MPa | $\delta$/(%) | HBS | |
| 铝硅合金 | ZL101 | 6.8~8.0 | — | 0.2~0.4 | — | — | 余量 | 金属模<br>砂模变质处理 | 淬火＋自然时效<br>淬火＋人工时效 | 190<br>230 | 4<br>1 | 50<br>70 | 形状复杂的零件，如飞机零件、仪器零件、抽水机壳体等 |
| | ZL104 | 8.0~10.5 | — | 0.17~0.30 | 0.2~0.5 | — | 余量 | 金属模<br>金属模 | 不淬火人工时效<br>淬火＋人工时效 | 200<br>240 | 1.5<br>2 | 70<br>70 | 形状复杂、200℃以下工作的零件，如电动机壳体，汽缸体等 |
| | ZL105 | 4.4~5.5 | 1.0~1.5 | 0.35~0.60 | — | — | 余量 | 金属模<br>金属模 | 淬火＋不完全时效<br>淬火＋稳定回火 | 240<br>180 | 0.5<br>1 | 70<br>65 | 250℃以下工作的复杂零件，如发动机汽缸、机匣、油泵壳体等 |
| | ZL107 | 6.5~7.5 | 3.5~4.5 | — | — | — | 余量 | 砂模变质处理 | 淬火＋人工时效 | 250 | 2.5 | 90 | 强度和硬度较高的零件 |
| | ZL110 | 4.0~6.0 | 5.0~8.0 | 0.2~0.5 | — | — | 余量 | 金属模<br>砂模 | 不淬火时效处理 | 170<br>150 | —<br>— | 90<br>80 | 高温下工作的零件，如活塞 |
| 铝铜合金 | ZL201 | — | 4.5~5.3 | — | 0.6~1.0 | $w_{Ti}$:0.15~0.35 | 余量 | 砂模<br>砂模 | 淬火＋自然时效<br>淬火不完全时效 | 300<br>340 | 8<br>4 | 70<br>90 | 170~300℃工作的零件，如内燃机汽缸活塞 |
| | ZL202 | — | 9.0~11.0 | — | — | — | 余量 | 砂模<br>金属模 | 淬火＋人工时效 | 170<br>170 | —<br>— | 100<br>100 | 高温下工作不受冲击的零件 |
| 铝镁合金 | ZL301 | — | — | 9.5~11.5 | — | — | 余量 | 砂模 | 淬火＋自然时效 | 280 | 9 | 20 | 大气或海水中工作的零件，承受冲击、外形不太复杂的零件，如舰船配件、氨用泵体等 |
| | ZL302 | — | — | 4.5~5.5 | 0.1~0.4 | — | 余量 | 砂模<br>金属模 | — | 150 | 1 | 55 | |
| 铝锌合金 | ZL401 | 6.0~8.0 | — | 0.1~0.3 | — | $w_{Zn}$:9.0~13.0 | 余量 | 金属模 | 不淬火人工时效 | 250 | 1.5 | 90 | 结构形状复杂的汽车、飞机、仪器零件，也可以制造日用品 |
| | ZL402 | — | — | 0.4~0.7 | $w_{Cr}$:0.3~0.8 | $w_{Zn}$:5.0~7.0<br>$w_{Ti}$:0.1~0.4 | 余量 | 金属模 | 不淬火人工时效 | 240 | 4 | 70 | |

简单硅铝明中硅的质量分数为11%～13%(ZL102)时，铸造后的组织几乎全为共晶体，铝硅二元合金状态图如图8-4所示。其组织为粗大的针状硅与铝基固溶体组成的共晶体和少量的斑状初晶硅，合金的力学性能不高，$\sigma_b$＜140 MPa，$\delta$＜3%。采用变质处理可提高其力学性能，即浇注前在熔融的合金中加入占铝合金总量2%～3%的变质剂，常用变质剂为$\frac{2}{3}$NaF＋$\frac{1}{3}$NaCl的混合物，以细化晶粒提高力学性能，变质处理后ZL102的$\sigma_b$可达180 MPa、$\delta$可达8%。

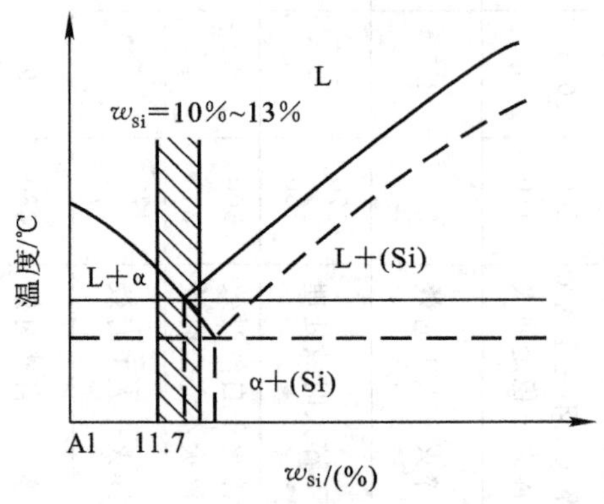


图8-4　铝-硅合金状态图

——未变质　- - - 变质后

简单硅铝明尚不能时效强化，为进一步提高其强度，常加入能形成强化相的铜、镁、锌等元素，制成特殊硅铝明，常用的特殊硅铝明有ZL101、ZL104、ZL105、ZL107、ZL109等。它们经时效处理后强度显著提高。例如ZL101、ZL104的$\sigma_b$可达到240 MPa，ZL107的$\sigma_b$达260 MPa，特殊硅铝明常用来制作形状复杂和强度要求较高的铸件，如汽缸体、电动机壳体、汽缸头等零件。

**2. 铝-铜铸造合金**

铝-铜铸造合金的耐热性是铸铝合金中最高的。铜的质量分数为4%～5%的合金热处理强化效果最好，具有高的强度和塑性，但铸造性能和耐腐蚀性较差，随铜的质量分数的增加，铸造性能提高而耐腐蚀性降低，常用牌号有ZL201、ZL202和ZL203等。ZL201主要用于内燃机汽缸、活塞等，ZL202主要用于高强度、高硬度的零件及高温下工作的零件，ZL203主要用于高强度、高塑性零件。

**3. 铝-镁铸造合金**

铝-镁铸造合金的密度小(2.25 g/cm$^3$)，耐腐蚀性最好，强度最高($\sigma_b$可达350 MPa)，但铸造性能和热强度较差，工作温度不超过200℃，可时效强化，但效果不佳，常用牌号有ZL301、ZL302等，可制作承受冲击、耐海水和大气腐蚀、外形较简单的重要零件和接头等，如船配件、氨用泵体等。

**4. 铝-锌铸造合金**

铝-锌铸造合金有较高的强度，良好的铸造性能，且价格便宜。其缺点是抗腐蚀性较差，常用的铝-锌合金是 ZL401，主要用于制作工作温度不超过 200℃，结构形状复杂的汽车零件、飞机零件、医疗机械和仪器零件等。

# 任务 2 铜及其合金

铜及铜合金是人类历史上应用最早的、具有跨时代意义的有色金属。目前，工业上使用的铜及铜合金主要有工业纯铜、黄铜和青铜，主要用于具有导电、导热、耐磨、抗磁、防暴（受冲无火花）等性能要求并兼有耐腐蚀性的器件。

## 一、工业纯铜

工业纯铜呈紫红色，常称为紫铜，密度为 8.9 g/cm$^3$，熔点为 1 083℃，具有面心立方晶格，无同素异晶转变。纯铜的电导性、热导性优良，耐腐蚀性和塑性很好（$\delta$=40%～50%），但强度较低（$\sigma_b$=230～250 MPa），硬度很低（30～40 HBS），不能热处理强化，只能通过冷变形强化，但塑性降低。例如，当变形为 50%时，强度 $\sigma_b$ 为 400～430 MPa，硬度为 100～200 HBS，塑性 $\delta$ 下降 1%～2%。

工业纯铜的纯度为 $w_{Cu}$=99.5%～99.95%，主要有铅、铋、氧、硫、磷等，杂质含量越多，其电导性越差，并易产生热脆和冷脆。

工业纯铜的牌号用 T（“铜”的汉语拼音字首）及顺序号（数字）表示，共有 4 个牌号：T1、T2、T3 和 T4，其后数字越大，纯度越低。

工业纯铜广泛用于制造电线、电缆、电刷、铜管及配制合金，因其强度较低，不宜制造受力大的结构件。工业纯铜的牌号、含铜量、杂质成分、杂质成分总含量及用途如表 8-4 所示。

**表 8-4 工业纯铜的牌号、铜的质量分数、杂质成分、杂质成分总含量及用途**

| 牌号 | 铜的质量分数 $w_{Cu}$/(%) | 杂质成分/(%) | | 杂质成分总含量 $w$/(%) | 用　途 |
|---|---|---|---|---|---|
| | | $w_{Bi}$ | $w_{Pb}$ | | |
| T1 | 99.95 | 0.002 | 0.005 | 0.05 | 导电材料和配高纯度合金 |
| T2 | 99.90 | 0.002 | 0.005 | 0.1 | 电力输送导电材料，制作电线、电缆等 |
| T3 | 99.70 | 0.002 | 0.01 | 0.3 | 电机、电工材料、电器开关、垫圈、铆钉、油管等 |
| T4 | 99.50 | 0.003 | 0.05 | 0.5 | 电机、电工材料、电器开关、垫圈、铆钉、油管等 |

## 二、铜合金

铜中加入合金元素后，可获得较高的强度和硬度，韧性好，同时保持纯铜的某些优良性能。铜合金比工业纯铜的强度高，且具有许多优良的物理化学性能，常用于工程结构材料。

根据化学成分的不同，铜合金可分为黄铜、青铜和白铜；根据生产方法的不同，铜合金可分为压力加工铜合金和铸造铜合金，常用的铜合金是黄铜和青铜。

**1. 黄铜**

以锌为主要添加元素的铜合金称为黄铜。按其化学成分不同，黄铜可分为普通黄铜和特殊黄铜；按生产方法不同，黄铜可分为压力加工黄铜和铸造黄铜。

1)普通黄铜

铜和锌组成的二元合金称为普通黄铜。加入锌可提高合金的强度、硬度和塑性，还可改善铸造的性能。黄铜的组织和力学性能与锌的质量分数的关系如图8-5所示，在平衡状态下，当 $w_{Zn}<32\%$ 时，锌全部溶入铜中，室温下形成单相 α 固溶体，随着锌的质量分数的增加，其强度增加，塑性有所改善，适于冷变形加工；当 $w_{Zn}=32\%\sim45\%$ 时，其室温组织 α 固溶体与少量硬而脆的 β′相(以 CuZn 为基的固溶体)，少量 β′相对强度无影响，随着锌的质量分数的增加而强度继续增加，塑性开始下降，不宜冷变形加工，但高温下塑性好，可进行热变形加工；当 $w_{Zn}>45\%$ 时，其组织全部为 β′相，甚至出现极脆的 γ′相(以 $Cu_5Zn_8$ 为基的固溶体)，强度、塑性急剧下降，脆性很大，无实用意义。

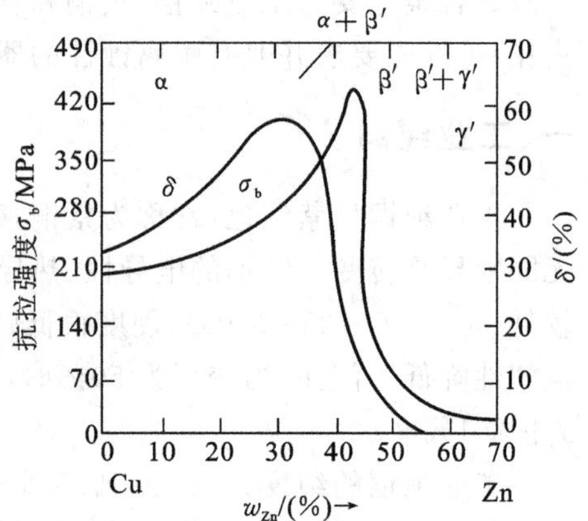


**图 8-5 黄铜的组织和力学性能与锌的质量分数的关系**

当黄铜 $w_{Zn}<7\%$ 时，耐海水和大气的腐蚀性好；当 $w_{Zn}>7\%$ 时，经冷变形加工后有残余应力存在，在海水和潮湿的大气中，尤其是在含有氨的环境，易产生应力腐蚀开裂(亦称为季裂)。为消除应力，应在冷变形加工后进行去应力退火。

黄铜不仅有良好的变形加工性能，而且有优良的铸造性。由于结晶温度间隔很小，它的流动性很好，易形成集中缩孔，铸件组织致密，偏析倾向小。黄铜的耐腐蚀性比较好，与纯铜接近，超过铁、碳钢及许多合金钢。

压力加工普通黄铜的牌号用 H(“黄”的汉语拼音字首)及数字表示，其数字表示铜平均含量的百分数。例如，H68 表示平均 $w_{Cu}=68\%$，其余为锌的普通黄铜。

常用单相黄铜有 H70、H68，其组织为 α 固溶体，强度较高，冷、热变形能力好，适于用冲压法制造形状复杂、要求耐腐蚀的零件，如弹壳、冷凝器等，H62、H59 为双相黄铜(α+β′)，强度较高，有一定的耐腐蚀性，不适宜冷变形加工，可进行热变形加工，广泛用于制造热轧、热压零件，如散热器、垫圈、弹簧等。

铸造黄铜的牌号依次由 Z(“铸”字汉语拼音字首)、铜和合金元素符号、合金元素平均含量的百分数组成。如 ZCuZn38 为 $w_{Zn}=38\%$，其余为铜的铸造黄铜。铸造黄铜的熔点低于纯铜，铸造性能好，且组织致密，主要用于制作一般结构件和耐腐蚀件。

常用的压力加工普通黄铜的牌号、化学成分、加工状态、力学性能及用途如表8-5所示。

**表8-5 压力加工普通黄铜的牌号、化学成分、加工状态、力学性能及用途**

（摘自GB 5231—2001，GB 1176—1987，GB/T 2040—2002）

| 牌号 | 化学成分/（%） | | | 加工状态 | 力学性能 | | | 用途 |
|---|---|---|---|---|---|---|---|---|
| | $w_{Cu}$ | $w_{其他}$ | $w_{Zn}$ | | $\sigma_b$/MPa | $\delta$/（%） | HBS | |
| | | | | | 不小于 | | | |
| H70 | 68.5～71.5 | — | 余量 | 软 | 320 | 53 | — | 弹壳、热变换器、造纸用管、机器和电器用零件 |
| | | | | 硬 | 660 | 3 | 150 | |
| H68 | 67.0～70.0 | — | 余量 | 软 | 320 | 55 | — | 复杂的冷冲件和深冲件、散热器外壳、导管及波纹管 |
| | | | | 硬 | 660 | 3 | 150 | |
| H62 | 60.5～63.5 | — | 余量 | 软 | 330 | 49 | 56 | 销钉、铆钉、螺母、垫圈、导管、夹线板、环形件、散热器等 |
| | | | | 硬 | 600 | 3 | 164 | |
| H59 | 57.0～60.0 | — | 余量 | 软 | 390 | 44 | — | 机械、电器用零件，焊接件及热冲压件 |
| | | | | 硬 | 500 | 10 | 163 | |

注：软—600℃退火；硬—变形度50%。

2）特殊黄铜

为了获得更高的硬度、抗腐蚀性和良好的铸造性能，在铜锌合金（普通黄铜）中加入锡、铅、铝、硅、锰、铁等合金元素所形成的铜锌合金称为特殊黄铜，相应的称这些特殊黄铜为锡黄铜、铝黄铜、铅黄铜、硅黄铜等。加入的合金元素均可提高黄铜的强度，锡、铝、锰可提高耐腐蚀性和减少应力腐蚀破裂的产生倾向；铅可改善黄铜的切削加工性能和提高耐磨性；硅可改善铸造性能；铁可细化晶粒。

特殊黄铜分为压力加工特殊黄铜和铸造特殊黄铜两种。前者加入的合金元素较少；后者因对塑性要求不高，为提高强度和铸造性能，可加入较多合金元素。

压力加工特殊黄铜的牌号依次为H（"黄"字汉语拼音字首）、主加合金元素符号、铜平均含量的百分数、合金元素平均含量的百分数组成。例如，HSn62-1表示平均$w_{Sn}=1\%$、$w_{Cu}=62\%$，其余为锌的锡黄铜。

特殊黄铜的牌号依次由Z（"铸"字汉语拼音字首）、铜和合金元素符号、合金元素平均含量的百分数。例如，ZCuZn31A12为平均$w_{Zn}=31\%$，$w_{Al}=2\%$，其余为铜的铸造铝黄铜。锡黄铜的耐腐蚀性得到显著提高，常用牌号有HSn90-1、HSn62-1，主要用于船舶零件及汽车、拖拉机弹簧、套管等。

铅黄铜主要是改善耐磨性和切削加工性，常用牌号有HPb63-3等，主要用于要求有良好切削性及耐腐蚀性的零件，如钟表零件。

铝黄铜的强度、硬度、耐腐蚀性都有所提高，但韧性下降，常用牌号有HA177-2、HA160-1-1，主要用于耐腐蚀零件，如海船冷凝器管、化工机械零件等。

硅黄铜除了提高机械性能外，还提高了铸造流动性和耐腐蚀性，镍黄铜、铁黄铜等均能改善机械性能，提高耐腐蚀性，应用于造船工业。

部分特殊黄铜的类别、牌号、化学成分、加工状态或铸造方法、力学性能及用途如表8-6所示。

**表 8-6　部分特殊黄铜的牌号、成分、加工状态或铸造方法、力学性能及用途**

(摘自 GB 5231—2001,GB 1176—1987,GB 2040—2002)

<table>
<tr><th rowspan="3">类别</th><th rowspan="3">牌号</th><th colspan="3">化学成分/(%)</th><th rowspan="3">加工状态或铸造方法</th><th colspan="3">力学性能</th><th rowspan="3">用　途</th></tr>
<tr><th rowspan="2">$w_{Cu}$</th><th rowspan="2">$w_{其他}$</th><th rowspan="2">$w_{Zn}$</th><th>$\sigma_b$/MPa</th><th>$\delta$/(%)</th><th>HBS</th></tr>
<tr><th colspan="3">不小于</th></tr>
<tr><td rowspan="4">压力加工特殊黄铜</td><td>HSn62-1</td><td>61.0～63.0</td><td>$w_{Sn}$:0.7～1.1</td><td>余量</td><td>硬</td><td>700</td><td>4</td><td>95HRB</td><td>汽车、拖拉机弹性套管、船舶零件</td></tr>
<tr><td>HPb59-1</td><td>57～60</td><td>$w_{Pb}$:0.8～1.9</td><td>余量</td><td>硬</td><td>650</td><td>16</td><td>140HRB</td><td>销子、螺钉等冲压或加工件</td></tr>
<tr><td>HAl59-3-2</td><td>57～60</td><td>$w_{Al}$:2.5～3.5<br>$w_{Ni}$:2.0～3.0</td><td>余量</td><td>硬</td><td>650</td><td>15</td><td>155</td><td>强度要求的耐腐蚀零件</td></tr>
<tr><td>HMn58-2</td><td>57～60</td><td>$w_{Mn}$:1.0～2.0</td><td>余量</td><td>硬</td><td>700</td><td>10</td><td>175</td><td>船舶零件及耐磨零件</td></tr>
<tr><td rowspan="7">铸造黄铜</td><td>ZCuZn16Si4</td><td>79～81</td><td>$w_{Si}$:2.5～4.5</td><td>余量</td><td>S<br>J</td><td>345<br>390</td><td>15<br>20</td><td>88.5<br>98.0</td><td>接触海水工作的配件、水泵、叶轮和在空气、淡水、油、燃料及工作压力在4.5MPa、250℃以下蒸汽中工作的零件</td></tr>
<tr><td rowspan="2">ZCuZn40Pb2</td><td rowspan="2">58～63</td><td rowspan="2">$w_{Pb}$:0.5～2.5<br>$w_{Al}$:0.2～0.8</td><td rowspan="2">余量</td><td>S</td><td>220</td><td>15</td><td>78.5</td><td rowspan="2">一般用途的耐磨、耐腐蚀零件,如轴套、齿轮等</td></tr>
<tr><td>J</td><td>280</td><td>20</td><td>88.5</td></tr>
<tr><td rowspan="2">ZCuZn40Mn3Fe1</td><td rowspan="2">53～58</td><td rowspan="2">$w_{Mn}$:3.0～4.0<br>$w_{Fe}$:0.5～1.5</td><td rowspan="2">余量</td><td>S</td><td>440</td><td>18</td><td>98.0</td><td rowspan="2">耐海水腐蚀的零件,以及300℃以下工作的管配件,制造船舶螺旋桨等大型铸件</td></tr>
<tr><td>J</td><td>490</td><td>15</td><td>108.0</td></tr>
<tr><td rowspan="2">ZCuZn40Mn2</td><td rowspan="2">57～60</td><td rowspan="2">$w_{Mn}$:1.0～2.0</td><td rowspan="2">余量</td><td rowspan="2">硬</td><td>345</td><td>20</td><td>78.5</td><td rowspan="2">在空气、淡水、海水、蒸汽(小于300℃)和各种液体、燃料中工作的零件和阀体、阀杆、泵、管接头,以及需要浇注巴氏合金和镀锡零件等</td></tr>
<tr><td>390</td><td>25</td><td>88.5</td></tr>
</table>

注:软—600℃退火;硬—变形度50%;S—砂型制造;J—金属制造。

**2. 青铜**

青铜原指铜锡合金，但工业上把含铝、硅、铍、锰的铜基合金也称为青铜。常用的青铜有锡青铜、铝青铜、铍青铜、铅青铜等。按生产方式，青铜可分为压力加工青铜和铸造青铜。

青铜的牌号依次由Q（“青”字汉语拼音字首）、主加元素符号及其平均含量的百分数、其他元素平均含量百分数组成。例如，QSn4-3表示平均 $w_{Sn}=4\%$、$w_{Zn}=3\%$，其余为铜含量的锡青铜。铸造用青铜，其牌号依次由Z（“铸”字汉语拼音字首）、铜及合金元素符号、合金元素平均含量百分数组成。例如，ZCuSn10Zn2表示平均 $w_{Sn}=10\%$、$w_{Zn}=2\%$，其余为铜的铸造锡青铜。

(1)锡青铜。以锡为主要添加元素的铜基合金称为锡青铜。锡在铜中形成固溶体，也可形成金属化合物。因此，根据锡的质量分数的不同，锡青铜的组织和性能也不同。

由图8-6可知，当 $w_{Sn}<7\%$ 时，锡溶入铜中形成α固溶体，具有良好的塑性。随着锡的质量分数的增加，强度、塑性增加，适宜压力加工。

当 $w_{Sn}>7\%$ 以后，组织中出现硬而脆的β相（以 $Cu_{31}Sn_8$ 为基体的固溶体），强度继续升高，塑性急剧下降，所以适宜铸造。

当 $w_{Sn}>20\%$ 时，由于β相过多，合金变脆，强度显著降低，无实用价值。工业用的锡青铜 $w_{Sn}$ 一般为3%～14%。

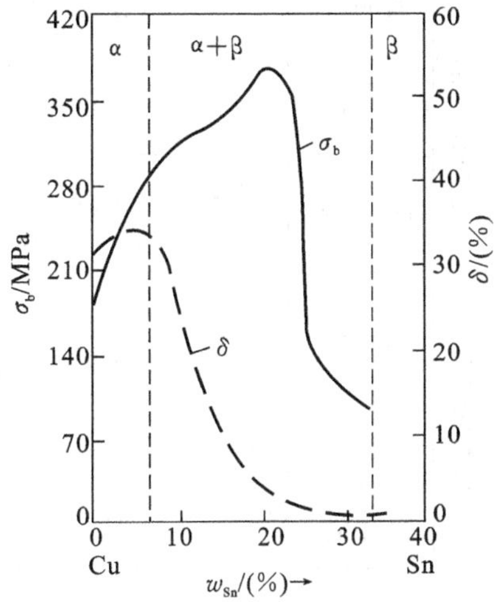


图8-6 锡青铜的组织和力学性能与含锡量关系

锡青铜的铸造收缩率很小，可铸造形状复杂的零件。但铸件易生成分散缩孔，使致密性降低，在高压下容易渗漏。锡青铜在大气、淡水、海水及蒸汽中的抗腐蚀性比纯铜和黄铜好，但在盐酸、硫酸和氨水中的抗腐蚀性较差。在锡青铜中加入少量的铅，可提高耐腐蚀性和切削加工性能；加入磷可提高弹性极限、疲劳极限；加入锌可缩小结晶范围，改善铸造性能。

锡青铜在造船、化工、机械、仪表等工业中广泛应用，主要用于制造抗腐蚀零件、弹性零件，以及抗磁零件和致密性要求不高的耐磨件，如轴瓦、轴套、齿轮、蜗轮、蒸汽等。

(2)铝青铜。以铝为主要添加元素的铜合金称为铝青铜。一般当 $w_{Al}=8.5\%\sim11\%$。它具有高的耐腐蚀性，较高的耐热性、硬度、耐磨性、韧性和强度。铸造铝青铜由于结晶温度范围窄，流动性好，偏析和分散孔小，故能获得致密的铸件，但收缩率大。当 $w_{Al}=5\%\sim7\%$ 时，塑性好，适合于冷变形加工；当 $w_{Al}$ 为10%左右时，强度最高，一般为铸造铝青铜。

为了进一步提高铝青铜的强度、耐磨性及抗腐蚀性，可添加合金元素锰、铁、镍等。铝青铜主要用于制造仪器中要求抗腐蚀的零件和弹性元件；铸造铝青铜常用于制造要求有较高强度和耐磨性的摩擦零件。

(3)铍青铜。以铍为主要添加元素的铜合金称为铍青铜，一般 $w_{Be}=1.7\%\sim2.5\%$，铍青铜经固溶热处理和时效后具有较高的强度、硬度和弹性极限，另外，还具有良好的耐腐蚀性、电导性、热导性和工艺性，无磁性、耐寒，受冲击不产生火花等优点，铍青铜可进行冷、热加工和铸造成形，主要用于制造仪器、仪表中的重要弹性元件和耐腐蚀、耐磨零件，如钟表齿轮、航海罗盘、电焊机电极、防爆工具等，但铍青铜成本高，应用受限。

常用青铜的类别、牌号、化学成分、制品种类或铸造方法、力学性能及用途如表8-7 所示。

**表 8-7 常用青铜的类别、牌号、化学成分、制品种类或铸造方法、力学性能及用途**

（摘自 GB 5231—2001，GB 1176—1987，GB 2040—2002）

| 类别 | 牌号 | 化学成分/(%) | | | 制品种类或铸造方法 | 力学性能 | | 用　　途 |
|---|---|---|---|---|---|---|---|---|
| | | $w_{Sn}$ | $w_{Cu}$ | $w_{其他}$ | | $\sigma_b$/MPa | $\delta$/(%) | |
| 压力加工锡青铜 | QSn4-3 | 3.5～4.5 | 余量 | $w_{Zn}$:2.7～3.3 | 板，带，棒，线 | 350 | 40 | 弹簧、管配件和化工机械中的耐磨及抗磁零件 |
| | QSn6.5-0.4 | 6.0～7.0 | 余量 | $w_P$:0.26～0.40 | 板，带，棒，线 | 750 | 9 | 耐磨及弹性零件 |
| | QSn4-4-2.5 | 3.0～5.0 | 余量 | $w_{Zn}$:3.0～5.0<br>$w_{Pb}$:1.5～3.5 | 板，带 | 650 | 3 | 轴承和轴套的衬垫等 |
| 铸造锡青铜 | ZCuSn10Zn2 | 9.0～11.0 | 余量 | $w_{Zn}$:1.0～3.0 | 砂型 | 240 | 12 | 在中等及较高载荷下工作的重要管配件，阀、泵体、齿轮等 |
| | | | | | 金属型 | 245 | 6 | |
| | ZCuSn10Pb1 | 9.0～11.5 | 余量 | $w_{Pb}$:0.5～1.0 | 砂型 | 220 | 3 | 重要的轴瓦、齿轮、连杆和轴套等 |
| | | | | | 金属型 | 310 | 2 | |
| 铝、铍青铜等 | ZCuAl10Fe3Mn2 | $w_{Al}$:9.0～11.0 | 余量 | $w_{Fe}$:2.0～4.0<br>$w_{Mn}$:1.0～2.0 | 砂型 | 490 | 13 | 重要用途的耐磨、耐腐蚀的重型铸件，如轴套、螺母、蜗轮 |
| | | | | | 金属型 | 540 | 15 | |
| | QAl7 | $w_{Al}$:16.0～8.0 | 余量 | — | 板，带，棒，线 | 637 | 5 | 重要的弹簧和弹性元件 |
| | QBe2 | $w_{Be}$:1.8～2.1 | 余量 | $w_{Ni}$:0.2～0.5 | 板，带，棒，线 | 500 | 30 | 重要仪表的弹簧、齿轮等 |
| | ZCuPb30 | $w_{Pb}$:27.0～33.0 | 余量 | — | 金属型 | — | — | 高速双金属轴瓦、减摩零件等 |

(4)硅青铜。以硅为主要添加元素的铜合金称为硅青铜。硅青铜的机械性能比锡青铜好，它有很好的铸造性能和冷热加工性能。硅在铜中的最大溶解度为 4.6%，室温状态下降为 3%。将镍元素加到硅青铜中，因形成金属化合物 $Ni_2Si$，可进行时效处理，获得高的强度和硬度，硅青铜广泛应用于航空工业，可制作弹簧、齿轮、蜗轮、蜗杆等耐腐蚀、耐磨零件。

**3. 白铜**

以镍为主要添加元素的铜合金称为白铜。普通白铜仅含铜和镍，其牌号依次由 B("白"字汉语拼音字首)、镍的平均含量的百分数组成，例如 B5、B19 等。普通白铜中加入锌、锰、铁等合金元素后分别称为锌白铜、锰白铜、铁白铜。

白铜具有较好的强度和优良的塑性，能进行冷、热变形。冷变形能提高白铜的强度和硬度。它的抗腐蚀性很好，电阻率较高。白铜主要用于制造船舶仪器零件、化工机械零件及医疗器械等。含锰量高的锰白铜可制作热电偶丝。

# 任务 3 钛合金

钛及钛合金具有质量轻、强度高、耐高温、耐腐蚀及良好的低温韧性等优点。由于钛及钛合金资源丰富，所以它们有着广泛的应用前景。钛及钛合金的加工条件复杂，成本较高，在很大程度上影响了它的应用。

## 一、工业纯钛

钛的密度小(4.5 $g/cm^3$)，熔点高(1 668℃)，热膨胀系数小，热导性差，塑性很好($\delta=40\%$，$\psi=60\%$)，强度、硬度低($\sigma_b=290$ MPa，100 HBS)。钛与氧、氮形成致密的保护膜，因此，在大气、高温气体及许多腐蚀性介质中具有良好的耐腐蚀性。钛的成形性、焊接性和切削加工性良好，可制成细丝和薄片。钛具有同素异晶转变，在 882.5℃以下为密排六方晶格的 α-Ti，882.5℃以上为体心立方晶格的 β-Ti。

工业纯钛中含有氧、氮、铁、氢、碳等杂质，少量杂质可使强度、硬度增加，而塑性、韧性下降。

工业纯钛的牌号用 TA("T"为"钛"的汉语拼音字首)及数字表示，数字越大，纯度越低，其牌号有 TA1、TA2、TA3 三种。工业纯钛只能去应力退火和再结晶退火处理，常应用于 350℃以下、强度要求不高的零件和冲压件中。

## 二、钛合金

合金元素溶入 α-Ti 中形成 α 固溶体，合金元素溶入 β-Ti 中形成 β 固溶体。因此，可将钛合金分为α钛合金、β钛合金、(α+β)钛合金三类，其牌号分别以TA、TB、TC加数字(序号)表示。

**1. α钛合金**

钛中加入铝可使合金的铜素异晶转变温度提高，在室温和工作温度下获得单相α组织，故称为α钛合金。α钛合金具有良好的热稳定性、热强性和焊接性，但室温强度比其他钛合金低，塑性变形能力也较差，且不能热处理强化，主要是固溶强化，通常在退火状态下使用。

α钛合金的牌号有TA4、TA5、TA6、TA7、TA8等。TA7是典型牌号，可制作在500℃以下工作的零件，如导弹燃料罐、超音速飞机的蜗轮机匣、发动机压气机盘和叶片等。

**2. β钛合金**

钛中加入钼、铌、钒等稳定β相的合金元素，可获得稳定的β相组织，故称为β钛合金。β钛合金淬火后具有良好塑性，可进行冷变形加工。经淬火时效后，使合金强度提高，焊接性好，但热稳定性差，其牌号有TB1、TB2，适于制作在350℃以下使用的重载荷回转件(如压气机叶片、轮盘等)及飞机构件等。

3. (α+β)钛合金

钛中主要加入铁、锰、钼、铬、钒等稳定β相的合金元素以及少量稳定α相的合金元素铝，在室温下获得(α+β)的两相组织，故称为(α+β)钛合金。这种钛合金的塑性好，易于锻压，经淬火时效强化后，强度可提高50%～100%，但热稳定性差，焊接性不如α钛合金。(α+β)钛合金的牌号有TC1、TC2、……、TC10，其中TC4是典型牌号，经淬火和时效处理后，强度高、塑性好，在400℃时组织稳定，蠕变强度较高，低温时韧性好，并有良好的抗海水应力腐蚀及抗热盐应力腐蚀的能力，适合制造在400℃以下长期工作的零件，要求有一定高温强度的发动机零件，以及在低温下使用火箭、导弹的液氢燃料箱部件等。

除上述常用的钛合金外，还有钛镍合金(称为形状记忆金属)，预先将钛镍合金加工成一定形状，以后无论如何改变其形状，只要在300～1 000℃温度中进行几分钟至半小时的加热，它仍然会恢复到加工时的形状。利用这些特征可制作温度控制装置、集成电路导线、汽车零件及卫星天线等。

## 任务4 滑动轴承合金

在滑动轴承中，用来制造轴瓦或内衬的耐磨合金，称为轴承合金。轴承是用来支撑轴进行工作的，当轴在其内转动时，在轴颈和轴瓦之间必然有强烈的摩擦，同时还承受一定的冲击负荷。通常轴承的价格昂贵，更换困难，为避免轴颈受到磨损，又尽可能延长轴瓦的使用寿命，要求轴瓦材料有足够的强度、硬度(要比轴低)和韧性，小的摩擦系数、良好的磨合性(指轴颈与轴

瓦在运转时相互配合的性能),并能保存润滑油,另外,还有良好的导热性和抗腐蚀性。

为了满足以上要求,除适当选择材料外,还应当使轴承合金的组织为软基体上均匀分布着硬质点(见图8-7),或者是硬基体上分布着软质点。这样硬质点凸起支撑轴,软基体被磨凹,可储存润滑油,形成连续的油膜,使摩擦系数减小,同时软基体还具有抗冲击和较好的磨合能力。

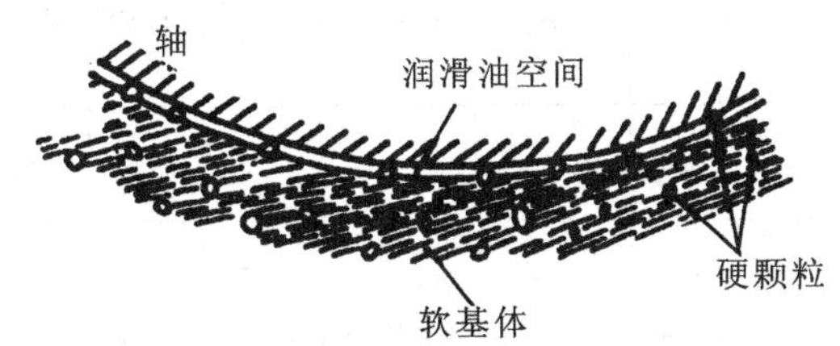


图8-7 滑动轴承合金的结构示意图

常用的轴承合金有铝基、锡基、铅基、铜基及铁基合金等。铸造轴承合金的牌号用ZCh("Z"为"铸"字的汉语拼音字首,"Ch"为轴承的"承"字的汉语拼音字头),加基体元素和主添元素及其含量来表示。例如,ZChSnSb11-6表示锡基轴承合金,主添加元素是锑,质量分数为11%,辅加元素(铜)的质量分数为6%。

## 一、锡基轴承合金(锡巴氏合金)

锡基轴承合金是锡-锑合金基础上添加铜的合金,其组织是典型的软基体上加硬质点,图8-8为最常用的锡基合金ZChSnSb11-6的显微组织,其中的软基体是锑在锡中的α固溶体,呈暗黑色,硬质点β相是以SnSb化合物为基的固溶体,呈白色方块状,以及铜和锡形成的化合物$Cu_3Sn$及$Cu_6Sn_5$呈白色针状、星状和粒状。铜-锡化合物还会形成树枝状骨架,阻止密度比较轻的锡-锑化合物为基的固溶体上浮,防止出现密度偏析。

图8-8 ZChSnSb11-6的显微组织

锡基轴承合金具有小的线膨胀系数和摩擦系数,导热性、抗腐蚀性及韧性良好,同时具有良好的工艺性能,适宜于制作汽车、拖拉机、汽轮机等高速轴承。常用锡基轴承合金的牌号、化学成分、力学性能和用途如表8-8所示。

表 8-8　锡基轴承合金的牌号、化学成分、力学性能及用途

<table>
<tr><th rowspan="3">牌　号</th><th colspan="5">化学成分/(%)</th><th colspan="2">力学性能</th><th rowspan="3">用　途</th></tr>
<tr><th colspan="4">主要成分</th><th rowspan="2">杂质(不大于)</th><th rowspan="2">硬度/HBS</th><th rowspan="2">熔化温度/℃</th></tr>
<tr><th>$w_{Sb}$</th><th>$w_{Cu}$</th><th>$w_{Pb}$</th><th>$w_{Sn}$</th></tr>
<tr><td>ZChSnSb 12-3-10</td><td>11～13</td><td>2.5～5.0</td><td>9.0～11</td><td rowspan="4">余量</td><td>0.3</td><td>29.6</td><td>185</td><td>性软而韧、耐磨，适用于引擎主轴</td></tr>
<tr><td>ZChSnSb11-6</td><td>10～12</td><td>5.5～6.5</td><td>—</td><td>0.5</td><td>30</td><td>241</td><td>电动机、离心泵、发动机、柴油机等的高速轴承</td></tr>
<tr><td>ZChSnSb8-4</td><td>7～8</td><td>3～4</td><td>—</td><td>0.5</td><td>28.3</td><td>238</td><td>内燃机的高速轴承</td></tr>
<tr><td>ZChSnSb4-4</td><td>4～5</td><td>4～5</td><td>—</td><td>0.5</td><td>25</td><td>225</td><td>内燃机，特别是航空发动机轴承</td></tr>
</table>

## 二、铅基轴承合金(铅巴氏合金)

铅基轴承合金是在铅-锑合金基础上添加锡、铜等元素的合金。它的软基体是(α＋一)共晶相(α 是锑在铅中的固溶体，一是铅溶入以 SnSb 化合物为基的固溶体)，硬质点是白色方块状的初生相及羽毛状的金属化合物 $Cu_3Sn$。

铅基轴承合金的硬度、强度、韧性与锡基合金相比要低，摩擦系数也较大，但价格便宜，铸造性好，故常用于低速、中载荷或静载荷下工作的轴承。常用铅基轴承合金的牌号、化学成分、力学性能及用途如表 8-9 所示。

表 8-9　铅基轴承合金的牌号、化学成分、力学性能及用途

<table>
<tr><th rowspan="3">牌　号</th><th colspan="5">化学成分/(%)</th><th colspan="2">力学性能</th><th rowspan="3">用　途</th></tr>
<tr><th colspan="4">主要成分</th><th rowspan="2">杂质(不大于)</th><th rowspan="2">硬度/HBS</th><th rowspan="2">熔化温度/℃</th></tr>
<tr><th>$w_{Sb}$</th><th>$w_{Cu}$</th><th>$w_{Sn}$</th><th>$w_{Pb}$</th></tr>
<tr><td>ZChPbSb16-16-2</td><td>15～17</td><td>1.5～2</td><td>15～17</td><td rowspan="5">余量</td><td>0.5</td><td>30</td><td>240</td><td>150～1 200 马力蒸汽涡轮机，150～750kW 电动机和重负荷的推力轴承等</td></tr>
<tr><td>ZChPbSb15-5-3</td><td>14～16</td><td>2.5～3</td><td>5～6</td><td>0.4</td><td>32</td><td>232</td><td>船舶机轴，小于 250kW 电动机轴承</td></tr>
<tr><td>ZChPbSb15-10</td><td>14～16</td><td>0.1～0.5</td><td>9～11</td><td>0.5</td><td>24.1</td><td>240</td><td>中等压力机械，也适用于高温轴承</td></tr>
<tr><td>ZChPbSb15-5</td><td>14～15.5</td><td>0.5～1.0</td><td>4～5.5</td><td>0.75</td><td>20.9</td><td>248</td><td>低速、轻压力机械轴承</td></tr>
<tr><td>ZChPbSb10-6</td><td>9～11</td><td>0.1～0.5</td><td>5～7</td><td>0.4</td><td>25</td><td>—</td><td>耐腐蚀、重载、耐磨性好</td></tr>
</table>

## 三、铝基轴承合金

铝基轴承合金是在 20 世纪 60 年代发展起来的，是近代汽车、拖拉机、航海、航空发动机等高速、高压、重载下工作的新型滑动轴承合金。铝基轴承合金的密度小、导热性好、承载强度和疲劳强度高，并且具有高温硬度，优良的耐腐蚀性和减摩性，适合用于高速、高负荷下工作的轴承。常用的铝基轴承合金有铝锑镁轴承合金及铝锡轴承合金两种，其中以高锡铝基轴承合金应用最广，可代替巴氏合金和铜基轴承合金。高锡铝基轴承合金是以铝为基，加入约为 20% 的锡和 1% 的铜，它的硬基体是铝，软质点是不溶入铝的球状锡晶粒，铜可防止密度偏锡，并溶入铝提高基体强度。

在机械工业中应用的轴承合金材料很多，除上述的锡基、铅基、铝基轴承合金外，还有铜基（锡青铜、铝青铜、硅黄铜、铝黄铜）、锌基（以锌为基，添加铝、铜的合金）、铁基（珠光体灰铸铁）轴承合金及粉末冶金含油轴承等。

# 任务 5　粉末冶金与硬质合金

工业上通常用熔炼法生产金属材料。近数十年来采用了一种新工艺，即用金属粉末或金属与非金属粉末混合压制成型，并在高温下烧结制成合金，这种新的生产方法称为粉末冶金法。由于这种方法与生产陶瓷有相似之处，因而也称为金属陶瓷法。

## 一、粉末冶金

粉末冶金主要生产工艺：粉料制备→压制成型→烧结→后处理→成品。

### 1. 粉料制备

粉料制备包括金属粉末的制取、混料等步骤。粉末制取的常用方法如下：①机械破碎法，如用球磨机粉碎原料；②雾化法，用高压气流（压缩空气流、蒸汽流、惰性气体流或其他气流）及高压液体（水）将熔融金属粉碎；③氧化物还原法，如用还原剂把金属氧化物还原成粉末；④电解法，通过电解金属盐的水溶液沉淀积出金属粉末。

混料的目的是使粉末中各组元（包括添加剂）均匀化。

### 2. 压制成型

压制成型是把混匀后的疏松粉末通过压制（或其他方法），制成一定形状、尺寸的压坯。通常是将添加了汽油橡胶或石蜡等增塑剂的粉末，在模具中以 500～600 MPa 的压力压制成需要的形状。在强大的压力下，粉末颗粒表面原子间的嵌合引力增加，加强了粉末接触面的机械连接，使压坯具有一定的密度和强度。

**3. 烧结**

要提高压坯的物理性能和机械性能，必须将压坯放入保护气炉或真空炉中进行烧结。金属在高温时塑性提高，接触面积增多，并通过原子扩散、再结晶、晶粒张大及蠕变过程，减少了坯料中的空隙度，提高了密度，获得了类似金属组织的强度较高的晶体合体——粉末冶金制品。

**4. 后处理**

后处理包括精压、浸油、机加工、热处理和表面处理等。精压的目的是提高形状和尺寸精度、表面光整程度。为提高减摩性、耐腐蚀性，可以浸渍机油或防腐油。为改善和提高综合性能，还可进行淬火、渗碳、碳氮共渗、蒸汽处理，以及渗锌、电镀、涂层等表面处理。

## 二、粉末冶金的特点与应用

粉末冶金法能制造具有特殊性能的制品，可以简化加工工艺，节约材料和设备，降低成本。粉末冶金的空隙可浸渍润滑油，改善耐磨性及起减振作用。粉末冶金不需熔炼，添加合金元素数量、种类不受溶解度及密度限制，具有较大的灵活性，可制得无密度偏析的合金、过饱和的合金或根本不相互溶解的元素所组成的假合金。但粉末冶金材料均匀性稍差，空隙的存在使力学性能、耐腐蚀性及对热、磁、电的传导能力下降。

**1. 粉末冶金法能制造具有特殊性的金属材料**

粉末冶金法能产生具有一定空隙度的多孔材料，如过滤器及多孔含油轴承，能生产一般熔炼法不能生产的电接触材料（如钨铜假合金）、硬质合金、金刚石与金属组合材料、各种金属陶瓷磁性材料，还可生产钨、钼、钽、铌等难熔金属材料和高温金属陶瓷等。近年来，为避免碳化物偏析，还用粉末冶金法生成高速钢。

**2. 用粉末冶金法生产机械零件充分发挥了少切削、无切削的优越性**

粉末冶金法最初主要用来制造各种衬套和轴套，现已从五金用具到大型机械，广泛地用于各行各业到顶端技术，特别是形状简单、批量大的零件，如齿轮、凸轮、活塞环、摩擦片及含油轴承等。粉末冶金法大量生产可减少加工时间，减少材料消耗，提高劳动生产率。但粉末冶金法采用的金属粉末成本较高，模具费较大，因而成本较高。受压力机容量的限制，制品的尺寸也不能过大，粉末流动性差，薄壁、细长等形状复杂件不宜用此法生产，且生产的零件韧性稍差。

## 三、硬质合金分类、牌号、主要性能与应用

高速切削时，刃具温度超过 600～650℃时，高速钢硬度也会迅速下降，而硬质合金能在工作温度 800～1 000℃时保持高硬度。它的耐磨性也比一般工具钢好得多。

硬质合金是以难熔金属碳化物（如碳化钨、碳化钛等）粉末和黏合剂（如钴或镍等）粉末混合加压成型后烧结而成的一种粉末冶金制品。

**1. 硬质合金的特点**

硬质合金具有高硬度、高耐磨性和高的红硬性，常温下硬度达 68～81 HRC，红硬性可达 800～1 000℃。其切削速度比高速钢高 4～7 倍，刀具寿命高 5～80 倍，可切削硬度达 50HRC 的硬度材料，硬质合金具有高的耐腐蚀性、抗氧化性，线膨胀系数小，刚性和抗压强度高，但其抗弯强度较低，脆性大，导热性也差。由于硬质合金硬度高，只能采用电加工或砂轮磨削，因此，在生产中，硬质合金一般都制成各种形状简单的刀片，用钎焊、黏接或机械夹紧方法镶嵌在刀体上使用。

**2. 硬质合金的分类、牌号和应用**

硬质合金按成分和性能特点可分为五类。

(1)钨钴类硬质合金。钨钴类硬质合金的成分主要由碳化钨(WC)和钴(Co)组成，个别牌号含有 TaC 或 NbC。牌号用汉语拼音字母 YG(“硬”“钴”两字的汉语拼音字首)表示，后面附数字表示 Co 的质量分数。例如，YG6 代表 $w_{Co}=6\%$的钨钴合金，余量为 WC。牌号加注 C、X、H 分别表示粗、中细、超细的 WC 颗粒；A 为含有少量的 TaC 合金；N 为含有少量的 NbC 合金。

在钨钴类硬质合金中，碳化物是合金的骨架，起坚硬耐磨作用；钴起黏接作用，同时影响韧性，随着牌号数字的增大，钴的质量分数的增加，硬质合金的硬度下降、抗弯强度增加；当钴的质量分数相同时，WC 的粒度越细，硬度越高。加入 TaC 及 NbC 后，钨钴类硬质合金的高温硬度、强度及抗氧化性有提高。常用钨钴类硬质合金的牌号、化学成分、力学性能及用途如表 8-10 所示。

**表 8-10　常用钨钴类硬质合金牌号、化学成分、力学性能和用途**

| 牌号 | 化学成分/(%) | | | 力学性能 | | 用　途 |
|---|---|---|---|---|---|---|
| | $w_{WC}$ | $w_{TiC}$ ($w_{NbC}$) | $w_{Co}$ | 抗弯强度/MPa | 硬质/HRC | |
| YG3 | 96.5 | <0.5 | 3 | 1 200 | 91.0 | 适用于铸铁和非铁金属的精、半精车加工 |
| YG3X | 96.5 | — | 3 | 1 100 | 93 | 铸铁和非铁金属及其合金的精镗、精车，亦可用于钢材及钨钼材料的拉丝模 |
| YG6 | 94 | — | 6 | 1 450 | 89.5 | 适用于铸铁、非铁金属及合金的粗、半精、精车加工 |
| YG6X | 93.5 | <0.5 | 6 | 1 400 | 91.0 | 可用于加工冷硬铸铁、耐热合金钢、普通铸铁的精加工 |
| YG8 | 92 | — | 8 | 1 500 | 98.0 | 适用于铸铁、非铁金属及非金属材料的粗加工 |

续表

| 牌号 | 化学成分/(%) | | | 力学性能 | | 用　途 |
|---|---|---|---|---|---|---|
| | $w_{WC}$ | $w_{TiC}$ ($w_{NbC}$) | $w_{Co}$ | 抗弯强度/MPa | 硬质/HRC | |
| YG8C | 92 | — | 8 | 1 750 | 88.0 | 可用于耐热钢、奥氏体不锈钢的粗加工 |
| YG11 | 89 | — | 11 | 1 800 | 88 | 可用于强度、冲击韧性较高的耐磨件及工具，亦可加工难加工的特殊钢材 |
| YG15 | 85 | — | 15 | 2 100 | 87 | 用于冲压模具，钢棒、钢管的拉伸模 |
| YG20 | 80 | — | 20 | 2 800 | 85.5 | 用于冲击大的冲压工具 |
| YG6A | 91 | 3.0 | 6 | 1 500 | 91.5 | 适用于冷硬铸铁、非铁金属、球墨铸铁及高锰钢、耐热钢的半精加工和精加工 |

(2)钨钴钛类硬质合金。钨钴钛类硬质合金的成分是 WC、TiC 和 Co，牌号用 YT(“硬”“钛”两字的汉语拼音字首)表示，附后数字表示 TiC 的质量分数。例如，YT14 表示 $w_{TiC}=14\%$、余量为 WC 和 Co 的钨钴硬质合金。表 8-11 所列的是常用钨钴钛类合金的牌号、化学成分、力学性能及用途。随着牌号数字的增大，TiC 的质量分数的增加，硬质合金的硬度提高。

**表 8-11　常用钨钴钛类硬质合金的牌号、化学成分、力学性能及用途**

| 牌号 | 化学成分/(%) | | | 力学性能 | | 用　途 |
|---|---|---|---|---|---|---|
| | $w_{WC}$ | $w_{TiC}$ ($w_{NbC}$) | $w_{Co}$ | 抗弯强度/MPa | 硬质/HRC | |
| YT5 | 85 | 5 | 10 | 1 400 | 89 | 适用于碳钢和合金钢粗、半精加工 |
| YT14 | 78 | 14 | 8 | 1 200 | 90.5 | 适用于碳钢和合金钢的粗、半精、精加工 |
| YT15 | 79 | 15 | 6 | 1 150 | 91 | 适用于碳钢和合金钢的粗、半精、精加工 |
| YT30 | 66 | 30 | 4 | 900 | 92.5 | 适用于碳钢和合金钢的精加工 |

YT 类与 YG 类相比较，硬度、红硬度、耐磨性、抗氧化有提高，但抗弯强度和导热性较差。碳化钛的质量分数增加时，硬度和热硬性增高，但抗弯强度降低。因此，YT 类硬质合金主要适用于较小振动的切削工具，例如制作精加工钢材的刃具。YG 类硬质合金抗弯强度高，一般用来加工脆性材料，如铸铁、非铁金属及其合金、胶木和其他非金属材料。

(3)通用类硬质合金(万能硬质合金)。通用类硬质合金的成分除 WC、TiC 和 Co 外还加入部分的 TaC 或 NbC，目的是提高通用类硬质合金的抗氧化性、抗热振性、红硬性与强度。它既可代替 YG 类切削铸铁和非铁金属，也可以当做 YT 类加工各种钢材，通常用于切削耐热钢、高锰钢、不锈钢等难加工材料。它的牌号用 YW（“硬”“万”两字的汉语拼音字首）表示。

(4)碳化钛基类硬质合金。碳化钛基类硬质合金的主要成分是 TiC，有时也可以加入少量的 WC，以镍、钼作为黏合剂。由于 TiC 的质量分数的增大，因而硬度在硬质合金中最高，牌号用 YN（N 表示不含钴的镍、钼作为黏合剂的合金）表示，主要用于淬火钢的精加工。

(5)钢结硬质合金。钢结硬质合金是一种新型硬质合金，其成分是以碳化物（WC 或 TiC 等）为强化相，以碳钢或合金钢（铬钼钢或高速钢）作为黏合剂的硬质合金。

钢结硬质合金像钢一样可以锻造、热处理和焊接。退火后（约 40HRC）可切削加工。经淬火、低温回火后，硬度可达 70HRC，具有高的耐磨性、抗氧化性、耐腐蚀性，淬火变形小等特点。用钢结硬质合金制成的刃具，寿命大大超过工具钢，与 YG 类相近，常用来制作各种形状复杂的刃具、冷热模具和耐磨件。表 8-12 所列的是常用通用类硬质合金、碳化钛基类硬质合金和钢结硬质合金的牌号、化学成分、力学性能和用途。

**表 8-12 常用通用类硬质合金、碳化钛基类硬质合金、钢结硬质合金的牌号、化学成分、力学性能及用途**

| 类别 | 牌号 | 化学成分/(%) | | | | 力学性能 | | 用途 |
|---|---|---|---|---|---|---|---|---|
| | | $w_{WC}$ | $w_{TiC}$ | $w_{Co}$ | $w_{其他}$ | 抗弯强度/MPa | 硬质/HRC | |
| 通用类 | YW1 | 84 | 6 | 6 | $w_{TaC}$:4 | 1 200 | 91.5 | 适用于耐热钢、高锰钢、不锈钢、铸铁的加工 |
| 通用类 | YW2 | 82 | 6 | 8 | $w_{TaC}$:4 | 1 350 | 90.5 | 适用于耐热钢、高锰钢、不锈钢、铸铁的加工，耐磨性稍次于 YW1，强度、韧性高于 YW1 |
| TiC 基类 | YN10 | 15 | 62 | — | $w_{Ni}$:2<br>$w_{Mo}$:10<br>$w_{TaC}$:1 | 1 100 | 92.0 | 与 YT30 基本相同，可用于淬火钢的精加工 |
| 钢结类 | GT35<br>(YE65) | — | 35 | — | $w_C$:0.6<br>$w_{Mo}$:2.0<br>$w_{Cr}$:2.0<br>$w_{Fe}$:余量 | 1 373～1 765 | 69～73 | 用于各种冷作模具、量具及其他工具，在某些条件下比普通硬质合金还好，可锻造、热处理及机械加工 |
| 钢结类 | GW50<br>(YE50) | 50 | — | — | $w_C$:0.8<br>$w_{Mo}$:0.3<br>$w_{Cr}$:1.1<br>$w_{Fe}$:余量 | 1 667～2 260 | 68～72 | |

# 任务6 高分子材料

塑料、橡胶、合成纤维及某些胶黏材料、涂料等，都是以高分子化合物（也称为高聚物或聚合物）为基础合成的，它们大都是人工合成的，因而又可称为高分子合成材料。

## 一、高分子材料

高分子材料的相对分子质量特别大，一般相对分子质量小于500的称为低分子物质，相对分子质量大于500且具有一定的强度和弹性的称为高分子物质，一般是在$10^3 \sim 10^6$之间（见表8-13）。

表8-13 几类物质的相对分子质量

| 分类 | 低分子物质 | | | | 高分子物质 | | | | | |
|---|---|---|---|---|---|---|---|---|---|---|
| 名称 | | | | | 天然高分子 | | | 人工合成高分子 | | |
| | 甲烷 | 苯 | 甘油 | 蔗糖 | 淀粉 | 蛋白质 | 橡胶 | 聚苯乙烯 | 聚氯乙烯 | 聚丙烯腈 |
| 相对分子质量 | 16 | 78 | 92 | 342 | 约100万 | 约15万 | 约9万 | >5万 | 2万～16万 | 6万～50万 |

高分子材料的结构很复杂，但高分子材料的化学组成都比较简单，合成高分子材料的每个大分子一般是由一种或几种简单的化合物重复连接而成的。例如，聚氯乙烯是由数量众多的氯乙烯小分子，断开双键连接成大分子，然后由大分子聚合在一起组成高分子材料。反应式为

$$n(\underset{\phantom{|}}{CH_2} = \underset{\underset{Cl}{|}}{CH}) \xrightarrow{\text{聚合}} \left[ CH_2 - \underset{\underset{Cl}{|}}{CH} \right]_n$$

凡是可以聚合生成大分子链的低分子化合物称为单体。聚氯乙烯的单体是氯乙烯（$CH_2=CHCl$），聚乙烯的单体是乙烯（$CH_2=CH_2$），大分子链还可以由不同单体聚集而成。例如，ABS共聚物就是由丙烯腈（$CH_2=CHCN$）、丁二烯（$CH_2=CH—CH=CH_2$）、苯乙烯（$CH_2=CHC_6H_5$）三种单体聚合而成的，具有不饱和键的烯烃类（有双键）是高分子材料的重要原料，它们可以打开不饱和键组成大分子链。

大分子链中的重复结构单元称为链节，如聚氯乙烯大分子链中的重复结构单元是$\left[ CH_2 - \underset{\underset{Cl}{|}}{CH} \right]$，它就是聚氯乙烯大分子链中的链节。大分子链中链节的重复次数$n$称为聚合度，它表示大分子链中链节的数目，聚合度大小取决于原料、反应进行过程的条件，以及加工方法等。

显然，每个大分子链的相对分子质量$M$应该是单体相对分子质量$m_0$和聚合度$n$的乘积，即$M=m_0 \times n$，聚合度反映了大分子链的长短和相对分子质量的大小。

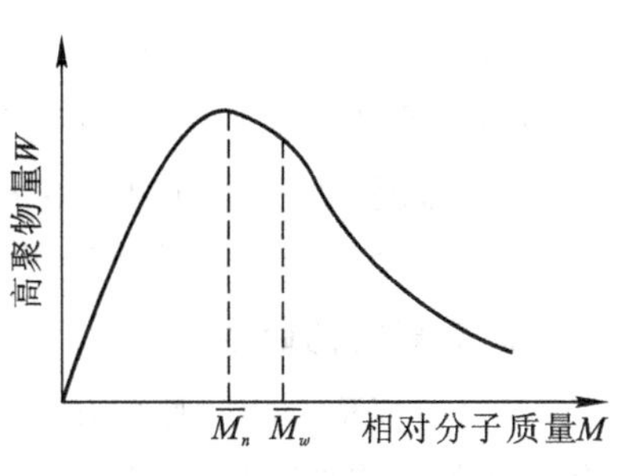

图 8-9　典型聚合物的相对分子质量分布

高分子材料是由相对分子质量不同的众多大分子链聚集而成的，不可能用单一的相对分子质量来表示，大分子链的长短（即相对分子质量）呈统计规律分布，如图 8-9 所示。所有高分子材料的相对分子质量是各大分子链相对分子质量的平均值，通常用数均分子量和重均分子量来表示高分子材料的平均分子量。数均分子量 $\overline{M}_n=\dfrac{\sum N_iM_i}{\sum N_i}$，重均分子量 $\overline{M}_w=\dfrac{\sum N_iM_i^2}{\sum N_iM_i}$，其中 $N_i$ 是分子量为 $M_i$ 的分子数。

相对分子质量和相对分子质量分布对高分子材料的使用性能和工艺性能有重要影响，高分子材料的许多特殊性质是由相对分子质量变大所决定的。一般说来，相对分子质量增加，材料的强韧性、耐磨性、耐蠕变等性能有所提高，但溶解性降低，然而熔融黏度也迅速增加，给成型加工带来困难。因此，高分子材料需要一个合适的相对分子质量数值。$\overline{M}_w/\overline{M}_n$ 是分布密度的标志，这个比值通常在 1.5～3 之间，有可能超过 25。

## 二、高分子材料的分类和命名

高分子分生物高分子和非生物高分子两大类。前者是研究生命现象的科学，后者又分为天然和人工合成两部分，可按形成元素、结构、工艺和使用性能等多种方法分类。

### 1. 高聚物的分类

(1)高聚物按化学组成可分为碳链、杂链、元素有机高分子及无机高分子等。聚合物主干中只有单链碳原子的聚合物称为碳链聚合物。主干中除碳原子外还含有其他原子如氧、氮、硫、磷等的聚合物称为杂链聚合物。例如，聚酯和聚酰胺（尼龙）为杂链聚合物，在主链中有非碳原子，$-\overset{\overset{\large O}{\|}}{C}-O-$（酯键合）、$-\overset{\overset{\large O}{\|}}{C}-\underset{\underset{\large H}{|}}{N}-$（氨键合）。主干中无碳原子的聚合物称为元素有机高分子，例如—O—Si—O—Si—O—，但它的侧基一般为有机基团。无机高分子的主链和侧基均由无机元素或无机基团构成，例如无机耐火橡胶（$\left[\underset{\underset{\large Cl}{|}}{\overset{\overset{\large Cl}{|}}{P}}=N\right]_n$）、硅酸盐玻璃、陶瓷、云母、石棉等均属此类。

(2)高聚物按大分子链的几何形状可分为线型高聚物和体型高聚物两大类。线型指主链原子排列成一长链形状，也可带支链。体型也是以长链为主链，但在三维空间中还与其他许多大分子发生交联而成。

线型高聚物受热时往往可以熔化，它能溶于特定的有机溶剂，具有结晶的可能性。这类高聚物中常见的有聚乙烯、聚氯乙烯、橡胶等。

体型高聚物在高温中难以熔化，它不溶于有机溶剂，酚醛、胺醛、环氧树脂及聚酯等都属此结构。

(3)高聚物按用途可分为塑料、橡胶、合成纤维、胶黏剂和涂料。

**2. 高聚物的命名**

(1)根据聚合物的原料单体命名。它是以合成聚合物的低分子原料单体为基础命名的。有些在单体前加“聚”，如聚乙烯等。有些在单体后加“树脂”或“橡胶”。这种命名方法简便，应用广，但不十分确切，易造成混乱。

(2)采用商品名称和字母命名。许多高聚物都有其商品名称，如有机玻璃(聚甲基丙烯酸甲酯)、电木(酚醛塑料)、电玉(脲醛塑料)、涤纶(聚酯纤维)、腈纶(聚丙烯腈纤维)等。这些商品名称虽然应用广，但各个国家或厂家称呼不统一。

聚合物还常用其英文名称的第一个字母表示，如PS代表聚苯乙烯、PVC代表聚氯乙烯、EVA代表聚乙烯-乙酸乙烯酯等。用字母命名虽然应用方便，但应当注意有个别聚合物可能会有代表符号相同的问题。

(3)一些天然高分子材料具有专用名称，如蛋白质、纤维素、淀粉等。

## 三、工程塑料

塑料是以树脂为基体，一般再加入其他添加剂，在一定的温度和压力下塑造成的人造材料。而把能制作机器零件和工程构件，具有较高的强韧性，适用温度范围较宽的塑料称为工程塑料。随着塑料工业的发展，工程塑料在机械、建筑、交通运输及火箭制造等方面的应用不断扩大。

**1. 塑料的组成和分类**

1)塑料的组成

(1)树脂。这种人工合成高分子化合物是工程塑料的基本组成部分，起黏接作用，它决定了塑料的基本性能，如电性能、理化性能、力学性能等，同时也决定了塑料的类型，是热塑性塑料或是热固性塑料。树脂在塑料中的含量为30%～100%。

(2)填料。加入填料的主要目的是改善塑料的使用性能(如导电性、耐热性、防老化性等)和工艺性能，同时也降低了塑料的成本。例如：加入铝粉、铜粉，能提高塑料的负载能力，有助于自润滑、耐磨和导热；加入云母粉可改善塑料的导电性；加入石棉粉可提高塑料的耐热性；加入硫化钨、二硫化钼能起到润滑和耐磨的作用。一般要求填料来源丰富、价廉，易与树脂黏附，性质稳定。填料在塑料中的含量可达20%～50%，是改变塑料性能最重要的组成部分。

填料根据形状不同可分为粉状、片状和纤维状；填料根据化学成分不同可分为有机填料和无机填料。有机填料有木粉、纸张、棉织物、麻布、玻璃纤维、合成纤维等。无机填料有云母片、石英粉、石墨粉、铁粉、铜粉、铝粉、氧化铝、氧化钛、二氧化硅、碳纤维等。

(3)增塑剂。增塑剂的作用是改善树脂的可塑性和柔软性，提高低温性能或成型工艺性。增塑剂分子处于树脂分子链间，阻止了树脂分子的彼此接近，减小分子间的作用力，降低了塑料的软化温度与硬度，提高了塑料的塑性和韧性。例如，在聚氯乙烯树脂中加入邻苯二甲酸二丁酯，可变为橡胶一样的软塑料。

增塑剂应与树脂有较好的相溶性，不易挥发，对光和热较稳定，且无毒、无味、无色、成本低。常用的增塑剂是液态或低熔点固态的有机低分子化合物，主要有甲酸酯类、磷酸酯类和氯化石蜡类。增塑剂的平均使用量为树脂的 15%～30%。

(4)稳定剂。稳定剂起稳定作用，是用来防止塑料在光、热等作用下过早老化的少量添加剂。稳定剂中的抗氧化剂有酚类、胺类等有机化合物和铅的化合物。此外还有紫外线吸收剂如炭黑等。

(5)润滑剂。为防止塑料在成型过程中的黏模，减少塑料对模具的磨损，并提高塑料制品表面的光泽，要加入少量润滑剂。常用的润滑剂为硬脂酸及盐类。

(6)着色剂。着色剂使塑料制品具有鲜艳和美丽的色彩。常用有机染料或无机染料作为着色剂，一般要求着色剂着色力强，色泽鲜艳，性质稳定，耐温性和耐光性好，并与树脂有很好的相溶性。

(7)固化剂。固化剂使热固性树脂在成型时，由线型结构通过交联转变为体型网状结构，使其变得坚固和稳定。例如，环氧树脂加入乙二胺，酚醛树脂加入六次甲基四胺，聚酯树脂加入过氧化物。

根据塑料品种和使用要求还需加入其他添加剂，如抗静电剂、发泡剂、发光剂和阻燃剂等，加入银粉或铜粉可制成导电塑料，加入阻燃剂可遏制燃烧或自熄，加入发泡剂可制成泡沫塑料。

2)塑料的分类

塑料的分类方法主要有以下两种。

(1)按塑料的热特性分类。塑料可分为以下两种。①热塑性塑料。加热时软化或熔化，冷却后又凝固硬化，可多次重复的高聚物称为热塑性塑料。这类高聚物分子间作用力较弱，为线型带支链的高聚物，如聚乙烯、聚氯乙烯、聚丙烯、聚酰胺(尼龙)、ABS、聚甲醛、聚碳酸酯、聚苯乙烯、聚砜、聚苯醚、聚四氟乙烯、聚氯醚等。②热固性塑料。加热加压成型后，不能再熔融或改变形状的高聚物称为热固性塑料。热固性塑料在加热时由线型转变为网型或体型高聚物，如氨基树脂、环氧树脂、酚醛树脂、聚硅醚树脂、不饱和聚酯等。

(2)按塑料的使用范围分类。塑料可分为以下两种。①通用塑料。通常指用途广、产量大、价格低廉、力学性能不高的塑料，主要用于日常生活、工农业生产中的一般零件，如聚乙烯、聚氯乙烯、聚苯乙烯、聚丙烯、酚醛塑料和氨基塑料等。通用塑料占塑料总量的 75%以上。②工程塑料。工程塑料主要指强韧性、耐热性、电性能等综合性能良好的各种塑料，常用来代替金属材料制作机器零件、工程构件、工业容器和设备等，如 ABS、聚甲醛、环氧塑料、聚酰胺、聚碳酸酯、聚砜等。

**2. 工程塑料的力学性能和其他性能**

工程塑料由于结构的多重性，以及对温度和时间的敏感性，许多性能不够稳定，变化幅度大。下面简述工程塑料的性能特点。

1)工程塑料的力学性能

(1)强度。工程塑料的强度、弹性模量都比金属低得多。强度一般为30～100 MPa,是A3钢强度的1/15～1/4。弹性模量为2～200 MPa,而一般金属材料为$10^3$～$2\times10^5$ MPa,但比强度高,甚至比钢铁材料还高。

可以粗略地将工程塑料的应力-应变曲线分为四类,如图8-10所示。

①硬而脆。高的弹性模量和抗拉强度,低的伸长率(2%以下),无屈服点,如有机玻璃、聚苯乙烯、酚醛、脲醛、三聚氰胺甲醛等热固性塑料属此类。此类工程塑料的应力-应变曲线如图8-10(a)所示。

②硬而强。弹性模量高、抗拉强度高,断裂伸长率为2%～5%,似乎在接近屈服点处发生断裂。如共混聚苯乙烯、某些配方的硬聚氯乙烯、芳香尼龙及不熔性聚酰亚胺等多数刚硬而耐高温塑料,大部分是用长玻璃纤维来增强热固性。此类工程塑料的应力-应变曲线如图8-10(b)所示。

③软而韧。弹性模量低,屈服点或平台区低,伸长率很大(25%～100%),断裂强度较高,如橡胶、四氟塑料、高压聚乙烯和高增塑的聚氯乙烯等属此类,这类材料不能作为结构材料,其应力-应变曲线如图8-10(c)所示。

④硬而韧。高的弹性模量和屈服点,高的抗拉强度和较大的伸长率(百分之几十到几百)。如ABS、硬聚氯乙烯塑料、尼龙、聚甲醛、聚氯乙烯、聚砜、聚苯醚、可溶性聚酰亚胺和纤维素塑料等许多高聚物属此类。此类工程塑料的应力-应变曲线如图8-10(d)所示。

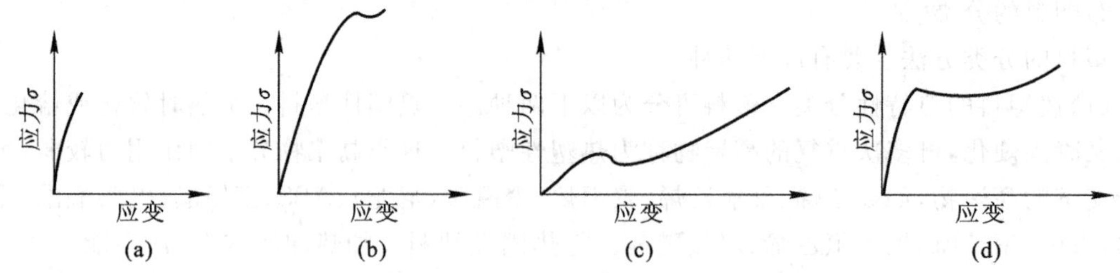


**图8-10　高聚物的几种典型应力-应变曲线**

(2)塑性与韧性。高聚物由大分子链组成,加热时不会立即熔化,表现有明显的塑性,拉伸屈服时应变比金属大得多,大多金属的屈服应变约为0.01,而工程塑料可达0.20以上。

由于工程塑料的塑性相对较好,在非金属材料中冲击韧性是较好的,但比金属小得多,仅为百分之一数量级。例如,热塑性塑料冲击韧性一般为0.2～1.5 J/cm$^2$,热固性塑料为0.05～0.5 J/cm$^2$,提高工程塑料的强度和塑性可改善韧性。

(3)减摩性和耐磨性。工程塑料虽然硬度较低,但有些工程塑料减摩性和耐磨性好,原因是它们的摩擦系数小。例如,聚四氟乙烯的摩擦系数仅为0.04,几乎是所有固体中最低的,而钢材的摩擦系数为0.15～0.3,同时,某些工程塑料有良好的自润滑性能,减振能力强,对工作条件适应性也好,特别在无润滑、少润滑的摩擦条件下,它们的耐磨性和减摩性能远高于金属材料。

(4)蠕变和应力松弛。工程塑料在室温下受到持久恒定载荷的作用,随着时间的延长变形继续增长的现象称为蠕变。例如,架空的聚氯乙烯电线套管,在电线和自重的作用下发生缓慢的挠曲变形,ABS、尼龙等蠕变较大,而聚苯醚、聚砜等抗蠕变性能较好,而金属材料只有在较高温度下发生明显的蠕变。

工程塑料在载荷作用下变形后,产生的应力随时间的延长而逐渐减小的现象称为应力松弛。例如,连接管道的法兰盘中的密封垫圈,经过长时间工作后发生渗漏现象。

2)工程塑料的其他性能

(1)密度小。工程塑料的密度为 0.9～2.2 g/cm$^3$,为钢的 1/8～1/4,为普通陶瓷的一半以下。有的塑料比纸还轻,泡沫塑料的密度可达 0.01 g/cm$^3$。

(2)耐热性。工程塑料随温度升高其性能明显下降的能力称为耐热性。工程塑料的耐热性远低于金属材料,常用热塑料的耐热温度在 100℃以下,如聚乙烯、聚氯乙烯、尼龙等。热固性塑料耐热温度一般较高,如酚醛和三聚氰胺甲醛塑料的耐热温度为 130～150℃,而耐高温塑料如有机硅塑料可达 300℃。塑料的热膨胀系数较大,为金属的几倍到几十倍。

(3)电性能。塑料的绝缘性良好,介质损耗小,但加入了某些导电填料可制成导电塑料。

(4)耐腐蚀性。塑料是绝缘体,不发生电化学腐蚀,一般能耐酸、碱、油及大气等物质的侵蚀,尤其是被誉为塑料王的聚四氟乙烯,能在沸腾的王水中保持稳定。

**3. 常用工程塑料简介**

1)常用热塑性工程塑料

常用的热塑性工程塑料有如下几种。

(1)聚乙烯(PE)。聚乙烯具有优良的耐腐蚀性、耐磨性与绝缘性。力学性能较低,但可用玻璃纤维增强。按合成方法不同,聚乙烯分为低压聚乙烯、中压聚乙烯和高压聚乙烯三种。低压聚乙烯的熔点、刚性、硬度和强度较高,高压聚乙烯的柔软性、伸长率、冲击强度和透明性较好,中压聚乙烯的性能介于两者之间。低压聚乙烯用于耐腐蚀件、绝缘件、涂层,或者承载不高的零件,如齿轮、轴承等。高压聚乙烯用于薄膜、食品包装等。

(2)聚丙烯(PP)。聚丙烯的密度小,强度、硬度、耐热性均优于低压聚乙烯,聚丙烯具有优异的耐弯折性能,可连续弯折 $2\times10^7$ 次,耐腐蚀性好,具有良好的高频绝缘性,但不耐磨,易于老化。聚丙烯常用于一般的机械零件、耐腐蚀件、耐磨件,如法兰、泵的叶轮、化工设备、管道,以及绝缘件(如电线、电缆绝缘层)。

(3)聚氯乙烯(PVC)。聚氯乙烯燃烧有刺激性气味,燃烧物可成丝,有优良的耐腐蚀性和绝缘性。根据配料中加不加增塑剂,聚氯乙烯可分为硬、软两种聚氯乙烯。前者强度较高,后者强度低,伸长率大,易老化,有毒,不能包装食品。硬聚氯乙烯用于耐腐蚀的化工机械零件,如电槽衬垫、酸碱储存器、废气排污、排毒塔等。软聚氯乙烯常制成薄膜及人造革、电线电缆绝缘层、密封件等。泡沫聚氯乙烯质轻,隔热、隔音,防振,可用于泡沫塑料制品的衬垫。

(4)聚苯乙烯(PS)。聚苯乙烯燃烧有浓烟,无味,密度小,有优良的电绝缘性,无色透明,透明度达 88%～92%,透光率仅次于有机玻璃,着色性好,但质脆。聚苯乙烯可制作透明件、光学零件、装饰件和绝缘件，如车辆灯罩、透明窗、眼镜、电视机外壳及构件、电器中的绝缘零件、透明模型等。泡沫聚苯乙烯质轻，隔热、隔音，防振，可用玻璃纤维增强力学性能。泡沫聚苯乙烯用于包装、铸造模样、管道保温及救生等。

(5)丙烯腈-丁二烯-苯乙烯共聚(ABS)。丙烯腈-丁二烯-苯乙烯共聚塑料是由丙烯腈、丁二烯、苯乙烯三元共聚，且有三者的优点，即硬、韧、刚。丙烯腈-丁二烯-苯乙烯共聚塑料具有良好的耐腐蚀性、耐热性、电绝缘性，耐冲击、尺寸稳定性好。丁二烯的含量越高，冲击强度越大；增加丙烯腈可提高耐腐蚀性；增加苯乙烯可改善成型加工性。丙烯腈-丁二烯-苯乙烯共聚塑料常用来制作一般机械零件及减摩性、耐磨性传动件，广泛用于齿轮、轴承、泵叶轮、电机外壳及收音机、电视机、电风扇等外壳。

(6)有机玻璃(PMMA)。有机玻璃是有机材料中透明度最好的材料，与普通无机玻璃相似，它质轻、坚韧、耐老化性优良，缺点是表面硬度低，易划伤、起毛。有机玻璃常用来制作一定强度的透明件，如油标、油杯、标牌、光学镜片、座舱罩、挡风玻璃、教学仪器及仪表部件。

(7)聚酰胺(尼龙 PA)。聚酰胺是目前使用最广泛的工程塑料。根据胺和酸中的碳原子数或氨基酸中的碳原子数，分别命名为尼龙 PA6、尼龙 PA66、尼龙 PA610 等几十个品种，其中尼龙 PA1010 是我国独创的产品。

聚酰胺具有突出的耐磨性和自润滑性，良好的坚韧性、耐油性、耐疲劳、电绝缘性。尼龙 PA6 弹性好，冲击强度高，但吸水性较大；尼龙 PA66 强度高，耐磨性好；尼龙 PA610 与尼龙 PA66 相似，但吸水性、刚性较小；尼龙 PA1010 半透明，耐寒性较好，可用玻璃纤维增强。聚酰胺广泛用于机械、化工及电气零件，如齿轮、凸轮、导板、轴承、密封圈、输油管、储油器、电池箱和电缆等。

(8)聚四氟乙烯(F-4)。含氟的塑料总称为氟塑料，聚四氟乙烯是其中应用最广泛的一种。它是一种结晶的高聚物，俗称塑料王，具有极佳的耐腐蚀性，能对包括王水在内的几乎所有化学药品耐腐蚀，但受熔融碱金属侵蚀。它具有良好的耐高、低温性能，可在 $-180\sim260$℃温度范围内长期使用。它还有优越的电绝缘性、小的吸水性、极低的摩擦系数，缺点是不能热注成型，只能采用像粉末冶金那样冷压、烧结的成型方法，价格也较贵。聚四氟乙烯主要应用于耐腐蚀件、减摩件、密封件、绝缘件，如化工管道、泵、高频绝缘体、密封填料及轴承、活塞环等。

(9)聚砜(PSF)。聚砜突出的特点是有优良的耐热性、抗蠕变性及尺寸稳定性好，良好的耐寒性，高的弹性模量、高的强度，还有良好的电镀性。聚砜可制作高强度、耐热、抗蠕变结构件，耐腐蚀零件和绝缘件，如精密齿轮、真空泵叶片、仪表的壳体和罩，以及电子产品的印刷电路板。

2)常用热固性工程塑料

常用的热固性工程塑料有如下几种。

(1)酚醛塑料(PF)。酚醛塑料俗称电木。酚醛塑料具有优良的耐热性、耐磨性、绝缘性、化学稳定性及尺寸稳定性，强度较高，但冲击韧性较低，可制作一般机械零件、绝缘件、耐腐蚀件等，如齿轮、凸轮、轴承、滑轮、电器插头和插座及仪表外壳等。

(2)氨基塑料。氨基塑料具有优良的电绝缘性，良好的耐磨性、耐热性、耐水性，耐电弧性好、着色性好。氨基塑料常用于一般机械零件、绝缘件及装饰件，如插头、插座、电器绝缘板、收音机和电视机外壳等。

(3)有机硅塑料(SI)。有机硅塑料具有优良的电绝缘性，耐高温，可在200℃以下长期使用，吸水性低，水珠在其表面只能滚落而不能润湿，防潮性强，缺点是机械强度低。有机硅塑料可用来制作电子元件、电器元件、耐热件及绝缘件，如配电盘、印刷电路板、转向开关及电机中的绝缘件。

(4)环氧树脂(EP)。环氧树脂强度较高，韧性较好，有优良的电绝缘性、耐腐蚀性、耐热性和耐寒性，以及有良好的工艺性能，缺点是价格较贵和有些毒性。环氧树脂可用来制作塑料模，电子、电器元件及线圈的灌封和固定，可作为胶黏剂(有"万能胶"之称)、涂料及环氧玻璃钢。

## 四、橡胶

橡胶是在室温下处于高弹性的高分子材料，在较小载荷作用下，变形量可高达100%～1 000%，是常用的弹性材料、密封材料、减振材料。橡胶可分为天然橡胶和人工合成橡胶两种。

### 1. 橡胶的组成

橡胶由生胶和各种配合剂组成。

1)生胶

未添加配合剂的天然橡胶或人工合成橡胶均称为生胶，它决定了橡胶的性能，并起黏接作用。

2)配合剂

为了提高和改善橡胶的各种性能，节约生胶，常需加入如下各种配合剂。

(1)硫化剂。它使橡胶分子交联成网状结构，即硫化过程。硫化剂提高了橡胶制品的弹性、耐磨性、耐腐蚀性和抗老化能力，常用的硫化剂有硫黄、氯化硫、过氧化二苯甲酰等。

(2)硫化促进剂。为缩短硫化时间，降低硫化温度，减少硫化剂用量常加入催化剂，如$PbO$、$Pb_3O_4$、$MgO$、$ZnO$等。

(3)活性剂。活性剂是能加速发挥有机促进剂的活性物质，如金属氯化物、有机酸和胺类等。

(4)填充剂。填充剂可提高橡胶的强度、硬度，减少生胶用量及改善工艺性能，如炭黑、氧化硅、滑石粉、硫酸钡、石英等。

(5)防老化剂。为防止橡胶在长期存放或使用时，性能逐渐变坏，常加入苯胺、二苯胺、石蜡、蜂蜡等作为防老化剂。

(6)着色剂。着色剂可使橡胶具有各种颜色，如钛白、铁丹、锑红、镉钡黄、群青等颜色。

为了提高橡胶的塑性、强度、导电性及其他性能，还可加入增塑剂、增强剂、电性能调节剂和发泡剂等。

3)骨架材料

为提高橡胶制品的强度与刚度,提高承载能力和限制变形,常加入各种纤维(包括金属丝)作为骨架材料。

**2. 胶的性能**

胶的性能有如下几点。

(1)高弹性。橡胶的突出特点是在很宽的温度范围内具有高弹性,一般橡胶在$-40\sim80$℃,某些特殊橡胶在$-100\sim200$℃范围内有高弹性。它的回弹性好,一经受外力就产生很大变形,外力卸除立即恢复原状。

(2)耐磨性、抗撕裂性能好。

(3)良好的隔音、吸振、电绝缘性。

(4)优异的不透水性和不透气性。

(5)除特种合成橡胶外,一般橡胶的耐蚀性较差,易老化。

**3. 常用橡胶简介**

根据应用范围,橡胶可分为通用橡胶和特种橡胶两种。

1)通用橡胶

(1)天然橡胶。天然橡胶是橡胶树中流出的白色胶乳,经凝固、干燥、加压制成生胶。天然橡胶中90%以上是橡胶成分,它是线型结构的聚异戊二烯,天然橡胶有良好的抗拉强度、弹性、伸长率、耐磨性、耐低温性,以及加工性能好,但耐老化、耐臭氧性、耐油性、耐溶剂性差,不耐高温,通常在$-70\sim100$℃范围内使用。天然橡胶广泛用于轮胎、胶带、胶管、胶鞋和电线、电缆等。

(2)丁苯橡胶。丁苯橡胶是由丁二烯和苯乙烯共聚而成,是目前合成橡胶中产量最大、应用最广的通用橡胶。丁苯橡胶与天然橡胶相比,有较好的耐磨性、耐老化和耐热性,但加工性、自黏性稍差,成本高,常用来制作汽车的内外胎、胶管、运输带及通用制品。

(3)顺丁橡胶。顺丁橡胶是顺式-聚丁二烯橡胶的简称,其结构与天然橡胶相似,因此性能接近天然橡胶,主要优点是具有目前橡胶中最好的弹性,耐磨性较丁苯橡胶高26%,还有良好的耐寒性、耐老化性,但加工性能差,强度偏低。顺丁橡胶产量仅次于丁苯橡胶,常用来制作轮胎、三角胶带、橡胶弹簧、耐热胶管及耐寒橡胶制品。

(4)氯丁橡胶。氯丁橡胶由氯丁二烯单体聚合而成,具有在通用橡胶中最好的耐燃性(燃烧时放出氯化氢气体阻燃),有良好的耐油性、耐臭氧性、耐氧性、耐溶剂性、耐酸碱性、耐老化等性能。它既可用于通用橡胶,又可用于特种橡胶,但耐寒性、电绝缘性差,成本高。它被广泛用于电线、电缆、输油管道、耐腐蚀性胶管、轮胎及汽车门窗嵌条等。

2)特种橡胶

(1)丁腈橡胶。丁腈橡胶由丙烯腈和丁二烯聚合而成。它最突出的特点是耐油性优良,耐热性、气密性、对酸碱的稳定性均好,耐磨性也较天然橡胶高30%~40%,缺点是耐寒性、耐臭氧性差,加工困难。丁腈橡胶通常作为耐油橡胶使用,可制作输油管、耐油密封垫圈、化工设备

衬里、储油箱、O形圈等一般耐油制品。

(2)聚氨酯橡胶。聚氨酯橡胶是由氨基甲酸酯聚合而成的,耐磨性优于其他任何种类橡胶,抗拉强度高,耐油性好,但耐水性、耐酸碱性差,不耐高温,可用来制作轮胎芯、胶辊和其他橡胶耐磨件。

(3)硅橡胶。硅橡胶分子链的主链由硅原子和氧原子组成,柔性好,在低温下仍具较好的弹性。硅橡胶的主要特点是耐热性好,可在较宽温度范围内使用(−70～300℃),还有良好的耐臭氧性及电绝缘性,但强度较低,耐油性差,价格贵。硅橡胶常用于制作各种耐高、低温的橡胶制品,如各种垫圈、密封件、管道系统的接头,各种耐高温电线、电缆绝缘层,以及人工心脏、心血管等。另外,硅橡胶无毒、无味,还可用于食品工业的耐高温制品。

(4)氟橡胶。在大分子链中含有氟原子的弹性体称为氟橡胶,氟橡胶有较多品种。氟橡胶的主要特点是耐腐蚀性优良,在橡胶中耐酸碱性及耐强氧化剂的能力最佳,它还有极好的耐热性,耐大气老化、电绝缘性也好,但加工性差,价格昂贵,耐寒性也差。氟橡胶具有极广泛的用途,是国防和尖端技术的重要材料,常用于制作高级密封件、宇宙飞行橡胶件、高真空橡胶件、耐腐蚀橡胶件及电线、电缆绝缘层等。

## 五、胶黏剂

将两个工件牢固地胶连在一起的连接方法称胶接。起黏接作用的物质称胶黏剂,也称黏合剂。胶接工艺操作方便,结头光滑,应力分布均匀,强度较高,接头的密封性、绝缘性和耐腐蚀性较好,且各种材料都能胶接,故广泛应用于电子、机械、船舶、航空、宇航、轻工等部门。

### 1. 胶黏剂的分类和组成

1)胶黏剂的分类

胶黏剂可以按成分、用途等多种方法分类,这里仅介绍以胶黏剂的化学成分分类,如图8-11所示。

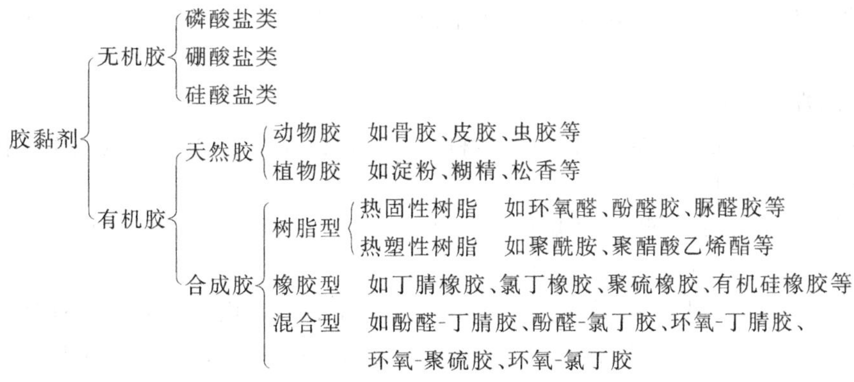


**图8-11　胶黏剂按化学成分(黏料)的类型分类**

2)胶黏剂的组成

胶黏剂是以具有黏性和弹性的天然或合成高分子为基料,加入固化剂、填料、增韧剂、稀释剂、防老化剂等添加剂组成的混合物。

(1)基料(黏料)。基料是胶黏剂的骨架,使胶黏剂具有黏附的性能。基料由数种高分子化合物混合而成,常用的有天然橡胶、合成橡胶、合成树脂等。

基料应有良好的黏附性、湿润性,有一定的强度、韧性、耐热性、抗老化性,且不会对胶接件产生腐蚀。

(2)固化剂。固化剂又称硬化剂或熟化剂,能使线型分子转变成网型或体型结构,从而使胶黏剂固化,使胶膜产生一定的硬度和韧性。不同的胶黏剂有不同的固化剂,如环氧树脂常用胺类、咪唑类、酸酐类等固化剂。

(3)填料。填料用以增加胶黏剂的弹性模量、冲击韧性、耐磨性、胶接强度、热导率、黏度、介电性能,降低线膨胀系数,减少固化收缩率,同时降低了胶黏剂的成本。

(4)增韧剂。增韧剂又称增塑剂,可提高冲击韧性和改善胶黏剂的流动性、耐寒性、耐振性等,但会使胶黏剂的强度、弹性模量、耐热性下降。

(5)稀释剂。稀释剂主要是为了降低胶黏剂的黏度,提高胶液的浸润性和流动性,便于操作、灌注和喷涂,同时也延长了胶黏剂的使用寿命。

(6)改性剂。为改善某一性能,满足特殊需要,可加入改性剂。例如,加入增黏剂(偶联剂)可提高黏接强度;加入着色剂,使胶黏剂具有各种颜色。

此外,为改善和提高胶黏剂的性能,还可加入抗紫外线老化剂、抗腐蚀剂、稳定剂、促进剂、触变剂等。

**2. 常用的几种胶黏剂**

1)环氧树脂胶黏剂

环氧树脂胶黏剂是以环氧树脂为基料的胶黏剂,因对金属、非金属等多种材料具有良好的黏附性,俗称“万能胶”。这类胶黏剂的内聚力大,黏合时不需加压,低收缩率,低蠕变性,对潮气不敏感,加特殊固化剂后可室温固化,使用温度范围广,但有一定的毒性,使用期短,价格偏高。

2)酚醛改性胶黏剂

纯酚醛树脂主要用于胶接木材、泡沫塑料等材料,改性后的酚醛可胶接金属材料。常见酚醛改性胶黏剂有以下几类。

(1)酚醛-丁腈胶黏剂。酚醛-丁腈胶黏剂结合了酚醛与橡胶的优点,具有良好的热稳定性和高弹性,高的柔韧性、耐热性,黏合力强。

(2)酚醛-缩醛胶黏剂。热塑性的聚乙烯醇缩醛树脂改变了酚醛的脆性。这种胶黏剂具有良好的性能,机械强度高,柔性好,耐寒性、耐大气性好,它是目前最通用的飞机结构胶黏剂之一。

(3)酚醛-缩醛-有机硅胶黏剂。酚醛-缩醛-有机硅胶黏剂具有高的耐热性,在−60～300℃范围内有较好的胶接强度,能在200℃下长期工作(200 h),300℃下短期工作(5 h)。

3)聚氨酯胶黏剂

聚氨酯胶黏剂具有耐水性、耐油性、耐溶剂性、耐臭氧性、耐菌性等特点,在低温下有优良的胶接强度,应用范围广,对各种金属和非金属都有较好的黏附性。

4)丙烯酸酯胶黏剂

丙烯酸酯胶黏剂种类很多,主要有以下两种。

(1)α-氰基丙烯酸酯胶黏剂——快干胶。这类胶一般半分钟至几分钟可黏牢,再保持24~48 h,就可完全固化,但储存期短,易变质。

(2)丙烯酸酯胶黏剂——厌氧胶。这类胶在空气(氧气)中不能固化,一旦隔绝空气,便会快速聚合成不溶及有良好胶接性能的固态胶层,因而称厌氧胶,也称嫌气性胶黏剂。

**3. 胶接工艺简介**

胶接工艺过程大致有以下几个工序(见图8-12)。

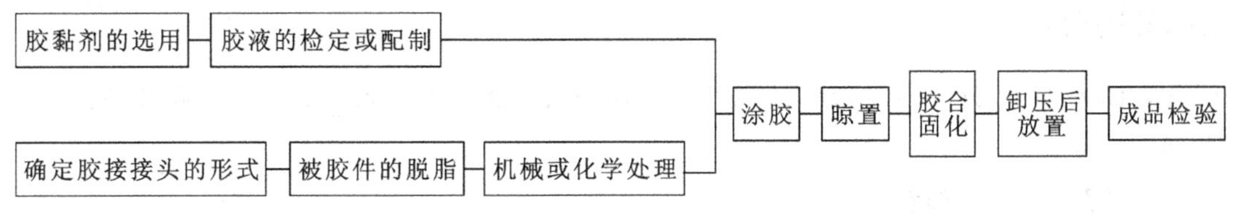


**图8-12　胶接工艺过程**

1)胶黏剂的选用

根据不同的被胶物,不同的使用条件(如温度、强度、环境等),应选用合适的胶黏剂。

2)胶液的检定或配制

一般对使用期较长的胶,使用前要检定其工艺性能;而对使用期较短的胶,常以半成品供应,使用前要配制并均匀混合。

3)确定胶接接头的形式

(1)尽量使剥离力和弯曲力转化为剪切力和正应力。

(2)尽可能增大胶接面积。

(3)胶接层压材料时,要防止层间脱离。

# 任务7　陶　瓷

## 一、陶瓷的概念与特点

陶瓷在传统上是指陶器和瓷器的总称,现已发展到泛指整个硅酸盐材料(包括玻璃、搪瓷、耐火材料、砖瓦、混凝土等)和氧化物类陶瓷材料及其他所有无机非金属材料,因而陶瓷也是无机非金属材料的总称。

陶瓷在我国有悠久的历史，瓷器是我国古代的伟大发明之一。近几十年来，陶瓷材料有了巨大的发展，陶瓷性能面临重大突破，陶瓷已在国防、电气、机械、宇航、化工、纺织等工业部门中广泛应用。

一般来说，陶瓷区别于其他材料的特点表现在以下三个方面。

(1)大多陶瓷材料的结构是离子键和共价键的混合结合。例如：主要是离子键的 MgO，离子键占 84%，共价键占 16%；以共价键为主的 SiC 中，离子键仍占 18%。另外，陶瓷中还存在金属键、氢键和范德华力等。

(2)陶瓷的生产工艺一般有三个过程：原料配制→成型→烧结。

(3)陶瓷具有独特的物理、化学、力学、光学、电学、磁学等性能。例如：化工陶瓷具有优良的抗腐蚀性能；电子材料陶瓷具有导电、光电、绝缘、压电等性能；光学材料陶瓷具有激光、光传输、透红外等性能；金属陶瓷具有耐高温、超高硬度等性能；建筑陶瓷具有导热率低、热膨胀系数小、耐热等性能。

## 二、陶瓷的分类

陶瓷的种类多，分类很复杂，按历史发展和成分、性能特点大致可分为传统陶瓷、特种陶瓷和金属陶瓷等。

### 1. 传统陶瓷(普通陶瓷)

传统陶瓷主要指黏土制品，按性能特点和用途，分为日用陶瓷、电器绝缘陶瓷、化工用陶瓷、多孔陶瓷(隔热、保温用)等。

### 2. 特种陶瓷(新型陶瓷)

特种陶瓷是指具有各种特殊力学、物理、化学性能的陶瓷。特种陶瓷按性能特点可分为压电陶瓷、电容器陶瓷、磁性陶瓷、激光陶瓷、电光陶瓷、高温陶瓷、超硬陶瓷等。

### 3. 金属陶瓷

用粉末冶金生产(与陶瓷生产类似)的金属材料统称为金属陶瓷。金属陶瓷是由金属和陶瓷组成，因而综合了金属和陶瓷两者的特点，金属陶瓷可分为高温金属陶瓷、超硬金属陶瓷等。

## 三、组成陶瓷的基本相

陶瓷的成型工艺复杂，它的组织很不均匀、很复杂，一般由晶相、玻璃相和气相组成。各相的组成、结构、数量、几何形状和分布决定了陶瓷的性能。

### 1. 晶相

晶相是陶瓷材料中最主要的相，晶相可以有数种，其中数量最多、作用最大的为主晶相，其余的为次晶相。晶相是化合物或固溶体。晶相在陶瓷中成为骨架，主晶相的数量、大小、分布情况决定了陶瓷的主要特点和应用。例如：由氧化铝晶体组成的结构紧密的刚玉，具有机械强度高、耐高温、抗腐蚀等优良性能；钛酸钡、钛酸铅等晶体在居里点附近的介电常数很大，可以组成性能优良的介电陶瓷。陶瓷中的晶相主要有硅酸盐、氧化物和非氧化物等三种。

**2. 玻璃相**

玻璃相的结构与液态相似，是一种低熔点非晶体结构。玻璃相一般是由 $SiO_2$ 或各种硅酸盐及其他杂质组成。玻璃相的作用：黏接陶瓷中分散的晶相，填充空隙，提高致密度；降低烧结温度，抑制晶体张大并使陶瓷获得一定程度的玻璃特征；改善工艺性能等。但玻璃相降低陶瓷的力学性能、介电性能、耐热性等，因此，一般日用陶瓷及电瓷含玻璃相较多，工业陶瓷的玻璃相要控制在20%～40%范围内。

**3. 气相**

气相或气孔是在陶瓷生产工艺中不可避免地形成并残留下来的，常以孤立状态分布于玻璃相中，有时也以细小的气孔出现在晶界或晶相内。根据气孔的情况，陶瓷分为致密陶瓷、无开孔陶瓷和多孔陶瓷三种。由于气孔易造成应力集中，降低了陶瓷的机械强度，引起介电损耗增大，抗电击能力下降，因而除多孔陶瓷外气孔是不利的。一般多孔陶瓷的气孔率高达30%～50%；普通陶瓷的气孔率为5%～10%；特种陶瓷的气孔率在5%以下；金属陶瓷的气孔率要求低于0.5%。但气相可提高陶瓷的绝热性能，降低密度。

## 四、陶瓷的性能

**1. 陶瓷的力学性能**

1）刚度

材料的刚度用弹性模量衡量，结合力强大的离子键或共价键决定了陶瓷材料具有很高的弹性模量。陶瓷的刚度比金属高几倍比高聚物高2～4个数量级，是各类中最高的。

2）硬度

陶瓷材料的硬度也是在各类材料中最高的，大多在1 000～5 000 HV，淬火钢为500～800 HV，而高聚物最硬的也不超过20 HV。

3）强度

由于陶瓷材料组织的复杂性和不均匀性，以及致密度、杂质、气孔等各种缺陷的影响，它的抗拉强度较低，但抗压强度较高。陶瓷材料抗拉强度与抗压强度之比为1/10，而金属中最脆的铸铁约为1/3。陶瓷在大气中具有极好的耐磨性，摩擦系数也相当小，其原因不单是因为硬，还由于在大气作用下使陶瓷表面生成柔软损伤层的缘故。另外，陶瓷在高温下仍有较高的强度。

4）塑性

陶瓷材料中的结构使位错运动所需的切应力极大，导致陶瓷材料在室温状态下只有少量弹性变形，几乎没有塑性，呈现脆性断裂，这是陶瓷材料的主要缺点，但在高温低速加载时，陶瓷材料可产生一定的塑性变形。

**2. 陶瓷的物理性能、化学性能**

1）热膨胀性

热膨胀性是材料的重要热学性能之一，用热膨胀系数表征材料受热时长度或体积增大的程度，结合键强度高的材料热膨胀系数小，结构较紧密材料的热膨胀系数较大，因而陶瓷的线膨胀系数〔$\alpha=(7\sim300)\times10^{-7}/℃$〕比高聚物〔$\alpha=(5\sim15)\times10^{-5}/℃$〕低，比金属〔$\alpha=(15\sim150)\times10^{-5}/℃$〕低得多。

2）导热性

热传导是在一定温度下，热量在材料中传递的速率，即材料的导热能力。绝缘体的电子被束缚于原子中，它们的导热主要通过晶格振动来实现。因而金属导体在高温时热导率减小，陶瓷绝缘体在高温时热导率增加。陶瓷的导热系数（$\lambda=10^{-2}\sim10^{-5}$ W/(m·K)）较金属的（$\lambda=10^{-2}$ W/(m·K)）小几个数量级，陶瓷是良好的绝热材料。

3）热稳定性

热稳定性就是抗热振性或热冲击性，如陶瓷在不同温度范围振动时的寿命，一般用急冷到水中不破裂所能承受的最高温度来表达。例如，日用陶瓷的热稳定性为200℃，它与材料热膨胀系数、强度、导热性、弹性模量、比热容等基本物理性质有关。由于陶瓷脆性大，它的热稳定性很低，与金属相比低得多，这也是陶瓷的主要缺点之一。

4）化学稳定性

化学稳定性就是耐腐蚀性和抗氧化性。陶瓷的离子键和共价键结构很稳定，对酸、碱、盐及熔融金属有较强的抗腐蚀能力，并有良好的耐火性和不可燃烧性，甚至在1 000℃以上也难以发生氧化。但在某些条件下也不能完全避免腐蚀，例如，高温盐溶和氧化渣可侵蚀陶瓷表面，液态金属也能使某些陶瓷受到破坏。

5）导电性

陶瓷的导电性在很大范围内变化。由于陶瓷无自由电子，大多数是良好的绝缘体，可以制作隔电的瓷器。有些陶瓷具有导电性，常用于硫酸钠电池、电子手表电池、磁流体发电的电极材料等。

## 五、工程陶瓷简介

### 1. 耐酸陶瓷

耐酸陶瓷按其原料来源分为两种：一种是以高硅酸性黏土、长石和石英等天然原料制成的耐酸陶瓷、耐酸耐温陶瓷和硬质陶瓷；另一种是以人工化合物为原料制成的莫来石瓷、氧化铝瓷、氧化钙瓷和氟化钙瓷等。后者具有更优越的力学性能和耐腐蚀性，其中氟化钙瓷的耐腐蚀性最优。耐酸陶瓷常用于制作耐酸砖、板、管道、容器、过滤器，各种阀、泵及砌筑耐酸池、电解电镀槽、防酸地面等。

### 2. 过滤陶瓷

过滤陶瓷是一种多孔陶瓷，开口气孔率一般为30%～40%，气孔半径在0.2～200 μm之间，且具有耐化学腐蚀、耐高温、强度大、不易老化、不易污染、易清洗、再生及操作简单方便等优点。

过滤陶瓷以石沙、河砂、矾土熟料、碳化硅或刚玉砂等原料为骨架，添加结合剂和增孔剂，经成型、烧结可制成厚度小于 0.1 mm 的薄膜、圆板或薄壁长管的形式。过滤陶瓷常用于气体、液体、尘埃、细菌等的过滤和分离。

**3. 高温、高强度、耐磨、耐腐蚀陶瓷**

这类陶瓷主要由氧化物、硅化物、硼化物、碳化物压制烧结而成，如常用的氧化铝陶瓷、氮化硅陶瓷、氮化硼陶瓷、碳化硅陶瓷等。

氧化铝陶瓷具有耐高温、高强度、耐磨、耐腐蚀等特点，还有良好的抗氧化性、电绝缘性和真空气密性，同时有高的硬度与红硬性，因而在电力、电子及机械工业中得到广泛应用。如集成电路板、真空电容器及微波管管壳、汽车和航空火花塞、闭门、喷油嘴、管道泵零件、淬火钢切削刃具、拉丝模等。

氮化硅陶瓷具有高硬度，以及良好的耐磨性、耐腐蚀性、耐高温等特点，摩擦系数小，线膨胀系数小，抗热振和耐热疲劳性能好，在 1 200℃以下强度保持不变，能耐除氢氟酸外的各种无机酸、碱及某些金属胶体的侵蚀。一般用于切削刀具、耐腐蚀、耐磨的密封环、热电偶套管、高温轴承、燃气轮机转子及叶片等。

氮化硼陶瓷有良好的抗热振性、耐热性、导热性、化学稳定性，是电绝缘体，且密度小。氮化硼陶瓷一般制作半导体元件、坩埚、热电偶套管、切削工具、高温模具和磨料等。

碳化硅陶瓷具有高强度、高硬度，以及优良的耐磨性、耐腐蚀性、热稳定性、抗氧化性和导电性、高的热传导能力。碳化硅陶瓷常制作高温元件，如火箭尾喷管的喷嘴、热电偶套管、电炉炉衬、发热元件，还可制作泵的密封圈。

# 任务 8 复合材料

由两种或两种以上不同化学本质的物质，通过人工混合而成的材料称为复合材料。其结构为多相:一类为基体相起黏接作用;另一类为增强相。为改善性能，还可加入一种或数种填料。不同材料复合，发挥了各自单一的优点，能得到优良的综合性能，因而可以根据使用性能要求，合理地选择组成材料。

## 一、复合材料的分类

**1. 按性能分类**

复合材料可以分为功能复合材料和结构复合材料。前者还处于研制阶段，后者用于结构零件的结构复合材料开发品种较多，特别是以高聚物为基的结构复合材料，而以金属或陶瓷为基的结构复合材料相对较少。

**2. 按基体分类**

复合材料可分为以金属为基和非金属为基的两大类。目前大量研究和使用的是以高聚物为基的复合材料。

#### 3. 按增强相的种类和形状分类

复合材料可分为颗粒状、层状、纤维增强等复合材料，发展最快、应用最广的是各种纤维（如玻璃纤维、碳纤维、硼纤维、SiC 纤维等）增强的复合材料。

## 二、复合材料的性能

这里介绍的是纤维增强复合材料，它是各向异性的非均质材料，与传统材料相比，主要性能特点如下。

#### 1. 比强度和比模量高

许多结合零件不但要求强度高，而且要求质量轻，这就要求使用的材料有高的比强度（强度/密度）和比模量（弹性模量/密度）。复合材料的基体（如高聚物）和增强剂（如玻璃、碳和硼纤维）的密度都不大。所以，复合材料的比强度和比模量都比较大，是各类材料中最高的。例如，碳纤维和环氧树脂组成的复合材料，它的强度是钢的 7 倍，模量比钢大 3 倍。

#### 2. 抗疲劳性能好

复合材料中的基体和增强纤维间的界面能够有效地阻止疲劳裂纹的扩展，疲劳破坏在复合材料中总是从承裂能力较薄弱的纤维处开始的，然后逐渐扩展到结合面上，所以，复合材料的疲劳极限比较高。例如，金属材料的疲劳强度是拉伸强度的 40%～50%，而复合材料的疲劳强度高达强度值的 70%～80%。

#### 3. 减振性强

结构的自振频率除了与结构本身的质量、形状有关外，还与材料比模量的平方根成正比，材料的比模量大，则其自振频率也高，可防止在工作状态下产生共振而引起快速脆断，由于大量存在的纤维与基体间的界面吸振能力强，阻尼特性好，振动也会很快衰减。

#### 4. 耐高温性能好

在增强纤维中，除玻璃纤维软点较低外（700～900℃），其他纤维的熔点（或软化点）一般都在 2 000℃以上，因而纤维与金属基体组成的复合材料中高温强度与弹性模量都较高。例如，用碳纤维或硼纤维增强的铝合金复合材料，在 400℃强度与弹性模量仍保持接近室温水平，用钨纤维增强镍、钴及其合金时，能在 1 000℃以上工作。

#### 5. 断裂安全性

纤维增强复合材料是力学上典型的静不定体系，在每平方厘米的截面上，有几千至几万根增强纤维，其中一部分受载荷作用断裂后，应力迅速重新分布，载荷由未断裂的纤维承担起来，所以断裂安全性好。

#### 6. 成型工艺好

复合材料构件的制造工艺简单，适合整体成型，因而可减少零部件、紧固件和接头数目，节省原材料加工时，大大减轻重量。

除以上优良特性外，复合材料还有较好的减摩润滑性、化学稳定性。某些复合材料还有些特殊性能，如隔热性、耐腐蚀性及电、光、磁等性能。

复合材料的主要缺点是断裂伸长小，抗冲击性能尚不够理想，工艺方法中手工操作多，生产周期长、效率低，产品不稳定且价格高等。上述缺陷改善后，将会进一步扩大使用范围。

## 三、常用复合材料简介

### 1. 纤维增强复合材料

（1）玻璃纤维复合材料。玻璃纤维复合材料是以玻璃纤维（如玻璃、玻璃带、玻璃毡等）为增强剂，以树脂为黏合剂制成的。玻璃纤维极其柔软，比玻璃的强韧性高得多。玻璃纤维与热固性树脂制成的复合材料称为玻璃钢，常用的树脂有酚醛、环氧不饱和聚酯、有机硅树脂等。玻璃钢有较高的强度、韧性，高的比强度（密度为 1.5～2.0 g/cm$^3$），其缺点是弹性模量较低，耐热性不高，易老化、蠕变。

玻璃钢的应用广泛，特别是各种受力构件，如各种车辆车身、飞机的机翼、氧气瓶等；耐腐蚀结构件，如轻型船体、耐腐蚀容器、管道等；电机电器上的绝缘件，如抗磁仪表、器件等。

（2）碳纤维复合材料。碳纤维复合材料是由碳纤维与合成树脂复合而成的材料，合成树脂主要为热固性塑料，如酚醛树脂、环氧树脂、聚酯树脂和热塑料聚四氟乙烯塑料等。碳纤维复合材料具有高的比强度、比弹性模量、导热性小、摩擦系数小、抗冲击性能好、疲劳强度大等优点，缺点是各向异性突出，耐高温性差，与树脂的黏结力不够大等。碳纤维复合材料常用于轴承、齿轮、密封圈、衬垫板、人造卫星和火箭的机架、壳体、天线构架，化工压力容器、搅拌器等。

（3）硼纤维复合材料。硼纤维复合材料是硼纤维与树脂或金属制成的复合材料，基体可以是环氧树脂，也可以是铝、镁、钛等金属材料。硼纤维复合材料的强度、弹性模量、疲劳强度都较高。硼纤维复合材料主要用于航空、宇航工业中，如翼面、转子、直升机螺旋叶片和传动轴等。

（4）晶须复合材料。晶须复合材料以金属或陶瓷针状单晶体纤维作为增强剂，以树脂为基体的复合原料，目前已制成氧化铝、碳化铝、碳化硅、氮化硅等晶须与环氧树脂制成的层压板，它们的强度接近理论强度，可用于涡轮机叶片等。

### 2. 层叠复合材料

层叠复合材料是由两种或两种以上不同材料层叠在一起复合而成的，主要分为以下三类。

（1）塑料复层材料复合。在普通钢板上覆盖一层塑料，可提高耐腐蚀性，用于化工、食品工业。

（2）玻璃复层。在两层玻璃板间夹一层聚乙烯醇缩丁醛，常用来制作安全玻璃。

（3）三层复合材料复合。三层复合材料是以钢板为基体，多孔青铜为中间层，塑料为表层制成的，适用于各种轴承及机床导轨等耐磨件。

**3. 细粒复合材料**

细粒复合材料是以粒状、粉状的金属或陶瓷等为增强剂与树脂、金属或其他材料为基体复合而成的复合材料。常用的细粒复合材料有以下两类。

(1)金属粉粒与塑料复合。金属粉粒加入塑料中便成细粒复合材料。如铅粉加入氟塑料中，提高了导电、导热性，降低了线膨胀系数，可制作隔音材料、射线的罩屏及轴承等。

(2)陶瓷粒与金属复合。由陶瓷粒与金属基体复合而成的细粒复合材料也称为金属陶瓷，可制作高速切削刀具、高温耐磨模具及耐蚀、耐磨轴承等。

**4. 骨架复合材料**

(1)多孔浸渍材料。把多孔材料浸渍氟塑料或低摩擦系数的油脂，可制作轴承。石墨浸渍树脂可作为抗磨材料。

(2)夹层结构材料。在金属、塑料或木材等薄而强的面板材料之间夹一层热固性泡沫塑料等轻质芯子复合而成的材料。夹层结构材料的质轻、抗弯强度大，可用于大型电机的机罩、飞机的机翼、隔板及化工冷却塔等。

## 复习思考题 8

1. 名词解释。

纤维增强复合材料　层叠复合材料　细粒复合材料

骨架复合材料　普通陶瓷　特种陶瓷　金属陶瓷　晶相　玻璃相

2. 何谓复合材料？纤维增强复合材料有何特性？
3. 简述常用复合材料的分类、特征及其应用。
4. 何谓陶瓷？有哪些种类？
5. 简述陶瓷的力学性能特点。
6. 高温、高强度、耐磨、耐腐蚀陶瓷有哪几类？简述它们的特点与应用。

# 项目 9 典型零件的选材及热处理工艺的应用

## 任务 1 概 述

设计、生产零件时可选用的材料，首先必须满足零件在具体工作条件下具有一定的工作寿命，其次必须适应制造该零件的各种加工工艺要求，还要考虑零件的生产成本和经济效益。所以，材料选用一般原则：必须满足零件的使用性能要求，同时兼顾材料的工艺性能和经济性。

### 一、材料的使用性能

材料的使用性能应满足产品零件的工作条件要求，是选材时首先要考虑的问题，因为材料使用性能的好坏是决定产品零件使用价值和工作寿命的主要因素。如果材料的使用性能不能满足零件工作条件要求，就会造成机械零件或设备的早期损坏，甚至造成严重的人身、设备事故，因此，正确选用性能合乎要求的材料是一个不容忽视的问题。

金属材料的使用性能包括力学性能和物理化学性能两个方面。力学性能主要包括强度、硬度、刚度、塑性、韧性、疲劳强度等；物理化学性能主要包括密度、导热性、导电性、磁性、耐热性、耐腐蚀性等。一般机械零件使用时只要考虑其中的力学性能和耐热性、耐腐蚀性等。

零件的工作条件不同，其对材料使用性能的要求也不同，选材时首先应根据零件的工作条件，分析其可能的失效(即损坏)形式，找出零件对材料的主要性能要求，才能有针对性地选择出合适的材料，满足零件的工作条件要求，保证产品零件正常运转，经久耐用。

合理地选用金属材料的力学性能指标是十分重要的，选材时必须注意以下几个问题。

(1)充分考虑尺寸效应对力学性能的影响。钢材截面大小不同，即使热处理相同，其力学性能也是有很大差异的。截面尺寸越大，尺寸效应越明显，尺寸效应除与大截面材料内部产生的冶金缺陷的可能性增大有关外，还与钢材的淬透性有着密切的关系。表 9-1 所示的是几种钢在调质时的尺寸效应实例。

由表 9-1 可知，淬透性低的钢(如碳钢)尺寸效应比较敏感，当截面尺寸增大时，力学性能显著下降，而淬透性高的钢(如合金钢)尺寸效应较小。

(2)综合考虑材料强度、塑性、韧性的合理配合。通常机械零件强度设计是以屈服强度 $\sigma_s$ 为依据(脆性材料用抗拉强度 $\sigma_b$)，提高强度指标可以减轻机器的自重，延长使用寿命，但一般会使塑性、韧性有不同程度的降低，当过载时，零件就会有断裂的危险，所以选材时，正确处理各力学性能间的关系是很重要的。

**表 9-1　钢材的使用效应(调质后)**

| 牌　　号 | 截面 $\psi$25～$\psi$30 mm | | | | 截面 $\psi$100 mm | | | |
|---|---|---|---|---|---|---|---|---|
| | $\sigma_s$/MPa | $\sigma_b$/MPa | $\psi$/(%) | $\alpha_k$(J/cm$^2$) | $\sigma_s$/MPa | $\sigma_b$/MPa | $\psi$/(%) | $\alpha_k$(J/cm$^2$) |
| 40,45,40Mn,45B | 400～600 | 600～800 | 50～55 | 80～100 | 300～400 | 500～700 | 40～50 | 40～50 |
| 30CrMnSi,37CrNi3<br>35CrMoV,18Cr2NiWA,<br>25Cr2Ni4W | 900～1 000 | 1 000～1 200 | 50～55 | 80～100 | 800～900 | 1 000～1 200 | 50～55 | 80～100 |

设计时一般不直接计算，而是凭经验估计零件所承受的塑性指标。塑性的主要作用是避免应力集中，增强零件抗过载能力，提高零件的安全性，塑性要求不能过高，否则将导致机械零件尺寸增大。

冲击韧性 $\alpha_k$ 值一般也不直接用于设计计算，只有在承受较大能量的动载荷作用，且零件局部应力集中现象严重时，才考虑材料的冲击韧性。

在零件受小能量多次冲击的情况下，不要求高的冲击韧性，而应采用强度较高而冲击韧性低的材料，并进行相应的热处理(如淬火中温回火，甚至低温回火)。

(3)合理选用硬度值。通常在设计图纸上仅用硬度作为力学性能的技术要求。其原因包括两点：一是硬度试验简便，不损伤工件；二是在一定的工艺条件下，硬度与强度及其他性能指标之间存在一定关系，即只要硬度合格，其他力学性能指标也基本合格。但值得注意的是，材料经某些不同的热处理可能得到相差很小的硬度值，而其他力学性能却有较大的差别。因此，在图纸上应首先标明热处理工艺，然后标明热处理后应达到的硬度值。

## 二、材料的工艺性能

材料的工艺性能是指材料本身适应于某种加工的能力。材料工艺性能的好坏，对零件加工的难易程度、生产效率和生产成本等方面起着十分重要的作用，是选材时必须同时考虑的另一个重要因素。

金属材料的加工方法有铸造、压力加工、焊接和切削加工、热处理等，相应的工艺性能如下。

### 1. 铸造性能

铸造性能主要包括流动性、收缩性、偏析倾向，以及产生热裂、缩孔、气孔的倾向等。不同的金属材料，其铸造性能有很大的差异。例如，在铁碳合金中，铸铁的铸造性能优于铸钢。

**2. 压力加工性**

压力加工性主要包括冷冲压性和锻造、轧制性两方面。一般来说，低碳钢的压力加工性能比高碳钢好，而碳钢比合金钢好。

**3. 切削加工性**

切削加工性一般用切削抗力大小、零件表面结构、加工时切屑排除难易及刀具磨损来衡量。它是合理选择结构钢的重要依据之一。

**4. 焊接性**

焊接性一般用焊接处出现裂纹、气孔及其他缺陷的倾向来衡量。焊接性通常分为良好、一般、较差和低劣等四级。它是选择焊接结构材料的重要依据之一。

**5. 热处理工艺性**

热处理工艺性主要包括淬硬性、淬透性、淬火变形开裂倾向、过热敏感性、回火脆性、回火稳定性、氧化脱碳倾向等。这些性质均与金属材料的成分有关，是选用合金钢时必须考虑的重要工艺性能。

材料工艺性能的好坏，对单件和小批量生产并不显得十分突出，而对大批量生产往往成为选材时起决定性的因素。

## 三、材料的经济性

所谓材料的经济性，就是在满足力学性能要求的前提下，首先应考虑选用价格比较便宜的材料。凡能用碳素钢的就不用合金钢，能用合金钢的就不用高合金钢，这一点对大批量生产的零件尤为重要。其次应从材料的加工费用方面来考虑，也就是合理安排零件的生产工艺，尽量减少生产工序，并采用无切屑或少切屑的新工艺（如精铸、模锻、冷挤等），以提高材料的利用率，降低生产成本。

此外，选材时还应考虑国家资源和供应条件。所选材料要立足于国内和货源较近的地区，同时尽量减少所选材料的品种、规格，以便采购和简化供应、保管和生产管理工作。

在考虑材料的经济性时，对某些重要的或加工过程复杂的零件，一般考虑使用周期较长的模具，也不能单纯考虑材料的成本而忽略整个加工过程、零件和工具的质量、寿命。在这种情况下，采用价格比较昂贵的合金钢或硬质合金等材料，比成本低且使用寿命不长的碳钢更为经济。

## 四、选用金属材料的基本步骤

**1. 对零件进行分析**

主要分析零件的工作条件及其失效形式，分析的目的是根据具体情况抓住主要矛盾，找出最关键的性能要求，同时兼顾其他性能。

**2. 对同类产品零件的用材情况进行调查研究**

对于大批量生产和重要的主品零件，应对同类产品的用材情况进行调查。这样可以从其使用性能、原材料供应和加工中各个方面分析其选材是否合理，以便选材时参考。

**3. 确定零件应具备的主要性能指标**

通过零件分析，找出最关键的性能要求后，一般都要结合力学计算或试验的方法，确定零件应具有的力学性能和物理化学性能指标，以便下一步选择具体的材料牌号。

**4. 初选并确定处理方法**

初选出材料牌号并确定热处理和其他加工方法。

**5. 试验并小批量试制**

对于关键零件，投产前常先进行实验室试验，初步检验所选择的材料与热处理方法能否达到所要求的各项性能指标，冷、热加工工艺上有无困难。当实验室试验基本满意后，就可加工少量零件进行试验台台架试验与装机(车)试验(无试验台设备的中、小型工厂，一般只进行装机试验)，经过试验基本满意后，即可进行小批量试制。

**6. 大量投产**

小批试制产品质量过关后，选材方案就可以基本确定下来，进行大批量生产。

上述选材步骤只是一般规律，并不是一成不变的。例如，某些重要零件的选材如果与同类产品基本相似，有丰富的实践经验，可不进行试验而直接进行小批量试制；对不太重要的零件或某些单件、小批量生产的非标准设备及设备改装和维修中所用的材料，材料选择及热处理方法比较有把握，即可投产，没有必要进行试验或小批量试制。

## 任务 2 零件的失效分析简介

零件失效是指零件失去设计效能。失效分析的目的如下：

(1)通过分析失效，找到失效原因，提出对策避免再次提前失效；

(2)判断设计正确与否、改进设计原则与依据，提供更适当的设计参数与选材，更合理的形状与受力，使设计进一步完善；

(3)判断材料冶金、热处理质量；

(4)为提高工艺质量提供资料；

(5)为制定和修改使用规程、维修守则及延长使用寿命的方法提供科学依据；

(6)为已存在某种缺陷而正在使用的零件提出改善方案及许用剩余寿命。

基于以上原因，失效分析在近几十年中得到飞速发展，已成为一门新兴的具有很大生命力的边缘科学。失效分析涉及材料科学、工程力学、物理化学、机械制造工艺及理化测试技术等

各学科领域，是一门实验性和理论性都要求很高的综合性学科。

## 一、零件失效的原因

零件失效的原因大体上可以分为设计、材料、加工、安装使用及环境因素几个方面，如图9-1所示。

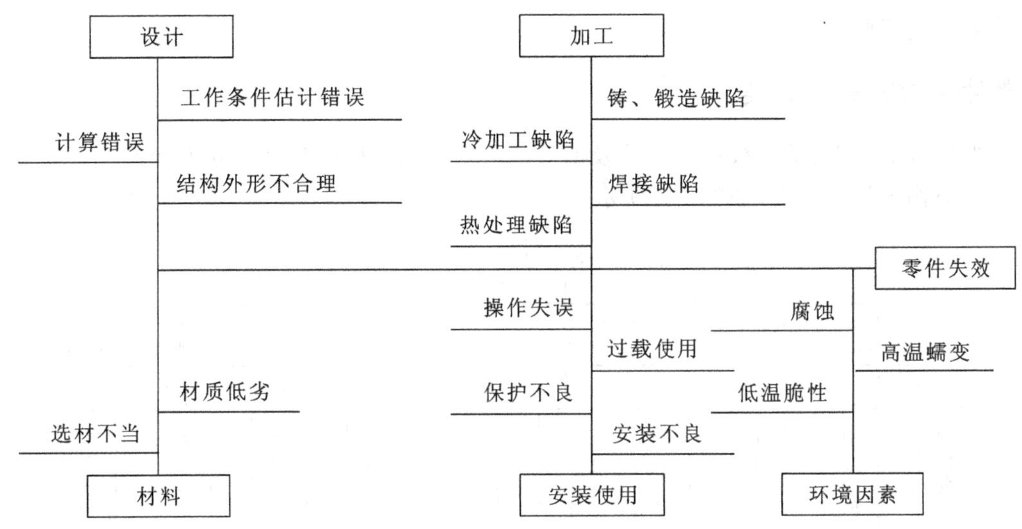


**图9-1 零件失效主要原因示意图**

### 1. 设计不合理

设计上最常见的错误是结构或形状不合理，存在明显的应力集中源，如各种尖角、缺口、过小的过度圆角等。另外，设计时对零件的工作条件估计错误，如对可能超载估计不足，或者是对环境的恶劣程度估计不足。不过，设计不合理现象已大大减少。

### 2. 选材错误

设计者仅根据材料的常规性能作出决定，而这些性能有时不能满足工作条件的要求。另外，材料本身缺陷过多、过大、杂质多、存在夹层、折叠等也会造成过早失效。

### 3. 加工工艺不当

加工工艺不当也会造成各种缺陷。例如，锻造不良可造成带状组织、过热或过烧现象等；冷加工不良时粗糙度太高，产生过深的刀痕，磨削时出现裂纹等；热处理不当造成过热、脱碳、淬火裂纹、回火不足等。这些都有可能造成零件失效。

### 4. 安装使用不良

安装时配合过紧、过松、对中不良、固定不紧等可造成失效或事故。此外，没有严格执行操作规程及定期维护也可能成为零件失效的主要原因。

**5. 环境因素的影响**

在腐蚀介质环境工作引起应力腐蚀开裂、腐蚀疲劳、局部腐蚀损坏等。高温引起蜕变、氧化,中温引起回火脆性,低温引起脆断等,都有可能造成零件失效。

零件失效情况是很复杂的,很少是由于单一原因造成的,往往是多种因素综合作用的结果。因此,一旦零件提前失效,必须逐一审查设计、材料、加工和安装等诸多方面的问题,才能找到失效的真正原因。

## 二、零件失效方式的分类

根据失效的特点、承受载荷的形式及所处的外界条件,零件失效可分为变形失效、断裂失效和表面损伤失效三大类,如图 9-2 所示。

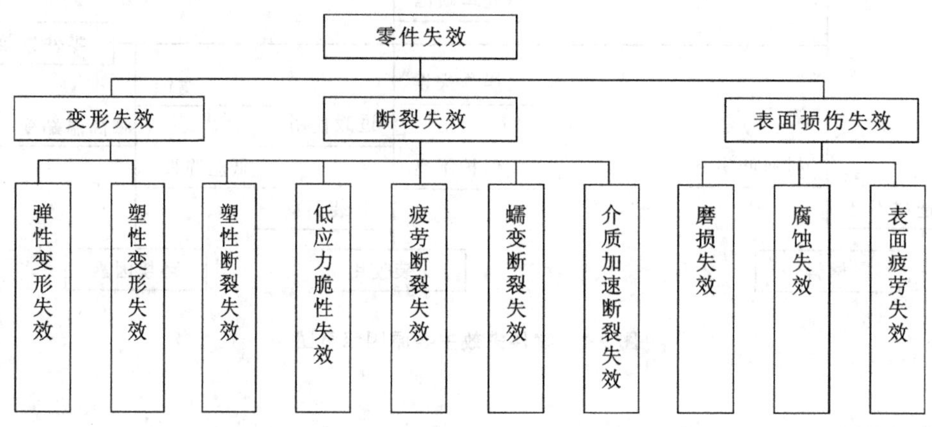


**图 9-2　零件失效方式的分类**

**1. 变形失效**

零件在载荷作用下会发生弹性变形或塑性变形,由于过量的弹性变形或塑性变形而造成零件的失效,称为弹性变形失效或塑性变形失效。例如,发电机或电动机转子轴刚度不足发生过大挠曲与定子相撞,柴油机缸盖与缸体紧固螺栓过量塑性变形而发生漏气等。弹性变形取决于零件的几何尺寸与材料的弹性模量,塑性变形取决于零件的几何尺寸及材料的屈服强度 $\sigma_s$。

**2. 表面损伤失效**

零件表面由于机械或化学作用,使零件表面严重损伤而造成零件的失效称为零件的表面损伤失效。表面损伤失效又可分为磨损失效、腐蚀失效和表面疲劳失效等。零件在长期工作中,由于磨损造成零件尺寸变化,超过了允许值称为磨损失效,如活塞、冲模、齿轮等的磨损。由于化学或电化学腐蚀作用造成的零件失效称为腐蚀失效。腐蚀失效大都从表面开始,如桥梁、船舶、管道、机械零件等的腐蚀。相互接触的两运动表面(特别是滚动接触),在工作过程中

承受交变接触应力的作用，使表面材料发生疲劳破坏而脱落，所造成的零件失效称为表面疲劳失效。

**3. 断裂失效**

断裂失效是最常见的零件失效方式，失效原因一般是实际所承受的载荷超过设计承受能力或是材料未达到设计性能指标要求。值得注意的是，在工程实际中，会出现零件承受载荷低于或远低于材料屈服强度时，发生没有预兆性的突发快速断裂，造成灾难性后果，如飞机坠毁、轮船沉没等。这些突发性事件一般是由于材料内部严重缺陷造成的。表 9-2 列出了几类零件（工具）的工作条件、失效形式及要求的力学性能。

**表 9-2　几类零件(工具)的工作条件、失效形式及要求的力学性能**

| 零件（工具） | 工作条件 | | | 常见的失效形式 | 要求的力学性能 |
|---|---|---|---|---|---|
| | 应力种类 | 载荷性质 | 其他 | | |
| 普通紧固螺栓 | 拉、剪应力 | 静 | — | 过量变形、断裂 | 强度、塑性 |
| 传动轴 | 弯、扭应力 | 循环、冲击 | 轴颈处摩擦，振动 | 疲劳破坏、过量变形、轴颈处磨损 | 综合力学性能 |
| 传动齿轮 | 压、弯应力 | 循环、冲击 | 强烈摩擦，振动 | 磨损、疲劳麻点、齿折断 | 表面高硬度及疲劳极限，心部强度、韧性 |
| 弹簧 | 扭应力（螺旋簧）弯应力（板簧） | 循环、冲击 | 振动 | 弹性丧失，疲劳损坏 | 弹性极限、屈强比、疲劳极限 |
| 油泵柱塞副 | 压应力 | 循环、冲击 | 摩擦，油的腐蚀 | 磨损 | 硬度，抗压强度 |
| 冷作模具 | 复杂应力 | 循环、冲击 | 强烈摩擦 | 磨损、脆断 | 硬度，足够的强度、韧性 |
| 压铸模 | 复杂应力 | 循环、冲击 | 高温、摩擦、金属液腐蚀 | 热疲劳、脆断、磨损 | 高温强度、抗热疲劳性、足够的韧性与红硬性 |

## 三、失效分析的一般方法

失效分析一般采用以下步骤。

**1. 现场调查**

以一架飞机失事为例，必须严格保护现场，记录现场情况，进行残骸收集，确定重点分析对象。

**2. 残骸分析**

如果上述调查无法确定最先失效部件，应进行残骸拼凑，并进行断口和失效顺序分析，其目的是判断失效的顺序，从而找到最先失效部件。

**3. 实验研究**

确定最先失效部件后应进行适当的实验研究，彻底弄清失效的原因。

(1)零件结构、工艺及受力情况的专题分析。收集有关失效部件或结构的制造、加工和装配的资料，其中包括全部设计图样、各种工艺规范，如机加工、锻造、热处理、焊接、装配质量、化学加工、清洗、电镀、电化学渗入等，另外，还要了解失效部件的使用时间。

(2)材料分析。全面的材料分析应考虑冶金质量、化学成分、金相组织、力学性质、物理性质及其他特殊性质。

测定与失效形式有关的各项性能指标，以及设计时所依据的性能指标数值，必要时还要进行断裂韧性的检验。

(3)断口分析。断口总是记录了断裂的原因、过程和断裂瞬间矛盾诸方面的情况，因此断口分析是整个断裂失效分析的重要组成部分和必不可少的步骤。通过断口分析可以确定断裂失效的方式、断裂源的位置及性质等。

(4)模拟试验。分析进入结论性阶段时，为验证结论的正确性而人为地促使失效再次发生。如果模拟试验结果与分析结果相同，就证明分析结论的正确性。

**4. 综合分析、作出结论和写出报告**

综合各方面分析资料作出判断，确定失效的具体原因，提出改进措施，写出报告，整个失效分析过程归纳如图 9-3 所示。

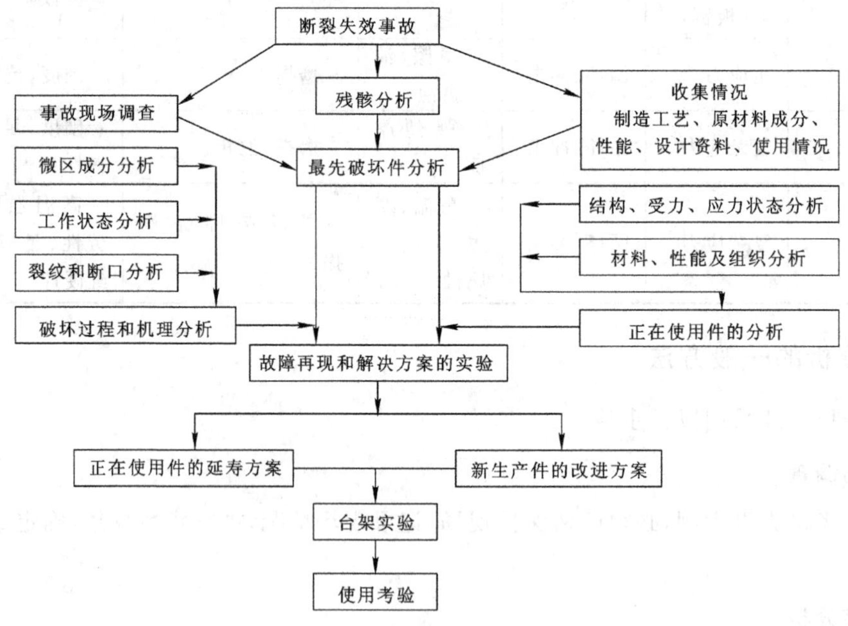


图 9-3　失效分析过程

# 任务 3　热处理技术条件标注和工序位置

## 一、热处理技术条件标注

根据对零件的性能要求，在零件图上要标明热处理技术条件，即热处理方法及热处理后应达到的力学性能指标等，供热处理生产及检验使用。

如前所述，一般图纸上仅需标出热处理后的硬度值，对渗碳件和表面淬火件要标明渗碳层与淬硬层的深度、部位，对要求较高的零件还应标注强度、塑性、韧性等其他指标，甚至金相组织。

标注热处理技术条件时，可用文字在图纸上（或下）方简要说明，也可按表 9-3 所列的机械工业部机床专业标准（JB/T 8491.1—2008、JB/T 8491.2—2008、JB/T 8491.3—2008、JB/T 8491.4—2008）的规定来标注。具体标注示例如表 9-4 所示。

**表 9-3　热处理技术条件的符号及表示**

| 热处理方式 | 代表符号 | 表示方法举例 |
|---|---|---|
| 退　　火 | Th | 退火表示方法：Th |
| 正　　火 | Z | 正火表示方法：Z |
| 调　　质 | T | 调质至 230～250HBS，表示方法：T235 |
| 淬　　火 | C | 淬火回火至 45～50HRC，表示方法：C48 |
| 油中淬火 | Y | 油冷淬火回火至 20～55HRC，表示方法：Y35 |
| 高频淬火 | G | 高频淬火回火至 50～55HRC，表示方法：G52 |
| 调质高频淬火 | T-G | 调质后高频淬火回火至 52～58HRC，表示方法：T-G54 |
| 火焰淬火 | H | 火焰加热淬火回火至 52～58HRC，表示方法：H54 |
| 氰化（C-N 共渗） | Q | 氰化淬火回火至 56～62HRC，表示方法：Q59 |
| 氮　　化 | D | 氮化层深度至 0.3 mm，硬度大于 850 HV，表示方法：D0.3-900 |
| 渗碳淬火 | S-C | 渗碳层深度至 0.5 mm，淬火回火至 56～62HRC，表示方法：S0.5～C59 |
| 渗碳高频淬火 | S-G | 渗碳层深度至 0.9 mm，高频淬火回火至 56～62HRC，表示方法：S 0.9～G59 |

| T215 | C42 | C45 | C56 | C60 | C61 | C63 |
|---|---|---|---|---|---|---|
| HBS 200～230 | HRC 40～45 | HRC 42～48 | HRC 54～58 | HRC 58～62 | HRC 58～64 | HRC 61～65 |

注：(1)热处理表示方法（代号）中的数字是标准硬度范围的平均值，除举例中所列外，尚有下列标准硬度，设计时优先先采用；

(2)去应力退火，发蓝用文字表示。

**表 9-4 热处理技术条件标注示例**

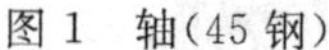

图 1 轴(45 钢)

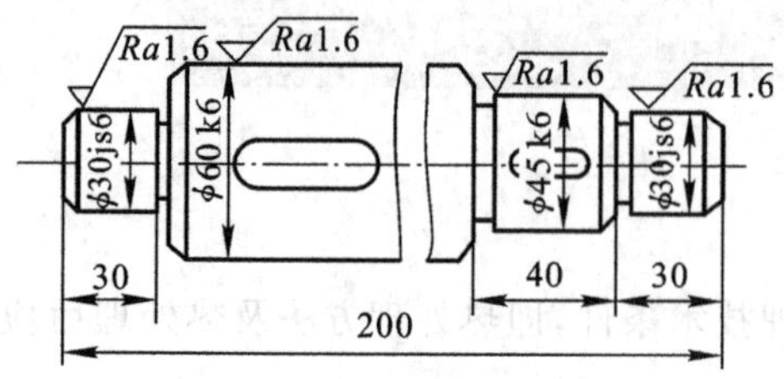


热处理技术条件:Z(大于 170 HBS)

图 5 平端压板(45 钢)

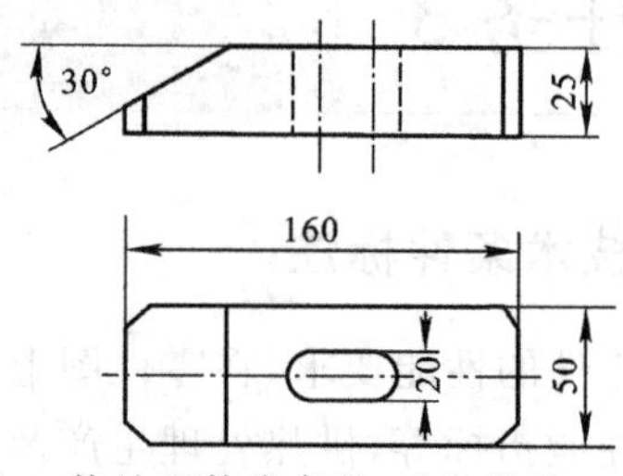


热处理技术条件:C45 发蓝

图 2 螺钉(45 钢)

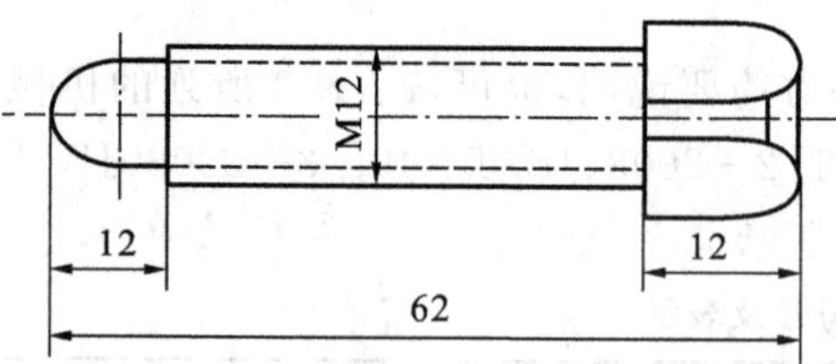


热处理技术条件:T235,螺钉头、尾 C45

图 6 螺纹衬套(45 钢)

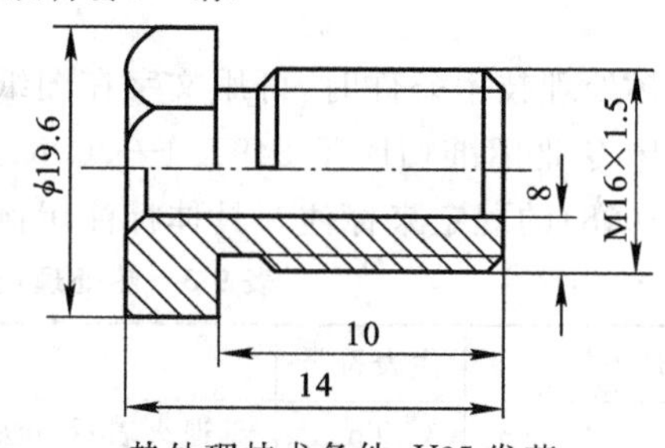


热处理技术条件:Y35 发蓝

图 3 齿轮轴(40Cr)

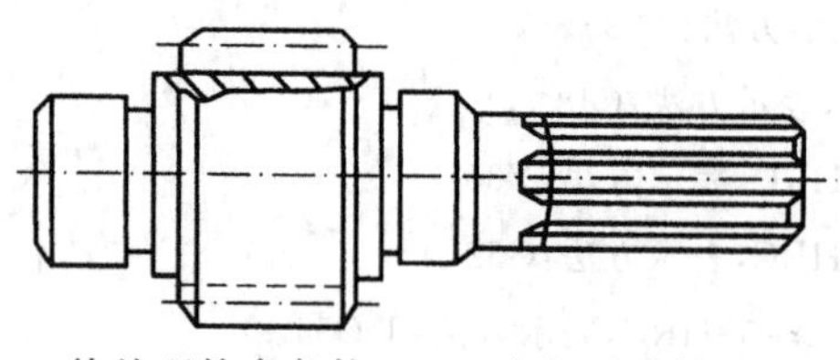

热处理技术条件:40Cr,齿部及花键 G52

图 7 拉力弹簧(碳素弹簧钢丝Ⅱ级)

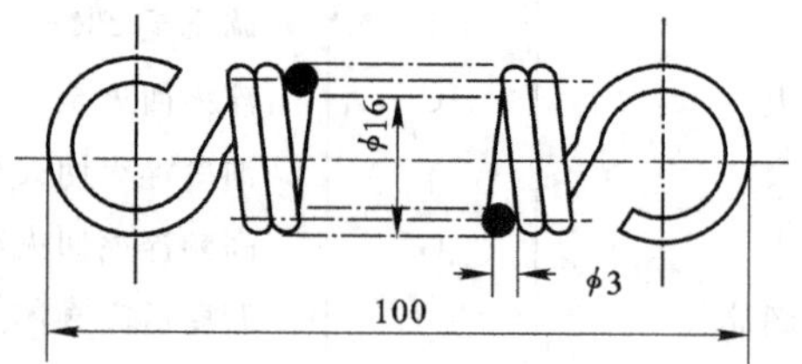


热处理技术条件:冷浇后,去应力退火

图 4 V 形块(20 钢)

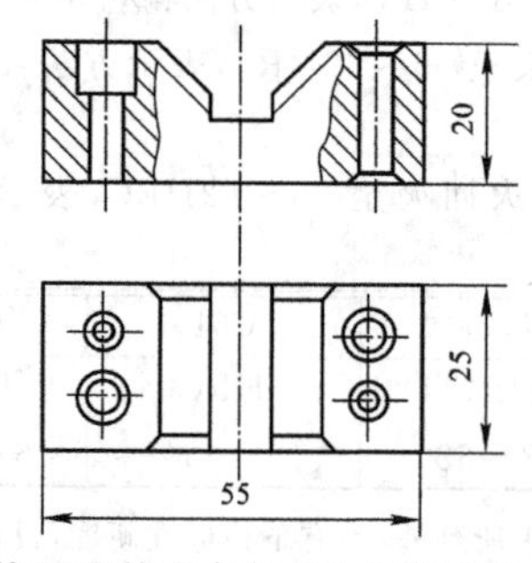


热处理技术条件:S1.2-C62 发蓝

图 8 柴油机曲轴(QT60-2)

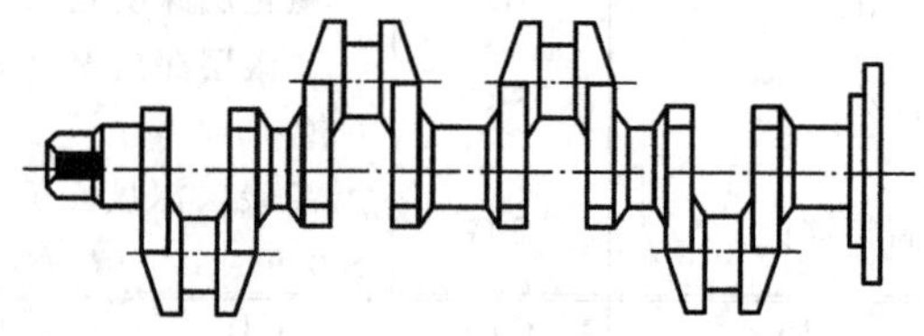

热处理技术条件:

铸造后正火及高温回火,轴颈高频淬火。

力学性能:$\sigma_b \geqslant 650$ MPa;$\alpha_k \geqslant 15\text{J/cm}^2$;轴体 240～300 HBS;轴颈不小于 55 HRC。

注:表中各图皆为零件简图;热处理技术条件标注在零件图标题栏上方。

## 二、热处理工序位置的安排

热处理工序在加工路线中的位置对零件加工和性能有显著的影响，合理安排热处理工序可提高产品质量。

### 1. 退火、正火

退火、正火一般安排在毛坯生产之后，机械加工之前，其目的是消除毛坯中产生的一些缺陷、消除内应力，细化、均匀组织，改善切削加工性，同时为最终热处理做好组织准备。

退火、正火零件工艺路线：毛坯生产(铸、锻、焊、冲压等)→退火或正火→机械加工。

### 2. 调质

调质一般安排在粗加工与精加工之间，其目的主要是提高零件的综合力学性能，或者为表面淬火、精密零件氮化做好组织准备。

调质零件工艺路线：下料→锻造→正火(或退火)→机械粗加工→调质→机械精加工。

### 3. 表面淬火、整体淬火

表面淬火、整体淬火一般安排在半精加工之后，磨削加工之前。

淬火零件工艺路线：下料→锻造→正火(或退火)→机械粗、半精加工→淬火、回火(低、中温)→磨削。

### 4. 渗碳、氮化

渗碳温度高，淬火变形大，应放在半精加工之后，磨削加工之前。氮化温度低、变形小、氮化层薄，应放在精磨之前，为改善心部力学性能和减小变形，氮化前要调质和去应力退火。

渗碳零件工艺路线：下料→锻造→正火→机械粗、半精加工→渗碳→淬火、低温回火→磨削。

氮化零件工艺路线：下料→锻造→退火→机械粗加工→调质→机械精加工→去应力退火→粗磨→氮化→精磨。

# 任务4 制定热处理工艺的原则及热处理结构工艺性

## 一、制定热处理工艺的原则

热处理是机械制造中重要一环，要达到改善材料的加工工艺性能和提高零件的耐用度的目的，热处理的制定必须考虑材料、设计、冷热加工工艺及经济性。这里仅针对某些性能要求来制定热处理工艺。

(1)毛坯的热处理一般采用退火或正火。共析钢、过共析钢采用球化退火;低、中碳钢为提高塑性采用不完全退火。

(2)中碳钢要求良好的综合力学性能,大多采用调质处理,为获得较高的强度也可采用淬火、中温或低温回火。

(3)整体承受冲击、表面要求耐磨的零件,可视其对力学性能要求的程度,分为采用高频淬火、渗碳、氰化或氮化等热处理。

(4)弹簧件往往采用淬火加中温回火。

(5)要求高强度、高硬度、高耐磨性的工具,均采用淬火加低温回火;高精度工具还要进行时效处理;要求高红硬性的工具回火温度较高,以产生二次硬化。

(6)非铁金属材料一般采用退火、再结晶退火、去应力退火。某些非铁金属可通过固溶时效强化。

## 二、热处理零件的结构工艺性

零件在热处理加热和冷却过程中,将产生很大的内应力,当它超过零件的屈服强度或抗拉强度时,就会造成零件的变形或开裂(变形、开裂的原因很多,这是其中之一)。因此,设计零件时要考虑零件的结构形状与热处理工艺性能之间的关系,为热处理的工艺操作及工具、夹具的制造创造方便条件,避免应力集中,减少热处理时的变形、防止开裂。为达到以上目的应尽量做到如下几点。

### 1. 零件的尖角、棱角

零件的尖角、棱角是淬火应力最易集中的地方,往往是淬火裂纹的起点。因此,设计带有尖角、棱角的零件时,应尽量加工成圆角、倒角,一般原则如图 9-4 所示。

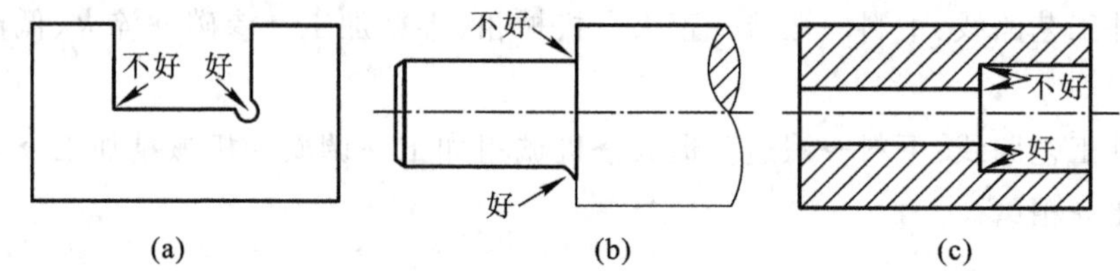


图 9-4 零件结构与热处理工艺的关系

### 2. 避免厚薄悬殊

厚薄悬殊的零件在淬火冷却时,由于冷却不均而造成变形、开裂倾向较大,如图 9-5 所示。

为了避免厚薄悬殊造成的变形或开裂,可采取开工艺孔、加厚零件太薄的部位、合理安排孔洞位置或变不通孔为通孔等方法,如图 9-6 所示。

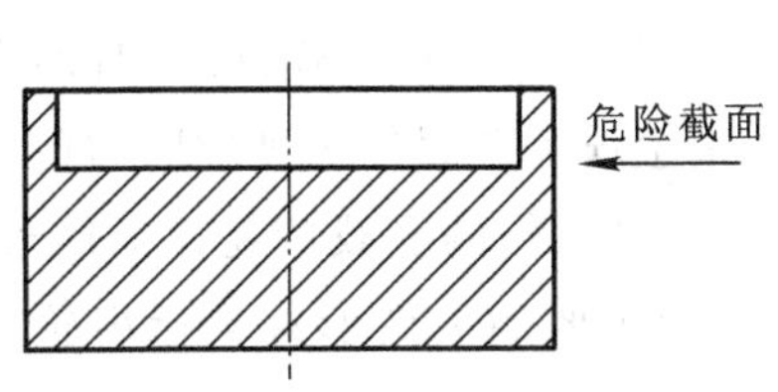


图 9-5 厚薄均匀度与热处理的关系

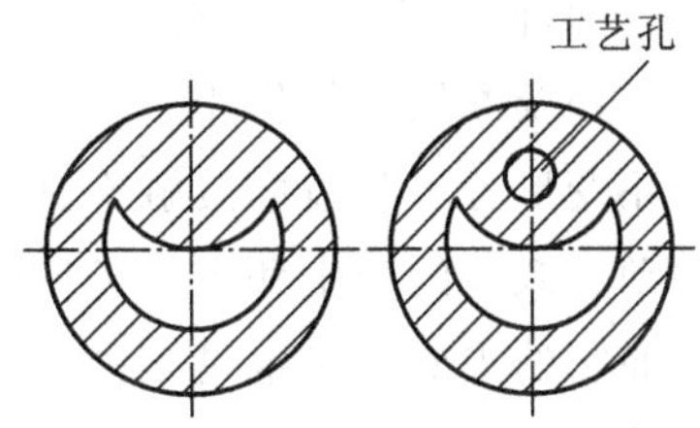


图 9-6 零件热处理工艺孔

**3. 采用封闭、对称结构**

零件的形状为开口或不对称结构的，淬火时应力分布也不均，易引起变形。

对开口处或不对称结构可先加工成封闭结构或对称结构，淬火变形小，回火后再切开(成形)。

**4. 采用组合结构**

某些有淬裂倾向而各部位工作条件要求不同的零件或形状复杂的零件，在可能情况下应采用组合结构或镶拼结构。

**5. 制定切实技术条件**

对于某些容易变形、开裂的零件，应切实考虑技术条件，以减轻变形，防止开裂。例如，图9-7为带槽的轴，材料为T8A，原设计要求硬度大小55 HRC。经淬火后，槽口处开裂如图9-7所示。实际上该零件仅槽部有高硬度要求，后来修改技术条件注明只要求槽部硬度大于55 HRC。经盐浴分级淬火冷却后，槽部硬度为55 HRC以上，其余部位不小于40 HRC，既不开裂，又符合工作条件的要求。

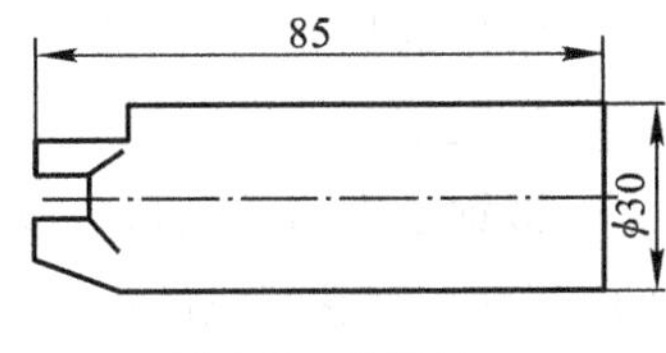


图 9-7 带槽轴

# 任务5 典型零件(或工具)的选材及热处理

## 一、齿轮

齿轮是现代工农业、国防和交通运输设备中应用最广的一种机械传动零件。齿轮与其他机械传动相比，其优点如下：传动功率范围较宽，可以很小功率直到几万千瓦；速度范围广，可从0.1 m/s以下到100 m/s以上，同时传动效率高，使用时间长，结构紧凑，工作可靠，且能保证速比(传动比)恒定不变。但齿轮也有缺点：传动噪音比较大，对冲击比较敏感，制造安装要求及成本较高，而且不宜用于中心距离较大的传动。

**1. 齿轮的工作条件、失效形式及其对材料性能的要求**

齿轮在工作时主要是通过齿面的接触来传递动力，因而齿轮的破坏大部分发生在齿面上。

齿轮在运转中，两齿面互相啮合，在接触点处既有滚动，又有滑动，轮齿表面受到交变压应力(简称接触应力)及摩擦力的作用。此外，由于运转过程中可能过载、换挡时冲击、安装和加工中不当或齿轮变形等引起齿面接触不良，以及外来尘埃和金属销等硬质磨粒的侵入等因素，都会促进附加动力载荷的产生和工作条件的恶化。可见齿轮的受载情况和工作条件是相当繁重、复杂的，因而它的失效形式也是多种多样的。齿轮主要的失效形式包括齿轮折断、齿面破坏、齿轮磨损、轮齿崩角等。

齿轮的失效形式错综复杂，为了保证齿轮正常运转，要求制造齿轮的材料必须具有以下性能。

(1)良好的切削加工性，以保证齿轮经加工后获得所要求的精度和粗糙度。

(2)热处理后应具有高的接触疲劳强度和抗弯强度，高的表面硬度和耐磨性，适当的心部强度和足够的韧性，以及最小的淬火变形。

(3)材料纯净，断面经侵蚀后，不能出现肉眼能看见的空隙、气泡、裂纹、非金属夹杂物等缺陷，其等级应符合有关标准规定的要求。

(4)价格低廉、材料来源充足。

**2. 常用齿轮材料的种类、性能和热处理方法**

常用的齿轮材料有锻钢、铸钢、铸铁和非铁金属材料等。

1)锻钢

锻钢是在齿轮制造中应用最广的一种材料。这是因为轧制的钢材内部组织纤维具有一定的方向性，用它制成的齿轮，受力后容易从纤维间断裂，故其强度较差，只适于制作一些受力不大、不太重要的齿轮。轧制的钢材经锻造加工以后，其毛坯的组织会形成有利的锻造流线，因而强度高，耐冲击，通过热处理还可以进一步改善金相组织，获得更好的力学性能，从而有效地提高齿轮的承载能力和耐磨性。所以，重要用途的齿轮大多采用锻造。

用于锻钢齿轮的原材料是低碳钢、中碳钢和中碳合金钢。常用的热处理方法有正火、调质、整体淬火、表面淬火、渗碳淬火，以及渗氮、碳氮合渗等。不同的热处理所获得的表面和内部的力学性能不同，则齿轮的承载能力也不同。一般来说，材料越好，硬度越高，其承载能力越强。

2)铸钢

铸钢由于它的收缩率大、晶粒粗、力学性能差，因此加工性能不好，通常较少用于齿轮。但是工业上，特别是在重工业上，一些直径较大(≫400～600 mm)，形状复杂的齿轮毛坯，在难以采用锻造方法加工的情况下，就要采用铸钢。

铸钢齿轮一般不会采用全部淬火，最常用的是火焰加热表面淬火，要求不高，转速较慢的齿轮通常不淬火，大多只在机械加工之前进行正火处理，目的是消除铸造残余应力和均匀硬度，以改善切削加工性能。

3)铸铁

普通铸铁的最大优点是本身所含石墨能起润滑作用,其减摩性较好,不易胶合;与相同硬度的铸钢相比,其磨损要小得多。铸铁的硬度一般为170～269 HBS,易切削加工。铸铁的另一个优点是成本低。其缺点是抗弯强度低,脆性,不耐冲击,故齿轮只适用于制作一些轻载、低速、不受冲击,以及精度和结构紧凑程度都不高的不太重要的齿轮,一般用于开式传动齿轮。

4)非铁金属材料

非铁金属材料用于仪表工业及某些接触腐蚀介质的轻载齿轮,常用耐腐蚀、耐磨的非铁金属材料来制造。

**3. 齿轮材料的选用、热处理**

齿轮材料的选用,首先主要根据齿轮的工作条件来确定,如传动方式(开式或闭式)、载荷性质和大小、传动速度和精度要求等;其次要考虑热加工工艺性、生产批量及结构、尺寸、质量、经济效益等因素。一般选用方法大致如下。

开式传动齿轮,其主要失效形式是齿面磨损,这类零件大多在低速、轻载、不受冲击的条件下工作,而且对精度结构紧凑性的要求都不太高。所以,可以优先考虑耐磨性好的、价格低廉的铸铁材料。在必要情况下,如工程机械、农业机械等一些重要的开式传动齿轮,才考虑选用较高级的耐磨材料,如低碳合金、渗碳钢等。

润滑条件较好的闭式传动齿轮,其主要失效形式是疲劳点蚀,一般应选用硬齿面的齿轮材料,在某些场合下,也不一定非选用这类材料不可。具体选用方法,可按以下几种情况来决定。

(1)轻载、低速、冲压载荷等很小、精度低的一般齿轮,可选用正火钢或球墨铸铁。

(2)中载、中速、承受一定的冲击载荷,传动较为平稳的齿轮,如机床齿轮,其失效形式除疲劳点蚀外,还有磨损,故应选用具有一定强度、韧性、耐磨性和抗接触疲劳强度较高的材料,如中碳钢或中碳合金钢进行调质、表面淬火。

(3)重载、高速或中速、承受较大冲击载荷的齿轮,如汽车、拖拉机的变速箱齿轮和后桥驱动齿轮,它们的失效形式,除疲劳点蚀、齿面磨损外,还可能出现轮齿折断。所以应选择具有高强度、高耐磨性和高韧性的优质材料,通常选用低碳合金钢进行渗碳或碳氮共渗。

(4)重载、低速易受冲击的齿轮,如轧钢机齿轮,其失效形式主要是轮齿断裂,会产生齿面塑性变形,应选用综合力学性能较好的材料。如40Cr、37SiMn2MoV等中碳合金钢,进行调质和表面淬火。

(5)精密传动齿轮或磨齿困难的硬齿面齿轮(如内齿轮),主要要求精度高、热处理变形极小,可以考虑选用氮化钢。

对于在腐蚀介质或高温条件下工作的齿轮,则应选用相应的耐磨钢或耐热钢。

表9-5为根据工作条件推荐选用的一般齿轮材料和热处理方法,供参考。

**表 9-5　根据工作条件推荐选用的一般齿轮材料和热处理方法**

| 传动方式 | 工作条件 | | 小齿轮 | | | 大齿轮 | | |
|---|---|---|---|---|---|---|---|---|
| | 速度 | 载荷 | 材料 | 热处理 | 硬度 | 材料 | 热处理 | 硬度 |
| 开式传动 | 低速 | 轻载无冲击、不重要的传动 | A5 | 正火 | 150～180HBS | HT200 | — | 170～230HBS |
| | | | | | | HT250 | | 170～240HBS |
| | | | A6 | 正火 | 160～200HBS | HT250 | — | 170～240HBS |
| | | | | | | HT300 | | 187～255HBS |
| | | 轻载、冲击小 | 45 | 正火 | 170～200HBS | QT500-05 | 正火 | 170～207HBS |
| | | | | | | QT600-02 | | 197～296HBS |
| 闭式传动齿轮 | 低速 | 中载 | 45 | 正火 | 170～200HBS | 35 | 正火 | 150～180HBS |
| | | | ZG310-570 | 调质 | 200～250HBS | ZG270-500 | 调质 | 190～230HBS |
| | | 重载 | 45 | 整体淬火 | 38～48HRC | 35、ZG270-500 | 整体淬火 | 35～40HRC |
| | 中速 | 中载 | 45 | 调质 | 220～250HBS | 35、ZG270-500 | 调质 | 190～230HBS |
| | | | 45 | 整体淬火 | 38～48HRC | 35 | 整体淬火 | 35～40HRC |
| | | | 40Cr<br>40MnB<br>40MnVB | 调质 | 230～280HBS | 45、50 | 调质 | 220～250HBS |
| | | | | | | ZG270-500 | 正火 | 180～230HBS |
| | | | | | | 35、40 | 调质 | 190～230HBS |
| | | 重载 | 45 | 整体淬火 | 38～48HRC | 35 | 整体淬火 | 35～40HRC |
| | | | | 表面淬火 | 45～50HRC | 45 | 调质 | 220～250HBS |

续表

<table>
<tr><th rowspan="2">传动方式</th><th colspan="2">工作条件</th><th colspan="3">小齿轮</th><th colspan="3">大齿轮</th></tr>
<tr><th>速度</th><th>载荷</th><th>材料</th><th>热处理</th><th>硬度</th><th>材料</th><th>热处理</th><th>硬度</th></tr>
<tr><td rowspan="8">闭式传动齿轮</td><td rowspan="2">中速</td><td rowspan="2">重载</td><td rowspan="2">40Cr、40MnB、40MnVB</td><td>整体淬火</td><td>35～42HRC</td><td>35、40</td><td>整体淬火</td><td>35～40HRC</td></tr>
<tr><td>表面淬火</td><td>52～56HRC</td><td>45、50</td><td>表面淬火</td><td>35～40HRC</td></tr>
<tr><td rowspan="6">高速</td><td rowspan="2">中载、无猛烈冲击</td><td rowspan="2">40Cr、40Mn、40MnVB</td><td>整体淬火</td><td>35～42HRC</td><td>35、40</td><td>整体淬火</td><td>35～40HRC</td></tr>
<tr><td>表面淬火</td><td>52～56HRC</td><td>45、50</td><td>表面淬火</td><td>35～40HRC</td></tr>
<tr><td rowspan="4">中载、有冲击</td><td rowspan="4">20Cr、20Mn2B、20MnVB、20CrMnTi</td><td rowspan="4">渗碳淬火</td><td rowspan="4">56～62HRC</td><td>ZG310-570</td><td>正火</td><td>35～50HRC</td></tr>
<tr><td>35</td><td>调质</td><td>160～210HBS</td></tr>
<tr><td rowspan="2">20Cr<br>20MnVB</td><td rowspan="2">渗碳淬火</td><td>190～230HBS</td></tr>
<tr><td>56～62HRC</td></tr>
</table>

## 二、轴类

轴是组成机械零件的重要零件之一，一切做回转运动的传动零件，如齿轮、涡轮都要安装在轴上，才能实现回转运动，因而轴的功用是支撑回转零件，传递运动和扭矩。

### 1. 轴类零件的工作条件、失效形式及对材料性能的要求

轴类零件在工作时主要承受弯曲应力和扭转应力的复合作用（如转轴），但有的只承受弯曲应力（如心轴），或者只承受扭转应力（如传动轴）。其中除固定心轴外，所有做回转运动的轴，所承受的应力一般都是做对称循环变化，即大多数轴是在交变应力作用下工作的。所以，如果轴的疲劳强度不够，就易产生疲劳裂纹。当轴和轴上零件有相对运动时，若轴的相对运动表面（如轴径与花键部位）的硬度不够，就可能产生过度磨损而影响传动精度。此外，转轴外力为动载荷，会经常受到一定程度的冲击，若刚度不够，会产生弯曲变形和扭转变形。在高速条件工作的轴会发生振动，所有这些都会影响轴的正常工作。由此可见，轴类零件的承受情况是很复杂的，且随轴的类型不同，其受载情况也有很大差异，因而其失效形式是多种多样的。一般来说，主要有以下两种，即疲劳断裂和相对运动部位的过度磨损。为了保证轴的工作正常，用于制作轴类零件的材料必须具备下列性能。

（1）足够的强度、刚度和适当的韧性。

（2）高的疲劳极限，对应力集中的敏感性低。

（3）热处理后，要求局部淬硬的部位应能获得较高的硬度和耐磨性，较低的淬火开裂敏感性。

(4)有一定的淬透性。一般认为，在弯曲应力和扭转应力复合作用下的轴类零件，其最大应力在外层，因此，只需淬透到零件半径的1/2或1/3处即可。

(5)切削加工性能良好，价格低廉。

**2. 轴的常用材料及其力学性能**

制造轴类零件的材料，主要选用锻造或轧制的碳素钢或合金钢。此外还可选用球墨铸铁和一些高温强度铸铁。

**3. 机床主轴**

主轴是机床中的重要零件，它的形状较复杂、技术要求较高，尺寸差异也很大。在传递动力时，主轴要承受各种不同形式的载荷，如弯曲、扭转、交变冲击等，但一般承受的应力不大、冲击载荷较小。轴颈和滑动表面部分还要承受摩擦力作用，其失效形式，在正常情况下多因磨损而丧失精度，也有由于内应力重新分布而使主轴变形的情况发生。所以，主轴一般要求具有足够的刚度，较高的强度，良好的耐磨性，耐疲劳性及尺寸稳定性，此外，也要有良好的切削加工性，在这些性能要求中，除刚度由设计决定外，其他性能均与材料、热处理有着密切的关系，在加工制造过程中，对于主轴材料和热处理工艺的选择，必须予以足够的重视。

主轴材料的选择，主要是根据其轴承的类型(即摩擦与磨损条件)、载荷大小、转速高低、精度和粗糙度的要求、有无冲击载荷等工作条件予以综合考虑的。

在滚动轴承中运转的主轴，因摩擦已转移给滚动体和套圈，其轴颈部位不需特别高的硬度，同时此类主轴一般只承受中等载荷和不大的冲击，故多采用45钢、45Mn2钢、40Cr钢一类调质钢来制造，经正火或调质处理后，局部淬火即可。

在滑动轴承中运转的主轴，其轴颈直接与轴瓦接触，耐磨性要求较高，因而轴颈硬度要求较高，同时滑动轴承比滚动轴承的承载能力高。此类主轴一般采用15Cr钢或20Cr钢等渗碳钢或中碳调质钢制造。如果主轴的断面尺寸较大，并在高速、重载和冲击载荷下工作，要求表面具有良好的耐磨性和心部较高强度、冲击韧性，则宜采用20CrMnTi钢、12CrNi3钢等高强度渗碳钢来制造。

对于要求更高的表面硬度和耐磨性、耐疲劳性能好的某些精密主轴，其精度和尺寸稳定性要求极高，则须采用38CrMoAlA钢等渗氮钢来制造。

某些要求刚性好，精度高的磨床或镗床主轴，也可以采用9Mn2V钢或GCr15钢等来制造，并进行高频表面处理。

此外，有些重型机床低速主轴，结构尺寸较大，也可采用球墨铸铁制造。

## 三、手工用丝锥

手工用丝锥是加工零件内孔的刀具，如图9-8所示。手工用丝锥用于手动攻丝，受力小，切削速度很低。其失效形式主要是磨损和扭断。因此，其对机械性能主要要求是齿刃部应具有高硬度和耐磨性，心部与柄部要求足够的强度与韧性。

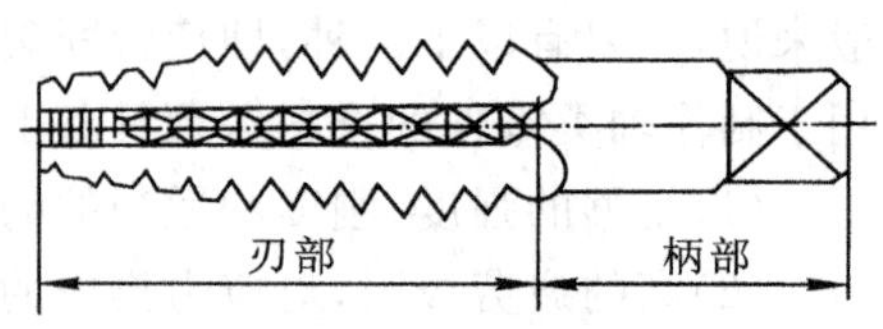


**图9-8　手工用丝锥**

手工用丝锥的热处理技术条件为齿刃部硬度为 59～63HRC；心部及柄部的硬度为 30～45HRC。

根据以上分析，手工用丝锥所用材料要求碳的质量分数较高，以使淬火后获得高硬度，并形成许多碳化物以提高耐磨性。但手工用丝锥对红硬性、淬透性要求较低，受力很小，所以可选用碳的质量分数为 1%～1.2%的碳素工具钢。考虑到韧性和减小淬火变形开裂倾向，应选用硫、磷杂质极少的高级优质钢，常用 T12A（或 T10A）钢，该钢除能满足上述性能要求外，过热倾向也较小。

为了使丝锥齿刃部获得高硬度、心部有足够的韧性，并使淬火变形尽可能减小（因齿刃部淬火、回火后不再磨削），以及考虑到齿刃部很薄，所以采用等温淬火或分级淬火。

采用碳素工具钢制造手工用丝锥，原材料成本低，冷、热加工比较容易，因此使用广泛。有些工厂为了进一步提高手工用丝锥的使用寿命与抗扭能力，采用 GCr9 钢来制造，也取得了良好的经济效益和社会效益。

例如，M12 手工用丝锥，选用 T12A 钢，其加工工艺路线如下。

下料→球化退火（大量生产时常采用滚压方法加工螺纹）→淬火\低温回火→柄部回火（浸入 600℃硝盐炉中，快速回火）→防锈处理（发蓝）。

淬火加热保温后，采用硝盐中等温冷却，如图 9-9 所示。淬火后，丝锥表面组织（2～3 mm）为贝氏体＋渗碳体＋残余奥氏体（少量），硬度为 30～45HRC，具有足够的韧性，丝锥等温淬火后变形量一般在容许范围内。对于较大的丝锥（＞M12）要得到淬硬的表面，应先在碱浴中分级，再在硝盐中等温停留，然后空冷。

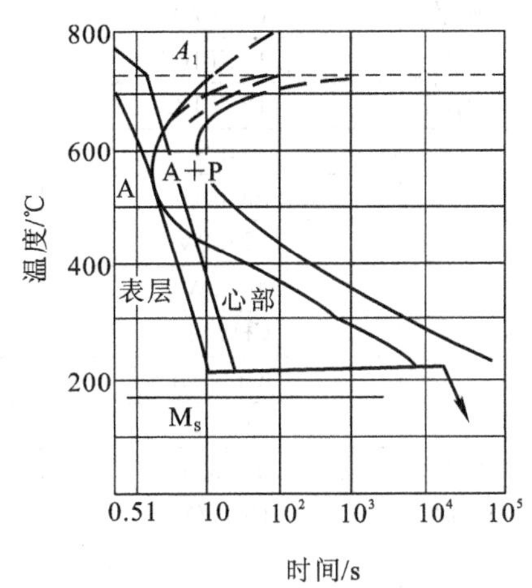


**图 9-9　T12A 钢丝锥淬火时冷却曲线**

## 四、冷变形模具（或称冷作模具）

### 1. 冷变形模具的工作条件、失效形式和对材料性能的要求

冷变形模具的品种繁多，按其在工作过程中对金属的基本变形方式，冷变形模具可分为冷冲模、冷挤压模、冷镦模、拉丝模和螺丝滚模等。不同类型的冷变形模具的工作条件、失效形式及材料的性能都不尽相同。在此仅介绍冷冲模。

冷冲模是冷变形加工中使用最广泛的一种模具，它是利用金属的板料和带料，冷加工状态下在压床上通过冲头和凹模的相互作用来冲制、切割、压弯或拉伸成所需的产品。这类模具在冷冲压过程中，由于被加工材料的变形抗力比较大，模具的工作部分（冲头、刃口）承受强烈的冲击、剪切、弯曲及与被加工材料之间的摩擦作用，故其主要失效形式是磨损，但也有因结构或热处理不当而产生刃口剥落、镦粗、折断（主要是冲压厚板或在厚板上冲压较小的孔径时）和高的淬透性（这一点对大型零件尤为重要）。此外，从制造工艺的角度出发，冷冲模还要求材料具有良好的冷、热加工性能(如容易切削、粗糙度低、锻压性能好、热处理变形小等)。

**2. 常用冷变形模具材料的类别、牌号、性能比较和选用举例**

常用的冷变形模具材料有碳素工具钢、合金工具钢、轴承钢、高速工具钢、基体钢、硬质合金钢、低熔点合金等。具体的常用冷变形模具材料的类别、牌号及性能比较如表 9-6 所示。

**表 9-6 常用冷变形模具材料的类别、牌号及性能比较**

| 类别 | 牌号 | 性能比较 | | | | | |
|---|---|---|---|---|---|---|---|
| | | 耐磨性 | 韧性 | 可切削加工性 | 淬火不变形性 | 回火[①]稳定性 | 淬硬深度 |
| 碳素工具钢 | T7、T7A | 差 | 较好 | 好 | 较差 | 差 | 水淬 15～18 mm<br>油淬 5～7 mm |
| | T10、T10A | 较差 | 中等 | 好 | 较差 | 差 | |
| | T12、T12A | 较差 | 中等 | 好 | 较差 | 差 | |
| 合金工具钢 | MnSi | 较差 | 中等 | 较好 | 中等 | 较差 | 油淬≤20 mm |
| | 9SiCr、Cr2 | 中等 | 中等 | 较好 | 中等 | 较差 | 油淬 40～50 mm |
| | 9Mn2V | 中等 | 中等 | 较好 | 较好 | 差 | 油淬≤30 mm |
| | MnCrWV | 中等 | 中等 | 较好 | 中等 | 较差 | 油淬≤40 mm |
| | CrWMn | 中等 | 中等 | 中等 | 中等 | 较差 | 油淬≤60 mm |
| | 9CrWMn | 中等 | 中等 | 中等 | 中等 | 较差 | 油淬 40～50 mm |
| | Cr12 | 好 | 差 | 较差 | 好 | 较好 | 油淬≤200 mm |
| | Cr12MoV | 好 | 差 | 较差 | 好 | 较好 | 油淬 200～300 mm |
| | Cr6WV | 较好 | 较差 | 中等 | 中等 | 中等 | 油淬≤80 mm |
| | Cr4W2MoV | 较好 | 较差 | 中等 | 中等 | 中等 | $\varphi$(150×150)mm 可内外淬硬达 60HRC<br>空淬 40～50mm |
| | Cr2Mn2SiWMoV | 较好 | 较差 | 中等 | 较好 | 中等 | 油淬≥100 mm |
| | 6W6Mo5Cr4V | 较好 | 较好 | 中等 | 中等 | 中等 | 较深 |
| | SiMnMo | 较好 | 中等 | 较好 | 较好 | 较差 | 较浅 |
| 轴承钢 | GCr15 | 中等 | 中等 | 较好 | 中等 | 较差 | 油淬 30～35 mm |
| 高速工具钢 | W18Cr4V | 较好 | 较差 | 较差 | 中等 | 好 | 深 |
| | W6Mo5Cr4V2 | 较好 | 中等 | 较差 | 中等 | 好 | 深 |
| 基体钢 | 6Cr4Mo3Ni2WV | 较好 | 较好 | 中等 | 中等 | 好 | 深 |
| | 65Cr4W3Mo2VNb | 较好 | 较好 | 中等 | 较好 | 中等 | 空淬≤50 mm<br>油淬≤80 mm |

续表

| 类别 | 牌号 | 性能比较 | | | | | |
|---|---|---|---|---|---|---|---|
| | | 耐磨性 | 韧性 | 可切削加工性 | 淬火不变形性 | 回火[①]稳定性 | 淬硬深度 |
| 普通硬质合金 | YG3X | 最好 | 差 | 差 | 不经热处理，无变形 | 最好，可达800～900℃ | 不经热处理，内外硬度均匀一致 |
| | YG8、YG8C | | 差 | | | | |
| | YG15 | | 差 | | | | |
| | YG20C、YG25 | | 差 | | | | |
| 钢结硬质合金 | YE65(GT35) | 好 | 较差，但优于普通硬质合金 | 可机械加工 | 可热处理，几乎不变形 | 好 | 深 |
| | YE50(GW50) | | | | | | |

注：①或称为热稳定性。

常用冷变形模具材料的选用举例如表 9-7 所示。

**表 9-7　冷变形模具钢选用举例**

| 冲模种类 | 牌号 | | | 备注 |
|---|---|---|---|---|
| | 简单(轻载) | 复杂(轻载) | 重载 | |
| 硅钢片冲模 | Cr12、Cr12MoV、Cr16WV | Cr12、Cr12MoV、Cr16WV | — | 因加工批量大，要求寿命较长，故均采用高合金钢 |
| 冲孔落料模 | T10A、9Mn2V | 9Mn2V、Cr6WV、Cr12MoV | Cr12MoV | — |
| 压弯模 | T10A、9Mn2V | — | Cr12、Cr6WV、Cr12MoV | — |
| 拔丝拉伸模 | T10A、9Mn2V | — | Cr12、Cr12MoV | — |
| 冷挤压模 | T10A、9Mn2V | 9Mn2V、Cr12MoV、Cr6WV | Cr12MoV、Cr6WV | 要求红硬性时可选用W18Cr4V、W6Mo5Cr2 |
| 小冲头 | T10A、9Mn2V | Cr12MoV、 | W18Cr4V、W6Mo5Cr2 | 冷挤压钢件，硬铝冲头还可选用超硬高速钢、基体钢 |
| 冷镦(螺钉、螺母)<br>冷镦(轴承、球钢) | T10A、9Mn2V | — | Cr12MoV、8Cr8Mo2SiV、W18Cr4V、Cr4W2MoV、基体钢 | — |

## 复习思考题 9

1. 选择材料应遵循哪些基本原则？它们之间有何关系？

2. 何谓失效？为什么要进行失效分析？

3. 零件失效有哪些基本类型？

4. 指出下表所列工件在选材或热处理技术条件中的错误，并说明其理由及更正意见。

| 工 作 及 要 求 | 材料 | 热处理技术条件 |
|---|---|---|
| 表面耐磨的凸轮 | 45 钢 | 淬火，回火 60～63 HRC |
| 直径 30 mm，要求良好综合力学性能的传动轴 | 40Cr 钢 | 调质 40～45 HRC |
| 弹簧（丝径 $\varphi$15 mm） | 45 钢 | 淬火、回火 55～60 HRC |
| 板牙（M12） | 9SiCr 钢 | 淬火、回火 50～55 HRC |
| 转速低，表面耐磨性及心部强度要求不高的齿轮 | 45 钢 | 渗碳淬火 58～62HRC |
| 钳工凿子 | T12A 钢 | 淬火、回火 60～62 HRC |
| 传动轴（直径 100 mm，心部 $\sigma_b>500$MPa） | 45 钢 | 调质 220～250 HBS |
| 直径 70 mm 的拉杆，要求截面上性能均匀，心部 $\sigma_b>900$ MPa | 40Cr 钢 | 调质 200～230 HBS |
| 直径 5 mm 的塞规，用于大批量生产，检验零件内孔 | T7 钢或 T8 钢 | 淬火、回火 62～64HRC |

5. 某工厂用 CrMn 钢制造高精度块规，其加工工艺路线如下。

锻造→球化退火→机械粗加工→调质→机械精加工→淬火→冷处理→低温回火并人工时效→精磨→人工时效→研磨。

试说明各热处理工序的作用。

6. 试分析为减小工件淬火变形与开裂应采取哪些措施。

# 模块3 热加工基础

# 项目 10 铸　造

铸造是熔炼金属、制造铸型，并将熔融金属浇入铸型，凝固后获得一定形状和性能铸件的方法。

铸造在工业生产中占有重要地位，在各类机械设备中，铸件占整机质量的比重很大，如机床、内燃机中占70%～90%；风机、压缩机中占60%～80%；拖拉机中占50%～70%；汽车中占30%～40%。

铸造之所以被广泛应用，是因为它与其他的金属加工方法相比具有许多优点。

(1)适应性强。铸造能生产形状复杂的铸件，如具有复杂内腔形状的铸件。铸件的轮廓尺寸可小至几毫米，大至几十米；质量可轻至几克，重至数百吨；壁厚可薄至 0.5 mm，厚至几百毫米。工业中常用的材料，如铸铁、碳钢、合金钢、铜合金、铝合金等都可用于铸造。

(2)成本低。铸造所用原材料都来源广泛，价格低廉，可直接回收利用废铁、废钢、切屑等。一般情况下，铸造生产不需要大型的、精密的设备。

(3)形状过于复杂的零件(如箱体、机床床身等)、脆性过大的材料(如铸铁等)都不宜锻造，只能用铸造的方法来生产。对硬度过高，切削加工困难的材料，采用精密铸造的方法，以实现无切削或少切削生产零件，是一个较为理想的途径。

铸造目前还存在一些问题，如铸件内部组织粗大，易出现缩孔、缩松、气孔、砂眼等缺陷，故铸件的性能不如锻件。铸造生产工序较多，有些工艺过程难以控制，质量不够稳定，废品率较高。因此，一般用于受力不大的零件，但随着铸造合金的发展，原来用钢材铸造的零件，现在也广泛应用铸钢或球墨铸铁来代替。例如，内燃机的曲轴、气门摇臂等改用铸件后，既保证了零件的力学性能，又大大简化了加工工艺，降低了零件的生产成本。

铸造生产通常分为砂型铸造和特种铸造两大类，目前仍以砂型铸造最为普遍。

## 任务 1 砂型铸造

用砂型紧实成型的铸造方法称为砂型铸造，其工艺过程如图 10-1 所示。

### 一、模型和芯盒

模型和芯盒是造型、制芯的主要工艺装备。模型用来形成铸型腔，其外形与所形成的铸件外形相适应。芯盒用来制造型芯，其外形与所形成的铸件内腔形状相适应。

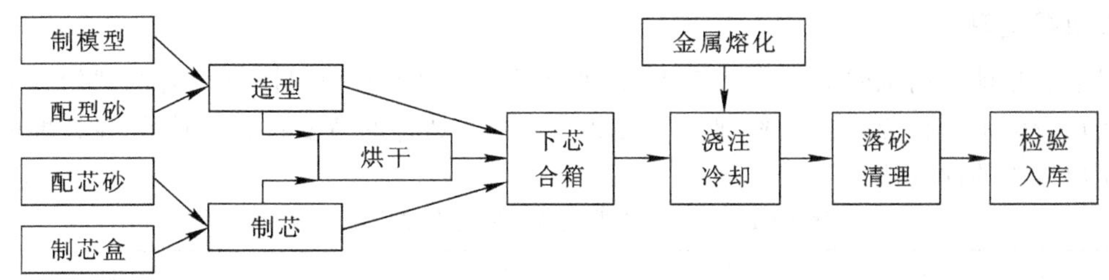


**图 10-1 砂型铸造工艺流程**

模型按照结构，可分为整体模、分开模、活块模和刮板模等。模型按照制模材料，可分为木模、金属模、树脂模、石膏模和水泥模等，其中最常用的是木模和金属模。木模具有质轻、价廉和易于加工的优点，但强度和硬度较低，易变形和损坏，一般只用于单件小批量生产。金属模具有强度高、尺寸精确、表面光洁、使用寿命长等优点，但制造较困难，生产周期长，成本高，常用于机械造型和大批量生产。

模型和芯盒的形状及型芯尺寸的设计，都是在零件图为依据的基础上，还必须考虑以下三点：①铸件的加工表面应留有加工余量；②铸件在冷却过程中产生的收缩量；③在与取模方向平行的面上应有拔模斜度等。

## 二、造型材料

用来制造铸型和型芯的材料统称为造型材料，包括型砂、芯砂和涂料等。型砂的消耗量很大，生产 1 t 铸件耗费 4～5 t 型砂。因此，合理地选用和配制造型材料，对提高铸件质量，降低成本具有重要意义。

型(芯)砂具有良好的可塑性、透气性、退让性和耐火性。为使型砂具有合适的性能，需用原砂、黏合剂和其他附加物配制而成，按黏合剂不同，型(芯)砂可分为黏土砂、水玻璃砂、油砂和树脂等。

## 三、造型

造型就是用造型混合料及模型等工艺制造铸型的过程。它是铸造生产中最重要的工序之一。造型方法分手工造型和机器造型两大类。

### 1. 手工造型

手工造型时紧砂和起模都是靠手工来完成。它具有操作灵活，适应性强，模型成本低，生产准备时间短等优点，但铸件质量不易保证，生产率低，劳动强度大。因此，手工造型主要使用于单件和小批量生产。

在实际生产中，铸件的结构形状、生产数量和生产条件不同，有各种各样的手工造型方法。合理地选择造型方法，对于获得合格的铸件，减少造型的制模工作量，降低铸件成本和缩短生产周期都是十分重要的。表 10-1 列举了常用的手工造型方法的特点和应用范围。

**2. 机器造型**

机器造型就是用机械来代替手工，以实现造型过程中紧砂和起模过程的机械化。采用机器造型可较大地提高劳动生产率，改善劳动条件及提高铸件的精度和表面质量，在大批量生产中显示出极大的优越性。

表 10-1　常用手工造型方法的特点和应用范围

| | 造型方法 | 主要特征 | 应用范围 |
|---|---|---|---|
| 按模型特征区分 | 整模造型 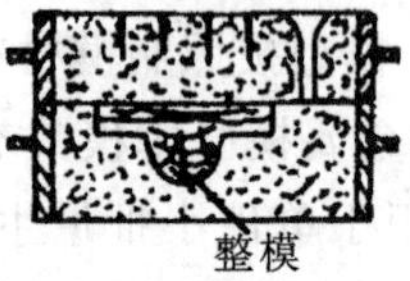<br>整模 | 模型是整体的，多数情况下型腔全部在半个铸型内，另半个无型腔。其造型简单，铸件不会产生错箱等缺陷 | 适用于一端为最大截面，且为平面的铸件 |
| | 挖砂造型 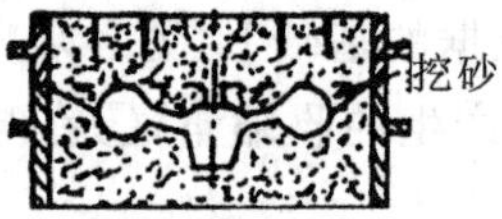<br>挖砂 | 模型是整体的，分型面为曲面。为起模方便，造型时用手工挖去阻碍起模的型砂。每造一件需挖砂一次，费工，生产率低 | 适用于单件小批量生产，分型面不是平面的铸件 |
| | 假箱造型 <br>木模<br>用砂做成的成型底板(假箱) | 为克服挖砂造型的缺点，先将模型放在一预先做好的假箱上，然后在假箱上造下箱，省去挖砂操作。操作简便，分型面平齐 | 适用于成批生产需挖砂的铸件 |
| | 分模造型 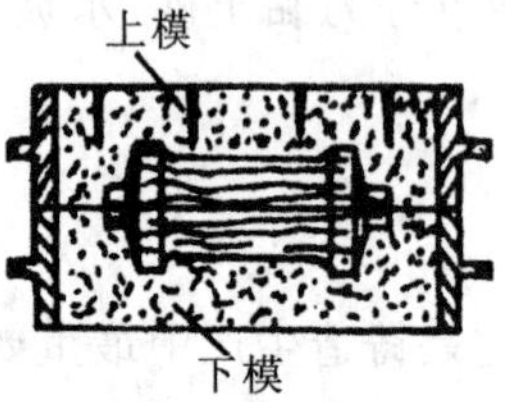<br>上模<br>下模 | 将模型沿最大截面处分成两半，型腔分别位于上、下两个半型内。造型简单，节省工时 | 常用于铸件最大截面在中部的铸件 |
| | 活块造型 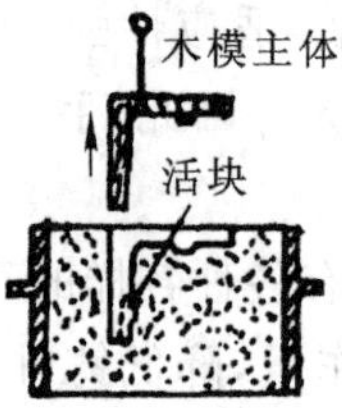<br>木模主体<br>活块 | 将铸件上有碍起模的小凸台、筋条制成活块，在主体模型起出后，再从侧面取出活块。造型麻烦，要求操作水平高 | 主要用于单件、小批量生产带有突起部分、难以起模的铸件 |

续表

| | 造型方法 | 主要特征 | 应用范围 |
| --- | --- | --- | --- |
| 按模型特征区分 | 刮板造型 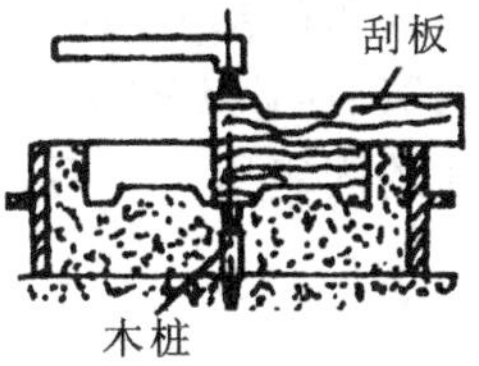<br>刮板 木桩 | 用刮板代替模型造型，可大大降低铸件成本，节约木材，缩短生产周期，但生产率低，工人技术水平要求高 | 用于具有等截面的或回转体的大、中型铸件的单件或小批量生产 |
| 按砂箱特征区分 | 两箱造型 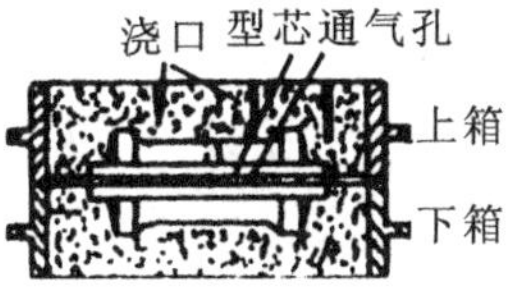<br>浇口 型芯通气孔 上箱 下箱 | 铸型由上箱和下箱组成，造型、起模、修型等操作方便 | 适用各种批量的大、中、小型铸件 |
| | 三箱造型 <br>上箱 中箱 下箱 | 铸型由上、中、下三箱组成，中箱高度须与铸件两分型面的间距相适应。造型费工，中箱需有合适的砂箱 | 适用于单件、小批量生产具有两个分型面的铸件 |
| | 地坑造型 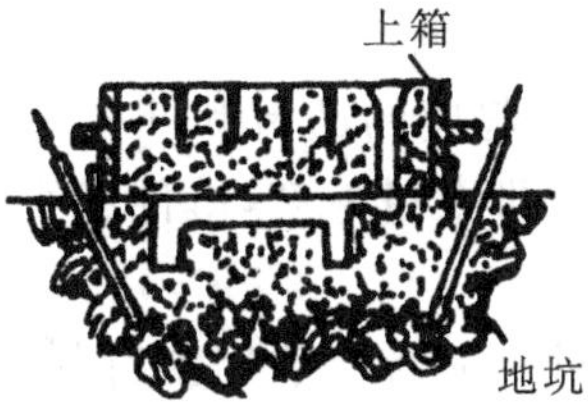<br>上箱 地坑 | 用地坑代替下砂箱，只要一个上箱便可造一型。可减少砂箱投资，但造型麻烦，工人技术水平要求高 | 常用于砂箱不足，制造批量不大的中、大型铸件 |
| | 脱箱造型 <br>套箱 底板 | 铸型合箱后，即将砂箱脱出。浇注前，需用型砂将脱箱后的砂型周围填紧。节约砂箱 | 适用于小型铸件，砂箱尺寸较小 |

目前造型机绝大多数是以气压和液压为动力来实现紧实型砂。最基本的紧实方法有压实、震实、抛砂和射压等多种形式，其中震压式应用最广。

震压式紧实法是将砂箱放在造型机工作台上，填满型砂后，先进行多次震击，型砂在惯性力作用下获得初步紧实。震击完毕再进行压实，以提高砂箱上层型砂的紧实度。震击式造型机的工作原理如图 10-2 所示。首先，压缩空气自震实进气口 8 进入震实活塞 5 的下面，带动工作台及砂箱一起上升，上升到一定高度时，震实排气口 9 打开，震实活塞下面压力迅速下降，工作台和砂箱一起下落，完成一次撞击。如此反复多次震实。震实后，让压缩空气进入压实汽缸，推动压实活塞带着工作台及砂箱再次上升。当砂箱触及上面的固定压头 7 后，型砂便被压实。最后压实汽缸排气，砂箱下降，完成全部紧砂过程。

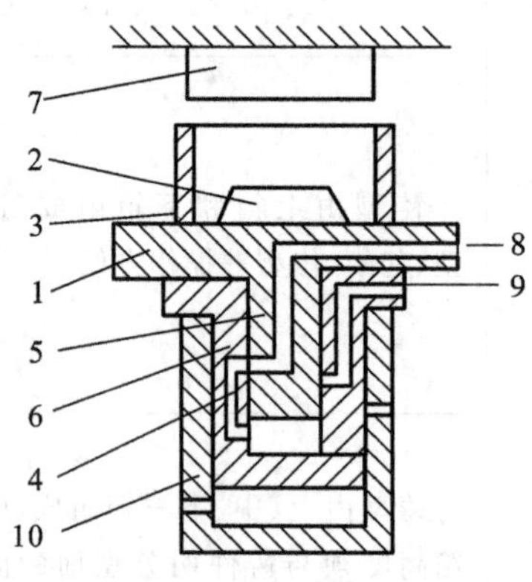


**图 10-2　震压式造型机的工作原理**

1—工作台；2—模板；3—砂箱；4—震实气路；5—震实活塞；6—压实活塞；
7—压头；8—震实进气口；9—震实排气口；10—压实汽缸

## 四、制芯

制芯用来形成铸件内腔，有时也用来形成铸件外形上妨碍起模的凸台和凹槽等。和砂型制造一样，制芯可分为手工制芯和机器制芯。机器制芯用于成批大量生产，单件和小批生产则多用于手工制芯。图 10-3 是常用芯盒制芯的三种方法。

为了提高制芯的强度，制芯时在砂芯中应放入芯骨。小件的芯骨一般用铁钉制成，大件的芯骨则用铸铁铸成。为了增强透气性，形状简单的型芯，可通过针扎出通气孔。形状复杂的型芯，可在型芯中埋入蜡线，待烘干时蜡线烧掉，形成通气孔。黏土砂芯、油砂芯还需烘干，以便进一步提高其强度、透气性，减少发气性。黏土砂芯烘干温度为 250～350℃，油砂芯烘干温度为 200～220℃。

## 五、铸型的烘干和合箱

铸型烘干与型芯的目的基本相同，为提高生产率和降低成本，一般只对大型、重要件和易产生气孔、黏砂的铸钢件等才进行烘干。烘干在专用的烘干炉内进行，一般铸铁和非铁金属铸型的烘干温度为 360～400℃，铸钢件的铸型为 400～450℃。

把型芯及上、下箱等装配在一起的操作过程称为合箱。合箱时，首先检查铸型和型芯是否

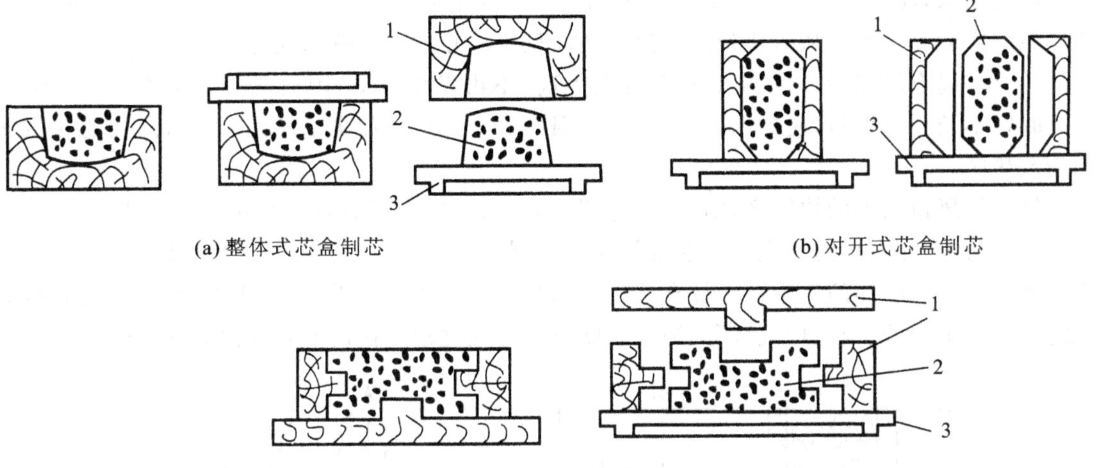

(a) 整体式芯盒制芯

(b) 对开式芯盒制芯

(c) 可折式芯盒制芯

**图 10-3 芯盒制芯的方法**

1—芯盒；2—砂芯；3—烘干板

完好、洁净，然后把型芯准确而牢固地放在型芯座上。在确认型芯位置正确后，盖好上箱，并扣紧或在上下箱上加放压铁以免浇注时出现抬箱、跑火和错箱等问题。

## 六、合金的熔炼

合金熔化是获得优质铸件的重要环节。熔化的铁水应满足下列条件，铁水温度高、化学成分符合要求、熔化效率高、燃烧消耗少。

常用的熔化设备有冲天炉、反射炉、电弧炉、感应电炉和坩埚炉等。熔炼铸铁多用冲天炉，熔炼铸钢多用电弧炉，熔炼非金属多用坩埚炉。由于铸造合金中铸铁占的比例最大，所以目前合金的熔炼大多采用冲天炉。

铸铁在冲天炉内的熔化过程中，同时进行着燃料燃烧和金属料的熔化。正确控制这两个过程，对提高铁水质量和熔化效率，节省能耗具有重要意义。

**1. 燃料的燃烧**

从风口进入炉内的风与底焦层发生完全燃烧，并产生大量热量，其反应为

$$C+O_2=CO_2+Q(\text{热量})$$

在高温炉气与剩余氧上升的过程中，氧继续与焦炭发生燃烧反应，致使炉气中的 $CO_2$ 含量继续增加，并达到最大值，而 $O_2$ 的含量逐渐减少，直到消失为止。随着反应热的不断放出，炉温不断升高。从第一排风口至氧完全耗尽的这个区域称为氧化带。

含有大量 $CO_2$ 的高温炉气，在继续上升过程中遇到炽热的焦炭，会发生还原反应并吸收大量的热量，其反应为

$$CO_2+C=2CO-Q(\text{热量})$$

反应结果，使炉气中的 $CO_2$ 减少，CO 增多，炉温下降。当炉温降到 1 000℃左右时，$CO_2$ 的还原反应就停止了。从氧化带的上限至还原反应停止的区域称为还原带。

还原带以上的焦炭，因缺氧且炉气温度不高，不再发生反应，因而成分基本不变。但炉气上升时要不断预热炉料，使炉温上升，而炉气温度下降。从还原带顶端到加料口之间的区域就称为预热区。

第一排风口以下的炉缸区，因缺乏 $O_2$ 没有炉气流动，所以这部分焦炭也不燃烧。

综上所述，冲天炉的燃烧反应主要是在底焦层中进行，层焦在未进入底焦层以前，几乎不进行燃烧反应。层焦的作用在于补充熔化金属材料时的底焦损失，以维持底焦层高度的相对稳定。冲天炉内的炉料、炉气成分、炉气温度及炉料温度沿炉高的变化规律如图 10-4 所示。

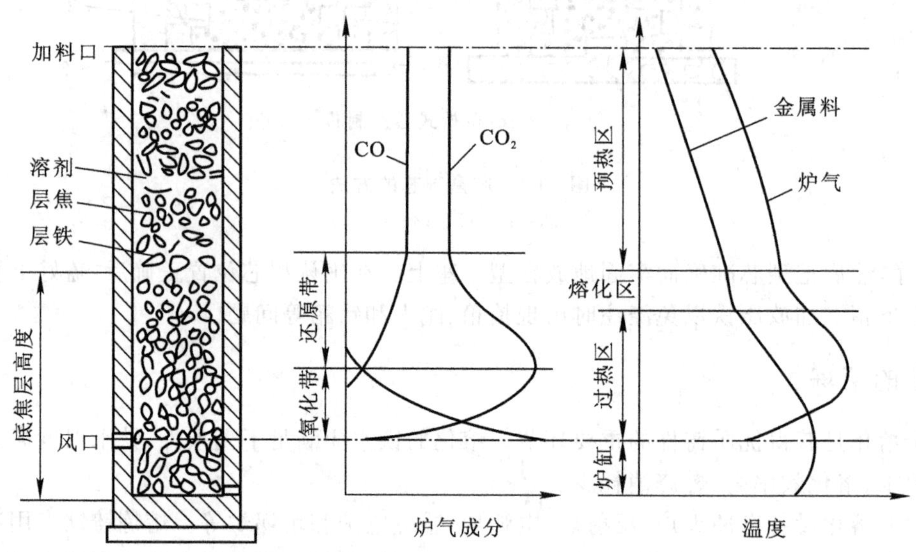


**图 10-4　冲天炉内的炉料、炉气成分、炉气温度及炉料温度沿炉高的变化**

**2. 金属料的熔化**

由加料口进入的炉料，迎着上升的高温炉气而下降，使金属料在预热区逐渐被加热到熔化温度。当温度达 1100～1 200℃的范围时，固态金属料开始熔化成铁水滴，形成一个熔化区。熔化后的铁水滴在下落过程中，被高温炉气和炽热的焦炭进一步加热到 1 600℃左右。这种在金属熔点以上的加热称为过热，这个区域就称为过热区。铁水滴落到炉缸汇集成铁水流入前炉。另外，在高温炉气作用下，石灰石在 700℃左右时开始分解成石灰（CaO）和 $CO_2$。石灰为碱性氧化物，它能与焦炭中的灰分和被侵蚀的炉衬等酸性氧化物结合成熔点较低、密度较小的炉渣，与铁水分离，由出渣口排出。

冲天炉内金属料的熔化不单纯是金属的重熔过程，在炉气、焦炭和炉渣的相互作用下，还会发生一系列的冶金反应，使化学成分发生变化。熔化后，一般碳的质量分数维持在 3.0％～3.4％的范围，硅损耗 10％～15％，锰损耗 20％～25％，磷基本保持不变，而有害元素硫将增加

50%左右，因此，加强脱硫是熔炼过程的重要问题之一。

## 七、浇注及清理

### 1. 浇注

将熔融金属从浇包注入铸型的操作称为浇注。浇注过程重要的是要控制好浇注温度和浇注速度。浇注温度过低，液态金属流动性较差，易产生冷隔和浇不足等缺陷；浇注温度太高，液态金属溶解的气体较多，冷却收缩量增大，因而易产生气孔、缩孔、裂纹和黏砂等缺陷。铸件浇注温度一般为 1 250～1 400℃，厚壁铸件取下限，薄壁铸件取上限。浇注速度应适中，太慢充不满型腔，太快又会冲砂和抬箱。另外，应及时将从浇冒口逸出的 CO 气体点燃，以防有害气体污染环境。

### 2. 落砂和清理

将铸件从砂型中取出的操作过程，称为落砂。铸件浇注后，在铸型中要有充分的冷却凝固时间，若落砂过早，铸件温度不均匀，开箱后易产生表面硬皮、内应力、变形或开裂，但落砂时间也不宜太迟，以免影响生产率。

清理包括打掉浇冒口，清除型芯和铸件表面的飞边、毛刺及黏砂等，手工清理一般使用钢丝刷、錾子、风铲等简单工具。现在普遍采用机械清理，常用的设备有清理滚筒、抛丸机等。

## 八、铸件质量和常见缺陷

铸件质量对机器的使用寿命和工作可靠性影响极大。铸件质量主要包括铸件的力学性能、几何形状、内部缺陷和表面状态等方面，而优劣直接取决于铸件的铸造缺陷。有严重缺陷、质量不合格的铸件，应列为废品，但对那些质量要求不高的铸件或缺陷不严重，经修补后不影响使用的铸件，可不列为废品。

影响铸件缺陷产生的原因十分复杂，表 10-2 介绍了几种常见铸件缺陷的特征及产生的原因。

**表 10-2　几种常见铸件缺陷的特征及产生的原因**

| 类型 | 现象 | 特　征 | 图　例 | 主要原因分析 |
|---|---|---|---|---|
| 孔眼 | 气孔 | 铸件内部或表面有大小不等的孔眼，孔的内壁光滑，多呈圆形 | | (1)砂型舂得太紧或型砂透气性差；<br>(2)型砂太湿，起模、修型时刷水过多；<br>(3)砂芯通气孔堵塞或砂芯未烘干 |
| | 缩孔 | 铸件厚截面处出现形状不规则的孔眼，孔的内壁粗糙 | | (1)冒口设置得不正确；<br>(2)合金成分不合格，收缩率过大；<br>(3)浇注温度过高；<br>(4)铸件设计不合理，无法进行补缩 |

续表

| 类型 | 现象 | 特　征 | 图　例 | 主要原因分析 |
|---|---|---|---|---|
| 孔眼 | 砂眼 | 铸件内部或表面有充满砂粒的孔眼，孔形不规则 | 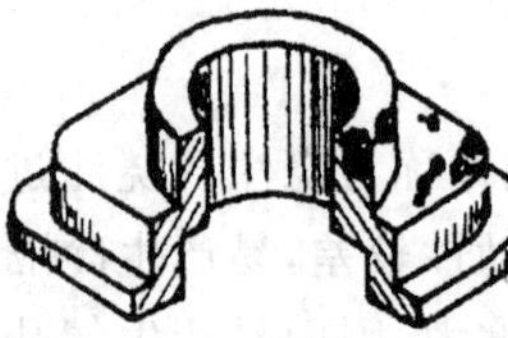  | (1)型砂强度不够或局部没舂紧，掉砂；<br>(2)型腔、浇口内散砂未吹净；<br>(3)合箱时砂型局部挤坏，掉砂；<br>(4)浇注系统不合理，冲坏砂型(芯) |
|  | 渣眼 | 孔眼内充满熔渣，孔形不规则 |   | (1)浇注温度太低，渣子不易上浮；<br>(2)浇注时没挡住渣子；<br>(3)浇注系统不正确，挡渣作用差 |
| 表面缺陷 | 冷隔 | 铸件上有未完全熔合的缝隙，接头处边缘圆滑 |   | (1)浇注温度过低；<br>(2)浇注时断流或浇注速度太慢；<br>(3)浇口位置不当或浇口太小 |
|  | 黏砂 | 铸件表面黏着一层难以除掉的砂粒，使铸件的表面粗糙 | 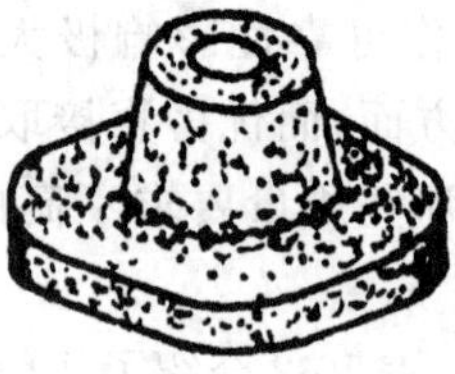  | (1)未刷涂料或涂料太薄；<br>(2)浇注温度过高；<br>(3)型砂耐火性不够 |
|  | 夹砂 | 铸件表面有一层突起的金属片状物，在金属片和铸件之间夹有一层型砂 | 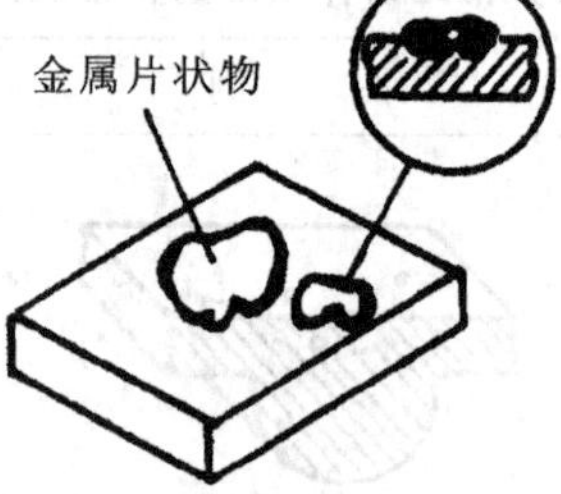 金属片状物 | (1)型砂受热膨胀，表层鼓起或开裂；<br>(2)型砂太湿，强度较低；<br>(3)内浇口过于集中，使局部砂型烘烤厉害；<br>(4)浇注温度过高，浇注速度太慢 |
| 形状尺寸不合格 | 偏芯 | 铸件局部形状和尺寸由于砂芯位置偏移而变动 |   | (1)砂芯变形；<br>(2)下芯时放偏；<br>(3)砂芯未固定好，浇注时被冲偏 |

续表

| 类型 | 现象 | 特 征 | 图 例 | 主要原因分析 |
|---|---|---|---|---|
| 形状尺寸不合格 | 浇不足 | 铸件未浇满，形状不完整 | | (1)浇注温度太低；<br>(2)浇注时液态金属量不够；<br>(3)浇口太小或未开出气口 |
| | 错箱 | 铸件在分型面错开 | | (1)合箱时上、下模型未对准；<br>(2)定位销或泥号标准线不准；<br>(3)造型时上、下模型未对准 |
| 裂纹 | 热裂 | 铸件开裂，裂口表面氧化，呈蓝色 | 裂纹 | (1)铸件设计不合理，壁厚差别太大；<br>(2)砂型(芯)退让性差，阻碍铸件收缩；<br>(3)浇注系统开设不当，使铸件各部分冷却及收缩不均匀，造成过大的内应力 |
| | 冷裂 | 裂纹处表面未氧化，发亮 | | |
| 其他 | | 铸件的化学成分，组织性能不合格 | | (1)炉料成分、质量不符合要求；<br>(2)熔炼时配料不准或操作不当；<br>(3)热处理不按照规范进行 |

## 任务2 常用合金的铸造性能

### 一、合金的铸造性能

合金在熔炼、充填铸型和冷却凝固过程中所表现出来的一系列工艺性能，称为合金的铸造性能。合金的铸造性能主要包括流动性、收缩性、吸气性和偏析等。合金的铸造性能是保证铸件质量的重要因素，也是衡量各种铸造合金优劣的重要标志。

**1. 流动性**

流动性为熔融金属的流动能力。流动性好的合金熔液，有利于充满型腔，获得轮廓完整清晰的铸件，同时还能使合金液中的夹杂物和气泡上浮，有利于填补缩孔，获得健全的铸件。

流动性的好坏，通常用螺旋试样测定，如图10-5所示。常用铸件合金的流动性如表10-3所示。

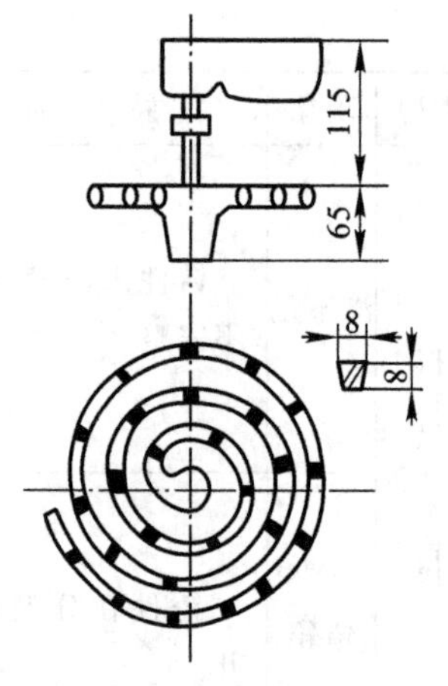


图10-5　螺旋线流动性试样

由表10-3的数值可看出，铸铁和硅黄铜的流动性最好，铝硅合金次之，铸钢最差。流动性的高低不仅因合金种类不同而异，而且与合金的化学成分和铸造工艺条件有关。

(1)化学成分的影响。化学成分对流动性的影响，由合金的结晶特点所决定，结晶范围越宽，树枝状的初晶就越发达，因而对金属液的流动阻力大，流动性就越差；结晶温度越低，合金在液态下的停留时间越长，流动性就越好。从图10-6所示铅锡合金的流动性与化学成分的关系可见，共晶合金的流动性最好，亚共晶、过共晶合金离共晶点越近，流动性越好；纯金属的流动性较好，但熔点比共晶温度高，因此纯金属的流动性比共晶合金稍差一些。

表10-3　常用铸造合金的流动性

| 铸造合金种类 | | 铸型种类 | 浇注温度/℃ | 螺旋线长度/mm |
|---|---|---|---|---|
| 铸铁 $w_C+w_{Si}$ | 6.2% | 砂型 | 1 300 | 1 800 |
| | 5.9% | 砂型 | 1 300 | 1 300 |
| | 5.2% | 砂型 | 1 300 | 1 000 |
| | 5.0% | 砂型 | 1 300 | 900 |
| | 4.2% | 砂型 | 1 300 | 600 |
| 铸钢 $w_C$ | 0.4% | 砂型 | 1 600 | 100 |
| | 0.25% | 砂型 | 1 640 | 200 |
| 纯铝 | | 金属型300℃ | 680 | 400 |
| 铝硅合金 | | 金属型300℃ | 680～720 | 700～800 |
| 镁铝锌合金 | | 砂型 | 700 | 400～600 |
| 锡锌青铜 | | 砂型 | 1 040 | 420 |
| 锡锌铅青铜 | | 砂型 | 980 | 195 |
| 硅黄铜 | | 砂型 | 1 100 | 1 000 |

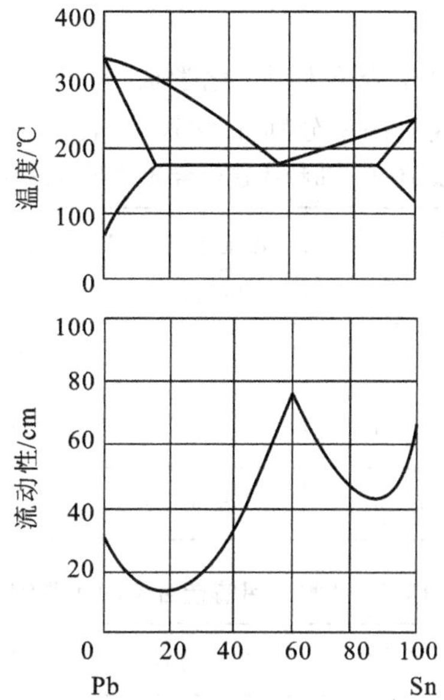


**图 10-6** Pb-Sn合金的流动性与凝固范围的关系

(2)工艺条件的影响。凡能减少型腔内金属液的流动阻力,延长凝固时间的因素,都能提高合金的流动性。

浇注温度较高,显然能延长合金液的凝固时间,并降低合金液的黏度,有利于夹杂物的上浮或熔解,减少内摩擦。因此,适当提高浇注温度是提高合金流动性的有效措施,但浇注温度过高,又会增加合金液的氧化、吸气和收缩,产生其他不良后果。

铸型导热能力差,吸收热量的能力小,则合金保持液态的时间长,有利于提高流动性。铸型型腔和浇注系统对合金液流动阻力小,造成合金静压力大的因素都能提高合金液的流动速度,使流动性增强。

**2. 收缩性**

铸件在凝固和冷却过程中,其体积和尺寸缩小的现象称为收缩。通常用体积和尺寸的相对收缩量,即体积收缩率和线收缩率表示金属的收缩特性,其计算公式为

$$\varepsilon_V = \frac{v_0 - v_1}{v_0} \times 100\%$$

$$\varepsilon_L = \frac{L_0 - L_1}{L_0} \times 100\%$$

式中:$v_0$、$v_1$——合金在 $t_0$、$t_1$ 时的体积,单位为 $cm^3$;

$L_0$、$L_1$——合金在 $t_0$、$t_1$ 时的长度,单位为 cm。

合金从浇注温度冷却到室温要经历三个相互联系的收缩阶段,即液态收缩、凝固收缩和固态收缩。合金的液态收缩和凝固收缩,主要表现为合金体积的收缩,它是铸件产生缩孔、缩松等缺陷的基本原因。合金的固态收缩,主要表现为铸件外形尺寸的缩小,它是铸件产生内应

力、变形和裂纹的主要原因。

铸件收缩率的大小主要取决于合金种类、化学成分、浇注温度、铸件结构和铸件条件等。几种铸造合金的体积收缩率和线收缩率分别如表10-4、表10-5所示。

**表 10-4 几种铸造合金的体积收缩率**

| 合金种类 | 碳的质量分数/(%) | 浇注温度/℃ | 液态收缩/(%) | 凝固收缩/(%) | 固态收缩/(%) | 总体积收缩/(%) |
|---|---|---|---|---|---|---|
| 碳素铸钢 | 0.35 | 1 610 | 1.6 | 3 | 7.86 | 12.46 |
| 白口铸铁 | 3.0 | 1 400 | 2.4 | 4.2 | 5.4～6.3 | 12～12.9 |
| 灰铸铁 | 3.5 | 1 400 | 3.5 | 0.1 | 3.3～4.2 | 6.9～7.8 |

**表 10-5 几种常用铸造合金的线收缩率**

| 合金种类 | 灰铸铁 | 可锻铸铁 | 球墨铸铁 | 碳素铸钢 | 铝合金 | 铜合金 |
|---|---|---|---|---|---|---|
| 线收缩率/(%) | 0.8～1.0 | 1.2～2.0 | 0.8～1.3 | 1.3～2.0 | 0.8～1.6 | 1.2～1.4 |

(1)缩孔。缩孔的形成过程(见图10-7)。当液态金属浇满铸型后〔见图10-7(a)〕,由于铸件表面冷却快,先凝固成一层封闭的硬壳〔见图10-7(b)〕。温度逐渐下降,硬壳内的金属因不断凝固收缩而液面下降〔见图10-7(c)〕,液态金属全部凝固后,便在铸件上部形成缩孔〔见图10-7(d)〕。

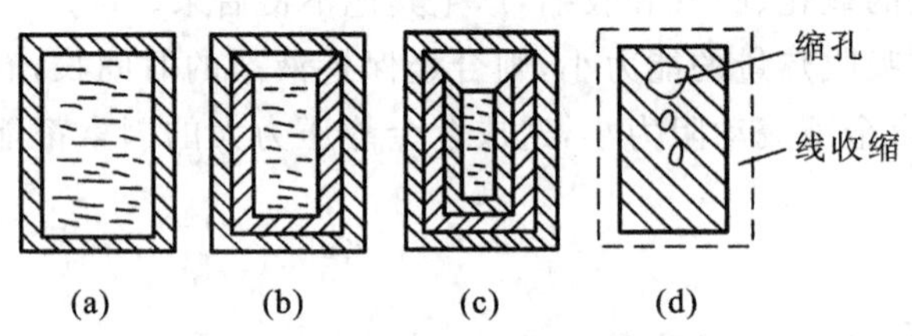


**图 10-7 缩孔的形成过程**

缩孔可分为集中缩孔和分散缩孔两大类。一般所说的缩孔,是指容积较大的集中孔洞,而把分散的小缩孔称为缩松。缩孔的大小及分布与合金的成分有关,图10-8所反映的是合金成分与合金状态图、缩孔及缩松之间的关系。在一固定温度下凝固的纯金属和共晶合金,主要产生缩孔,对于结晶范围大的合金,由于凝固在铸件截面较大区域内同时产生,先结晶的树枝晶相互交错,将液态金属分割成许多小而分散的封闭区,使封闭区内凝固收缩体积得不到金属液补充,因而形成许多分散的小缩孔,即缩松。

防止铸件中产生缩孔的有效方法,即在铸件的热节处(后截面处)设置适当的补缩冒口,补缩冒口的直径应大于热节直径,以保证冒口里的合金溶液最后凝固。同时,铸件各部分应符合顺序凝固原则,即凝固由远而近向冒口方向发展,使缩孔转移到冒口中去。另外,使用冷铁以

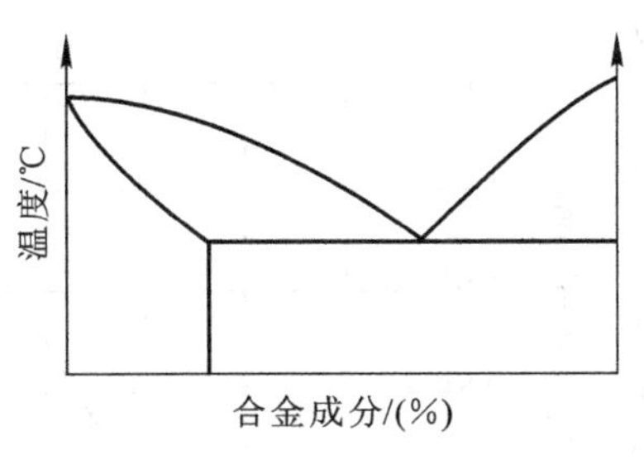


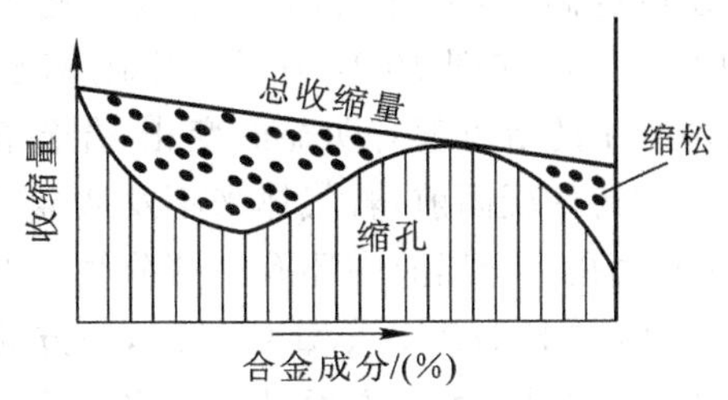


**图 10-8 合金成分与合金状态图、缩孔及缩松的关系**

控制铸件的凝固顺序和节省冒口，也是一条有效的措施，冒口和冷铁的使用情况如图 10-9 所示。

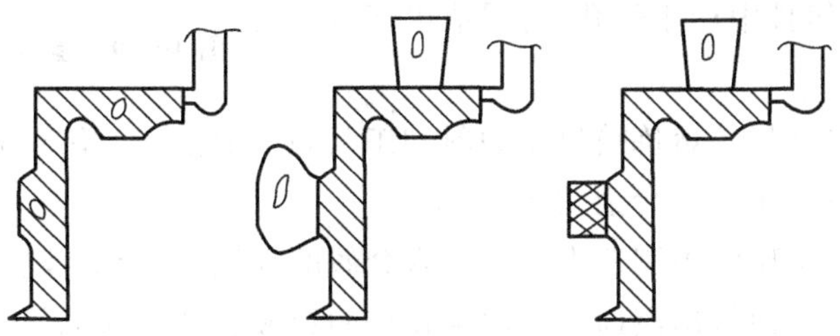

**图 10-9 冒口及冷铁的作用**

(2)铸造内应力。铸件在凝固以后的继续冷却过程中，产生固态收缩使其尺寸减小，若收缩受阻，便在铸件中产生内应力，铸件内应力可分为收缩应力、热应力和相变应力三种。

收缩应力是铸件冷却收缩时，受到铸型和型芯等阻碍而引起的应力。收缩应力是一种暂时性应力，铸件一旦取出，消除机械阻碍作用，应力便自行消失。但若应力过大，超过合金此时的高温强度，将造成铸件开裂——热裂。提高铸型和型芯的退让性，可避免或减少铸件产生收缩应力。

热应力是铸件各部分冷却收缩不一致而形成的内应力。这种应力开箱后直到室温仍保持在铸件内部，是一种残留内应力，它是造成铸件变形和冷裂的主要原因。预防热应力的基本途径是尽量减少铸件各部分的温差，使其均匀地冷却。因此，设计铸件的壁厚要尽量均匀一致，并在铸造工艺上，采用同时凝固原则。

此外，在冷却过程中，铸件如有固态下的相变，若相变的时间和程度不一致，也将产生内应力，即相变应力。

**3. 吸气性**

金属在液态时，溶解(吸收)气体的能力称为吸气性。铸造合金在熔炼和浇注过程中所吸收的气体主要是氢气、氧气、氮气等。

金属液中所吸收的气体，一部分以原子状态溶解其中，其溶解度的大小与合金的温度和压力有关。温度越高，压力越大，其溶解度也越大。氢气在铝中的溶解度如图 10-10 所示，当金属凝固时，气体在合金液中的溶解度有明显的变化，合金液中将析出气体。在铸件凝固前，若气体来不及从金属液中排出，则形成气孔。金属液中还有一部分气体以化合物的形式存在(如 FeO、$SiO_2$、$Al_2O_3$ 等)，一方面增加了金属液中的夹杂物，另一方面，FeO、$SiO_2$ 等还会跟碳反应析出 CO，更增加了产生气孔的可能性。

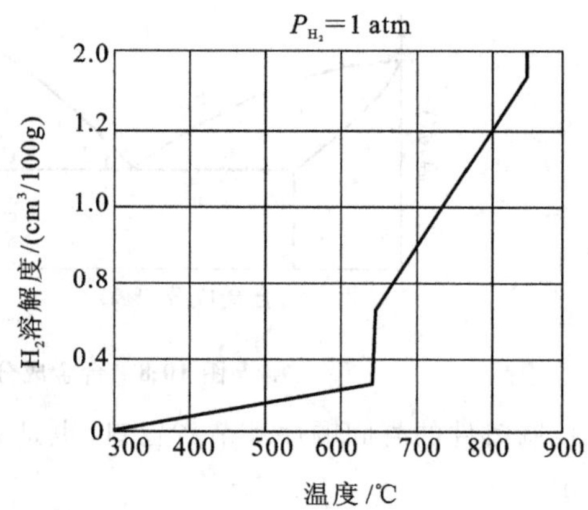

图 10-10　氢气在纯铝中的溶解度

气孔不仅影响铸件的气密性，减小铸件的有效承载面积，而且气孔处易引起应力集中，常成为零件断裂的裂纹源。为防止铸件中产生气孔，可采取以下措施。

(1)减少合金的吸气量。熔炼前烘干炉料和工具，适当缩短熔炼时间，在覆盖剂下或真空炉中熔炼合金等，均有利于减少合金的吸气。

(2)加热除气。在金属液中制造大量不溶入金属的气泡，使金属液中溶解的气体原子向气泡中扩散，并随气泡上升而带出液面。如向熔化后的铝液底部吹入氮气，氮气气泡在上浮过程中可带走铝液中的氢气等气体。

(3)阻止气体析出。在生产中采取快速冷却和压力下结晶，均可抑制气体的析出，以防止气孔的形成。如金属型或压力铸造生产铝合金铸件，可有效地减少铸件中的气孔。

## 二、铸造合金的铸造特点

铸造合金分为铸铁、铸钢和铸造非铁合金等三种。铸铁在前面已有介绍，这里主要讨论铸钢和铸造非铁合金的铸造性能及工艺特点。

### 1. 铸钢

铸钢与铸铁相比，钢的铸造性能较差。钢的流动性较低，熔点高，因而易氧化吸气，产生氧化夹渣和气孔。线收缩和体收缩较大，容易产生缩孔和缩松。浇注温度高，易产生黏砂缺陷。这些性能决定了铸钢的铸造工艺有如下要求。

(1)造型材料。由于钢的熔点高，要求造型材料有更好的耐火性，故原砂中 $SiO_2$ 的含量应低于 96%，砂粒应大而均匀。在型腔表面还需涂一层以石英粉为材料的耐火材料。由于钢的收缩较大，应在造型材料中加入一些木屑，以提高其退让性。对于中、大型的铸钢件，为防止产生大量气孔，可将铸型烘干，采用干型铸造。

(2)浇注系统。由于铸钢的流动性较差，易氧化，要求快速浇注，液流平稳。一般采用大尺寸的底注式浇注系统。为避免缩孔、缩松的产生，铸钢件大多采用顺序凝固原则，并设置较大的冒口进行补缩。

(3)熔炼及浇注。铸钢常用电弧炉来熔炼，质量要求高的还要用感应电炉来熔炼。为了提高钢液的流动性，铸钢的浇注温度应比熔点高100～150℃(为1 550～1 600℃)。但也不宜过高，否则将使收缩、裂纹、偏析等倾向增加。

**2. 铸造非铁合金**

(1)铝合金。铝合金的熔点低，具有良好的流动性，但在高温下极易氧化和吸气。氧化形成$Al_2O_3$的密度较铝液大，易混入铝液中成为夹杂物。铝液很容易吸收氢气，当在冷却过程中，因溶解度降低而以气泡析出时，会在铸件内形成许多小针孔。

为防止氧化和吸气，在熔炼时，可向坩埚内加入KCl、NaCl等盐类物质做熔剂，将溶液覆盖起来，使之与炉气隔离，并尽量缩短熔炼时间，预热炉料和工具，加强精炼去气。精炼去气方法很多，例如在铝液内加入六氯乙烷($C_2Cl_6$)将发生以下反应

$$3C_2Cl_6+2Al=3C_2Cl_4+2AlCl_3$$

四氯乙烯($C_2Cl_4$)与三氯化铝($AlCl_3$)的沸点分别为121℃和183℃，因而在铝液中呈气态。当这两种气泡上浮时，将铝液中溶解的气体和$Al_2O_3$带出液面而除去。

另外，采用金属型压铸或低压铸造，浇注系统具备的挡渣和去气能力，以及快速平稳地充填型腔，也有利于减少铝合金中的氧化夹杂物和气体。

(2)铜合金。铜合金在熔炼过程中也有严重的氧化和吸气倾向。解决铜合金的氧化和吸气与铝合金有所不同。为防止氧化，在普通铸造车间大都采用坩埚炉来熔化铜，使金属料不与火焰直接接触，并加入玻璃或硼砂做熔剂，覆盖在铜液上进行熔炼。除此之外，还要加入总量为0.3%～0.6%液体总量的磷铜，进行脱氧和精炼，其反应为

$$5Cu_2O+2P\rightarrow 10Cu+P_2O_5$$

$P_2O_5$不溶于铜液，一部分以气体逸出，另一部分还可能与铜液中难溶的$Al_2O_3$、$SiO_2$等夹杂物，形成液态复合化合物，易于聚集上浮到液面而除去，起到一定的精炼作用。黄铜中的锌本身就是良好的脱氧剂，所以，熔炼黄铜时不需要另加磷铜脱氧。

铜液中吸入的气体主要是氢气。它在铜液中的溶解情况与铝液中相似。去除氢气，可采用吹氮法。把氮气干燥后，用管子通入熔炼好的铜液中，吹入一定量氮气。因氮气与铜液不发生反应，氮气气泡上浮而把溶入的氢气带走。

铜合金的熔点低，流动性好，为获得表面光洁的铸件，可采用细砂造型。

多数的铜合金，尤其是铝青铜收缩较大。为此，要安置冒口和冷铁，使之顺序凝固以防止缩孔。为使金属液能平稳、快速地引入型腔，以避免氧化，多采用金属液从铸件底部引入的底注开放式浇注系统，并常设有滤渣网或集渣包，内浇口为喇叭状。图10-11所示的是铸铜齿轮的牛角式浇注系统。

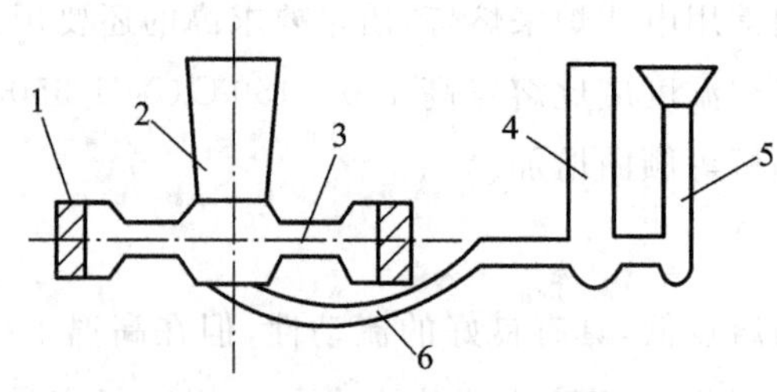


**图 10-11 铸铜齿轮浇注系统**

1—冷铁；2—冒口；3—铸件；4—集渣筒；5—直浇口；6—牛角形内浇口

# 任务 3 铸件的结构工艺性

铸件的设计除了应符合机器设备本身的使用性能和机械加工的要求外，还要符合铸造工艺和合金铸造性能的要求，使之具有良好的结构工艺性。在实际生产中常会碰到一些结构不合理的铸件，给铸造生产带来了不必要的困难，甚至铸件难以铸出，或者铸出却难以保证质量。因此，对铸件结构进行铸造工艺性分析和设计，对于保证铸件质量，提高生产率，降低成本具有重大意义。

## 一、合金铸造性能对铸件结构的要求

铸件的主要缺陷，如缩孔、变形、裂纹、气孔、浇不足等的产生，有时是由于铸件结构设计不合理，没有充分考虑合金的铸造性能要求所致。满足合金铸造性能要求，首先铸件应有合理的壁厚。壁厚越厚，金属充型能力越强，越容易得到健全的铸件，但壁厚过厚又会导致冷却速度下降，使铸件晶粒粗大，组织疏松，机械性能下降。因此，在保证金属液有足够充型能力的前提下，力求应用薄壁结构。表 10-6 为砂型铸造各类铸件的最小允许壁厚，除壁厚外，其他方面要求如表 10-7 所示。

**表 10-6 砂型铸造各种铸件最小允许壁厚**

| 铸件尺寸 mm×mm | 最小允许壁厚/mm | | | | 说明 |
|---|---|---|---|---|---|
| | 灰铸铁 | 铸钢 | 铝合金 | 铜合金 | |
| 200×200 以下 | 5～6 | 6～8 | 3 | 3～5 | (1)结构复杂及灰铸铁牌号高的铸件，应取表中的大数值；(2)对于特大型的铸件还可以增大壁厚尺寸 |
| 500×500 以下 | 6～10 | 10～12 | 4 | — | |
| 500×500 以上 | 15～20 | 18～25 | 5～7 | 6～8 | |

表10-7 合金铸造性能对铸件结构的要求

| 对铸件结构的要求 | 不好的结构简图 | 较好的结构简图 |
|---|---|---|
| 铸件的壁厚应尽可能设计均匀，否则易在厚壁处产生缩孔、缩松、内应力和裂纹 | 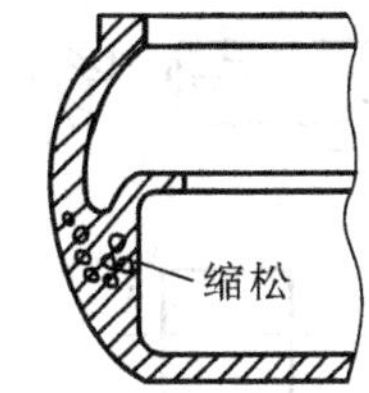 缩松 | 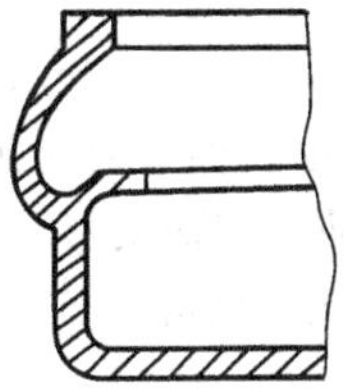 |
| 铸件的内表面及外表面转角的连接处应为圆角，以免产生裂纹、缩孔和黏砂 | 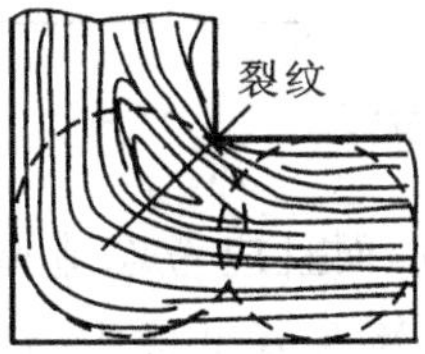 裂纹 | 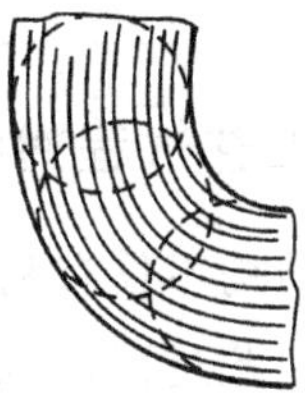 |
| 铸件上部大的水平面（按浇注位置）最好设计成倾斜的，以免产生气孔和集聚非金属夹杂物 | 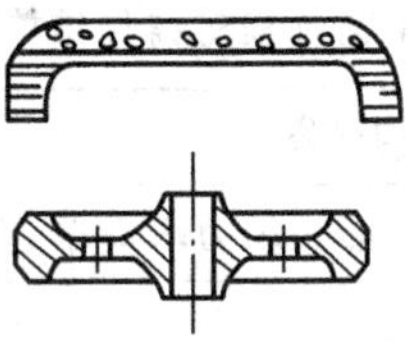 | 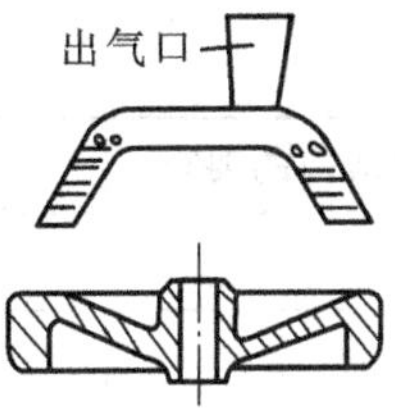 出气口 |
| 为了防止裂纹，设计铸件时，应尽量采用能够自由收缩或减缓受阻的结构，如轮辐设计成弯曲的 | 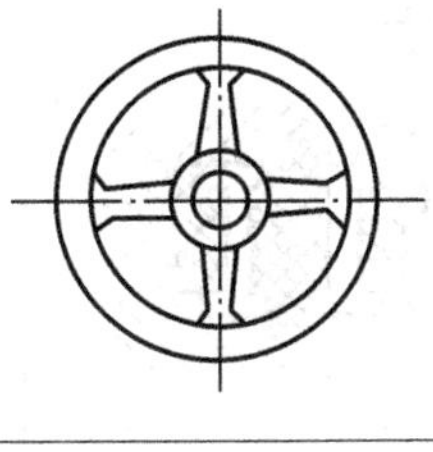 | 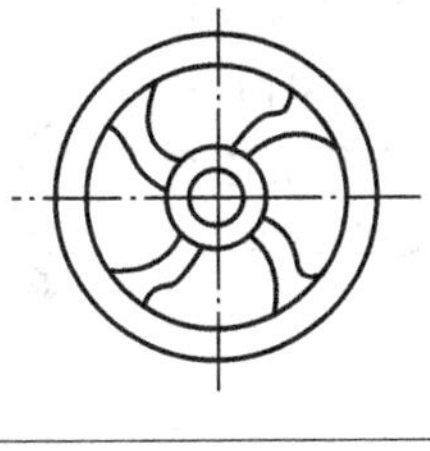 |
| 在设计铸件壁的连接或转弯处时，应尽量避免金属的积聚和内应力的产生，厚壁与薄壁相连接要逐步过渡，以防止出现缩孔、缩松和裂纹 | 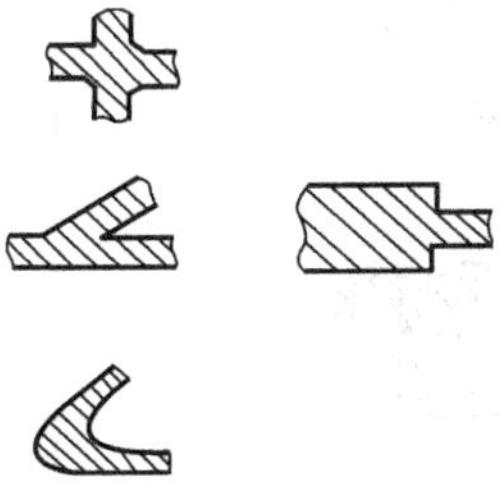 | 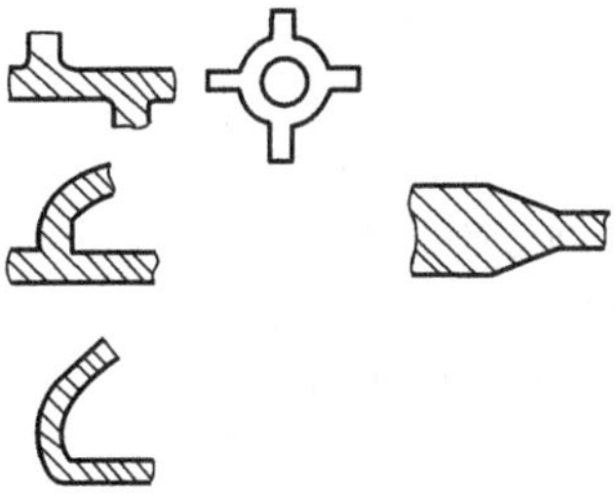 |

续表

| 对铸件结构的要求 | 不好的结构简图 | 较好的结构简图 |
| --- | --- | --- |
| 对设计细长件或大而薄的平板件，为防止弯曲变形，应采用对称或加筋的结构 | 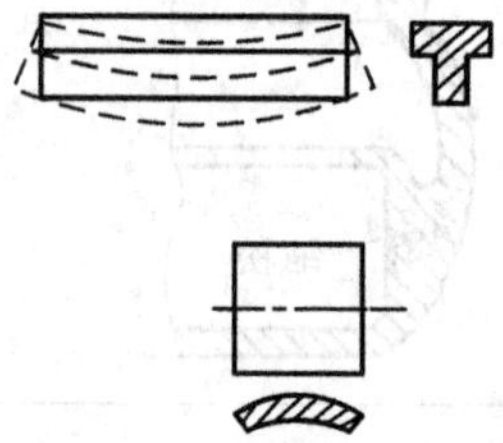 | 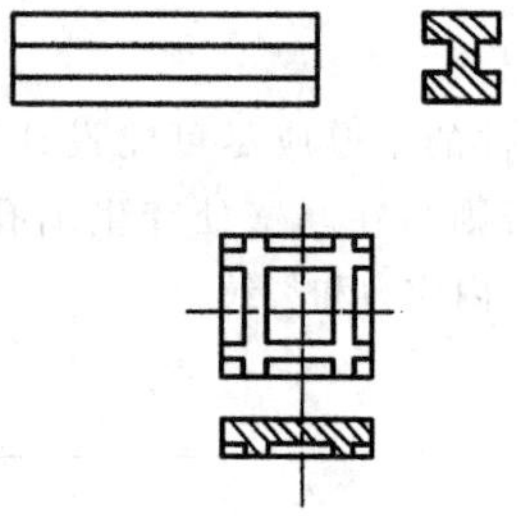 |

## 二、铸造工艺过程对铸件结构的要求

铸件结构不仅有利于保证铸件质量，而且应考虑造型、制芯和清理等操作的方便，以利于简化铸造工艺过程，稳定质量，提高生产率和降低成本，铸造工艺过程对铸件结构的基本要求如表 10-8 所示。

**表 10-8　铸造工艺过程对铸件结构的基本要求**

| 对铸件结构的要求 | 不好的结构简图 | 较好的结构简图 |
| --- | --- | --- |
| (1)铸件的外形必须力求简单、造型方便 | | |
| 铸件的结构应具有最少的分型面，从而避免了多箱造型和不必要的型芯 | 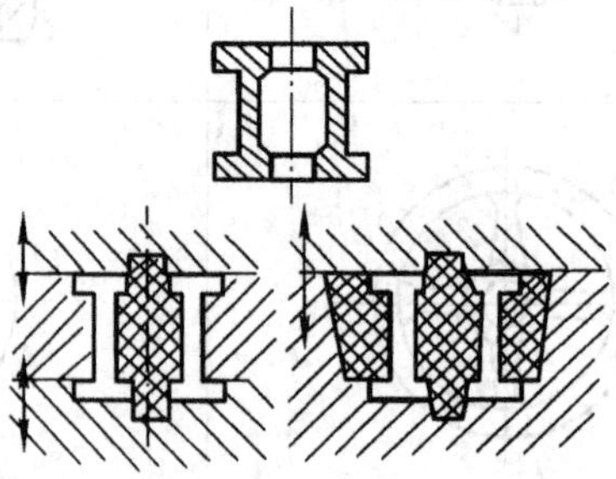 | 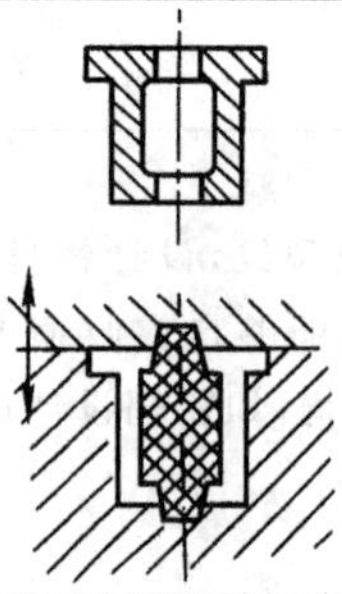 |
| 铸件外形上的凹槽、凸台的设计应有利于取模，尽量避免不必要的型芯和活块 | 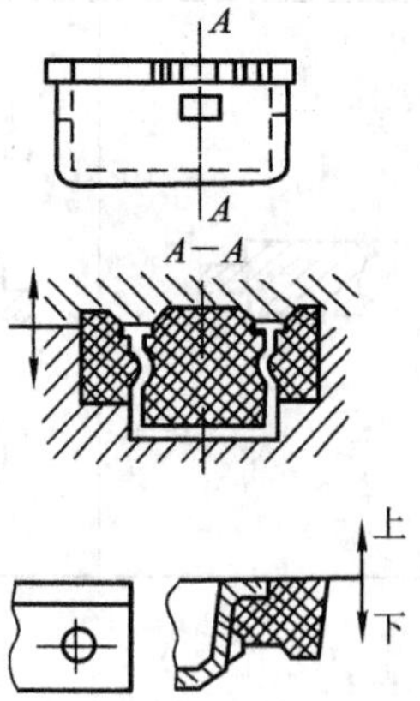 A　A　A—A　上　下 | 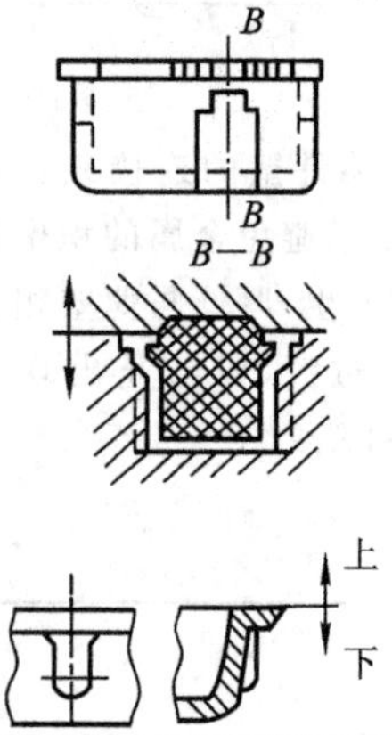 B　B　B—B　上　下 |

续表

| 对铸件结构的要求 | 不好的结构简图 | 较好的结构简图 |
|---|---|---|
| 铸件与加强筋的布置应有利于取模 | 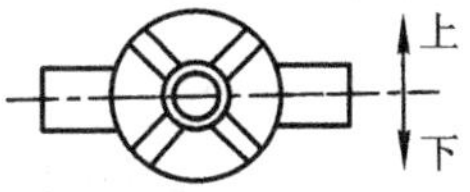 上<br>下 | 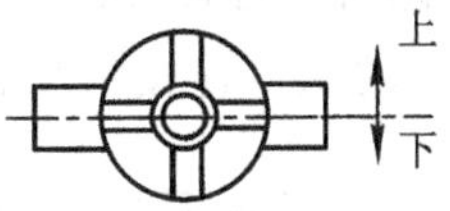 上<br>下 |
| 铸件设计应考虑美观大方,但应注意避免不必要的曲线和圆角的结构,这样的结构会使制模、造型等工序复杂化 | 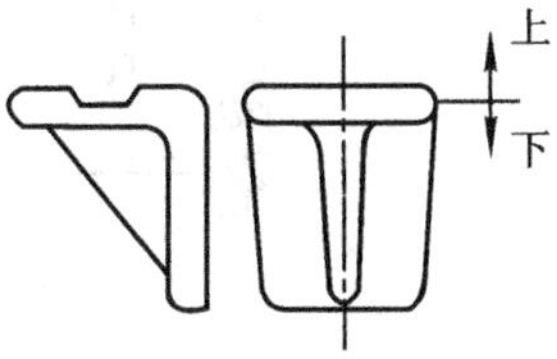 上<br>下 | 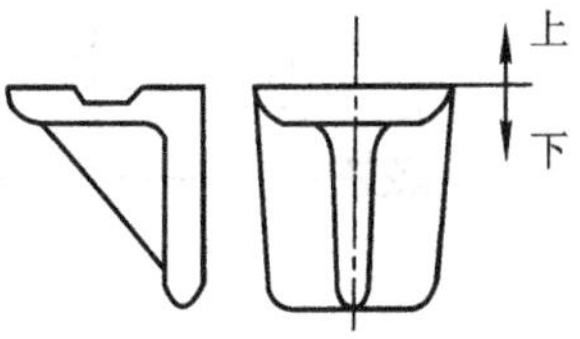 上<br>下 |
| 凡沿着起模方向的不加工表面,尽可能给出结构斜度 | 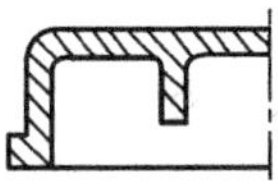 | 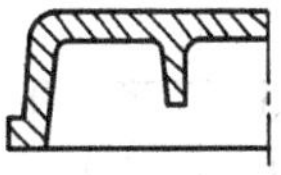 |
| (2)铸件内腔力求简单,尽量少用型芯 | | |
| 应尽量少用或不用型芯 | 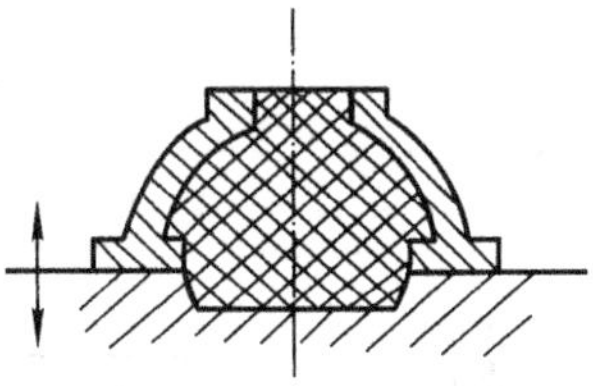 | 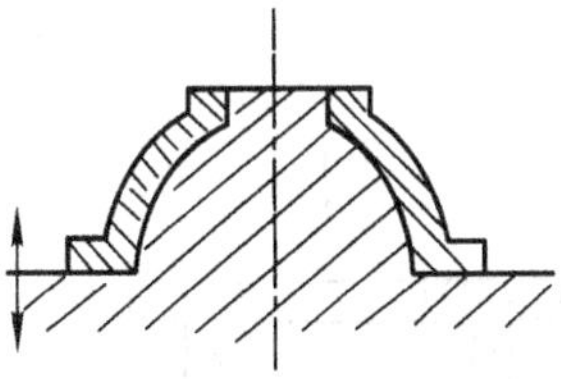 |
| 型芯在铸型中必须支承得牢固和便于排气 | 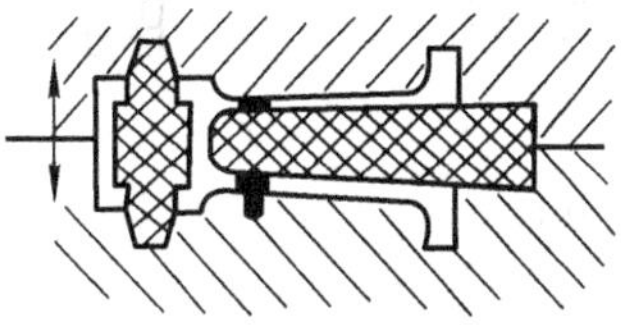 | 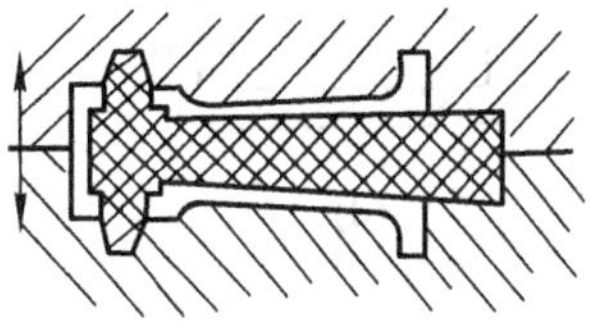 |
| 为了在铸造过程中固定型芯,以及便于清理型芯,应增加型芯头(工艺孔)的设计 | 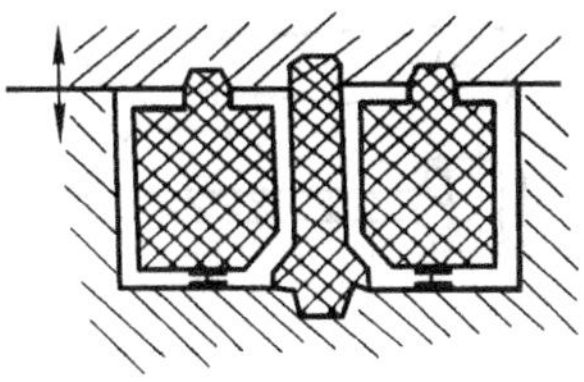 | 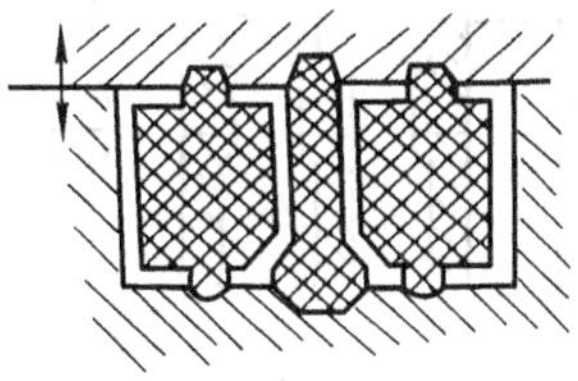 |

## 三、组合铸件的应用

对于大型或形状复杂的铸件,在不影响其精度、强度和刚度的条件下,为使铸件结构简单、合理，便于造型、浇注和切削加工，可将其分成几个铸件进行分铸，经机加工后，再用焊接方法或用螺栓将其组合成整体。采用组合铸件可以解决铸造熔炉、起重运输、加工工艺和设备等方面的某些困难。如图 10-12 所示，机床床身的铸件，其形状复杂，工艺上困难很多，故采用图 10-13 所示的螺钉连接的组合铸件结构。

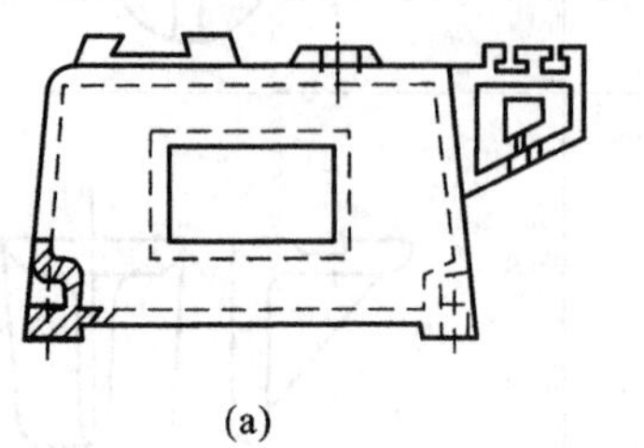
(a)

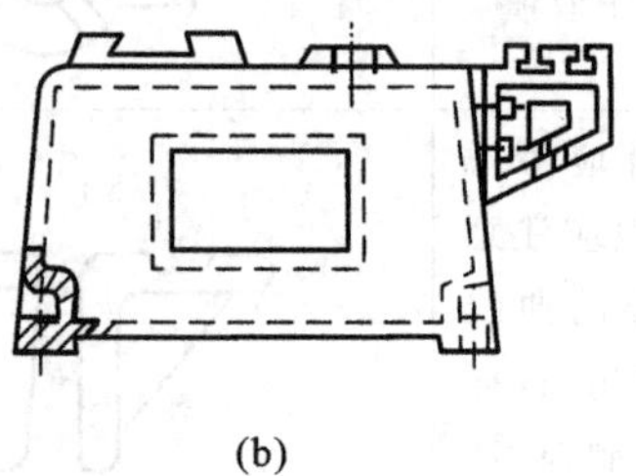
(b)

图 10-12　机床床身的铸件结构

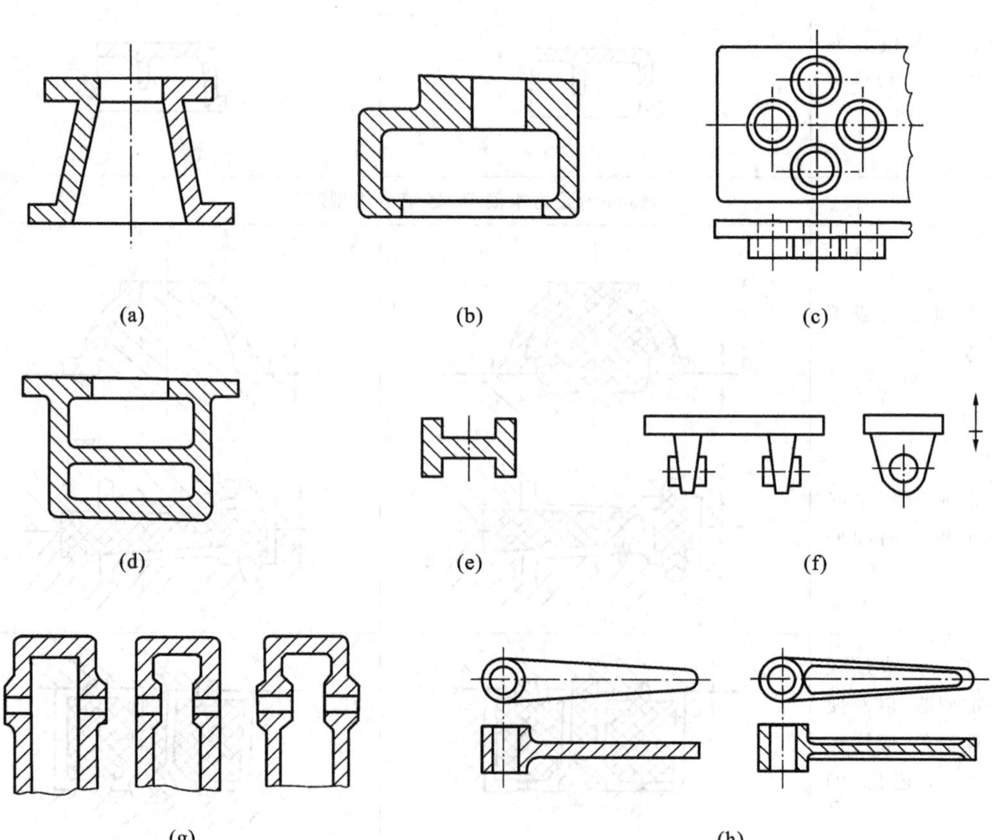
(a)　(b)　(c)　(d)　(e)　(f)　(g)　(h)

图 10-13　螺钉连接的组合铸件结构

# 任务4 特种铸造

砂型铸造是目前生产中应用最广泛的一种铸造方法。它具有较大的灵活性，受零件尺寸、形状、生产批量及合金种类的限制较小，所用设备简单便宜，成本低廉。但它也存在着许多缺点，例如，一个铸型只能浇注一次，生产率低；铸件的晶粒粗大，容易产生一些铸造缺陷，降低了零件的力学性能；铸件的尺寸精度较低和表面粗糙度较高，需要较大的切削余量；工人劳动强度大，工作条件差等。为提高铸件的质量并适应大批量生产的需要，人们还创造了许多其他铸造方法，如金属型铸造、压力铸造、熔模铸造、离心铸造、低压铸造、壳型铸造和陶瓷铸造等，我们把这些铸造方法统称为特种铸造。目前生产中常用以下四种方法。

## 一、金属型铸造

将液态金属浇入用金属制成的铸型中而获得铸件的方法称为金属型铸造。金属型可重复使用，所以又称为永久型铸造。

### 1. 金属型的构造

金属型根据分型面位置不同可分为垂直分型式、水平分型式和复合分型式等。其中垂直分型式的金属型(见图10-14)具有开设浇口和取出铸件方便，且易于实现机械化等优点，所以应用较多。

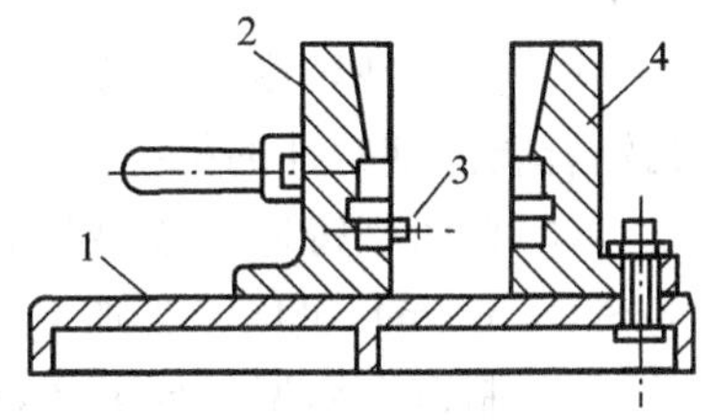


**图10-14 垂直分型式金属型**

1—底座；2—铸件活动半型；3—定位销；4—固定半型

金属型多用灰铸铁制成，也可选用铸钢。金属型本身无透气性，为了排出型腔内的气体，在金属型的分型面上开出一些通气槽。为了防止液体金属流出，通气槽的深度应小于0.4 mm。此外，为防止产生气孔并利于金属的充填，大多数的金属型都开有出气口。为了能够在高温下从铸型中取出铸件，大部分金属型设有顶出铸件的机构。

铸件内腔可以用金属型芯或砂芯制出。金属型芯一般只用于非铁金属件，为了能够从形状复杂的铸件内腔中取出金属型芯，型芯可以由几部分组合而成，浇注后，再分别按先后次序抽出。

### 2. 金属型铸造的工艺特点

金属型导热比砂型快，又没有容让性，所以铸件容易产生冷隔、浇不足、裂纹等缺陷，灰铸铁件还容易形成白口组织。此外，在高温液态金属的冲刷下，容易损坏型腔，影响金属型的寿命和铸件表面的质量，并影响铸件的取出。

为了避免减少上述铸造缺陷，金属型铸造应采用以下工艺措施。

(1)浇注前金属型必须预热。在连续生产过程中,铸型的温度太高时,则应利用散热装置(气冷或水冷)来散热,使金属型保持一定的工作温度,达到减缓冷却速度,增加液态金属的充填能力,促进铸铁石墨化和延长铸型寿命的目的。

(2)为保护型腔、降低铸件表面粗糙度和减缓铸型的传热速度,型腔要涂以厚度为 0.2~1.0 mm 的耐火涂料(由耐火材料和绝热材料组成)使金属和铸件隔开。同时,型腔每浇注一次要喷涂一薄层煤油或灯烟等,以形成隔热气膜。

(3)选择适宜的开铸型时间,使铸件尽早的从铸型中取出。由于金属无容让性,铸件在铸型中停留时间过久,可能产生很大的内应力,导致开裂或造成铸件取出的困难。但不宜过早,因金属在高温时的强度较低,若铸件在铸型中停留的时间过短,取出时则可能产生变形。

(4)为防止铸件产生白口组织,铸铁件的壁厚不应过薄(一般大于 15 mm),选择适当的涂料及复料中加入硅铁粉,以便使起局部产生孕育作用,控制铁水化学成分,使之有较高的碳硅总含量(不小于 6%)或浇入孕育处理过的铁水。在实际生产中,一般在铸铁件自铸型中取出后,为了消除产生的白口组织,应立即利用铸铁件的自身余热进行高温退火。

**3. 金属型铸造的特点及应用范围**

(1)一个金属型可以浇注几百次至上千次,生产效率高,节约了大量的造型材料,改善了劳动条件。

(2)金属型导热性好,铸件冷却快,所以晶粒较细,组织致密,提高了铸件的机械性能。如铜铝合金薄壁铸件的抗拉强度比砂型铸造可提高 10%~20%。

(3)金属型铸件比砂型铸件有较高的尺寸精度(IT12~IT16)和较低的表面粗糙($Ra$ 为 25~12.5 μm),可以减少加工余量或不需再加工。

(4)制造金属型的成本高,周期长,铸造工艺规程要求严格。由于金属型冷却快,铸铁件易产生白口组织和裂纹等缺陷。

(5)金属型无容让性,不易生产形状复杂、过大或过薄的铸件。

由于上述一些特点,金属型铸造的使用范围受到限制。金属型铸造主要使用于大批量生产非铁合金铸件,如汽车、拖拉机、内燃机的铝活塞、汽缸体、油泵壳体,以及铜合金轴瓦、轴套等,有时也可以用于生产铸铁件。

## 二、压力铸造

在高压下,快速地将液态或半液态的金属压入金属铸型,使它在高压下凝固以形成铸件的方法,称为压力铸造。

**1. 压力铸造的工艺过程**

压铸时所用的模具称为压型或压铸模。压型与垂直分型的金属相似,由定型(或静模)、动型(或动模)、拔出金属芯和自动顶出铸件的机构所组成(见图 10-15)、压型用耐热合金钢制成,有高的加工精度和低的表面粗糙度,还要经过严格的热处理。

压力铸造与金属型铸造的主要区别在于压力铸造过程是利用压铸机产生的高压加工液态

金属快速地压入型腔中形成的，主要的工序有闭合压型、压入金属、打开压型和顶出铸件。

压铸机主要由合型机构和压射机构组成。合型机构的作用是开合压型，并在压射金属时用压力顶住压型以防止液态金属由分型面处漏出。压铸机的规格一般用合型力大小来表示。

压铸机按压射部分特点的不同可分为热压室式和冷压室式两类。热压室式压铸机是将熔化金属用的坩埚与压室连成一个整体，压室浸在液态金属中，以杠杆机构或压缩空气为动力进行压铸。这种压铸机仅能压制熔点较低的合金，一般很少使用。冷压室式压铸机的压室不与坩埚炉相连，只有在压铸时才将液态金属浇入，这种压铸机一般采用高压油为动力（6.5～20 MPa），合型力很大（0.25～2.5 MN）。冷压室压铸机按其压射活塞运动的方向不同，又可分为立式冷压和卧式冷压两种。

图 10-15 所示为卧式冷压式压铸机的工作原理。这种压铸机的生产效率高、结构简单、便于自动化生产，比立式的应用广。

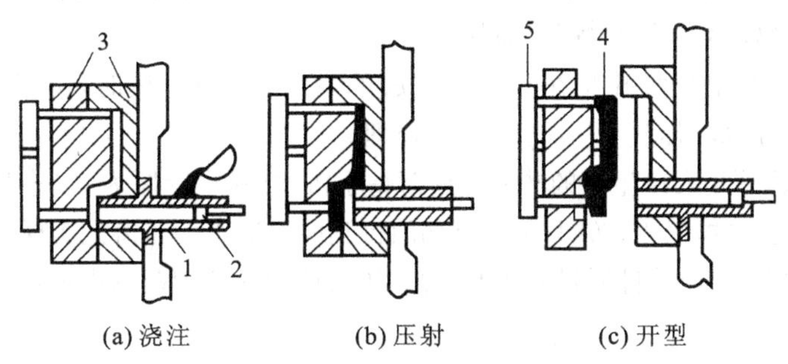


**图 10-15 卧式冷压室压铸机工作原理**

1—压室；2—压射冲头；3—压型；4—铸件；5—顶杆

**2. 压铸件的结构工艺性**

（1）压铸件要有结构斜度，以便于从压型中取出。压铸件应尽量避免内凹和深腔。

（2）为保证液态金属充满型腔，压铸的壁厚不宜太薄。为保证铸件的强度和耐磨性，压铸件的壁厚也不能太厚，并防止铸件收缩和顶出时变形，可采用加强筋的结构。筋的分布要均匀对称，交叉处应当错开，以免形成金属积聚。筋的厚度一般为铸件壁厚的 2/3～3/4。

铸件壁厚应尽量均匀，一般适宜的壁厚：锌合金 1～4 mm，铝合金 1.5～5 mm，铜合金 2～5 mm。

（3）压铸件上的圆角半径、铸孔、铸造螺纹、铸造齿轮等结构都有一定的要求，设计应参考有关资料来确定。

（4）对形状复杂而无法脱芯的铸件，可分两次铸出，即将第一次铸出零件的一部分作为第二次压铸的嵌件。为改善压铸件上的局部性能（如耐磨性、导电性、绝缘性等），可以用其他金属或金属材料预先制成镶嵌件，压铸在铸件或镶嵌件的铸入部分常铸出滚花、凹槽或凸起，以保证镶嵌件连接牢固可靠。

**3. 压力铸造的特点及应用范围**

(1)由于液体金属是在高压、高速下形成的,因此可铸造出壁厚很薄、形状复杂、轮廓清晰的铸件,并可直接铸出 1 mm 直径的小孔、螺纹和齿轮。

(2)压铸件表面粗糙度可达 $Ra6.3 \sim 1.6\ \mu m$,尺寸精度可达 IT11～IT13,一般不需要再进行机械加工就可直接使用。

(3)液态金属在铸型内冷却快,又是在压力下结晶的,所以能获得细小晶粒、组织致密的薄壁铸件。薄壁压铸件的机械强度比砂型铸件提高 20%～40%。

(4)压力铸造的生产率高,并易于实现半自动化和自动化生产。

(5)压力铸造的设备投资大,制造压型费用高,生产周期长,不适宜小批量生产。

(6)对于铸铁、铸钢等金属,由于浇注温度高,压型寿命短,所以难以适用。

(7)压铸速度高,型腔内气体不易排出,在铸件内部易形成细小气孔。由于金属冷凝快,很难进行补缩,在厚壁处容易产生缩孔、缩松。

(8)压铸件内部的细小气孔是在高压下形成的,在热处理加热时,由于气体的膨胀会使铸件表面不平或变形,因此,压铸件不能进行热处理。

压力铸造主要适用于大量生产的非铁金属薄壁小铸件(最小壁厚为 0.5～1 mm,质量达几克)。在汽车、拖拉机、飞机、电器仪表、纺织、国防等部门得到广泛应用。压铸是实现无切削加工的有效途径,随着生产技术的发展,压铸件质量的不断提高,压力铸造的适用范围也正在日益扩大。

## 三、熔模铸造

熔模铸造是一种精密铸造。先用易熔材料制成模型和浇注系统,然后用造型材料将其包住,经过硬化后,加热熔失模型,制成无分型面的硬壳型,再在铸型中浇注液态合金铸成铸件。由于模型广泛采用蜡质材料制造,所以熔模铸造又称失蜡铸造。

**1. 熔模铸造的工艺过程**

熔模铸造的工艺过程如图 10-16 所示。

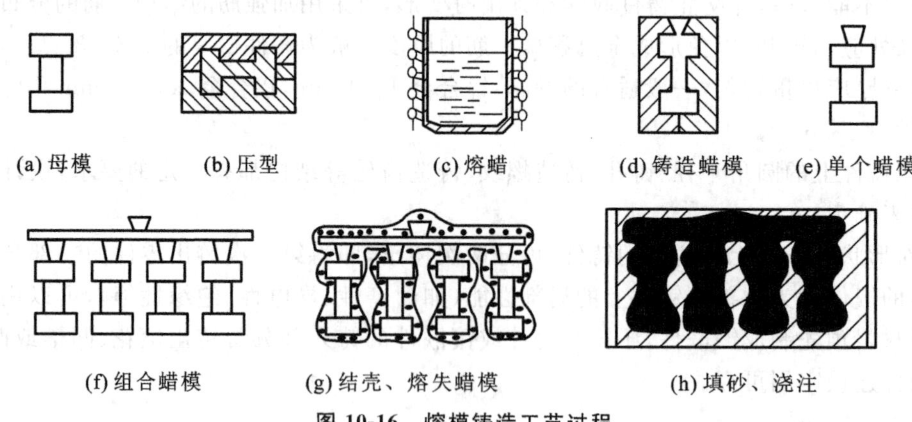


**图 10-16 熔模铸造工艺过程**

(1)制造母模。母模〔见图 10-16(a)〕是用钢或黄铜制造的标准铸件,制造时要考虑铸造合金和蜡模材料的双重收缩量,母模是用来制造压型的。

(2)制造压型。压型〔见图 10-16(b)〕是用来制造蜡模的特殊铸型。因铸件的表面质量取决于蜡模,所以压型应有很高的尺寸精度和很低的表面粗糙度。当铸件精度高或生产批量大时,压型常用钢或锡青铜或铝合金等材料经过机械加工而制成;铸件精度不高或生产批量不大时,压型用易熔金属(如 Sn、Pb、Si 等合金)直接浇注出来;单件小批生产时,也可用石膏制造压型。

(3)制造蜡模。蜡模常用 50%石蜡和 50%硬脂酸配制而成。将熔化的蜡模〔见图 10-16(c)〕。压入压型〔见图 10-16(d)〕,待其冷却后取出,修去毛刺,即成单个蜡模〔见图 10-16(e)〕。为了提高生产率,可将一些单个蜡模黏合在蜡制的浇注系统上,成为蜡模组〔见图 10-16(f)〕。

(4)蜡模结壳。蜡模上的涂料是用水玻璃作为黏合剂与石英粉配成的。将蜡模组浸挂涂料后,在表面上撒一层石英砂,然后放入氯化铵溶液(硬化剂)中,反应后生成的硅酸溶胶就将砂黏牢并加以硬化,重复涂挂 3～7 次,直到结成 5～10 mm 的硬壳为止。这种具有足够强度的硬壳铸型称为型壳。

(5)脱蜡。将型壳放入 85～95℃的热水中使蜡模熔化而流出,型壳便形成了铸型空腔〔见图 10-16(g)〕。

(6)焙烧。为了排出残留的挥发物,提高型壳的强度和质量,需要放入 850～950℃的电炉内焙烧。

(7)浇注。为防止浇注时型壳变形或破裂,一般把它放在铁箱中,周围填紧干砂,便可以进行浇注〔见图 10-16(h)〕。

**2. 熔模铸造的特点及应用范围**

(1)可浇注形状复杂的铸件,铸造的精度达 IT11～IT14,表面粗糙度达 $Ra$25～3.2 μm。因此,可减少加工余量或不经加工而直接成为零件。

(2)能够铸造各种合金铸件,特别适用于高熔点合金及难切削加工合金的铸造,如耐热合金、磁钢等。

(3)生产批量不受限制,能实现机械化流水线操作。

(4)工艺过程复杂,生产周期长,成本高。

(5)由于蜡模容易变形,型壳强度不高等原因,铸件的大小受到限制,一般重量不超过 25 kg。

熔模铸造主要使用于生产各种形状复杂的小型零件。例如各种汽轮机、涡轮发动机的叶片或叶轮,飞机、汽车、拖拉机、风动工具、刀具、机床等中的某些小型零件。

## 四、离心铸造

将液态金属浇入高速旋转的铸型中,使金属在离心力的作用下充填铸型并结晶凝固而制成铸件的方法,称为离心铸造。

离心铸造的铸型可以是金属型,也可以是砂型。当使用金属型时,可省去造型工作和浇注系统。

**1. 离心铸造机**

离心铸造一般都是在离心铸造机上进行的。根据转轴的空间位置不同，离心铸造机可分为立式和卧式两种。

立式离心铸造机〔见图 10-17(a)〕的铸型装在垂直轴上旋转。浇注时由于液态合金本身的重力作用，铸件的内表面呈抛物线形，上薄下厚，而且铸件旋转越慢，铸件高度越大时，这种厚度的差别就越大。因此，立式离心铸造机只适用于铸造短管的环类和套类等铸件及型铸件，如青铜齿轮，巴氏合金及铅青铜的轴套等。在这种铸造机上固定铸型和进行浇注都比较方便。

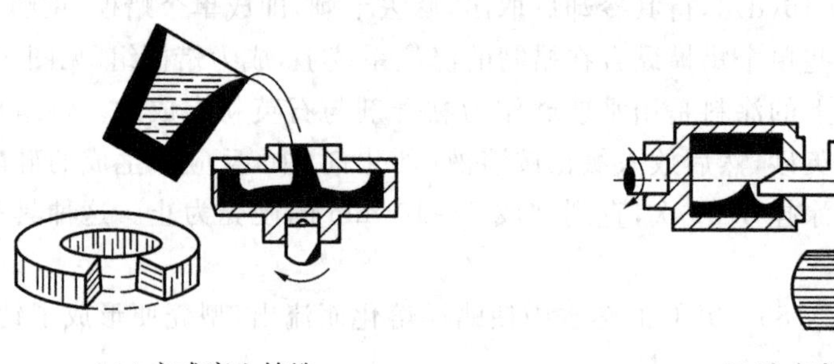

(a) 立式离心铸造　　(b) 卧式离心铸造

图 10-17　离心铸造示意图

卧式离心铸造机〔见图 10-17(b)〕的铸型在水平轴上旋转。这种铸造机在足够大的转速下浇注时，铸件的壁厚沿整个长度和圆周方向都很均匀。因此，应用较广泛，主要用来铸造较长的管件，汽车、拖拉机缸套及成型铸件等。

**2. 离心铸造特点**

(1)铸件在离心力的作用下，从外向内结晶凝固，所以组织致密，无缩孔、缩松、气孔、渣眼等缺陷，力学性能较好。

(2)铸造圆形中空的铸件可不用型芯和浇注系统，提高了金属的利用率。

(3)便于铸造“双金属”铸件，例如钢套镶铜轴承等，其结合面牢固、耐磨，并节约了贵重的金属材料。

(4)由于离心力的作用，金属中的气体、熔渣等夹杂物因密度较小而集中在铸件的内表面上，所以内孔的尺寸不精确，质量也不好，必须增加机械加工余量。

(5)不宜铸造容易产生偏析的合金，否则将使铸件内部和外表的合金成分有很大的差别。

## 五、各种铸造方法的比较

每种方法各有其特点，生产中应根据铸件大小、形状、壁厚、合金种类、生产批量、表面质量要求、车间设备条件、铸造成本等具体情况全面分析比较，再正确选择铸造方法。

砂型铸造虽然有一些缺点，但适应性较强，而且设备简单，所以它仍然是目前最基本的铸造方法。特种铸造仅在一定的条件下，才能发挥出它们的优越性。表 10-9 所列为常用铸造方法的比较。

表 10-9 常用铸造方法比较

| 比较项目 \ 铸造方法 | 砂型铸造 | 金属型铸造 | 压力铸造 | 熔模铸造 | 离心铸造 |
|---|---|---|---|---|---|
| 适用金属 | 不限 | 非铁金属为主 | 低熔点<br>非铁金属为主 | 碳钢、合金<br>钢为主 | 钢铁材料或铜<br>合金为主 |
| 适用铸件大小及质量 | 不限 | 中小铸件为主 | 中小铸件一般<br>小于10kg | 中小铸件一般<br>小于25kg | 不限<br>可达数吨 |
| 适用铸件形状 | 不限 | 一般形状 | 一般形状 | 复杂形状 | 环类、成形件 |
| 铸件最小壁厚及最小孔径/mm | 3 | 铝合金>2<br>铸件>4<br>铸钢>5 | 铜合金 2<br>其他 0.5～1<br>孔 $\phi$0.7 | 一般 0.7<br>孔 $\phi$1.5～2 | 最小内孔 $\phi$7 |
| 铸件表面粗糙度 | 粗糙度 | $Ra$25～12.5 | $Ra$6.3～1.6 | $Ra$25～3.2 | 内孔粗糙 |
| 铸件尺寸精度 | IT14～15 | IT12～16 | IT11～13 | IT11～14 | — |
| 铸件加工余量 | 大 | 小 | 小或不加工 | 小或不加工 | 内孔大 |
| 铸件内部质量 | 晶粒细 | 晶粒细 | 晶粒细 | 晶粒粗 | 晶粒细、致密 |
| 适用生产批量 | 不限 | 成批、大量 | 大量 | 单件、成批 | 成批、大量 |
| 生产率（一般机械化程度） | 低、中达<br>240箱/时 | 中、高 | 高 | 低、中 | 中、高 |
| 应用举例 | 各种铸件 | 铝活塞，水暖器材，水轮机叶片，一般非铁金属铸件等 | 汽车化油器，喇叭，电器，仪表，照相机零件等 | 刀具，模具，动力机叶片，汽车、拖拉机零件，测量仪表等 | 各种套、管、环、辊、叶轮、滑动轴承等 |

## 复习思考题 10

1. 何谓铸造生产？铸造有哪些特点？
2. 砂型铸造工艺过程包括哪几个阶段？
3. 设计模型和芯盒时，应考虑哪些问题？
4. 型砂和芯砂应具备哪些性能？这些性能对铸件质量有何影响？
5. 型砂的主要组成成分有哪些？各起什么作用？
6. 按砂箱特征来划分，有哪几种造型方法？什么情况下采用三箱造型和地坑造型？
7. 按模型特征来划分，有哪几种造型方法？活块造型、分模造型和刮板造型各适用于哪些场合？

8. 挖砂造型和假箱造型两者如何选择？

9. 手工造型和机器造型各有何优缺点？各适用于什么场合？

10. 为提高型芯的强度和透气性，可分别采取哪些措施？

11. 名词解释。

缩孔和缩松　浇不足与冷隔　出气口与冒口　逐层凝固与顺序凝固

12. 某定型生产的薄铸铁件，投产以来质量基本稳定，但最近一时期浇不足和冷隔缺陷突然增多，试分析其原因。

13. 什么是顺序凝固原则？什么是同时凝固原则？各需采用什么措施来实现？上述两种凝固原则各适用于哪种场合？

14. 浇注温度为什么过高或过低？

15. 常见的铸造缺陷有哪些？对铸件质量有何影响？如何防止这些缺陷？

16. 合金的流动性对铸件的质量有何影响？影响流动性的因素有哪些？

17. 合金的收缩分为哪几个阶段？对铸件质量有何影响？

18. 何谓缩孔和缩松？防止缩孔产生的措施有哪些？

19. 铸造内应力可分为哪几种？是如何产生的？

20. 防止铸件产生气孔的措施有哪些？

21. 铸钢的铸造性能与铸铁相比有何特点？铸钢的铸造工艺有哪些基本要求？

22. 铝合金的铸造性能有何特点？如何防止铝合金液氧化和吸气？

23. 铜合金的铸造性有何特点？铜合金熔炼时如何解决其氧化问题？

24. 试述分型面选择的基本原则，它与浇注位置有何关系？

25. 铸件的壁厚，为什么不宜太薄或太厚，而且应尽可能壁厚均匀？

26. 金属型铸造有何特点？它能否广泛代替砂型铸造？

27. 试述压力铸造、离心铸造工艺特点和适用范围。

28. 简述熔模铸造的实质和工艺过程。

29. 试选择下列铸件在大批量生产时的铸造方法。

车床床身　汽轮机叶　铸铁污水管铝活塞　缝纫机头　摩托车汽缸体
大模数齿轮铣刀　汽缸套

# 项目11 锻 压

## 任务1 概 述

锻压是指对坯料施加外力，使其产生塑性变形改变尺寸、形状及性能，用以制造机械零件或毛坯的成形加工方法。

### 一、锻压的特点、分类及应用

#### 1. 锻压的特点

(1)改善金属内部组织，提高力学性能。通过锻压可以压合铸造组织中的内部缺陷(如微裂纹、气孔、缩松等)，获得较细密的晶粒结构，提高了力学性能。

(2)节省金属。锻压件的外形和表面粗糙度已接近或达到成品零件的要求，实现了少切削、无切削的要求，从而节省材料。

(3)生产率高。这一点对金属材料的轧制、拉丝、冲裁、挤压等工艺尤其明显。

(4)适应性广。锻压成形能生产出小至几克的仪表零件，大至几百吨的重型锻压件。

锻压在固态下成形较困难，与铸件相比，锻压件的形状较为简单。

#### 2. 锻压的分类和应用

1)锻造

锻造是指在锻造设备及工(模)具的作用下，使坯料产生局部或全部塑性变形，以获得一定形状、尺寸和质量的锻件的加工方法，它主要用于生产重要的机器零件，如机床的齿轮和主轴、内燃机的连杆及起重吊钩等。根据使用的设备和工具的不同，锻造可分为自由锻造和模型锻造两种，如图11-1(a)、(b)所示。

2)板料冲压

在冲击设备上利用冲模使坯料产生分离或变形的加工方法如图11-1(c)所示。它主要用于板料加工，广泛应用于航空、车辆、电器、仪表及日用品等工业部门。

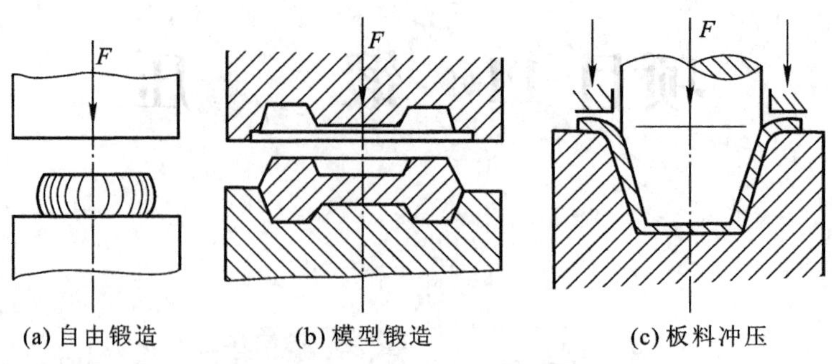


**图 11-1　锻压生产方式**

## 二、锻造的基本知识

### 1. 影响锻造性能因素

金属的锻造性是衡量材料在经受压力加工时获得优质锻件难易程度的一种工艺性能，常用金属的塑性和变形抗力来综合衡量。塑性越好，变形抗力越小，表明金属的锻造性能越好，反之则差。影响金属锻造性能的因素主要有以下几个方面。

(1)金属的化学成分。化学成分不同，金属材料的锻造性能也不一样。一般情况下，纯金属的锻造性能比合金好。碳钢中的碳的质量分数越低，则锻造性能越好。当合金中有较多的强碳化物形成元素(如 W、Mo、V、Ti 等)时，其锻造性能显著下降。

(2)金属组织。金属内部组织结构不同，其锻造性能差异也很大。纯金属及单一固溶体(如奥氏体)的锻造性好，多相组织的锻造性差。细小而均匀的晶粒锻造性好，粗大的晶粒锻造性差。合金中金属化合物(如渗碳体)增多时，使锻造性能迅速下降。

(3)变形温度。随着变形温度的提高，金属的塑性提高，变形抗力减少，提高了金属的锻造性。因此，加热是锻造生产中重要的变形条件。但加热温度过高，反而会使金属出现过热、过烧等缺陷，塑性下降，因此必须严格控制锻造温度。

(4)变形速度。变形速度是指单位时间内的变形程度。变形速度对金属锻造性能影响比较复杂。一方面由于变形速度增加，金属在变形过程中冷变形强化严重，在热变形中来不及完全消除这种冷变形强化，使金属锻造性能变差。另一方面，由于变形速度增加，变形产生的热效应使变形抗力降低，塑性增加，锻造性能得以改善，但在一般锻压生产中，变形速度并不很快，因而热效应作用也不明显。

### 2. 锻造流线与锻造比

1)锻造流线

工件在锻造变形过程中，其内部一些杂质也随之变形，当锻件沿轴向伸长时，这些杂质也随之伸长呈纤维状，形成所谓的锻造流线，使得锻件具有明显的各向异性。所以，锻造机械零件时，必须考虑锻造流线的合理分布。如图 11-2 所示，螺钉头和曲轴的锻造流线分布，加工

时，应尽可能使锻造流线与零件的轮廓相符合而不被切断。

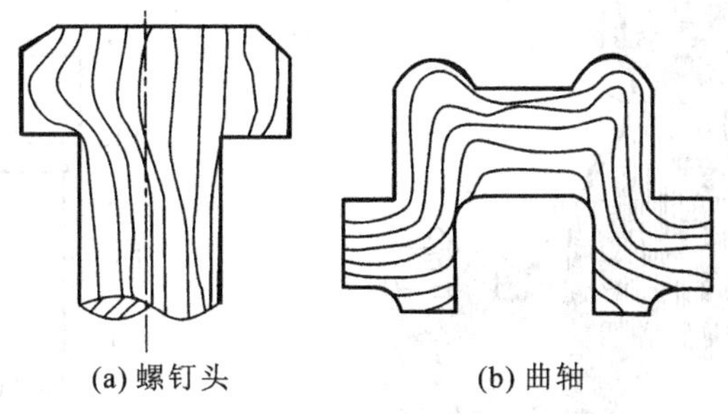


图 11-2 锻造流线的合理分布

2）锻造比

锻造比是指锻造工件变形前、后的横截面积或长度的比值，通常用符号 $Y$ 表示，即

$$Y=\frac{A_0}{A}\text{ 或 }Y=\frac{L_0}{L}$$

式中：$A_0$、$A$——锻件变形前、后的横截面积；

$L_0$、$L$——锻件变形前、后的长度。

锻造比表示了锻件的变形程度，对材料的组织和性能有很大影响，所以，对不同零件应选择不同的锻造比，若用钢材为坯料进行锻造时，因钢材在轧制过程中已产生锻造流线，可不考虑锻造比。

# 任务 2 自由锻

自由锻是在自由锻设备上利用通用工具使金属坯料产生变形而获得锻件的加工方法。金属坯料在铁砧之间受力变形时，朝各方向可以自由流动，不受限制，锻件的形状和尺寸由操作者的水平来保证。

## 一、自由锻设备

根据对坯料作用力的性质，自由锻设备分为锻锤和液压机两大类。锻锤产生冲击力使金属变形，吨位的大小用其落下部分的质量来表示。锻锤又有空气锤和蒸汽-空气锤之分，主要用于生产中小锻件。空气锤的构造如图 11-3 所示。工作时，电动机 5 通过减速器 6 带动曲柄 15 转动，再通过连杆 14 带动压缩汽缸 4 内的活塞 12 做上下运动。在压缩汽缸与工作汽缸 3 之间有上、下两个气阀 1、2，当压缩汽缸内活塞做上下运动时，压缩汽缸经过打开的气阀交替进入工作汽缸的上部或下部空间，推动工作汽缸内的活塞 13 连同锤杆 16、上砧铁 11 一起上下运动。通过控制上、下气阀的不同位置，空气锤可以完成锤头悬空、单打、连打和压住锻件等四个动作。

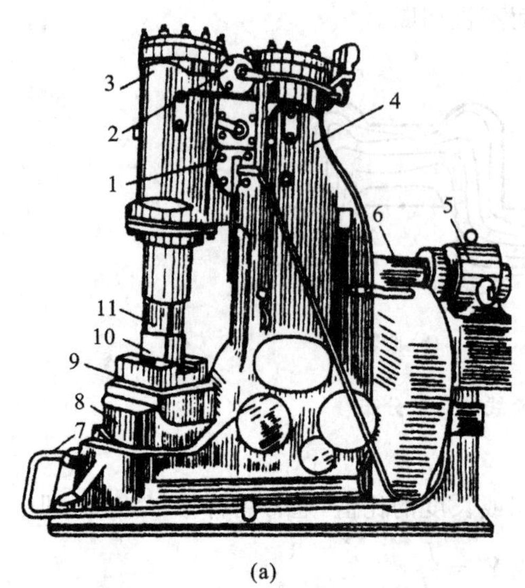


(a)

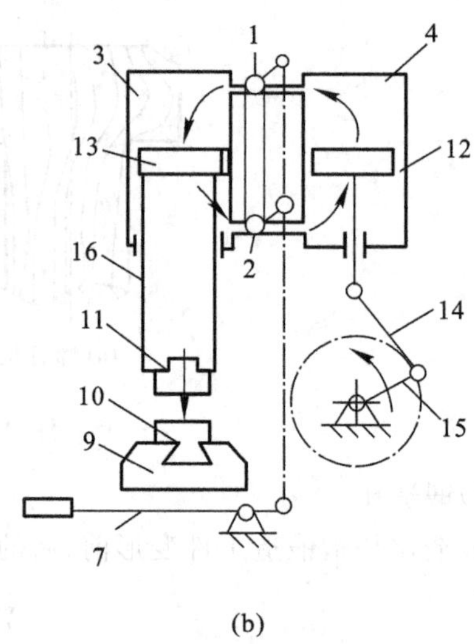


(b)

**图 11-3 空气锤的构造示意图**

1,2—气阀；3—工作汽缸；4—压缩汽缸；5—电动机；6—减速器；7—操纵脚踏板；8—机座；9—砧座；10—下砧铁；11—上砧铁；12,13—活塞；14—连杆；15—曲柄；16—锤杆

生产中使用的液压机主要是水压机，它由固定系统和活动系统两部分组成。水压机产生静压力使金属产生变形，吨位的大小是用其产生的最大压力来表示。它可以对质量达数百吨的锻件进行锻造，是巨型锻件的唯一成形设备。

## 二、自由锻基本工序

实际生产中，自由锻常用的基本工序有镦粗、拔长、冲孔和弯曲四种。

**1. 镦粗**

镦粗是使毛坯高度减小、横截面积增大的锻造工序。镦粗可分为完全镦粗、局部镦粗和垫环镦粗等。如图 11-4 所示，其中局部镦粗与垫环镦粗不同，局部镦粗时漏盘内的金属不变形，而垫环镦粗时工件的各个部分均有变形。

镦粗工序主要应用于制造高度小、截面大的工件，如齿轮、圆盘等。

**2. 拔长**

拔长是使毛坯横截面积减小、长度增加的锻造工序。拔长可分为平砧拔长、赶铁拔长和芯棒拔长等，如图 11-5 所示。当拔长量较大时，采用赶铁拔长。芯棒拔长是指减小空心坯料的壁厚和外径尺寸，增加长度的工序。

拔长工序主要用于制造长度大、截面小的工件，如轴、拉杆、曲轴及制造长轴类空心件(如空筒、透平柱轴、圆环、套筒等)。

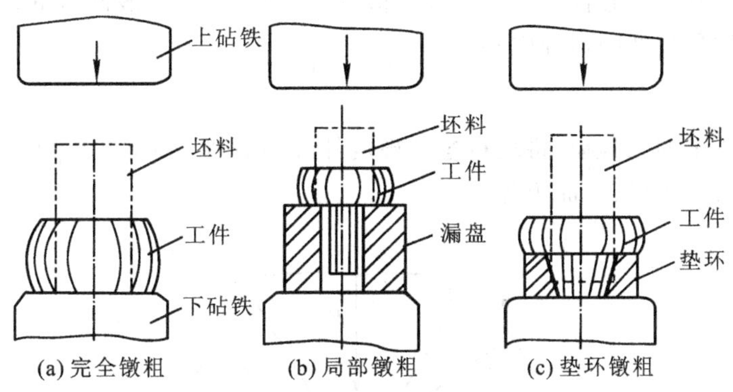

(a) 完全镦粗　(b) 局部镦粗　(c) 垫环镦粗

**图 11-4　镦粗种类**

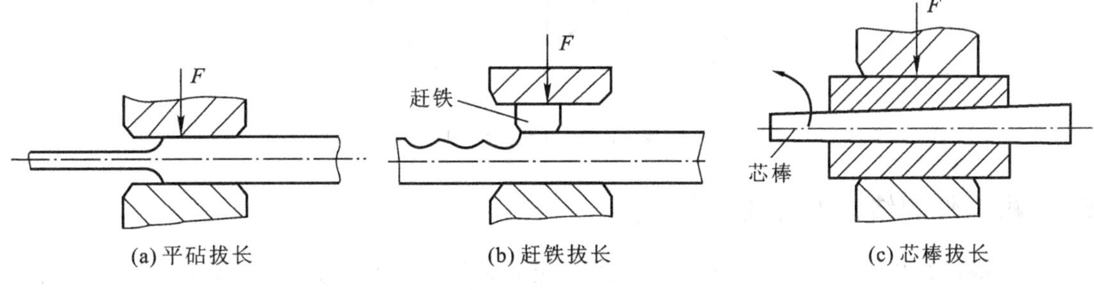

(a) 平砧拔长　(b) 赶铁拔长　(c) 芯棒拔长

**图 11-5　拔长种类**

### 3. 冲孔

冲孔是在坯料上冲击通孔和不通孔的锻造工序。根据冲头形式不同，冲孔可分为实心冲头冲孔（孔径小于 400 mm）和空心冲头冲孔（孔径大于 400 mm），如图 11-6 所示。

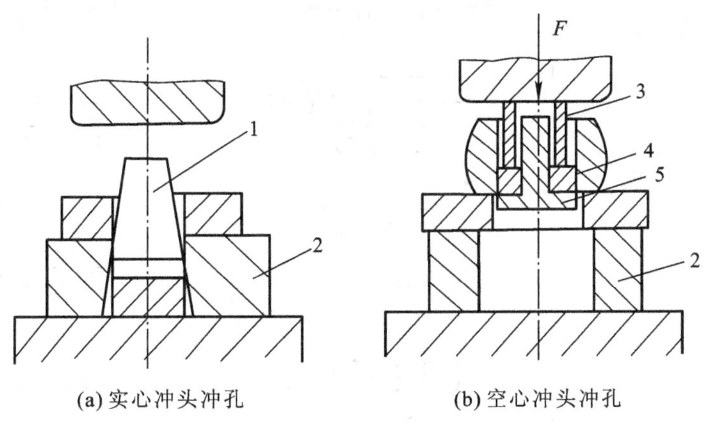

(a) 实心冲头冲孔　(b) 空心冲头冲孔

**图 11-6　冲孔**

1—冲头；2—漏盘；3—上垫；4—空心冲头；5—芯料

冲孔主要用于制造空心件，如齿轮毛坯、圆环、套筒等。对于锻件质量要求高的大工件，可用空心冲孔去掉质量较低的铸锭中心部分。

**4. 弯曲**

弯曲是采用一定的工具模，将坯料弯成规定外形的锻造工序，如图 11-7 所示，弯曲用于锻制曲形零件，如吊钩、角尺、弯曲板等。

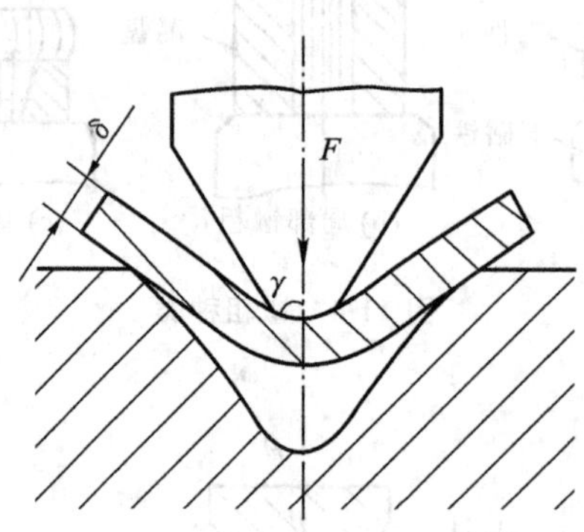


图 11-7　弯曲示意图

## 三、自由锻件的结构工艺性

自由锻造结构设计的原则：在满足使用性能的条件下，锻件的形状应简单、合理、易于锻造。自由锻件工艺性要求如表 11-1 所示。

表 11-1　自由锻件工艺性要求

| 工艺要求 | 图例 | |
|---|---|---|
| | 工艺性差 | 工艺性好 |
| 避免锥面及斜面等 | 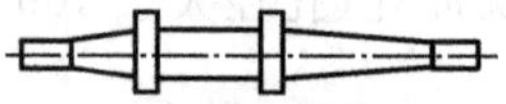 | 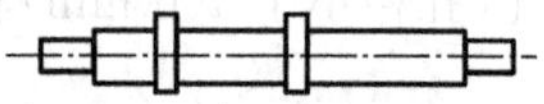 |
| 避免非平面交接结构 | 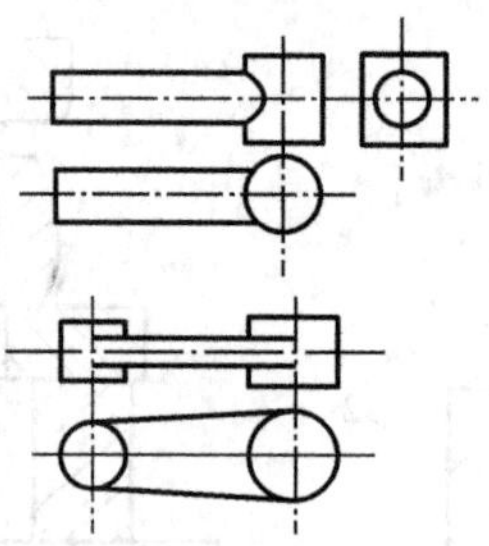 | 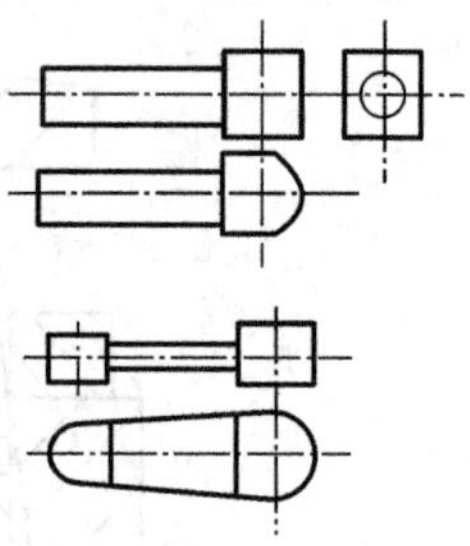 |
| 避免加强肋 | 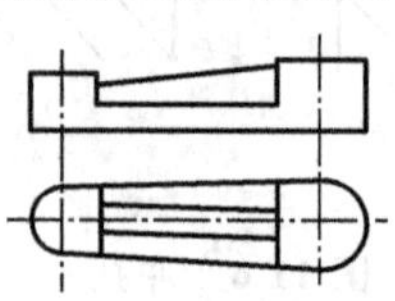 | 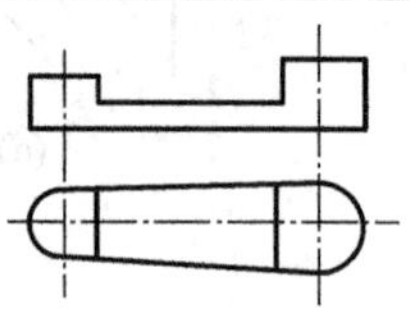 |

续表

| 工艺要求 | 图例 | |
|---|---|---|
| | 工艺性差 | 工艺性好 |
| 避免叉形零件内部的台阶 | | |

## 四、锻件的加热和冷却

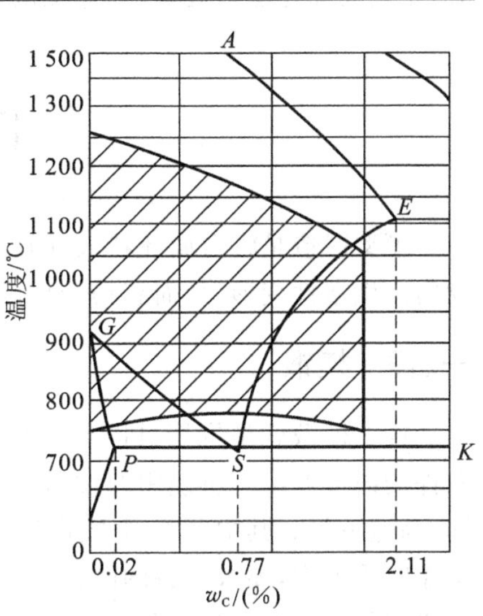


图 11-8 碳钢的锻造温度范围

### 1. 锻造温度范围的确定

锻造温度范围是指锻件由始锻温度到终锻温度之间一段温度间隔。确定锻造温度范围的原则有如下两点：一是要保证金属应具有良好的锻造性能和合适的金相组织，二是要求在每一次加热之后完成更多成形工作，以节约能源和提高效率。

碳钢锻造温度范围的确定以 $Fe\text{-}Fe_3C$ 相图为依据，如图 11-8 所示。始锻温度比 $AE$ 低 200℃左右，终锻温度约为 800℃。图中的斜线部分区域为碳钢的锻造温度范围。过高的锻造温度会产生过热或过烧等缺陷，过低的锻造温度，变形抗力急剧升高，甚至导致锻件发生断裂。几种常用材料的始锻温度和终锻温度如表 11-2 所示。

表 11-2 常用材料的始锻、终锻温度

| | 材料种类 | 始锻温度/℃ | 终锻温度/℃ |
|---|---|---|---|
| 碳钢 | $w_C$=0.3%以下<br>$w_C$=0.3%～0.5%<br>$w_C$=0.5%～0.9%<br>$w_C$=0.9%～1.5% | 1 150～1 200<br>1 100～1 150<br>1 050～1 100<br>1 000～1 050 | 500～800 |
| 合金钢 | 低合金钢<br>中合金钢<br>高合金钢 | 1 100<br>1 100～1 150<br>1 150 | 825～850<br>850～870<br>870～900 |

### 2. 锻件的冷却和热处理

钢在锻造后的冷却过程中，主要出现两种形式的内应力，即热应力和组织应力。当这两种应力超过金属的抗拉强度时锻件就会开裂。根据锻件的化学成分、形状和尺寸特点，应采用不同的冷却方法。

(1)对于低、中碳钢的中小锻件,可采用在干燥地面上空冷。

(2)一般的合金钢锻件,锻后放置在填有石灰、砂等绝热材料的坑中或箱中进行坑冷或箱冷。

(3)对于高碳、高合金钢及大锻件,应在500～700℃加热炉中随炉缓冷,即炉冷。

总之,锻件中碳及合金元素的质量分数越高,锻件体积越大,形状越复杂,冷却速度越缓慢,防止造成锻件硬化、变形或开裂。为消除锻造过程中产生的内应力,锻件应进行去应力退火、正火或球化退火处理,以保证锻件具有良好的切削加工性。

# 任务3 模 锻

模型锻造是将金属坯料放在具有一定形状和尺寸的模膛内,施加冲击或压力,使坯料在模膛内产生塑性变形,从而获得与模膛形状相同的锻件。模型锻造分锤上模锻和胎膜锻两类。

## 一、锤上模锻

锤上模锻就是将模具固定在模锻锤上,使毛坯变形获得锻件的锻造方法。所使用的设备有蒸汽-空气模锻锤、无砧座锤、高速锤等。其中蒸汽-空气模锻锤基本相同。由于模锻锤工作时受力大,要求设备的刚性好、导向精度高,因此,模锻锤的机架与砧座相连接,形成封闭结构。模锻吨位为1～16 t,锻件质量为0.5～150 kg。

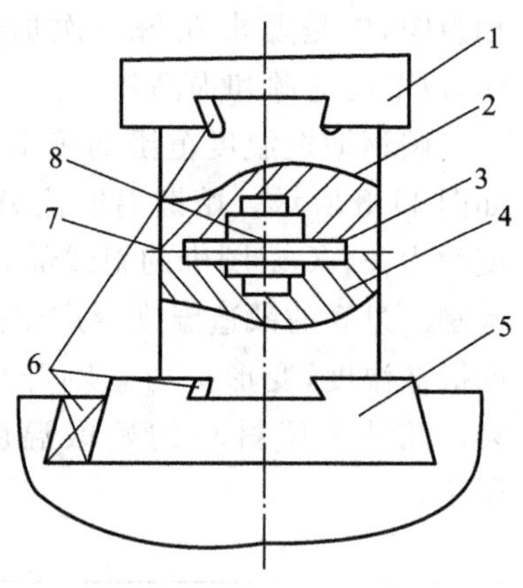


**图 11-9 单膛模锻结构**

1—锤头;2—上模;3—飞边槽;4—下模;5—模垫;6—紧固楔铁;7—分模面;8—模膛

### 1. 锻模

锻模结构如图11-9所示,其上、下锻模分别固定在锤头和模座上。按结构形式不同,锻模分单膛锻模和多膛锻模。单膛锻模只有一个模膛,多膛锻模是指在一副锻模上有多个锻膛,坯料只有一个模膛内依次变形,最后在终锻模膛中得到锻件的形状和尺寸。

### 2. 锤上模锻示例

图11-10所示的是弯曲连杆的多膛模锻过程。锻造时,坯料经拔长、滚压、弯曲三个制坯形槽变形后,已初步接近锻件的形状,然后再经过预锻和终锻形槽制成带飞边的锻件,最后在压力机上用切边模切除飞边,获得弯曲连杆的锻件。

锤上模锻的优点是可以锻出形状比较复杂的锻件,锻件尺寸精确,加工余量小,比自由锻节省材料,操作简单,生产率高,易于实现机械化和自动化;其缺点是坯料要整体变形,变形抗力比较大,而且锻模制造的成本很高。锤上模锻适用于中小锻件的大批量生产。

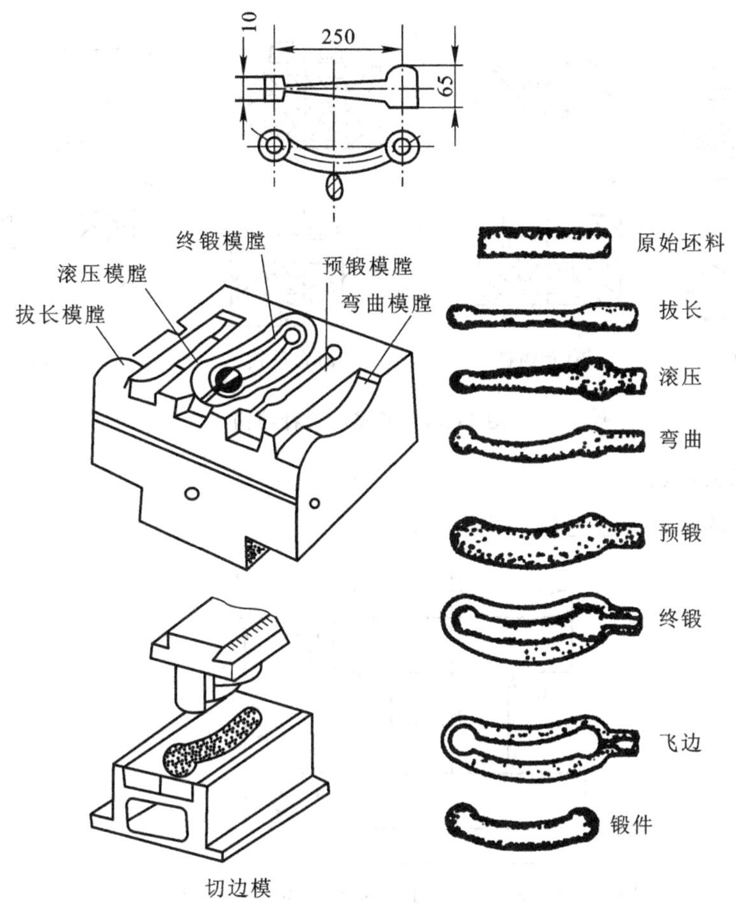


图 11-10 弯曲连杆的多膛模锻

## 二、胎模锻

在自由锻设备上使用可移动模具生产模锻的一种锻造方法，称为胎模锻。锻造时，一般是先将坯料经过自由锻预锻成近似锻件的形状，然后用胎模终锻成形。

### 1. 胎模分类

胎模的分类很多，主要有扣模、套筒模和合模三种。

(1)扣模。扣模用来对坯料进行全部或局部扣形，主要锻造杆状非回转体锻件，如图 11-11(a)所示。

(2)套筒模。套筒模呈套筒形，主要用于锻造齿轮及盘类锻件，如图 11-11(b)、(c)所示。

(3)合模。合模由上模和下模两部分组成，为防止锻件错位经常用导柱等定位，主要用于锻造形状较复杂的连杆、差形件非回转体锻件，如图 11-11(d)所示。

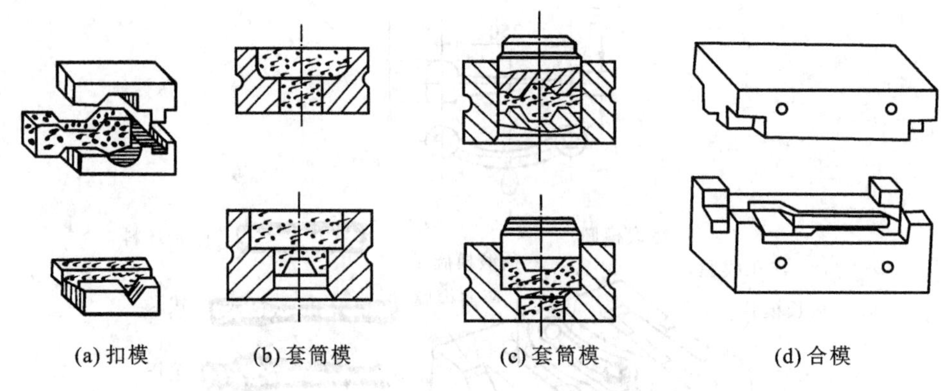


图 11-11　胎模的几种结构

**2. 胎模锻工艺示例**

双锻齿轮坯的胎模锻造过程，如图 11-12 所示。

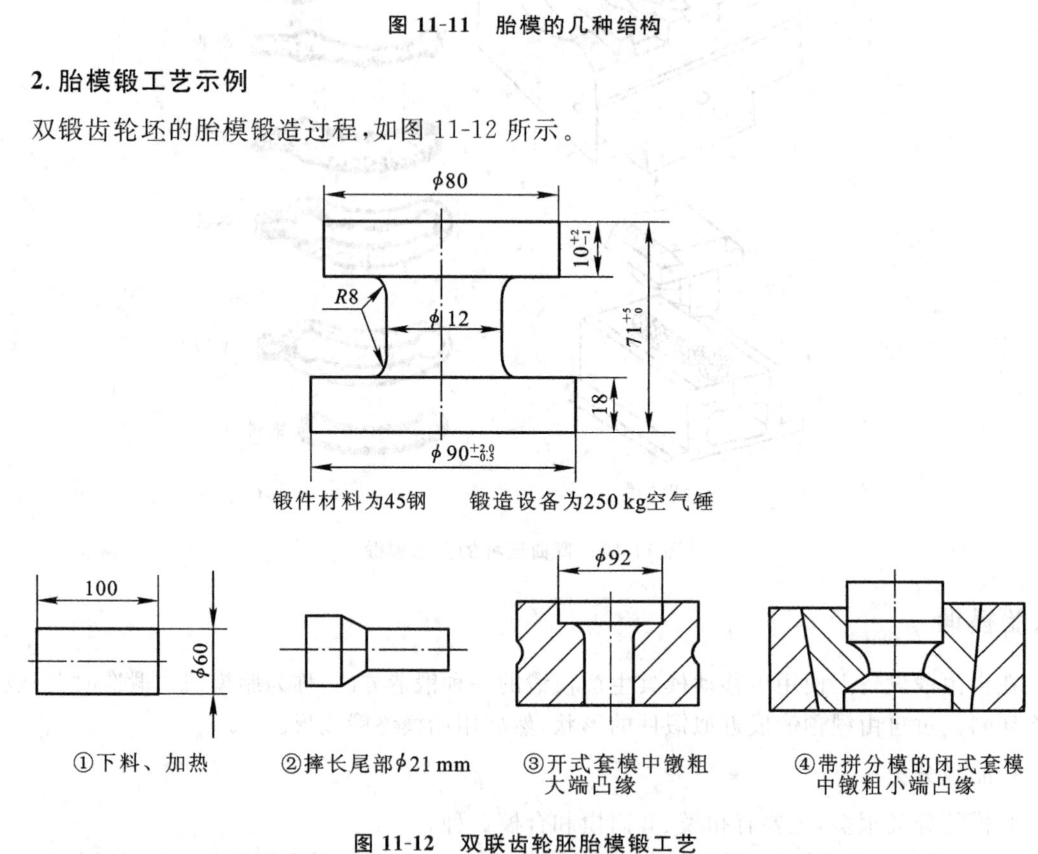


图 11-12　双联齿轮胚胎模锻工艺

胎模锻是介于自由锻和锤上模锻之间的一种锻造方法，其优点是工艺操作灵活，可以局部成形，扩大了自由锻设备的应用范围，而且锻件表面质量、形状和尺寸精度都高于自由锻造；其缺点是劳动强度较大，生产率较低，适用中、小批量生产。

# 任务4 板料冲压

板料冲压是利用冲模使金属板料发生分离或变形的加工成形方法。冲压产品尺寸精确，表面光洁，因此，一般不需要进行机械加工，并且可直接使用。冲压产品应用十分广泛，如汽车、飞机、农业、机械、钟表、电器、仪表和现代家庭用具等。

## 一、冲压设备

冲压设备主要是剪床和冲床。

### 1. 剪床

剪床用于把板料切成需要宽度的条料，以供冲压工序使用。图11-13是斜刃剪床的外形及传动机构，电动机1通过带轮使轴2转动，再通过齿轮传动及离合器3使曲轴4转动，于是带有刀片的滑块5便上下运动，进行剪切工作。6为工作台，7为滑块制动器。常用的剪床还有平刃剪和圆盘剪。

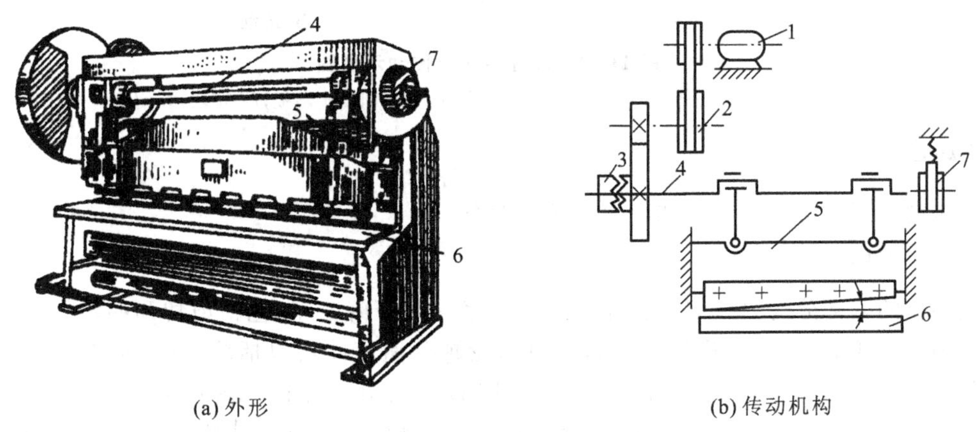

(a) 外形　　(b) 传动机构

**图11-13　剪床及传动机构示意图**

1—电动机；2—轴；3—离合器；4—曲轴；5—滑块；6—工作台；7—滑块制动器

### 2. 冲床

冲床的种类较多，主要有单柱冲床、双柱冲床等。图11-14是单柱冲床外形及传动示意图。电动机5带动飞轮4通过离合器3与单拐曲轴2相接，飞轮可在曲轴上自由转动。曲轴的另一端通过连杆8与滑块7连接。工作时，踏下踏板6、离合器3将使飞轮4带动曲轮转动，滑块便上下运动；放松踏板，离合器脱开，制动闸1立刻停止曲轴转动，滑块停留在待工作位置。

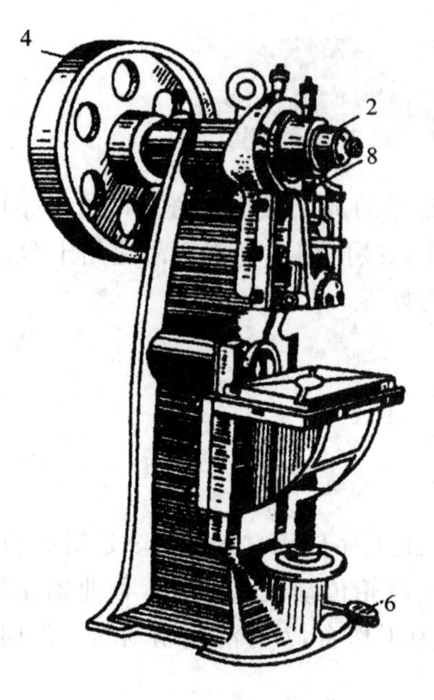


(a) 外形

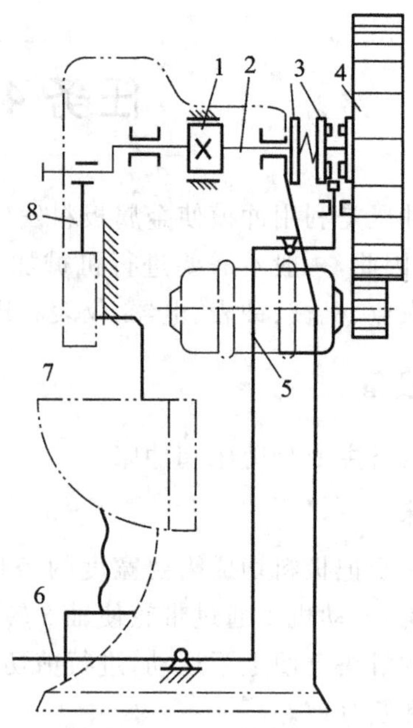


(b) 传动示意图

**图 11-14 单柱冲床及传动示意图**

1—制动闸；2—单拐曲轴；3—离合器；4—飞轮；5—电动机；6—踏板；7—滑块；8—连杆

## 二、冲压基本工序

冲压基本工序有分离工序和变形工序两大类。

### 1. 分离工序

使坯料的一部分与另一部分相互分离的工序称为分离工序，包括剪切和冲裁。剪切是使坯料沿不封闭轮廓分离；冲裁是使坯料沿封闭轮廓分离。冲裁包括落料（见图 11-15）和冲孔（见图 11-16）两工序。落料和冲孔的方法是相同的，只是用途不同。落料时被冲下的部分是工件，周边是废料；冲孔被冲下的部分是废料，而周边是所需的工件。即落料要料，冲孔要孔。

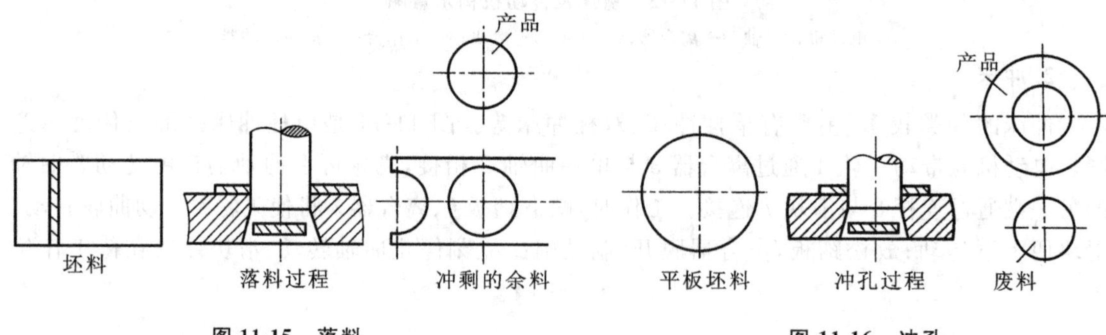


**图 11-15 落料**　　**图 11-16 冲孔**

**2. 变形工序**

使坯料的一部分相对另一部分产生位移而不分离的工序称为变形工序。弯曲、拉深、成形、翻边、胀形、缩口等都是变形工序。其中，弯曲和拉深是常用的变形工序。

弯曲是利用弯曲模使工件弯曲，如图 11-17 所示。弯曲模上使工件弯曲的部分要做出圆角，否则会划伤或撕裂工件。

拉深是将坯料制成杯形或盒形工件的过程，如图 11-18 所示。拉深模的冲头和凹模边缘上没有刃口，而是光滑的圆角，因此仅使坯料变形而不会使坯料分离。此外，冲头和凹模之间有比坯料厚度稍大的间隙，以备拉深时坯料从中通过。

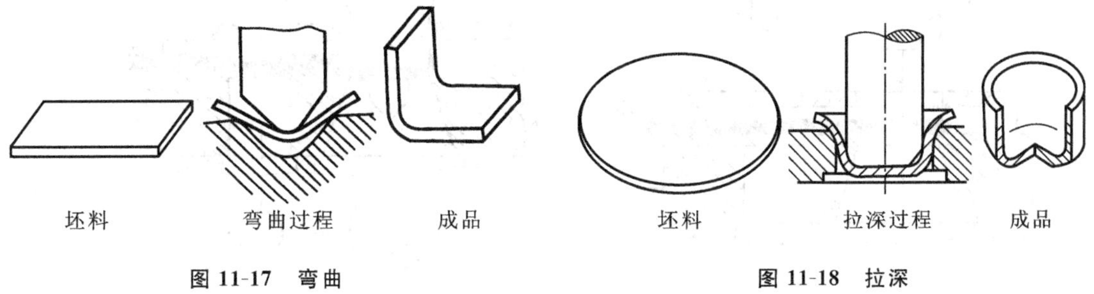


**图 11-17 弯曲**　　**图 11-18 拉深**

## 三、冲压模具

根据冲压工序的组合程度不同，冲压模具可分为简单模、连续模和符合模三种。

**1. 简单模**

在冲床的一次行程中，只完成一个工序的冲模称为简单模。如图 11-19 所示，上模板 2 通过模柄 1 与冲床块送进，碰到挡料销 7 为止。

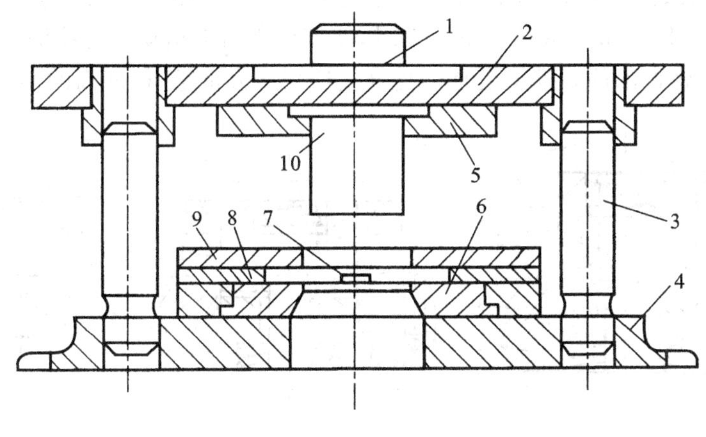


**图 11-19 简单模**

1—模柄；2—上模板；3—导柱；4—下模座；5—垫下；6—凹模；7—挡料销；8—定位板；9—卸料板；10—凸模

冲下的工件落入凹模孔，凸模返回时卸料板 9 将坯料推下。继续进料至挡料销，重复上述动作。简单模结构较简单，容易制造，成本低，维修方便，但生产率低，使用于小批量生产。

**2. 连续模**

按一定顺序，在冲床的一次进程中，在模具的不同位置上，同时完成多道冲压工序的模具称为连续模，如图 11-20 所示。连续模生产效率高，易于实现自动化，但要求定位精度高，结构复杂，制造成本较高，适用于大批量生产精度要求不高的中、小型零件。

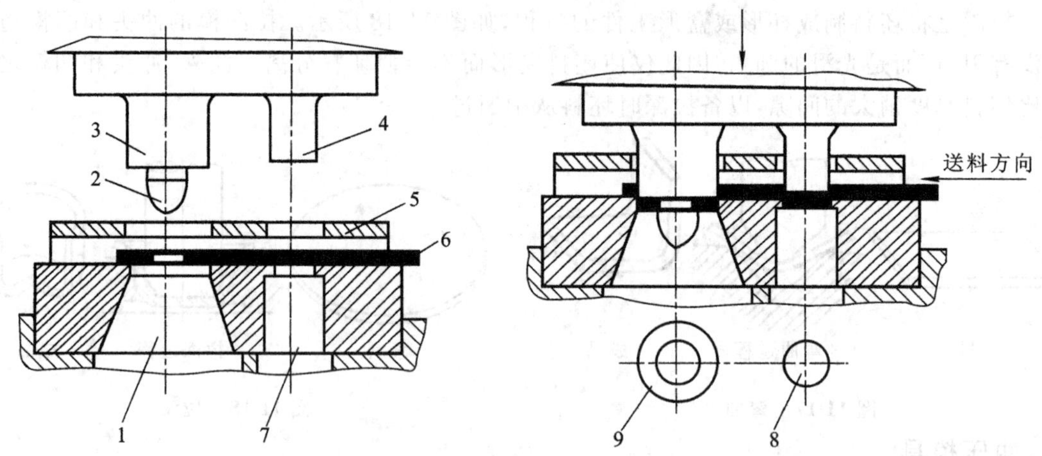


**图 11-20　连续模**

1—落料凹模；2—定位销；3—落料凸模；4—冲孔凸模；5—卸料板；6—坯料；7—冲孔凹模；8—废料；9—成品

**3. 复合模**

在冲床的一次行程中，在模具的同一位置完成多道冲压工序的冲模，称为复合模，如图 11-21 所示。复合模的最大特点是模具中有一个凸凹模的外圆是落料凸模刃口，内孔是拉深凸模。当滑块带着凸凹模 6 向下运动时，条料首先在凸凹模 6 和落料凹模 4 中落料。落料件被下模中拉深凸模 7 顶住，滑块继续向下运动时，凹模随之向下运动进行拉深。顶出器 1 和压板 3 在滑块的回程中将拉深件 9 推出模具。复合模适用于大批量、精度高的冲压件。

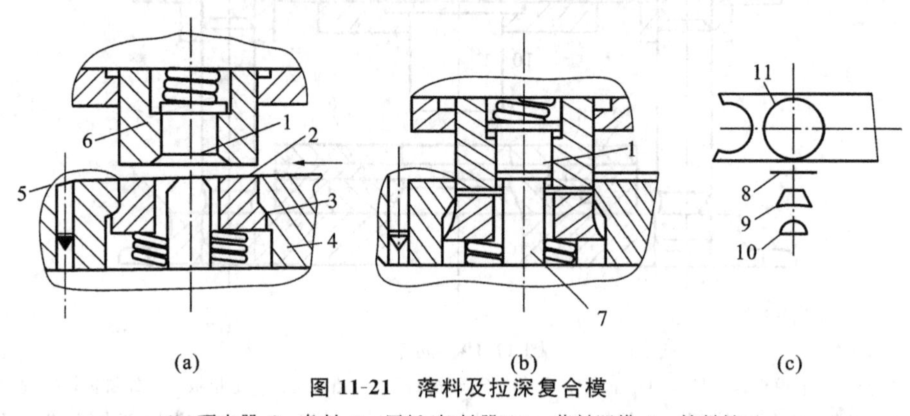


**图 11-21　落料及拉深复合模**

1—顶出器；2—条料；3—压板（卸料器）；4—落料凹模；5—挡料销；6—凸凹模；7—拉深凸模；8—坯料；9—拉深件；10—工件；11—废料

# 任务5 压力加工先进工艺简介

## 一、精密模锻

精密模锻是在普通模锻设备上锻制形状复杂的高精度锻件的一种模锻工艺。其工艺特点：需精确计算原始坯料尺寸，严格按坯料质量下料，并在锻前仔细清理坯料表面，采用少、无氧化加热并严格控制锻造温度和锻模温度，利用高精度的锻模来保证锻件精度。

## 二、高速锤锻

高速锤锻是利用14 MPa的高压气体使活塞高速运动产生动能，推动锤头和框架系统做高速相对运动而产生悬空打击，使金属坯料成形的加工方法。高速锤锻的主要特点是锻件的成形速度快，工艺性能好，可以加工难以加工的材料，产品的质量好、精度高，且具有较高的力学性能。

## 三、液态模锻

液态模锻实际上是压力铸造和模锻的组合工艺，它是将一定量的金属直接浇入金属模内，然后在一定时间内，以一定的压力作用于液态或半液态金属上使之成形的方法。与一般模锻相比，液态模锻具有节约材料、提高生产率、减小劳动强度等特点，而且液态模锻件外形准确，表面粗糙度低，内在质量优良，其强度指标可以接近或达到模锻的水平。与压力铸造相比，液态模锻具有锻模结构简单，锻件的晶粒小、组织均匀、缺陷少，设备简单，生产成本低等特点。

## 四、超塑性成形

利用金属材料在特定条件下具有的超塑性进行压力加工的方法，称为超塑性成形。

所谓超塑性，一般是指材料在低的变形速度、一定的变形温度和均匀的晶粒的条件下，其拉深变形的伸长率超过100%的现象。凡是有能超过100%伸长率的材料，称为超塑性材料。

目前常用的超塑性成形材料有锌合金、铝合金、钛合金及高温合金。超塑性状态下的金属在变形过程中不产生缩颈现象，变形抗力可比常态下降几十倍。因此，此种金属极易变形，可采用多种工艺方法制出复杂零件。

图11-22(b)所示的零件长径比较大，选用超塑性材料可以一次拉深成形，质量很好，零件无方向性，图11-22(a)为超塑性拉深成形示意图。

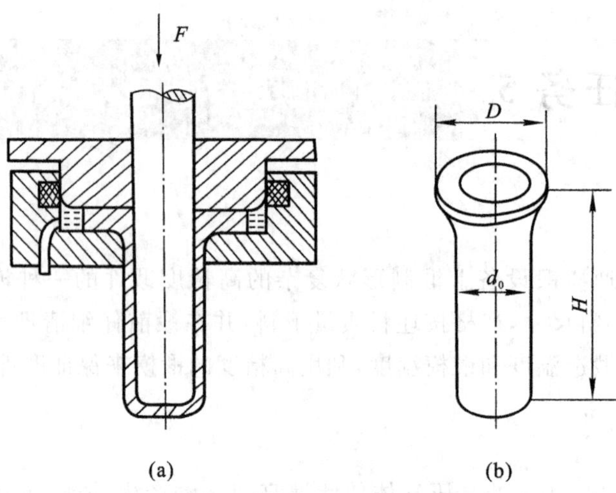


图 11-22 超塑性材料拉深成形

## 复习思考题 11

1. 何谓金属压力加工？其方法主要有哪几种？压力加工有哪些特点？
2. 常用的自由锻、模锻设备有哪些？其实用范围如何？
3. 热模锻压力机上模锻有哪些优缺点？
4. 自由锻的基本工序主要有哪些？叙述其应用范围。
5. 自由锻的特点和应用范围如何？
6. 试述胎模种类、特点和应用。
7. 试述锻模模镗的种类、特点和应用。
8. 何谓金属的锻造性？影响锻造性的因素有哪些？
9. 什么是锻造温度范围？确定锻造温度范围应考虑哪些问题？
10. 自由锻造的工艺规程主要包括哪些内容？自由锻锻件图与零件图有何区别？
11. 如何确定自由锻坯料的质量和尺寸？
12. 何谓分模面？选择分模面的主要原则有哪些？
13. 绘制模锻锻件图应考虑哪些问题？模锻锻件图与自由锻锻件图有哪些异同点？
14. 根据自由锻的工艺特点，设计自由锻件时，应注意哪些问题？
15. 根据模锻的工艺特点，设计模锻件时应考虑哪些问题？
16. 板料冲压有哪些基本工序？这些工序的工艺特点是什么？
17. 冲模结构有哪几种？连续冲模与复合冲模的主要区别是什么？
18. 试比较自由锻、胎模锻、模锻及板料冲压的适用范围及各自特点。

# 项目12 焊 接

焊接是现代工业生产中应用广泛的一种连接金属的方法。焊接的实质是用加热或加压等措施，借助于原子间的结合与扩散作用，使两块分离的金属连接成一个牢固整体的过程。

焊接的方法很多，按焊接生产过程的特点可分为熔化焊、压力焊、钎焊三大类。熔化焊是最基本的焊接方法，在焊接生产中占主导地位。压力焊与钎焊具有成本低，易于实现机械化、自动化等优点。随着焊接技术的发展，焊接方法已有几十种，常用的方法分类如下（见图12-1）。

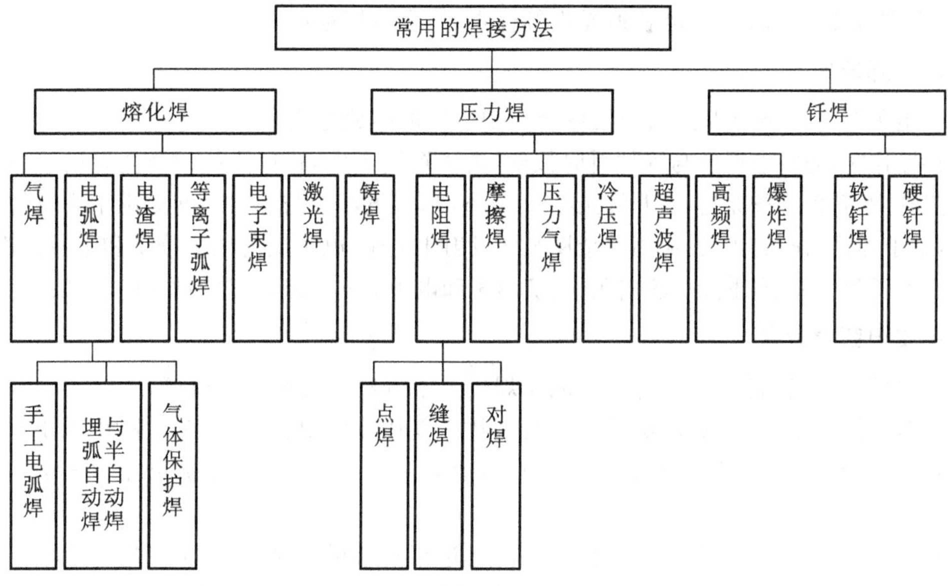


图12-1 常用的焊接方法分类

焊接与铆接等其他连接方法相比具有以下优点。

(1)减小结构质量，节省金属材料。

(2)生产效率高，生产周期短，劳动强度低。

(3)焊缝的气密性高，有利于提高产品质量。

(4)能化“大”为“小”或以“小”拼“大”。

(5)可以制造双金属结构。

(6)易于实现机械化、自动化。

焊接工艺广泛应用于机械制造、电气技术、船舶、桥梁、建筑工程、化工设备、宇航技术、军事工程等各个部门。

# 任务1 熔化焊

熔化焊是将金属的接头处加热到熔化或半熔化状态，形成共同的熔池，并加入填充金属，从而连接成整的焊接工艺方法。熔化焊适用于焊接各种碳钢、低合金钢、不锈钢及耐热钢，也可以焊接铸铁和非金属。焊接接头的力学性能高，气密性好，是焊接生产中应用最广泛的一类方法。

## 一、手工电弧焊

电弧焊是利用电弧加热熔化金属进行焊接的方法。手工电弧焊是电弧焊中的一种主要工艺，具有操作方便、设备简单、可就地操作等优点，生产应用很广泛。

### 1. 电弧焊原理

焊接电弧是在焊条与工件间的气体介质中产生的强放电现象。

焊接操作时，先将电焊条与焊件瞬时接触，由于短路产生高热，使接触处金属迅速融化并产生金属蒸汽；然后将焊条提起，离开焊条 2～4 mm 时，在电焊条与焊件之间充满了高温气体和金属蒸汽，由于焊接电压的作用，从高温金属表面发射出电子，电子撞击气体分子和金属蒸汽，使其电离成正离子和负离子，正离子流向阴极，负离子和电子流向阳极，于是便形成了电弧。

### 2. 手工电弧焊设备

手工电弧焊设备有交流弧焊机、直流弧焊机及整流器式直流电焊机等。

(1)交流弧焊机。交流弧焊机是一种装有特殊变压器的电弧焊设备。常用 BX1-330 型漏磁式交流弧焊机，焊接空载电压为 60～70 V，工作电压为 30 V，工作电流可在 50～450 A 范围内调节。

(2)直流弧焊机。直流弧焊机是提供直流电进行焊接的电弧焊设备。直流弧焊机有两种类型：一种是发电机式直流弧焊机，常用型号为 AX-330 型，其焊接空载电压为 50～80 V，工作电压为 30 V，电流调节范围为 45～320 A；另一种是整流器式直流电焊机，其原理是用大功率整流元件组成整流器，将工频交流电整流成符合焊接需要的直流电，这种弧焊机结构简单维修方便，噪音小，是一种很有发展前途的焊接电源。直流弧焊机输出端有正、负两极之分。弧焊机与焊条、工件有两种不同的接线法。将工件接焊机正极，焊条接焊机负极，这种接法称为正接，反之称为反接，或称为正极性接法、反极性接法。焊接厚板时，一般采用直流正接。这是因为电弧正极的温度和热量比负极高，采用正接能获得较大的熔深。焊接薄板时，为防止烧穿，常采用反接，在使用碱性焊条时(如结 427、结 507)，均采用直流反接。

### 3. 电焊条

电焊条是由金属焊条芯和涂覆在焊条芯外面的药皮组成的(见图 12-2)。

(1)焊条芯。焊条芯是用金属或合金制成的金属丝,在焊接过程中起填充金属和传导电流的作用。焊条的化学成分和非金属夹杂物的含量多少对焊缝质量影响很大,因此要严格控制,以保证焊缝金属各方面的性能不低于基体金属。焊条芯的直径最小为0.4 mm,最大为9 mm,直径为3～5 mm的应用最广,如表12-1所示。

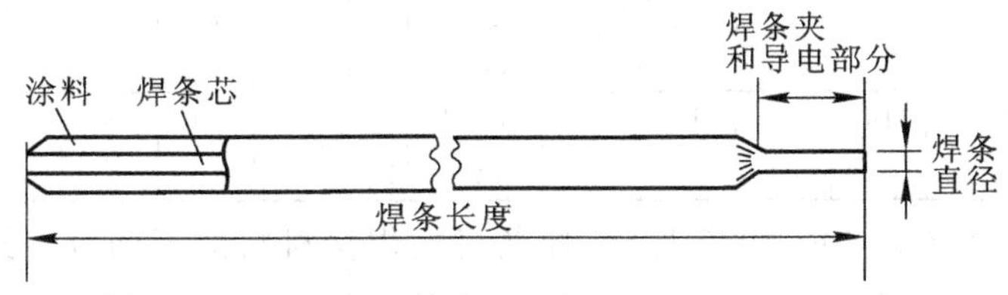


图 12-2 电焊条

表 12-1 焊接碳素钢焊条钢芯成分示例

| 钢号 | 化学成分/(%) | | | | | | | 用途 |
|---|---|---|---|---|---|---|---|---|
| | $w_C$ | $w_{Mn}$ | $w_{Si}$ | $w_{Cr}$ | $w_{Si}$ | $w_S$ | $w_P$ | |
| H08 | ≤0.10 | 0.30～0.55 | ≤0.03 | ≤0.20 | ≤0.30 | <0.04 | <0.04 | 一般焊接结构 |
| H08A | ≤0.10 | 0.30～0.55 | ≤0.03 | ≤0.20 | ≤0.30 | <0.03 | <0.03 | 重要的焊接结构 |
| H08MnA | ≤0.10 | 0.80～1.10 | ≤0.07 | ≤0.20 | ≤0.30 | <0.03 | <0.03 | 用于埋弧自动焊钢丝 |

(2)药皮。药皮是用矿石粉、铁合金粉等多种原料按比例配制的包裹在焊条芯外面的一层蒙皮。药皮的作用:提高电弧燃烧的稳定性,保护熔池金属不被氧化,向焊缝金属添加合金元素,改善焊缝质量。常用焊条药皮的作用及成分如表12-2、表12-3所示。

表 12-2 焊条药皮原料的种类名称及其作用

| 原料种类 | 原料名称 | 作用 |
|---|---|---|
| 稳弧剂 | 碳酸钾、碳酸钠、长石、大理石、钛白粉、钠水玻璃、钾水玻璃 | 改善引弧性能,提高电弧燃烧的稳定性 |
| 造气剂 | 淀粉、木屑、纤维素、大理石 | 造成一定量的气体,隔绝空气,保护焊接熔滴与熔池 |
| 造渣剂 | 大理石、萤石、菱石土、长石、锰矿、钛铁矿、黄土、钛白粉、金红石 | 造成具有一定物理、化学性能的熔渣,保护焊缝。碱性渣中的CaO还可起脱硫、磷的作用 |
| 脱氧剂 | 锰铁、硅铁、钛铁、铝铁、石墨 | 降低电弧气氛和熔渣的氧化性,脱除金属中的氧;锰还起脱硫作用 |
| 合金剂 | 锰铁、硅铁、铬铁、钼铁、钒铁、钨铁 | 使焊缝金属获得必要的合金成分 |
| 黏结剂 | 钾水玻璃、钠水玻璃 | 将药皮牢固地黏结在钢芯上 |

表 12-3 常用电焊条药皮配方

| 焊条牌号 | 药皮类型 | 药皮配方/(%) | | | | | | | | | | | | |
|---|---|---|---|---|---|---|---|---|---|---|---|---|---|---|
| | | 大理石 | 菱石土 | 金红石 | 钛白粉 | 中碳锰铁 | 钛铁 | 镁粉 | 白泥 | 长石 | 云母 | 石英 | 碳酸钠 | 萤石 |
| J422 | 钛钙型(酸性) | 14 | 7 | 15 | 12 | 13 | — | — | 11 | 8 | 10 | — | — | — |
| J507 | 低氢型(碱性) | 52 | — | — | — | 4.5 | 12 | 4 | — | — | 1.5 | 7 | 1 | 18 |

(3)焊条种类。按 GB980—1976 规定,焊条可按焊接材料的不同分为结构钢焊条(J)、耐热钢焊条(R)、不锈钢焊条(B)、堆焊焊条(D)、低温钢焊条(W)、铸铁焊条(Z)、镍合金焊条(N)、铜及铜合金焊条(T)和铝及铝合金焊条(L)等九大类。

焊条牌号的表示方法:类别代号加三位数,前两位数表示焊缝金属的抗拉强度标准值,第三位表示药皮类型及适用电源种类。如“结 422”或“J422”,其含义为结构钢焊条,焊缝最低抗拉强度为 420 MPa,钛钙型药皮,适用于交、直流电源。

**4. 焊接规范**

焊接规范是影响焊接质量和生产效率的各种工艺参数的总称,分别简述如下。

(1)焊条直径的选择。焊条直径主要根据被焊金属件的厚度决定,如表 12-4 所示。

表 12-4 焊条直径的选择

| 工件厚度/mm | 2 | 3 | 4~7 | 8~12 | ≥13 |
|---|---|---|---|---|---|
| 焊条直径/mm | 1.6~2.0 | 2.5~3.2 | 3.2~4.0 | 4.0~5.0 | 4.0~5.8 |

(2)焊接电流大小选择。焊接电流主要根据焊条直径决定,如表 12-5 所示。

表 12-5 焊接电流大小的选择

| 焊条直径/mm | 1.6 | 2.0 | 2.5 | 3.2 | 4.0 | 5.0 | 5.8 |
|---|---|---|---|---|---|---|---|
| 焊接电流/A | 25~40 | 40~70 | 50~80 | 90~130 | 160~210 | 200~270 | 260~350 |

(3)焊接速度和电弧长度选择。焊接速度一般根据焊缝尺寸和焊条特性凭经验掌握,太快和太慢都会降低焊缝的外观质量和内部质量。焊速适当时,焊道的熔宽约等于焊条直径的两倍,表面平整,波纹细密;焊速过高时,焊道窄而高,波纹粗糙,熔合不良;焊速过低时,熔宽过大,工件易被烧穿,焊接电弧的长度约等于焊条直径。

**5. 接头形式和坡口形状**

(1)接头形式。常用焊接接头形式为对接接头、搭接接头、角接接头、丁字接头等,如图 12-3 所示。根据焊接件的结构性要求和工艺性要求来确定合适的接头形式。

(2)对接接头的坡口形状。对接接头是各种焊接结构中采用最多的一种接头形式。为确保焊接质量,对于较厚的工件,要把两个工件间的待焊处加工成一定的几何形状,称为坡口。常见的对接接头的坡口形状如图 12-4 所示。

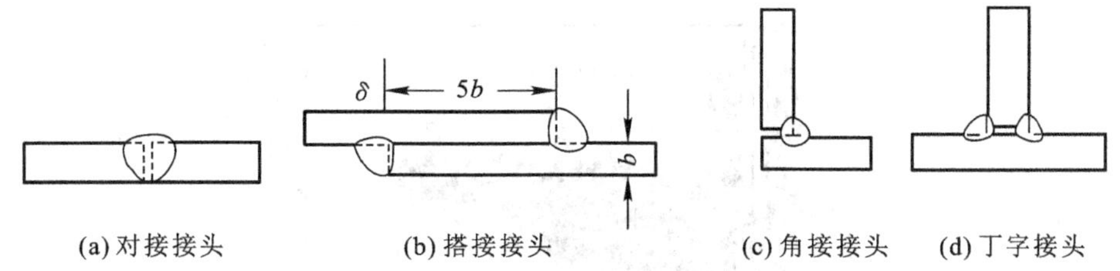

(a) 对接接头　(b) 搭接接头　(c) 角接接头　(d) 丁字接头

**图 12-3 常见焊接接头形式**

**6. 焊缝的空间位置**

在生产实践中，焊缝可以处于空间的不同位向，如图 12-5 所示。平焊位置最佳，操作方便，劳动条件好，生产效率高，焊缝质量易保证。立焊、横焊次之，仰焊最差。

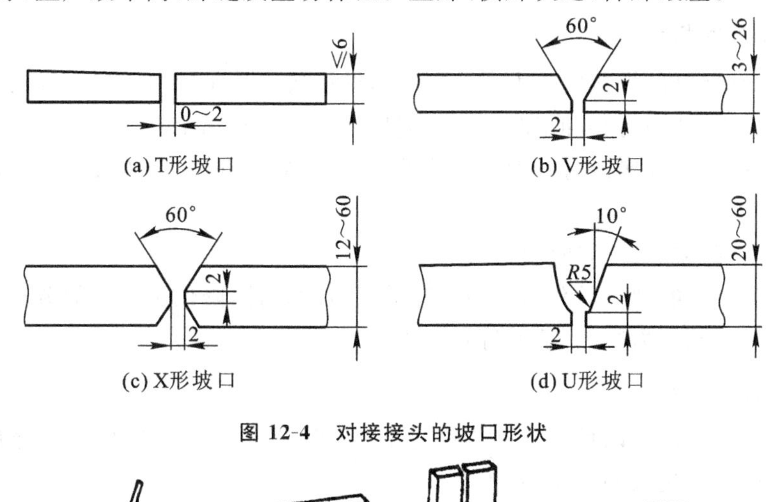

(a) T形坡口　(b) V形坡口　(c) X形坡口　(d) U形坡口

**图 12-4 对接接头的坡口形状**

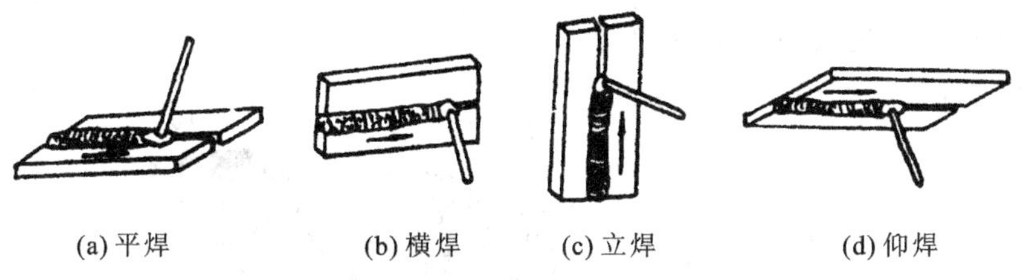
(a) 平焊　(b) 横焊　(c) 立焊　(d) 仰焊

**图 12-5 焊缝的空间位置**

## 二、埋弧自动焊

**1. 埋弧自动焊的焊接过程和特点**

埋弧自动焊以连续送进的焊丝代替手工电弧焊的焊条芯，以焊剂代替焊条药皮，埋弧自动焊简称埋弧焊。埋弧自动焊的焊缝形成过程如图 12-6 所示。

焊丝末端与工件之间产生电弧，电弧热量使焊丝、工件及焊剂熔化，其中一部分达到沸点，蒸发形成高温气体，在熔池外围形成一个封闭的空间。电弧在封闭空间燃烧时，焊丝与基体金属不断熔化，形成熔池，随着电弧前移，熔池金属冷凝成焊缝。密度较轻的熔渣浮在熔池表面，冷凝成渣壳。

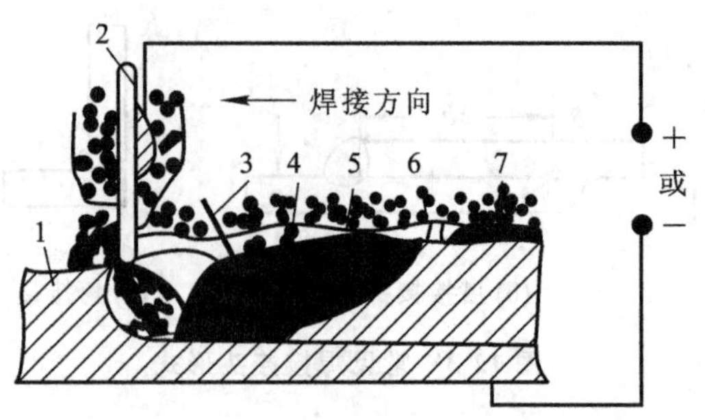


图 12-6　埋弧自动焊的焊缝形成过程示意图

1—被焊件；2—焊丝；3—焊剂；4—熔化了的焊剂；5—熔池；6—焊缝；7—渣壳

**2. 埋弧自动焊的特点**

(1)焊丝的导电性好，焊接电流大，熔深较大，即使较厚的工件也可以不开坡口直接焊接。

(2)生产效率高，节约材料和工时，电弧热量集中，热能利用率高。

(3)焊接过程稳定，焊接能有效地保护熔池，防止外界空气侵入，焊接质量好，焊缝光洁、平直、美观。

(4)埋弧自动焊热能集中，速度快，焊接变形小。

(5)焊接过程易于实现机械化、自动化，改善了劳动条件，降低了工人的劳动条件。埋弧自动焊广泛使用在锅炉、压力容器、造船等行业中。

**3. 埋弧自动焊设备**

目前，国内生产使用的以单丝自动焊机为主，双丝、多丝焊机应用较少。埋弧自动焊因其生产效率高，正日益受到人们的重视。

国产埋弧自动焊机原理如图 12-7 所示。

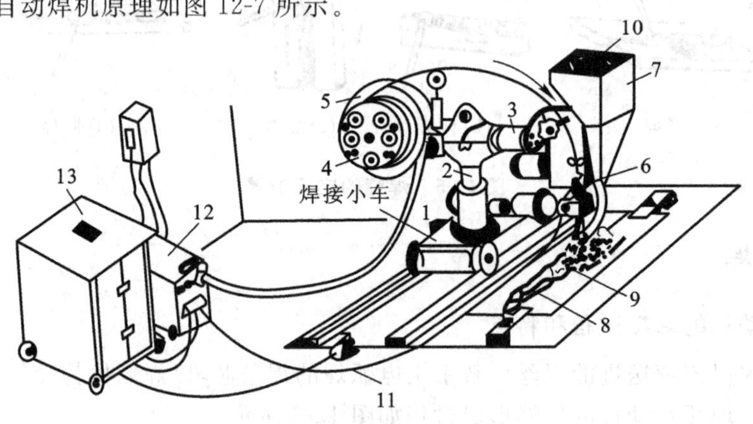


图 12-7　埋弧自动焊机原理示意图

1—焊接小车底座；2—立柱；3—料斗支承臂；4—控制盘；5—焊丝盘；6—焊丝机头；7—焊剂漏斗；8—焊缝；9—渣壳；10—焊剂；11—焊接电缆；12—控制箱；13—焊接电源

## 三、气体保护电弧焊

气体保护电弧焊是利用某种气体作为保护介质的一种电弧焊方法。常用的气体保护电弧焊有氩弧焊和 $CO_2$ 气体保护焊。

### 1. 氩弧焊

氩弧焊以氩气作为保护气体，根据电极的不同可分为熔化极氩弧焊和非熔化极氩弧焊两种。两种氩弧焊的焊接原理示意图如图 12-8 所示。

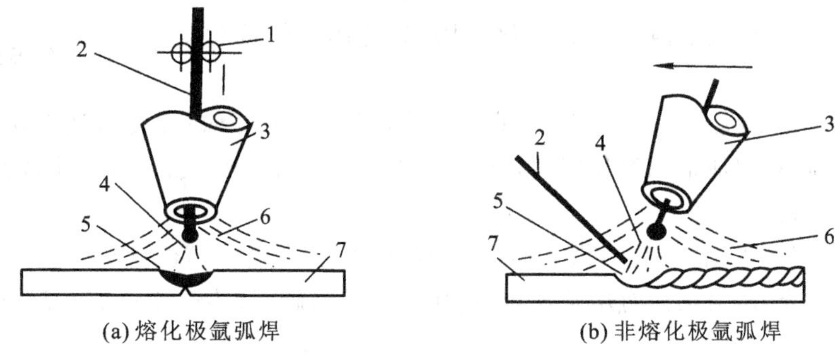


图 12-8 两种氩弧焊的焊接原理示意图

1—送丝轮；2—焊丝；3—喷嘴；4—电弧；5—熔池；6—氩气；7—工件

氩弧焊的焊接原理：从喷嘴流出的氩气在电弧及熔池周围形成连续封闭的气流圈，保护电极和熔池金属不被氧化，氩气是惰性气体，它既不与金属发生化学反应，也不溶解于金属，是一种高质量的焊接方法。氩弧焊是明弧焊，便于观察，操作灵活，适用于各种空间位置的焊接。氩气价格较高，生产成本较高，因而主要应用于不锈钢和非铁金属材料的焊接。

### 2. $CO_2$ 气体保护焊

$CO_2$ 气体保护焊以 $CO_2$ 气体作为保护气体，其原理与氩弧焊相似。这种焊接方法成本低，电流密度大，生产效率高，操作灵活，适用于各种空间位置的焊接，主要用于低碳钢和普通低合金钢的焊接。

## 四、气焊与气割

### 1. 气焊

气焊是利用氧气和可燃性气体混合燃烧所产生的热量，将焊件接头和焊丝熔化，使焊件连接在一起的一种焊接方法。

气焊属于熔化焊，可燃性气体主要有乙炔、丙烷及氢气等。乙炔与纯氧混合燃烧放出的有效热量最多，火焰温度可达3 300℃，应用最广。

气焊火焰温度较电弧焊低，加热速度也较慢，火焰热量分散，热影响区较宽，焊件易变形。

气焊火焰中的氢气、氧气能与熔池金属发生作用，氧化或溶入金属液体。气焊焊缝质量不如电弧焊好，但气焊火焰易于调控，热量不像电弧焊那么集中，因而适用于焊接薄钢板、非铁金属、铸铁及堆焊硬质合金等。

为适应不同情况的焊接要求，需要调整气焊火焰。改变氧气与乙炔的体积比可获得三种不同性质的火焰，如图 12-9 所示。

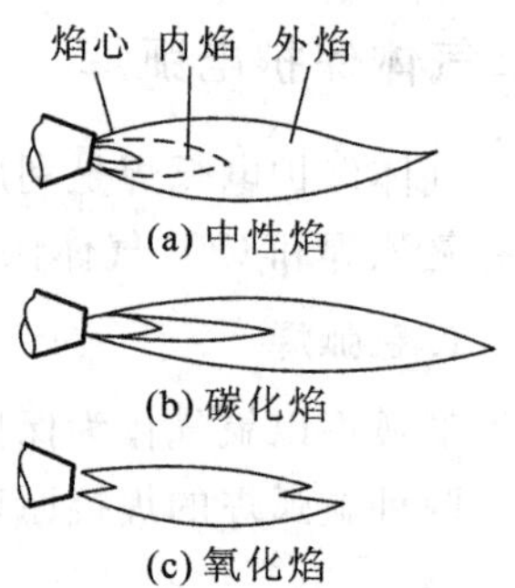


图 12-9　气焊火焰示意图

(1)氧化焰 $V_{O_2}/V_{C_2H_2}>1.2$，由于氧气比例高，火焰短，温度高(3 100～3 300℃)，对熔池金属有氧化作用，只适用于焊接黄铜。

(2)中性焰 $V_{O_2}/V_{C_2H_2}=1.0～1.2$，供氧充分，燃烧完全，内焰温度可达 3 000～3 200℃。中性焰的温度高，对熔池金属氧化作用较微，应用较广，适用于焊接低碳钢、中碳钢、合金钢、紫铜和铝合金等材料。

(3)碳化焰 $V_{O_2}/V_{C_2H_2}<1.0$，供氧不足，燃烧不完全，火焰长，温度较低(2 700～3 000℃)。由于乙炔燃烧不充分，对工件有增碳作用，适用于焊接高碳钢、铸铁和硬质合金等材料。

**2. 气割**

气割是根据某些金属在氧气流中能剧烈氧化的原理，利用割炬切割金属的工艺方法。

气割时用割炬代替焊炬，其余设备与气焊相同。割炬外形如图 12-10 所示。

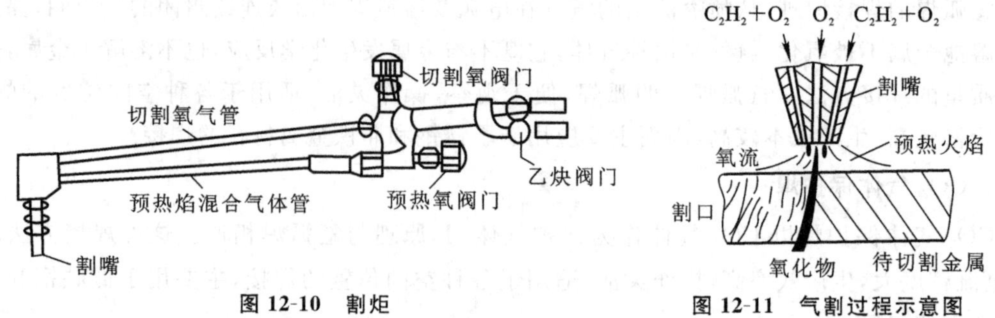


图 12-10　割炬　　图 12-11　气割过程示意图

气割的过程如图 12-11 所示。首先用氧化焰将割口始端附近的金属预热到燃点，然后打开切割氧阀门，氧气射流使高温金属立即剧烈氧化燃烧，生成熔融状态的氧化物被氧气流吹走，如此移动割炬，即可形成割口。

金属材料只有满足下列条件时才能采用气割：金属材料的燃点低于其熔点，燃烧生成的金属氧化物的熔点应低于金属的熔点，而且流动性也好，金属燃烧时能放出大量的热，金属本身的导热性不应太高。

能满足上述条件的金属材料有纯铁、低碳钢、中碳钢和普通低合金钢。高碳钢、铸铁、高合金钢，铜、铝等非铁金属及其合金均难以进行氧气切割。

## 五、其他熔化焊简介

### 1. 电渣焊

电渣焊是利用电流通过熔融液渣所产生的电阻热焊件进行焊接的方法。电渣焊的焊接原理如图 12-12 所示。

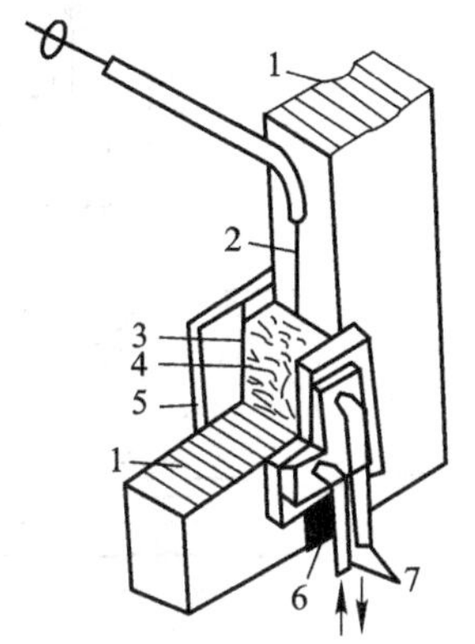


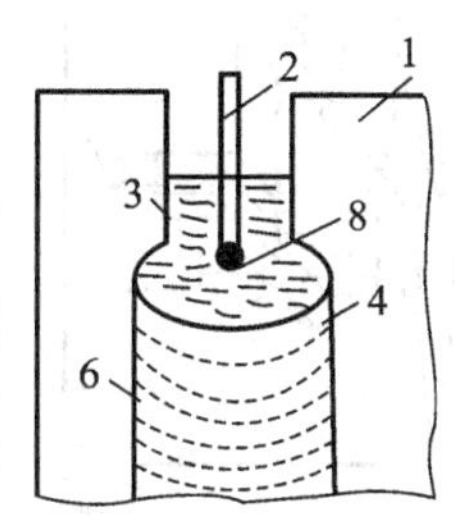


**图 12-12 电渣焊原理图**

1—焊件；2—电极(焊丝)；3—焊剂；4—渣池；5—冷却滑块；6—焊缝；7—冷却水管；8—电弧

电渣焊的焊接原理：将电源分别接在焊件 1 和电极 2 上，在焊件待焊焊缝的两侧，装着不使液态金属和熔渣外流的冷却滑块 5，电流由电极 2 流经能导电的熔渣和工件，巨大电流产生的电阻热使焊丝和焊缝金属熔化，金属熔池在滑块冷却下，迅速凝固结晶成细晶粒组织的焊缝。

电渣焊能使厚大焊件不开坡口一次焊成，生产效率高，焊缝平整光洁，缺陷少，质量好，主要应用于重型机械制造和铸铁件的焊补。

### 2. 等离子弧焊

等离子弧焊是一种钨极压缩气体保护焊接方法。工作原理如图 12-13 所示。在钨电极与焊件间产生的电弧在水冷喷嘴孔道中，受到机械压缩、热收缩、磁收缩效应的综合作用，弧度截面小，电流密度大，弧内气体电离度高，成为温度很高、能量很大的等离子弧，10～12 mm 厚的焊件可不开坡口，不加填充金属，一次焊成。由于氩气流的保护，熔池金属不会被腐蚀，因而焊缝质量好，因为加热速度也快，热量集中，热量影响区小，变形也小。等离子弧焊的焊接方法生产效率高，可在任意空间位置施焊，适用于各种钢及钛、镍、铜、锡、钼、钴等多种材料焊接，广泛应用于尖端技术和工业生产，如钛合金导弹壳体、微型继电器和电容器外壳、航天工业中的薄壁容器焊接等。

### 3. 电子束焊

电子束焊是利用高压电子流束加热焊件进行焊接的一种先进焊接方法。电子束焊的工作原理如图 12-14 所示。

电子枪、焊件和夹具均装在真空室内。电子枪由灯丝、阴极、阳极、电源、聚焦透镜等组成。

当阴极被灯丝加热到高温时，开始大量发射电子，电子在电极与聚焦透镜组成的聚焦装置作用下形成电子流束，电子流束在高压电场的作用下，以极大速度(160 000 km/s)。射向焊件(阳极)表面，电子流的动能转变为热能，能量密度为普通电弧的5 000倍，它使焊件金属迅速熔化甚至汽化。根据焊件的熔化情况，均匀移动焊件，即可实现高质量的焊接。

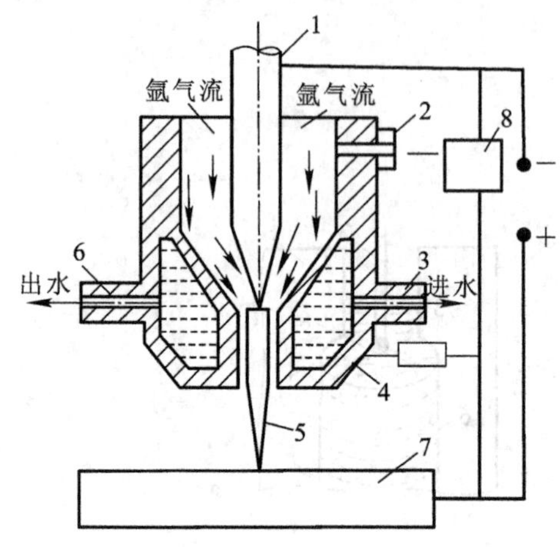


**图 12-13　等离子弧焊原理图**

1—钨极(负极)；2—氩气进气管；3—冷却水进口；
4—喷嘴；5—等离子弧；6—冷却水出口；
7—焊件；8—振荡器

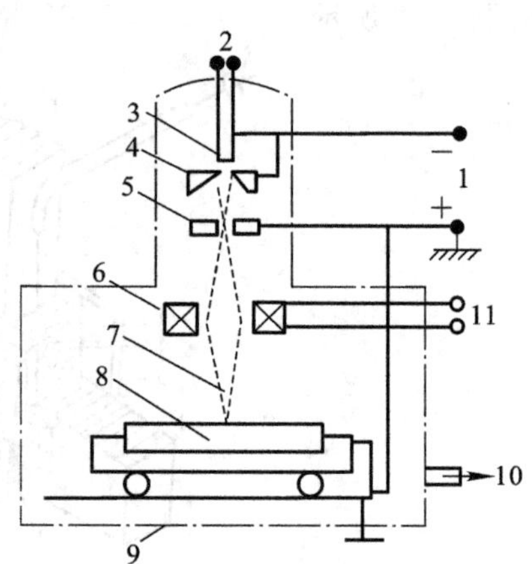


**图 12-14　电子束焊的焊接原理示意图**

1—电源；2—灯丝电源；3—加热丝(即灯丝)；
4—阴极；5—阳极；6—电磁聚焦透镜；
7—电子束；8—焊件；9—真空焊接室；
10—真空系统；11—电磁聚焦电源

电子束焊的熔深可达200 mm，即使300 mm厚的工件亦可不开坡口一次焊成，也可焊厚度小于0.1 mm的箔材，焊件厚度范围很宽，焊接质量很好，但成本高，主要应用于钛、锆、钽、钼、铌、铂、镍等高熔点金属及合金的焊接。在原子能、导弹技术、航天工业等尖端技术领域应用广泛。

**4. 激光焊**

激光焊是利用原子受激辐射的原理，产生波长均一、方向一致的高能激光束进行金属与非金属材料的焊接、穿孔和切割的工艺方法。

激光焊的焊接原理如图12-15所示。激光器发出的激光束经聚焦系统作用，聚焦于焊件接头处微小的一点，该点的能量密度达$10^5$ W/cm$^2$，光能转换成热能，使金属熔化形成焊接接头。激光焊接特别适用于焊接微小、精密、排列密集、对过热敏感的焊件。激光焊目前已广泛应用于微电子元件(集成电路引线)的焊接，微型继电器、电容器、仪表游丝等的焊接。

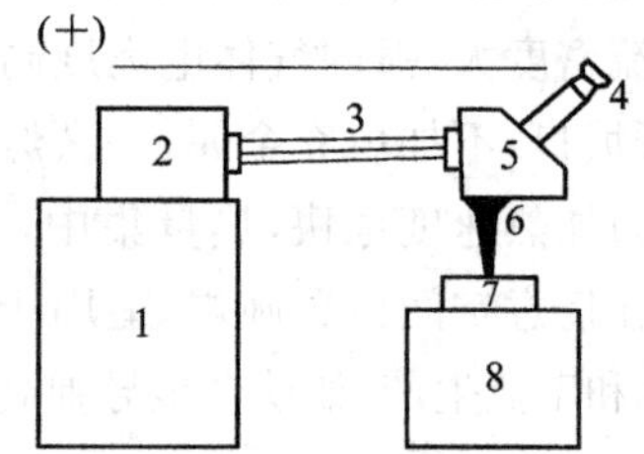


**图 12-15　激光焊接示意图**

1—电源；2—激光器；3—聚焦光束；
4—瞄准镜；5—聚焦系统；6—激光束；
7—焊件；8—工作台

# 任务2 其他焊接方法

在工业生产中应用较多的焊接方法，除熔化焊外，还有电阻焊、摩擦焊和钎焊等。

## 一、电阻焊

电阻焊又称接触焊，是利用低压大电流通过焊件接缝处所产生的电阻热加热金属，将接缝处加热到塑性状态或熔化状态，在压力作用下使焊件连成一体的焊接方法。具体工艺分为对焊、点焊、缝焊三种类型，如图12-16所示。

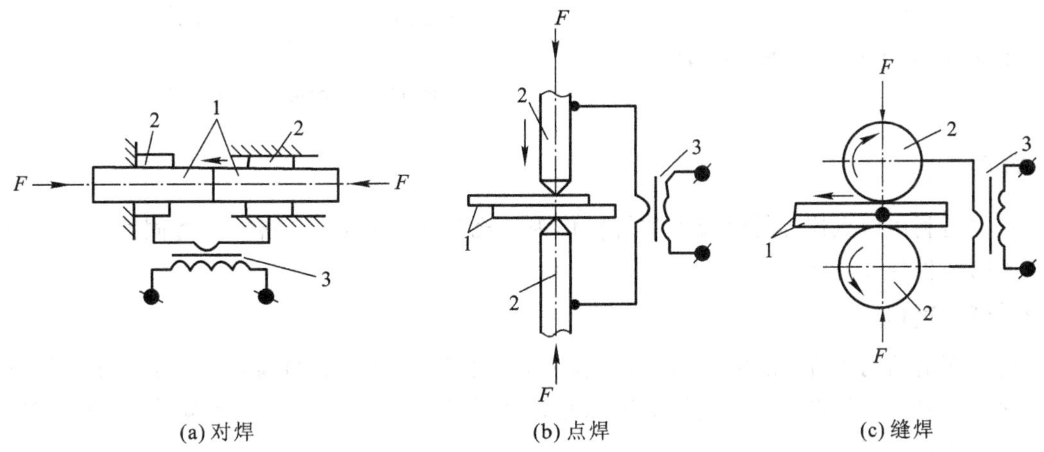


**图12-16 电阻焊类型示意图**

1—工件；2—电极；3—变压器

电阻焊采用大电流（数万安培）加热，能量密度高，可在极短时间内（0.01秒至几秒）获得焊接接头，生产效率高，焊件变形小，不需填充金属和焊剂，接头表面平整光洁，操作简便，易于实现机械化、自动化。对焊适用于棒料、型钢、管件等焊接；点焊适用于厚度小于6 mm的板料搭接；缝焊适用于厚度小于3 mm的薄板焊接。

## 二、摩擦焊

摩擦焊是利用焊件接触面的相对运动，强烈摩擦产生的热量，使接触面加热到塑性状态，在压力作用下连成一体的焊接方法。

图12-17所示为摩擦焊原理示意图。焊件1和2被夹在焊机上，施加一定压力使两焊件紧密接触，再使焊件1旋转，两焊件接触面因相对摩擦而产生高热，待接触面加热成塑性状态时，使焊件1停转，在焊件2一侧加压力，使两焊件产生塑性变形而焊接起来。

摩擦焊的接头一般为等截面的，也可以是不等截面的，但必须有一工件为圆形或管形。图12-18所示为摩擦焊的常用接头形式。摩擦焊广泛用于圆形工件及管子的对接，可焊实心焊件直径为2～100 mm，管子外径达数百毫米。

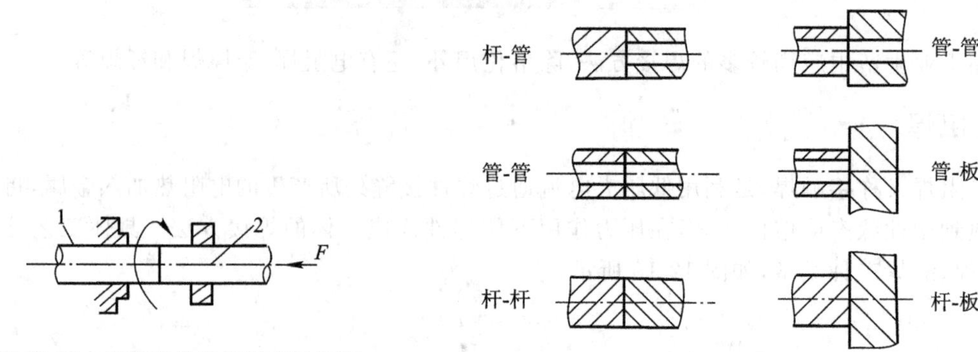


图 12-17　摩擦焊的焊接原理示意图

图 12-18　摩擦焊的接头形式

## 三、钎焊

钎焊是利用熔点比焊件金属低的钎料作为填充金属，加热使钎料熔化将固态金属工件连接起来的一种焊接方法。

### 1. 钎焊过程

将表面清洁的工件(见图12-19)搭接在一起，把钎料放入装配间隙或附近，适当加热，使钎料熔化。熔融钎料借助毛细管作用被吸入并充满固态金属工件间隙内，金属原子相互扩散，凝固后即形成钎焊接头。

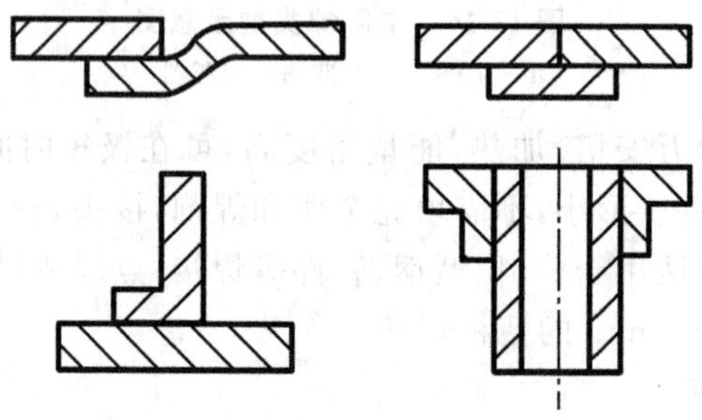

图 12-19　钎焊的接头形式

### 2. 钎料

钎焊的钎料主要分为硬钎料和软钎料两种。

(1)硬钎料。熔点在450℃以上的钎料为硬焊料。硬钎料的焊接强度高，用于焊接受力较大或工作温度较高的工件。属于硬钎料的有铜基、银基、铝基、镍基等。

(2)软钎料。熔点在450℃以下的钎料为软钎料。软钎料的焊接强度较低，一般不超过70 MPa，用于焊接受力不大或工件温度较低的工件，如锡铅焊料即属此类。

**3. 熔剂**

熔剂的作用是清除被焊金属表面氧化膜及杂质，改善钎料的流动性，保护钎料及焊件免于氧化。熔剂对钎焊的质量影响很大。硬钎料配用熔剂为硼砂、硼酸、氟化物、氯化物等，软钎料配用熔剂为松香或氯化锌溶液等。

**4. 加热**

钎焊的加热方法有烙铁加热、火焰加热、电阻加热、感应加热、炉内加热、盐浴加热等。钎焊的加热温度不高，焊件组织和性能变化不大，变形小，接头光滑平整，尺寸精确，既可焊接同种金属，也可焊接异种金属。钎焊的主要缺点是接头强度较低，工作温度不能过高。

钎焊在机械、电气技术及仪表制造等行业应用广泛。

# 任务3 常用金属材料的焊接

## 一、金属材料的焊接性

金属材料的焊接性是指被焊金属材料在一定的焊接工艺条件下获得优良焊接接头的难易程度。金属材料的焊接性是一个相对概念，同一种金属材料，采用不同的焊接方法，其焊接性的区别较大。

**1. 工艺焊接性与使用焊接性**

人们所说的金属材料的焊接性有两个方面的具体含义，即工艺焊接性和使用焊接性。

(1)工艺焊接性。主要指焊接接头出现各种裂缝的可能性，也称抗裂性。

(2)使用焊接性。主要指焊接接头在使用中的可靠性，包括机械性能和其他特殊性能。

金属材料的焊接性是产品设计、施工准备及正确拟订焊接工艺的重要依据。

**2. 钢的焊接性估算**

碳钢及低合金钢的焊接性可通过试验测定或运用碳当量公式进行经验估算。

国际焊接学会推荐使用的碳当量公式如下。

$$C_e=\left(C+\frac{Mn}{6}+\frac{Cr+Mo+V}{5}+\frac{Ni+Cu}{15}\right)(\%)$$

注意：式中各化学元素符号表示该元素的质量分数。

当 $C_e<0.4\%$ 时，钢的淬硬倾向不明显，焊接性好，焊接时不必预热，能用各种方法施焊。

当 $C_e=0.4\%\sim0.6\%$ 时，钢的淬硬倾向较明显，为防止产生焊接微裂纹，焊前要适当预热，施焊时应采取有效控制措施。

当 $C_e>0.6\%$ 时，钢的淬硬倾向大，属于较难焊材料，需要采取较高温度预热和更严格的工艺措施。

常用金属材料的焊接性如表 12-6 所示。

**表 12-6　常用金属材料的焊接性**

| 金属材料 \ 焊接方法 | 气焊 | 手弧焊 | 埋弧自动焊 | 二氧化碳焊 | 氩弧焊 | 电渣焊 | 点、缝焊 | 对焊 | 钎焊 |
|---|---|---|---|---|---|---|---|---|---|
| 铸铁 | A | A | C | C | B | B | D | D | C |
| 铸钢 | A | A | A | A | A | A | D | B | B |
| 低碳钢 | A | A | A | A | A | A | A | A | A |
| 高碳钢 | A | A | B | B | B | B | B | A | C |
| 低合金钢 | A | A | A | A | A | A | A | A | A |
| | A | A | B | B | A | B | A | A | A |
| | B | A | C | C | A | D | B | C | A |
| | B | A | C | C | A | D | C | A | A |
| | B | C | D | D | A | D | A | A | C |
| | D | D | D | D | A | D | B~C | C | B |

## 二、焊接接头组织与性能

焊接接头由焊缝和近缝区(热影响区)组成。焊接过程中，焊接及近缝区金属都经历了一次升温和降温过程，其实质相当于经受一次不同温度的热处理，焊接接头组织和性能都发生了相应的变化，其温度分布如图 12-20 所示。

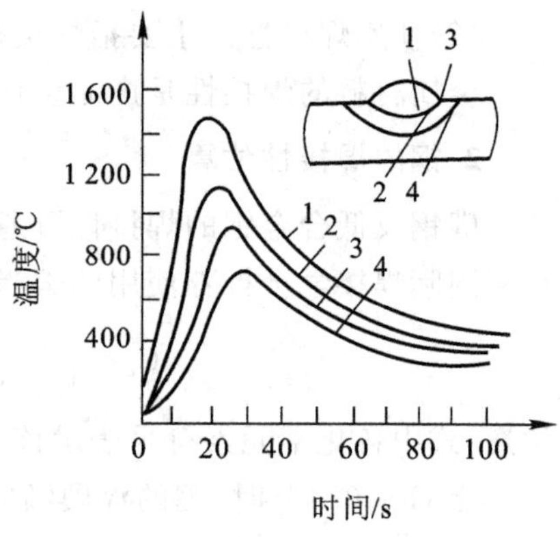


**图 12-20　钢焊接接头处温度分布图**

现以低碳钢为例来说明焊件接头处金属组织和性能变化情况。如图 12-21 所示，焊缝区温度最高，冷凝时液态金属的结晶从熔池壁开始，沿着垂直于池壁方向形成柱状晶粒组织。热影响区由半熔化区、过热区、正火区、部分相变区、再结晶区组成。半熔化区和过热区的晶粒粗大，力学性能不佳，容易发生应力集中和产生微裂纹，对焊接质量的影响很大，应尽可能减小热影响区。

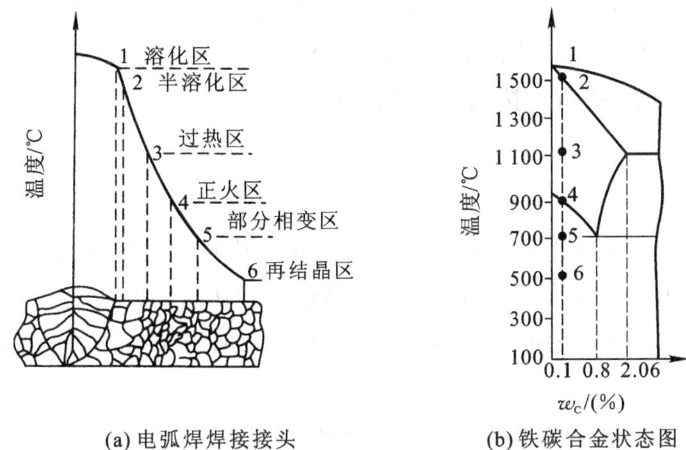


**图 12-21 低碳钢焊接接头组织变化示意图**

表 12-7 列出了低碳钢热影响区的大约数值。改变焊接规范或通过焊后热处理，可以控制热影响区的宽度和消除热影响区过热组织缺陷。

**表 12-7 各种焊接方法热影响区的大小**

| 焊接方法 | 气焊 | 手工电弧焊 | 埋弧自动焊 | 电阻焊 | 电渣焊 |
|---|---|---|---|---|---|
| 过热区宽度/mm | 21.0 | 2.2 | 0.8～1.2 | 几乎未见 | 18.0 |
| 热影响区宽/mm | 27.0 | 6.0 | 2.3～3.6 | 几乎未见 | 25.0 |

## 三、常用金属材料的焊接

### 1. 碳钢的焊接

(1)低碳钢焊接。低碳钢的焊接性好，用于各种焊接方法，一般不需采取特殊工艺措施就能获得良好的焊接接头。当焊件厚度大于 30 mm 或环境温度低于－10℃时，若采用普通手工电弧焊，焊前应将焊件适当预热。

(2)中碳钢焊接。随着碳的质量分数的增加，钢的焊接性逐渐变差。中碳钢因焊接性不如低碳钢，焊缝和热影响区中容易产生脆性的淬火组织，若工艺措施不当，还可能出现裂纹。为了获得优质焊接接头，焊前应将焊件预热 150～250℃，焊后缓冷，采用抗裂性能好的低氢型电焊条。

(3)高碳钢焊接。高碳钢由于钢中碳的质量分数高，淬硬倾向大，焊接性差。这类钢一般只用于进行修补性焊接。补焊时要注意焊接工艺，选用碳的质量分数低的小直径焊条，直流反接，焊前预热 300～500℃，焊速慢，焊后缓冷。

### 2. 普通低合金钢焊接

普通低合金钢因含有一定量的合金元素，热影响区淬硬倾向和焊接接头的开裂倾向较大，焊接性较差。钢中碳与合金元素的质量分数越高，焊接性就越差。此类钢焊接前须预热300～500℃，选用抗裂性好的低氢型碱性焊条。焊条使用前应用300～400℃烘干。采用较大的焊接电流和较慢的焊接速度，焊后及时回火(550～650℃)以消除应力。若用气焊，宜用中性焰。

**3. 铸铁的焊补**

铸铁焊接主要用于铸铁件的修复和焊补。铸铁因碳硅的质量分数高，组织不均匀，强度低，塑性差，焊接性不好。铸铁焊接的主要困难是焊接时碳硅元素易烧损，形成硬脆的白口组织，裂纹倾向大。因此，必须采取合理的焊接方法与工艺规范以保证焊补质量。铸铁的焊补常用方法如下。

(1)热焊法。将待焊铸件先经600～700℃预热再施焊。灰铸铁热焊时宜采用钢芯或铸铁芯石墨型药皮电焊条，焊接电流要大，速度要慢。球墨铸铁热焊时宜采用细直径钢芯强石墨型药皮铸铁焊条，焊接电流小，速度慢。铸铁若用气焊，宜用中性焰或轻微碳化焰。

(2)冷焊法。铸件不预热或经低温预热(400℃以下)后施焊。用手弧焊进行冷焊时，焊条可用钢芯强石墨型药皮铸铁焊条或铸铁芯焊条、铜基、镍基、镍铜合金(蒙乃尔合金)焊条等。宜选用小电流断续焊法，焊后立即用小铁锤敲击焊缝，以减小焊接应力。

**4. 非铁金属及其合金的焊接**

(1)铜及铜合金的焊接。铜及铜合金的焊接性差，比低碳钢焊接困难得多。铜因导热性好散热快，因而不易焊透；铜的线膨胀系数大，凝固收缩率也大，因而焊接应力大、变形大，易产生裂纹；焊接时熔池金属易氧化、吸气造成气孔和夹渣等。铜及铜合金因具有上述不利于焊接的特点，用一般手弧焊难以获得优质的焊接接头。铜及铜合金可用氩弧焊、气焊、电弧焊、钎焊等方法焊接，其中采用氩弧焊是保证紫铜及青铜焊接质量的有效方法。氩弧焊时，焊丝用特制紫铜焊丝(丝201)，溶剂用硼酸或硼砂(如气剂301)。

气焊紫铜和青铜时应用中性焰，氧过多时会加快铜氧化的倾向，熔池吸氢增多，接头质量不佳。气焊用焊丝和熔剂与氩弧焊相同。

黄铜焊接目前最常用的方法是气焊，因为气焊的温度较低，焊接过程中锌的蒸发少。气焊黄铜一般用轻微氧化焰，采用含硅的焊丝(丝221、丝222)有利于在熔池表面形成一层致密的氧化硅薄膜，以阻碍锌的蒸发，焊剂用硼酸和硼砂的混合剂。

(2)铝及铝合金焊接。铝及铝合金因具有与铜相似的特点而不利于焊接，虽可用气焊、电弧焊、氩弧焊、电阻焊、钎焊、埋弧自动焊等方法施焊，但以氩弧焊质量最好。施焊时须用熔剂除去氧化膜及杂质，常用溶剂为氯化物和氟化物组成的混合物(如气剂401)。焊前预热(200～300℃)，焊后退火(300～400℃)。焊前认真清除接头部位的油垢、污物，焊后用热水或10%的 NaOH 水溶液清洗焊缝。

# 任务4 焊件质量分析

## 一、焊接应力与变形

焊接应力所引起的变形和开裂是影响焊接质量的主要原因之一。

### 1. 焊接应力的产生原因

焊接过程为什么会产生很大的应力呢？现以平板对接为例来说明焊接应力的产生及导致变形开裂的过程。如图 12-22 所示，两块金属材料对焊时，由于电弧的热作用，焊缝区附近温度急剧升高，而较远处温度仍较低，这样，导致焊件各部分金属出现不均匀的热膨胀。如果焊缝区金属不受阻碍，热膨胀将能自由进行，如图 12-22(a)所示。但实际上受到周围金属的阻碍，焊缝区金属不能自由地伸长，此时焊缝区金属受压应力，周围金属受拉应力。焊缝区金属本身处在热塑性状态，容易变形，当压应力大于其屈服强度时，就会产生压缩性的塑性变形，如图 12-22(b)所示，此时金属的伸长并没有图 12-22(a)那么长。焊件冷却时，焊缝区金属因在加热时产生了压缩塑性变形，冷却收缩后的长度在自然收缩的情况下为 $l'$，但其收缩又受到周围金属的牵制，实际长度 $l''$ 比 $l'$ 长，比原长 $l$ 短。$l-l''$ 即为变形量。此时，焊缝区金属受拉应力，周围金属受压应力，此即为焊件的残余应力，如图 12-22(c)所示。当然，焊接过程中应力与变形的实际情况比我们上面分析的还要复杂。

综上所述可见，焊件不均匀的局部加热是产生焊接应力的根本原因，而当应力超过材料的屈服强度时就产生变形，当应力超过抗拉强度时就产生开裂。

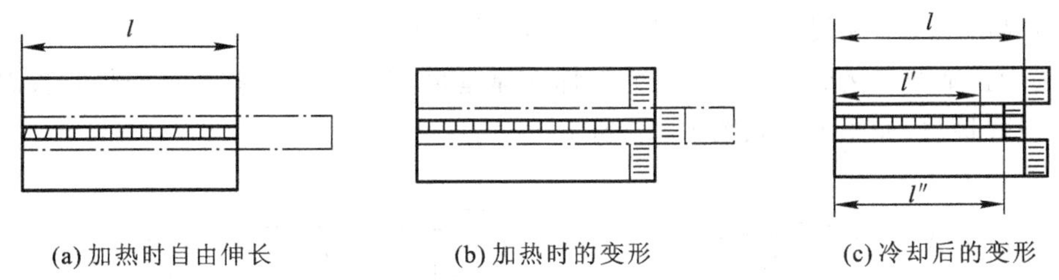


图 12-22 焊接应力与变形示意图

### 2. 焊接变形的基本形式

焊接变形是多种多样的，最常见的有以下五种形式，如图 12-23 所示。

(1)收缩变形。焊件纵向和横向尺寸缩短，如图 12-23(a)所示。

(2)角变形。V 形坡口对接施焊时，由于焊缝横截面形状上下不对称，焊后收缩不均匀而引起角变形，如图 12-23(b)所示。

(3)弯曲变形。T形梁焊接时,由于焊缝布置不对称,焊缝纵向收缩引起弯曲变形,如图12-23(c)所示。

(4)扭曲变形。由于焊缝在焊件横截面上布置不对称或焊接工艺不合理产生的复杂变形,如图12-23(d)所示。

(5)波浪形变形。由于焊缝的纵向和横向收缩引起角变形,这些变形连贯起来就形成了波浪变形,这类变形多产生在薄板的焊接结构中,如图12-23(e)所示。

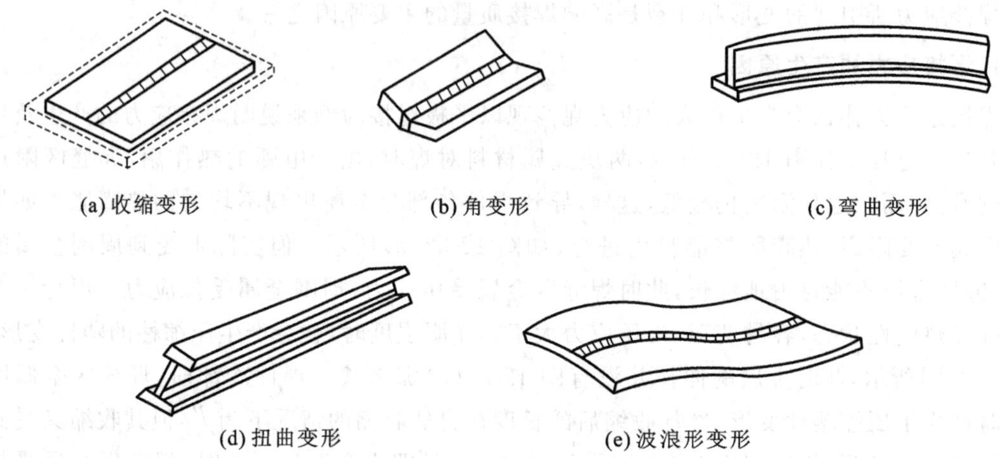


图12-23　常见焊接变形形式

**3. 预防和减小焊接变形的措施**

为了预防和减小焊接变形,设计时应尽可能采用合理的结构形式,焊接时应采用必要的工艺措施。人们在生产实践中总结的如下几点措施是可行的。

(1)对易产生变形和裂纹的焊件,焊前应预热,焊后应缓冷。

(2)选用正确的焊接次序。如焊缝为对称性焊缝时,应按对称焊接顺序施焊。长焊缝应采用逆向分段焊接法,如图12-24、图12-25所示。

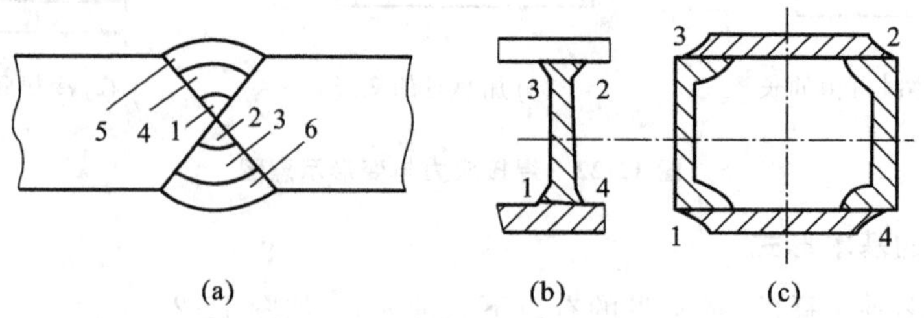


图12-24　对称性焊缝的焊接顺序

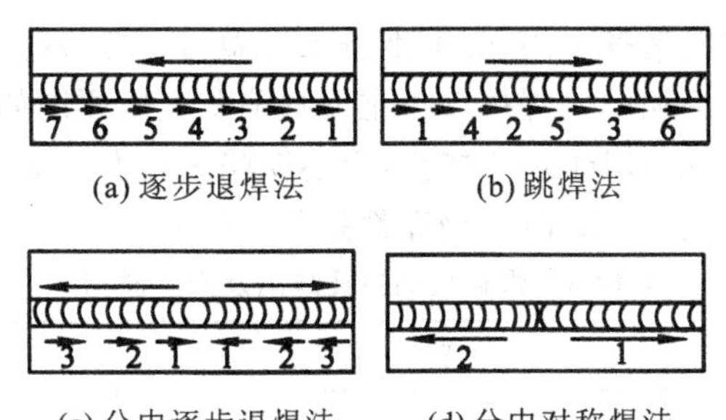


**图 12-25 长焊缝的几种焊接顺序**

(3)利用反变形法抵消焊接变形，如图 12-26 所示。

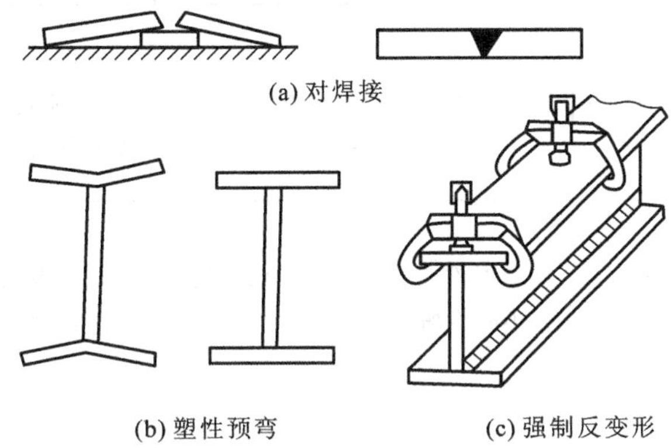


**图 12-26 防止角变形的反变形措施**

(4)将焊件固定，限制其变形，如图 12-27 所示。

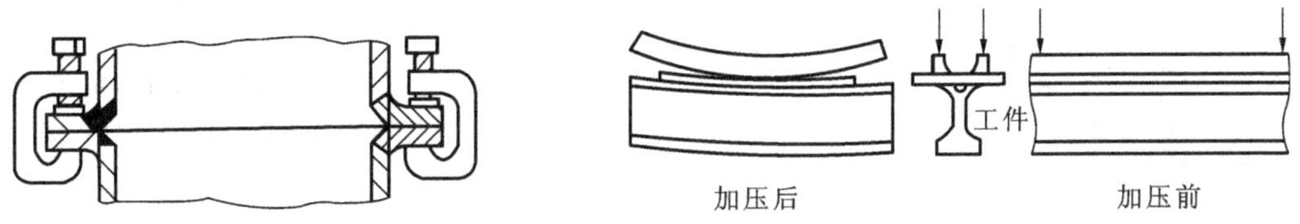


**图 12-27 用固定法减小焊接变形**

(5)在焊接过程中，趁热用小锤轻轻敲击，使应力松弛，减小变形。

(6)焊后及时进行去应力退火，可使应力消除 80%～90%。

## 二、焊接接头的缺陷

合格焊接接头的要求如下：①焊缝有足够的熔深，合适的熔宽与堆高；②焊缝与母材表面过渡平滑，弧坑饱满；③力学性能及其他所要求的使用性能达到标准；④无裂纹，无未焊透，无烧穿，夹渣和气孔数量不超过允许值范围。

在焊接生产中，由于材料选择不当、焊前准备工件做得不好、焊接规范不合适、操作方法不正确等原因，会造成各种焊接缺陷。焊接接头主要缺陷及产生原因如表12-8所示。

焊接缺陷影响接头的性能，对于重要接头，上述缺陷一经发现必须修补，否则，可能产生严重的后果。在任何情况下，裂缝、未焊透、烧穿都是不允许的。

表 12-8　焊接接头主要缺陷及产生原因

| 缺　　陷 | 特　　征 | 产生的主要原因 |
| --- | --- | --- |
| 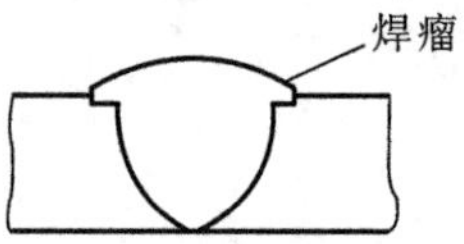 焊瘤 | 焊缝边缘上存在多余的未与焊件熔合的堆积金属 | 焊条熔化太快；电弧过长；运条不正确；焊速太快 |
| 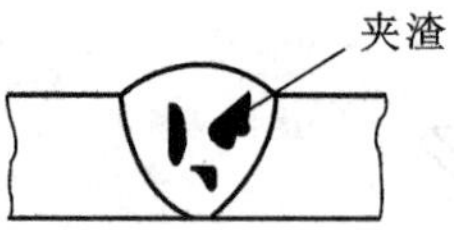 夹渣 | 焊缝内部存在着熔渣 | 施焊中焊条未搅拌熔池；焊件不洁；电流过小；焊缝冷却太快；多层焊时各层熔渣未清除干净 |
| 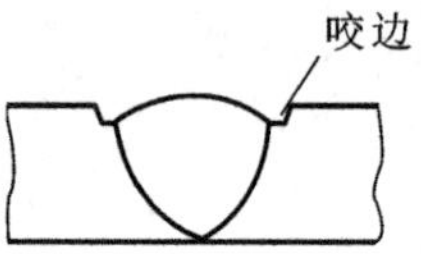 咬边 | 在焊件与焊缝边缘的交界处有小的沟槽 | 电流太大；焊条角度不对；运条方法不正确 |
| 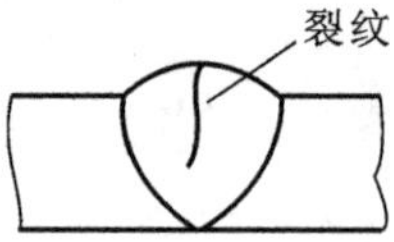 裂纹 | 在焊缝和焊件表面或内部存在的裂纹 | 焊件含碳、硫、磷高；焊缝冷速太快；焊接顺序不正确；焊接应力过大；气候寒冷 |
| 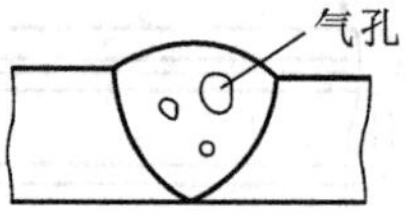 气孔 | 焊缝的表面或内部存在着气泡 | 焊件不洁；焊条潮湿；电弧过长；焊速太快；电流过小；焊件含碳量高 |
| 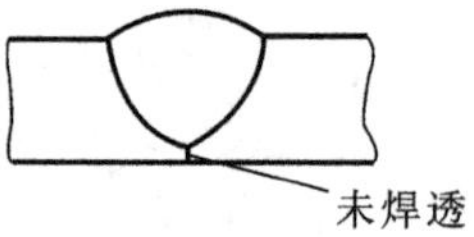 未焊透 | 熔敷金属和焊件之间存在局部未熔合 | 装配间隙太小、坡口太小；运条太快；电流过小；焊条未对准焊缝中心；电弧过长 |

## 三、焊接接头质量检查方法

对焊接接头进行必要的检验是保证焊接质量的重要措施。

(1)外观检验。用肉眼或低倍放大镜观察焊缝有无可见缺陷，如表面气孔、咬边、未焊透、

裂缝等,并检查外形尺寸。

(2)焊缝内部检验。焊缝内部气孔、夹渣、裂纹和未焊透等缺陷对焊缝质量影响很大,尤其当焊接接头承受载荷或较大载荷的情况下,这种内部缺陷更需严格控制。常用的焊缝内部检验方法如表 12-9 所示。

(3)力学性能检验。根据设计要求和有关标准测试接头的力学性能,如强度、塑性、韧性等。

(4)密封性检验。要求密封和承受压力的容器、管道,应进行焊缝致密性检验。其检验方法有煤油试验、气压试验、水压试验等。

**表 12-9　几种焊缝内部检验方法的比较**

| 检验方法 | 能探出的缺陷 | 可检验的厚度 | 灵敏度 | 其他特点 | 质量判断 |
|---|---|---|---|---|---|
| 磁粉检验 | 表面及近表面的缺陷(如微细裂缝、未焊透、气孔等) | 表面及近表面,深度不超过 5 mm | 与磁场强度大小及磁粉质量有关 | 被检验表面最好与磁场正交,限于磁性材料 | 根据磁粉分布情况判定缺陷位置,但深度不能确定 |
| 超声波检验 | 内部缺陷(如裂缝、未焊透、气孔及夹渣等) | 焊件厚度的上限几乎不受限制,下限一般为 8～10 mm,最小可达 2 mm | 能探出直径大于 1 mm 的气孔夹渣,探裂缝较灵敏,对表面及近表面的缺陷不灵敏 | 检验部位的表面粗糙度应加工达 $Ra6.3 \sim 1.6\ \mu m$,可以单面探测 | 根据荧光屏上信号,可当场判断有无缺陷,位置及其大致大小,但判断缺陷种类较难 |
| X 射线检验 | 内部缺陷(如裂缝、未焊透、气孔及夹渣等) | 150 kV 的 X 光机可检验厚度≤25 mm;250 kV 的 X 光机可检验厚度≤60 mm | 能检验出尺寸大于焊缝厚度 1%的各种缺陷 | 焊接接头表面不需要加工,但正反两面都必须是可接近的 | 从底片上能直接形象地判断缺陷种类和分布,对平行于 X 射线方向的平面形缺陷不如超声波灵敏 |
| 射线检验 | | 镭能源 60～150 mm,钴 60 能源 60～150 mm,铱 192 能源 1.0～65 mm | 较 X 射线低,一般约为焊缝厚度的 3% | | |

# 任务 5 焊接件的结构工艺性

焊接件的结构工艺性是指从焊接结构生产特点出发，按产品的结构形式、材质和使用要求，用简便而可靠的方法制作出优质的焊接接头的可能性及可行性。

合理的焊接构件建立在合理设计焊接结构的基础上。合理结构一方面要考虑结构的强度、工件要求等性能条件，另一方面还要考虑焊接生产过程的特殊性。

## 一、焊接结构设计的工艺原则

焊接结构设计的工艺原则有以下几点。

(1)应利于减少焊接工作量，施焊方便和保证质量。

(2)应利于减小焊接应力与变形，切忌应力集中。

(3)充分考虑施工现场的条件。

(4)尽可能使焊接结构新颖合理。

## 二、焊件材料的选择

焊件材料的选择方法如下。

(1)在满足工作性能要求的前提下，尽可能选用焊接性较好的材料。

(2)尽量选用型材或尺寸规格的原材料，这样，有利于减少焊缝，简化工艺。

(3)尽可能选用同种材料作为焊件。

## 三、焊接方法选择

各种材料的焊接性差别很大，焊接性好的低碳钢焊件无论用何种焊接方法都容易获得优质的焊接接头，而焊接性不好的高碳钢、铸铁、铜铝等材料则应慎重选择焊接方法和严格的工艺措施才能获得满意的焊接接头。焊接方法的选择是一个机械设计技术人员必须注意的问题。选择焊接方法要考虑材料的焊接性、生产效率、现场条件等因素后再决定。各种焊接方法的特点及适用范围如表 12-10 所示。

表 12-10 各种焊接方法特点比较

| 焊接方法 | 热影响区大小 | 变形大小 | 生产效率 | 可焊空间位置 | 适用板厚/mm* | 设备费用** |
|---|---|---|---|---|---|---|
| 气焊 | 大 | 大 | 低 | 全 | 0.5～3 | 低 |
| 手工电弧焊 | 较小 | 较小 | 较低 | 全 | 可焊1以上，常用3～20 | 较低 |
| 埋弧自动焊 | 小 | 小 | 高 | 平 | 可焊3以上，常用6～60 | 较高 |
| 氩弧焊 | 小 | 小 | 较高 | 全 | 0.5～25 | 较高 |
| $CO_2$ 保护焊 | 小 | 小 | 较高 | 全 | 0.8～30 | 较低～较高 |
| 电渣焊 | 大 | 大 | 高 | 立 | 可焊25～1 000以上，常用35～450 | 较高 |
| 等离子焊 | 小 | 小 | 高 | 全 | 可焊0.025以上，常用1～12 | 高 |
| 电子束焊 | 极小 | 极小 | 高 | 平 | 5～60 | 高 |
| 点焊 | 小 | 小 | 高 | 全 | 可焊10以下，常用0.5～3 | 较低～较高 |
| 缝焊 | 小 | 小 | 高 | 平 | 3以下 | 较高 |

* 主要指一般钢材。

** 低<5 000元，较低5 000～10 000元，较高10 000～20 000元，高>20 000元。

## 四、焊缝布置

焊缝布置对产品质量、生产效率、工人劳动条件有很大影响，设计人员应慎重考虑。以下几点原则应予遵循。

### 1. 焊缝位置尽可能分散

焊缝集中易造成焊缝近区金属严重过热，焊缝组织和性能不良，应力集中，变形增大而且难以矫正(见图12-28)。

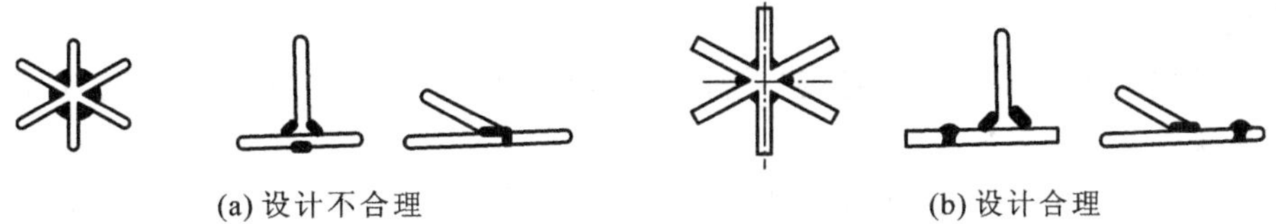

(a) 设计不合理　　(b) 设计合理

图 12-28 焊缝分散布置设计

### 2. 焊缝位置尽可能对称

焊缝位置尽可能对称，这样有利于减小应力和变形。

### 3. 焊缝应尽可能避开应力

焊缝应尽可能避开最大应力和应力集中的位置(见图12-29)。

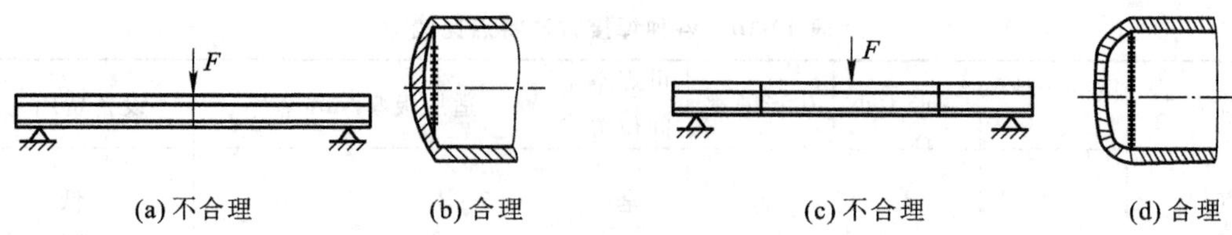


图 12-29 焊缝避开应力集中位置例图

**4. 焊缝位置应考虑焊接操作的方便**

焊缝位置要考虑到有足够的操作空间，尽量避免仰焊，减少立焊，减少或避免焊件的翻转（见图 12-30）。

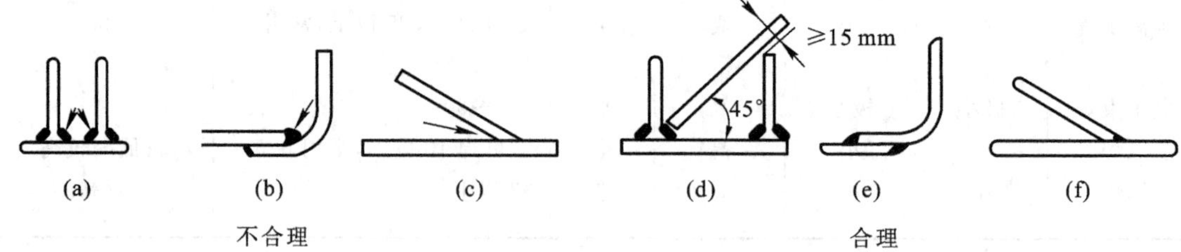


图 12-30 焊缝位置与空间关系

**5. 焊缝位置尽量避开加工表面**

如果焊件上某些部分有较高的精度要求时，应该焊完后再加工，以免焊接变形影响已加工表面的精度。如果焊件必须在加工好之后再焊接，则焊缝位置应尽量远离精加工表面。在粗糙度要求低的加工表面，不要布置焊缝。

## 复习思考题 12

1. 名词解释。

正接与反接　平焊与立焊　对接与搭接　钝边与坡口　裂纹与夹渣　熔宽与熔深
焊接接头与焊缝

2. 交流焊机和直流焊机各适合在什么场合应用？如果一个车间只配备一台电焊机，应选交流焊机还是直流焊机？

3. 焊条金属芯和药皮各起什么作用？各种自动焊中，用哪些来代替药皮的作用？

4. 手工电弧焊的焊接规范主要包括哪些内容？

5. 试制定厚度为 3 mm 的两块低碳钢板和厚度为 8 mm 的两块低碳钢板对接时手弧焊的焊接规范。

6. 气焊低碳钢、中碳钢、高碳钢、普通低合金钢、铸铁、不锈钢、铜合金、铝合金等材料时应采取何种火焰？

7. 气割过程是怎样的？低碳钢、低合金钢、高碳钢、铸铁、不锈钢、铜合金、铝合金等材料中哪些能用氧气切割？

8. 根据下列材料或工件选择钎料和钎剂。

(1)硬质合金刀头与45钢刀体焊接。

(2)半导体三极管与铜导线焊接。

(3)高速钢刀齿与45钢刀体焊接。

9. 比较电渣焊、等离子弧焊、电子束焊、激光焊的异同及应用范围。

10. 比较电弧焊、电阻焊、摩擦焊的异同及应用范围。

11. 根据下列情况选择焊接方法。

(1)低碳钢工件小批量焊接。

(2)大块、大批量钢板对接。

(3)厚钢板(40 mm以上)对接。

(4)紫铜板焊接。

(5)集成电路引线焊接。

(6)用钢带冷卷钢管的缝口焊接。

(7)$\phi$40 mm与$\phi$100 mm两轴对接，大批量生产。

12. 产生焊接应力与变形的原因是什么？如何消除焊接应力？

13. 在进行厚件多层焊接时，为什么有时用小锤敲击焊缝？

14. 试比较20钢、45钢、T8钢、黄铜的焊接性。

15. 铸铁补焊存在哪些困难？如何克服？

16. 焊接梁尺寸如图12-33所示，材料A3钢板，成批生产。试解决如下问题。

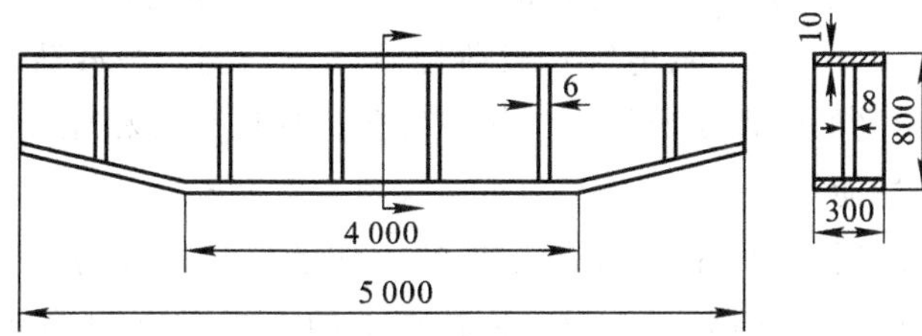


图12-33 焊接梁

(1)决定腹板、翼板焊缝位置。

(2)选择各条焊缝的焊接方法。

(3)画出各条焊缝的接头形式。

(4)制定各条焊缝的焊接次序。

(注:原材料幅面尺寸为2 500 mm×1 200 mm)

# 项目13 材料和毛坯的选择

在机械制造工业中，正确地选择机械零件材料和毛坯制造方法，对于保证机械零件的使用性能要求，降低成本，提高生产效率和经济效益有着重要的意义。

## 任务1 材料的选择

### 一、选材的基本原则

选择机械零件材料的基本原则是在保证零件使用性能的前提下，要求材料具有较好的加工工艺性能和经济性能。

**1. 材料的使用性能**

材料的使用性能主要是指零件在使用状态下所具有的力学性能、物理性能和化学性能。力学性能要求是依据零件的工作条件和失效形式分析的基础上提出的。

零件的工作条件是复杂的，主要指零件的受力状态、工作环境和某些物理性能要求。受力状态包括受力形式(如拉、压、弯、扭、剪等)、载荷性质(如动载荷、静载荷、循环交变载荷、均布载荷、集中载荷等)及承受的摩擦状况等。工作环境包括环境介质和环境温度。物理性能指导电、导热、导磁、热膨胀性能等。

在设计机械零件并进行选材时，应根据零件的工作条件和失效的形式确定所选材料的主要力学性能，这是选材的主要依据。如汽车、拖拉机上的连杆螺栓，工作时整个截面不仅承受均匀分布的拉(压)应力，而且拉(压)应力是周期性变换的，其失效形式主要是由于强度不足引起过量塑性变形和疲劳破坏。因此，连杆螺栓材料除了要求有足够的屈服强度和抗拉(压)强度外，还要求有较高的疲劳强度。另外，由于连杆螺栓整个截面受力均匀，淬火时心部应获得半马氏体组织，因此，材料应具有较好的淬透性。

对于钢制零件，要求塑性、韧性高的，可选用低碳钢或低碳合金钢；要求综合力学性能的，应选用中碳钢或中碳合金钢；要求高强度、高硬度的，可选用高碳钢；受力较大，要求耐腐蚀性高的，则选用不锈钢。

**2. 材料的工艺性能**

材料的工艺性能是指在一定条件下将材料加工成优质零件或毛坯的难易程度，它将直接影响零件的质量、生产效率和成本。

金属材料常用的加工方法有铸造、锻造、焊接、切削加工和热处理。不同的加工方法对材料的工艺性能要求不同。形状复杂、特别是内腔形状复杂的铸件，如各种机械底座、机身、工作台、箱体、泵体、阀体、轴承座等，应选用铸造性能好的合金，如灰铸铁、铸造铝合金；低、中碳钢，由于可锻性好，所以广泛用于锻件和冲压件；焊件最好选用焊接性好的低碳钢或低合金高强度钢。

绝大多数机械零件的毛坯要经过切削加工过程。因此，材料的切削加工性直接影响零件的质量和加工成本。硬度在 170～230 HBS 范围内的材料具有良好的切削加工性。为此可通过热处理调整硬度，以改善切削加工性。

对于可通过热处理改善和提高材料的力学性能时，必须考虑所选材料的热处理性能。碳钢的淬透性低，淬火时的变形开裂倾向较大，所以只适于制作尺寸较小、形状简单、强韧性要求不太高的机械零件。而制作大截面、形状复杂及要求高强韧性的机械零件，应选用合金钢。

**3. 材料的经济性能**

在保证零件使用性能的前提下，应尽量选用价格低廉、加工费用低、资源丰富、质量稳定、购买容易、运输方便、品种规格少、便于采购和管理的材料。

表 13-1 所列的为国内常用金属材料的相对价格。可见，碳钢和铸铁的相对价格比较低，因此，在满足零件力学性能的前提下，优先选用碳钢和铸铁（特别是球墨铸铁），不仅有较好的加工工艺性能，而且可降低成本。

**表 13-1　我国常用金属材料的相对价格**

| 材　料 | 牌　号 | 相对价格 | 材　料 | 牌　号 | 相对价格 |
|---|---|---|---|---|---|
| 碳素结构钢 | Q235 | 1 | 碳素工具钢 | T10 | 1.54 |
| 低合金高强度结构钢 | Q345 | 1.31 | 高速钢 | W18Cr4V | 12.3 |
| 优质碳素结构钢 | 45 | 1.08 | 铬不锈钢 | 1Cr13 | 3.46 |
| 合金结构钢 | 40Cr | 1.23 | 铬镍不锈钢 | 1Cr18Ni9Ti | 5.77 |
| 滚动轴承钢 | GCr15 | 1.92 | 纯铜 | T1 | 7.3 |
| 弹簧钢 | 65Mn | 1.85 | 纯铝 | lA99 | 6.2 |
| 灰铸铁 | HT200 | 0.96 | 球墨铸铁 | QT400-15 | 1.23 |

表 13-2 所列的为常用热处理方法的相对加工费用。零件材料的加工费用与生产批量有关，批量越小，加工费用越高。一般来说，加工费用占零件成本的 30%左右。

表 13-2　常用热处理方法的相对加工费用

<table>
<tr><th>热处理方法</th><th>相对加工费</th><th colspan="2">热处理方法</th><th>相对加工费</th></tr>
<tr><td>完全退火(电炉)</td><td>1</td><td colspan="2">调质</td><td>2.5</td></tr>
<tr><td>球化退火</td><td>1.8</td><td rowspan="2">盐浴炉淬火、回火</td><td>刀具、模具</td><td>6～7</td></tr>
<tr><td>正火(电炉)</td><td>0.8</td><td>结构零件</td><td>3</td></tr>
<tr><td>渗碳、淬火、回火</td><td>6</td><td colspan="2">冷处理</td><td>3</td></tr>
<tr><td>渗氮</td><td>～38</td><td colspan="2" rowspan="2">高频感应加热淬火</td><td rowspan="2">4～5</td></tr>
<tr><td>液体氮碳共渗</td><td>10</td></tr>
</table>

此外，还应积极推广质优价廉的新材料，合理选择代用材料，如在满足使用性能的前提下，用聚合物材料代替金属材料，可降低产品的总成本。

## 二、典型零件的选材

### 1. 齿轮类零件

(1)齿轮的作用。齿轮是各种机械、仪表中应用最广的传动零件，其作用是传递动力、改变运动速度和方向。

(2)齿轮的工作条件及失效形式。齿轮工作时，齿根受很大的交变弯曲应力，并有应力集中；齿面间相互有滑动、滚动并承受接触应力；启动、变速、变向或啮合不均匀时，承受冲击载荷作用。因此，齿轮的失效形式是齿面过度磨损、点蚀、过量塑性变形及轮齿折断。

(3)对齿轮材料的主要性能要求。齿轮材料的主要性能要求如下：①具有高的弯曲疲劳强度和接触疲劳强度；②齿面具有高的硬度和耐磨性；③齿轮心部具有足够强度和韧性；④良好的切削加工性及热处理时变形小。

(4)常用的齿轮材料。常用的齿轮材料是优质碳素结构钢和合金结构钢。①轻载、低速、小冲击载荷、精度低的软齿面(硬度≤350 HBS)的齿轮，如车床挂轮箱齿轮、溜板箱齿轮，常用Q275 钢、45 钢、40Cr 钢制造，经正火或调质后使用。②中载、中速、传动平稳、耐磨性较好、冲击韧度要求一般的硬齿面(硬度>350 HBS)的齿轮，如车床、铣床、钻床的变速箱齿轮，通常采用 45 钢、40Cr 钢、40MnB 钢制造，经调质后高频淬火及低温回火，齿面硬度可达 50～55 HRC。③高速、重载、大冲击载荷、硬度要求高(大于 55 HRC)的齿轮，如汽车、拖拉机的变速箱和后桥齿轮，常用 20CrMo 钢、20CrMnTi 钢、20CrMnMo 钢等制造，经渗碳、淬火及低温回火后，齿面的硬度达到 58～63HRC，因淬透性好，齿轮心部有较高的强韧性。④载荷平稳、润滑条件好、热处理变形要求小的精密传动齿轮或磨齿有困难的内齿轮，可用 38 CrMoAlA 钢制造，经调质及渗氮处理后，齿面硬度高达 850～1 200HV(相当于 65～70 HRC)。

另外，对于形状复杂、载荷较大并受一定冲击载荷作用的大齿轮(直径大于 400 mm)，常用 ZG310-570、ZG340-640 等制造。对于开式传动、低速、轻载、冲击载荷较小的齿轮，常用HT200、HT300、QT500-7、QT600-3 等制造。

**2. 轴类零件**

(1)轴的作用。轴是机械设备中重要零件之一,其作用是支撑传动件并传递运动和动力。

(2)轴的工作条件及失效形式。大多数轴承受交变扭转应力和弯曲应力作用,轴颈承受摩擦作用。因此,轴类零件的主要失效形式是由于长期受交变载荷作用造成疲劳断裂和轴颈的过度磨损。

(3)轴类零件的性能要求。轴类零件的性能要求如下:①高的弯曲和扭转疲劳强度;②优良的综合力学性能;③轴颈有高的硬度和耐磨性;④具有一定的淬透性。

(4)轴类零件常用材料。轴的材料主要采用优质碳素结构钢和合金结构钢。①对于承受交变拉、压应力作用截面尺寸较大的轴,如船用推进器轴、锻锤锤杆等.由于整个截面受力均匀,应选用淬透性高的调质钢,如 40MnVB 钢、30CrMnSi 钢、40CrMnMo 钢等,经调质处理后,具有优良的综合力学性能。②主要受弯曲、扭转应力作用的轴,如机床主轴、变速箱的传动轴等,由于整个截面上应力分布不均匀,表面大,心部小,通常选用 45 钢、40Cr 钢、45Mn2 钢等,为获得综合力学性能,一般进行正火或调质处理,要求轴颈耐磨,还应进行表面淬火及低温回火。③高速、高精度、表面要求高硬度的传动轴,如精密磨床主轴、镗床主轴等,常用渗氮钢 38CrMoAlA,经调质及渗氮处理后,表面有高的硬度、耐磨性、抗腐蚀性及疲劳强度。④中、低速的内燃机曲轴、凸轮轴,可选用球墨铸铁代替调质钢,以降低材料和制造成本,如 110 型柴油机曲轴,选用 QT600-3 等,铸造后的轴经正火、高温回火,轴颈感应加热表面淬火后,硬度不低于 55HRC。

**3. 箱体类零件**

(1)箱体的作用。箱体是机械设备的基础零件,其主要作用是保证箱体内各运动件具有正确的相对位置,并支撑这些零件达到协调地正常运转。

(2)受力情况。箱体承受被其支撑的零部件的重力及它们之间的作用力或冲击载荷作用。

(3)性能要求。箱体应具有足够的抗压强度和刚度、良好的耐磨性和减振性。

(4)箱体类零件材料。对于主要承受静压力,或要求减震的箱体,如机床主轴箱、进给箱等,常选用铸铁(如 HT200、HT250 等);受力不大、要求耐大气腐蚀、自重轻、导热性好的箱体,如汽车发动机缸盖,常用铸造铝合金(如 ZAlSi9Mg 等);受力较大,要求强度高,韧性好的箱体,如变速箱,可选用铸钢(如 ZG200-400 等)。

# 任务2 毛坯的选择

## 一、毛坯的类型

**1. 铸件**

铸造生产具有较强的适应性,可以制造形状复杂的,特别是内腔复杂的毛坯,也可以制造大型的机械结构、难以切削加工的零件、特殊成分的合金毛坯等。如箱体类零件(一般用铸铁制造)、轧钢机机架(用铸造碳钢制造)、拖拉机履带(用高锰耐磨钢铸造)、滑动轴承(用滑动轴承合金铸造)等。铸件的缺点是缺陷多,废品率高。

**2. 锻件**

锻造生产的毛坯最大的特点是锻件中晶粒细化并有方向性纤维组织,提高了力学性能。重要的轴、齿轮、连杆等,一般均用锻造方法生产,但锻造方法不适宜制造形状太复杂的零件。

**3. 焊件**

焊件结构轻便、节省材料,气密性和强度比铸件高,应用广泛。工业上常用焊接性好的低碳钢及低合金高强度结构钢制造焊件,如高压容器、建筑厂房的金属桁架、船体、桥梁等。

**4. 型材**

用于制造机械零件的型材有圆钢、方钢、六角钢、扁钢、角钢、槽钢等;型材用途广泛,如圆钢可用于尺寸接近的台阶轴的毛坯,工字钢、槽钢、角钢可作为焊接机械和工程结构件的毛坯。

## 二、毛坯选择的原则

**1. 保证零件的使用要求**

零件使用要求包括对零件形状、尺寸、精度、表面质量和化学成分、金属组织的要求,及工作条件对零件性能的要求。工作条件一般指零件的受力情况、工作温度和接触的介质等。机械中由于各零件的功能不同,其使用要求也不同,甚至有很大差异,因而毛坯在选材和具体制造方法上差别很大。在任何情况下,选择毛坯时都应首先保证零件的使用要求。

**2. 降低制造成本**

零件的制造成本包括本身的材料费、消耗的燃料和动力费、工人的工资、设备和工艺装备的折旧费,以及其他辅助性费用。选择毛坯时,在保证零件使用性能的条件下,把几个可供选择的方案从经济上进行分析比较,从中选择出使制造成本最低的方案。

## 三、典型零件的毛坯选用

**1. 轴、杆类零件**

常见的轴、杆类零件有实心轴、空心轴、台阶轴、曲轴、连杆件等。轴、杆类零件一般是重要的受力和运动零件。当用调质钢制造时,其毛坯多用锻件;当用球墨铸铁制造异形断面或弯曲轴线的轴时,其毛坯多用铸件;对于大型的轴可采用铸焊成整体毛坯。

**2. 盘、套类零件**

常见的盘、套类零件有齿轮、带轮、轴承端盖、联轴器、套环等。根据其使用性能要求不同,其材料及毛坯选用也不同。如一般中、小型齿轮,要求综合性能时选用调质钢,要求表面高硬度、高耐磨性,而心部具有足够强度和韧性时选用合金渗碳钢,其毛坯成型方法采用锻造。结构复杂的大齿轮，其毛坯可选用铸钢或球墨铸铁件。低速轻载齿轮可用灰铸铁毛坯，仪表齿轮可选冲压件，对轴承盖、联轴器、套环等通常根据受力情况及形状、尺寸、材料等，分别选用铸件、锻件或由型材直接加工而成。

**3. 箱体类零件**

箱体一般具有形状复杂、体积较大、壁厚较小的特点，因而一般选用铸件毛坯。单件小批量生产结构形状简单的大箱体时，宜选用焊接性能好的钢焊接而成。

无论是铸造箱体还是焊接箱体，其内部都存在有较大的内应力，因此，机械加工前，需进行消除内应力退火或自然时效。

## 复习思考题 13

1. 简述选材的基本原则、方法及步骤。

2. 选择毛坯的原则是什么？

3. 下列零件，采用什么方法制造毛坯比较合理？

(1)形状复杂的要求减震的大型机座。

(2)大批量生产的重载中、小型齿轮。

(3)薄壁杯状的低碳钢零件。

(4)形状复杂的铝合金构件。

# 参 考 文 献

[1] 张宝忠.机械工程材料[M].杭州:浙江大学出版社,2004.
[2] 高琪妹.机械工程材料[M].北京:化学工业出版社,2004.
[3] 瞿大中.工程材料与热加工[M].成都:电子科技大学出版社,1994.